普通高等教育"十一五"国家级规划教材

结构生物学

（第二版）

梁 毅 主编

科学出版社

北 京

内 容 简 介

本书以生物大分子(蛋白质、核酸)结构与功能的关系为主线,以结构生物学研究技术为基础,贯穿现代分子生物学原理,讲述结构生物学基本知识、基础理论和研究方法,比较结构生物学研究方法的优势和局限,介绍结构生物学的新成果、新进展、今后发展的趋势及面临的挑战。内容涵盖绪论、核酸结构与功能、蛋白质结构与功能、结构生物学研究技术 4 部分 23 章。与国内外已经出版的同类书比较,本书增加了分子伴侣、第二遗传密码、蛋白质的错误折叠与疾病、蛋白质组学和质谱技术等新章节,并增加了一些最近几年出现的新概念。每章后有小结和思考题,全书后附有结构生物学名词索引和历年结构生物学相关领域 Nobel 奖获奖情况统计,以方便读者查阅。

本书可作为综合性大学、理工科大学以及农、林、医院校生命科学学院(生物系)本科高年级学生和研究生学习结构生物学的教材和参考用书,也可供有关教师及科研人员作参考。

图书在版编目(CIP)数据

结构生物学/梁毅主编.—2 版.—北京:科学出版社,2010.8

普通高等教育"十一五"国家级规划教材
ISBN 978-7-03-028621-5

Ⅰ.①结… Ⅱ.①梁… Ⅲ.①生物结构-分子生物学-高等学校-教材 Ⅳ.①Q617

中国版本图书馆 CIP 数据核字(2010)第 158421 号

责任编辑:王国栋　席　慧　单冉东／责任校对:钟　洋
责任印制:赵　博／封面设计:耕者设计工作室

科学出版社 出版
北京东黄城根北街 16 号
邮政编码:100717
http://www.sciencep.com

北京天宇星印刷厂印刷
科学出版社发行　各地新华书店经销

*

2005 年 1 月第　一　版　开本:787×1092 1/16
2010 年 8 月第　二　版　印张:19 3/4
2025 年 12 月第十四次印刷　字数:560 000

定价:59.80元
(如有印装质量问题,我社负责调换)

编者名单

主　　编：梁　毅（武汉大学）

编写人员：（按章节顺序排列）

　　　　　　梁　毅（武汉大学）

　　　　　　王志珍（中国科学院生物物理研究所）

　　　　　　丁　怡（清华大学）

主　　审：施蕴渝（中国科学技术大学）

　　　　　　饶子和（中国科学院生物物理研究所）

前　言

自然界许多有趣现象的发生和人类多种疾病的发病都和具体参与其中的蛋白质结构有关。例如，光是怎样被绿色植物所"俘获"并源源不断为其生长提供能量的？在绿色植物的体内，存在着由膜蛋白、色素分子和脂分子组成的蛋白脂质体复合物，常文瑞院士课题组运用结构生物学的方法，获得了这个"庞大"复合物的晶体结构，发现它是绿色植物俘获光能的有力武器。又如，分子伴侣 trigger factor 与装配蛋白质的机器——核糖体组成巧妙的复合物，为新生肽链的折叠提供了"分子摇篮"，而该复合物的晶体结构又与我们小时候睡过的摇篮何其相似！

结构生物学是以生物大分子（包括蛋白质和核酸）的特定三维结构及结构的特定运动与其生物学功能的关系为基础来阐明生命现象的科学，是分子生物学的重要组成部分。近年来，结构生物学兴起并逐渐发展成为分子生物学的前沿和主流，从当前发展趋势来看，很可能会成为整个生命科学的前沿和带头学科之一。现在，生命科学的众多分支在运用结构生物学的概念和技术，随着人类基因组计划的提前完成，结构生物学研究进入了一个高潮迭起的时代。

本书以生物大分子（蛋白质、核酸）结构与功能的关系为主线，以结构生物学研究技术为基础，贯穿现代分子生物学原理，讲述结构生物学基本知识、基础理论和研究方法，比较结构生物学研究方法的优势和局限，介绍结构生物学的新成果、新进展、发展的趋势及面临的挑战。内容涵盖绪论（第1章）、核酸结构与功能（第2～6章）、蛋白质结构与功能（第7～14章）、结构生物学研究技术（第15～23章）共4部分23章。其中第8章由王志珍院士编写，第15章由丁怡编写、饶子和院士指导，其余章节由梁毅编写，第16章等部分章节经施蕴渝院士审阅。核酸结构与功能部分阐明RNA和DNA的结构，揭示RNA和DNA生物学功能的大量信息，介绍人类基因组计划的基本概念和背景知识。蛋白质结构与功能部分阐明蛋白质的结构，讲授蛋白质折叠与去折叠的基本规律和分子伴侣、第二遗传密码的基本概念，阐述蛋白质错误折叠导致疾病的分子生物学原理，示例几种蛋白质结构与功能的内在关系，介绍蛋白质组计划的基本概念和背景知识，描述蛋白质结构预测和蛋白质分子动力学的主要方法。结构生物学研究技术系统部分介绍当前结构生物学研究的多种技术，包括X射线晶体衍射分析、核磁共振技术和电镜三维重构3种结构生物学主要研究方法，比较这些技术的优势和局限，从而使读者掌握结构生物学研究技术的基本知识。这些知识和方法不仅是21世纪生物学研究的重要内容，而且将为医药、农业和工业的革新提供崭新的思路。

对于大学本科教育来说，本书旨在通过传授知识、培养能力和提高素质为一体的教学，使学生不仅较好地获得结构生物学知识，而且在能力和素质方面有较大提高，学习目的明确，以较好的综合素质、较高的学习兴趣、较扎实的知识基础和良好的学习状态进入以后研究生阶段的学习课程。

与国内外已经出版的同类书籍比较，本书增加了分子伴侣、第二遗传密码、蛋白质的错误折叠与疾病、蛋白质去折叠、蛋白质组学和蛋白质结构预测等新章节，从而突出了蛋白质结构与功能在结构生物学的主导地位，并增加了一些最近几年出现的新概念。本书还增加了质谱技术、微量热技术和表面等离子体共振技术等新的结构生物学研究技术，使全书的内容更加丰富。另外，本书也尽量避免了与分子生物学和生物化学等相关教材部分内容重叠问题。

为了使本书的内容和形式既具中国特色又与国际最新教材接轨，我们参阅了大量的中外教材和文献，并通过国际互联网获取结构生物学发展的最新资料，使内容尽量新颖。同时为了使本书内容形象生动，具有较强的可读性、启发性和适用性，我们尽可能引用新颖、形象的结构图，每章后都写有小结和思考题，书后有主要的参考文献。常用结构生物学名词和历年结构生物学相关领域诺贝尔（Nobel）奖获奖情况的索引将方便读者查阅和使用。

本书可作为综合大学、理工科大学以及医、农、林院校生命科学学院（生物系）本科高年级学生和研究生学习结构生物学的教材和参考用书，也可供有关教师及科研人员作参考。

武汉大学生物化学与分子生物学专业的全体教师、结构生物学实验室的全体研究生，从本书大纲的制定一直到完成，都给予了热情的帮助、关心和支持，在此表示深深的谢意。武汉大学生命科学学院各级领导对本书给予了较大支持、关照和指导，科学出版社编辑为本书"十一五"国家级规划教材的申报直至最后的出版付出了辛勤劳动，同行专家和热心读者为本书提出了宝贵建议，在本书（第二版）出版之际，也向他们表示诚挚的谢意！

结构生物学是一门发展非常迅速的学科，知识结构在不断地拓宽，很多概念和内容在不断地出现和更新，我们深感自己水平和能力有限，会有不当或错漏之处，敬请广大师生、同行和读者多批评指正。

梁　毅
2010 年 5 月

目 录

前言
第1章 绪论 ··· 1
  1.1 结构生物学——历史与定义 ··· 1
  1.2 结构生物学——进展 ·· 3
  1.3 结构生物学——新目标 ··· 6
  小结 ··· 8
  思考题 ··· 8

第2章 核酸结构的多样性（nucleic acid structure diversity） ············ 9
  2.1 单链核酸分子的结构形态 ··· 10
  2.2 双链核酸分子的结构形态 ··· 10
  2.3 三链核酸分子的结构形态 ··· 11
  2.4 分支的三链核酸复合物 ·· 12
  2.5 四链核酸分子的结构形态 ··· 12
  2.6 非线型多支链结构 ·· 13
  2.7 多聚核苷酸右手螺旋：A型和B型 ·· 13
  2.8 Z-DNA ··· 15
  2.9 天然DNA的构象 ·· 15
  小结 ··· 16
  思考题 ··· 17

第3章 RNA的结构（the structure of RNA） ································ 18
  3.1 RNA和DNA的结构差异 ··· 18
  3.2 RNA的结构特征 ··· 19
  3.3 RNA的一级结构 ··· 20
  3.4 RNA的二级结构 ··· 24
  3.5 RNA的三级结构 ··· 27
  3.6 RNA的折叠 ··· 28
  3.7 RNA的晶体结构 ··· 30
  3.8 具有催化功能的RNA ··· 31
  小结 ··· 33
  思考题 ··· 34

第4章 DNA的结构（the structure of DNA） ································ 35
  4.1 DNA的一级结构 ··· 35
  4.2 DNA的二级结构 ··· 37

4.3　DNA 的三级结构 …………………………………………………………… 43
　　4.4　四链 DNA 结构 ……………………………………………………………… 44
　　小结 ……………………………………………………………………………… 47
　　思考题 …………………………………………………………………………… 47

第 5 章　核酸的功能（nucleic acid function） ……………………………………… 48
　　5.1　核酸分子作为遗传信息载体的功能 ………………………………………… 48
　　5.2　核酶 …………………………………………………………………………… 52
　　小结 ……………………………………………………………………………… 53
　　思考题 …………………………………………………………………………… 53

第 6 章　基因组学（genomics） ……………………………………………………… 54
　　6.1　人类基因组计划 ……………………………………………………………… 54
　　6.2　基因组的初步分析 …………………………………………………………… 56
　　6.3　基因组研究的部分内容 ……………………………………………………… 62
　　6.4　基因组学研究的前景 ………………………………………………………… 63
　　6.5　结构基因组学（structural genomics） ……………………………………… 64
　　小结 ……………………………………………………………………………… 68
　　思考题 …………………………………………………………………………… 68

第 7 章　蛋白质分子的结构（the structures of proteins） ……………………… 70
　　7.1　蛋白质分子的一级结构（primary structure） ……………………………… 70
　　7.2　蛋白质分子的二级结构（secondary structure） …………………………… 72
　　7.3　蛋白质分子的三级结构（tertiary structure） ……………………………… 75
　　7.4　蛋白质分子的四级结构（quaternary structure） ………………………… 79
　　小结 ……………………………………………………………………………… 81
　　思考题 …………………………………………………………………………… 81

第 8 章　蛋白质折叠和分子伴侣（protein folding and molecular chaperones） …… 82
　　8.1　蛋白质和新生肽链折叠的新概念 …………………………………………… 83
　　8.2　帮助蛋白质和新生肽链折叠的生物大分子 ………………………………… 89
　　小结 ……………………………………………………………………………… 110
　　思考题 …………………………………………………………………………… 111

第 9 章　第二遗传密码（the second genetic code） ……………………………… 112
　　9.1　第一遗传密码 ………………………………………………………………… 112
　　9.2　第二遗传密码 ………………………………………………………………… 113
　　9.3　第二遗传密码的研究在实际应用上的意义 ………………………………… 118
　　小结 ……………………………………………………………………………… 119
　　思考题 …………………………………………………………………………… 119

第 10 章　蛋白质的错误折叠与疾病（protein misfolding and diseases） ……… 120
　　10.1　细胞内保证蛋白质正常功能的"质量控制"系统 ………………………… 120
　　10.2　与蛋白质错误折叠有关的疾病 …………………………………………… 125
　　10.3　如何治疗由于蛋白质错误折叠引起的疾病 ……………………………… 129

小结 ……………………………………………………………………………………… 130
　　思考题 …………………………………………………………………………………… 130
第 11 章　蛋白质去折叠（protein unfolding） ………………………………………… 131
　11.1　主要研究手段 ……………………………………………………………………… 131
　11.2　促使蛋白质去折叠常用的方法 …………………………………………………… 131
　11.3　蛋白质去折叠研究进展 …………………………………………………………… 131
　11.4　质谱法、荧光相图法在研究蛋白质去折叠中的应用 …………………………… 137
　　小结 ……………………………………………………………………………………… 138
　　思考题 …………………………………………………………………………………… 138
第 12 章　蛋白质结构与功能示例（structures and functions of proteins: some examples）
　　　　　……………………………………………………………………………………… 139
　12.1　超氧化物歧化酶 …………………………………………………………………… 139
　12.2　ATP 合成酶 ………………………………………………………………………… 142
　12.3　DNA 依赖的蛋白激酶 ……………………………………………………………… 145
　　小结 ……………………………………………………………………………………… 148
　　思考题 …………………………………………………………………………………… 148
第 13 章　蛋白质组学（proteomics） ………………………………………………… 150
　13.1　后基因组学——蛋白质组学研究 ………………………………………………… 151
　13.2　蛋白质组学研究的主要手段 ……………………………………………………… 153
　13.3　自动化蛋白质组分析的完整途径 ………………………………………………… 162
　13.4　蛋白质组学研究的现状和前景 …………………………………………………… 166
　　小结 ……………………………………………………………………………………… 167
　　思考题 …………………………………………………………………………………… 167
**第 14 章　蛋白质结构预测和分子动力学模拟（protein structure prediction and
　　　　　molecular dynamics simulations）** ……………………………………………… 168
　14.1　蛋白质分子结构的预测 …………………………………………………………… 168
　14.2　蛋白质二级结构的预测 …………………………………………………………… 168
　14.3　蛋白质三维结构的预测 …………………………………………………………… 170
　14.4　蛋白质分子动力学 ………………………………………………………………… 171
　14.5　蛋白质结构预测实例 ……………………………………………………………… 179
　14.6　蛋白质结构预测的展望 …………………………………………………………… 181
　　小结 ……………………………………………………………………………………… 182
　　思考题 …………………………………………………………………………………… 182
第 15 章　X 射线晶体衍射分析（protein crystallography, X-ray diffraction methods）
　　　　　……………………………………………………………………………………… 183
　15.1　X 射线晶体衍射分析概述 ………………………………………………………… 183
　15.2　晶体生长和 X 射线衍射数据收集 ………………………………………………… 186
　15.3　X 射线衍射分析 …………………………………………………………………… 195
　15.4　X 射线衍射结构分析举例 ………………………………………………………… 202

15.5 晶体结构的表达……206
小结……206
思考题……206

第16章 核磁共振技术（nuclear magnetic resonance，NMR）……207
16.1 原子核自旋与核磁共振……207
16.2 多维核磁共振……212
16.3 核磁共振测定生物大分子的三维结构……216
小结……219
思考题……219

第17章 电镜三维重构（electron microscopy three-dimensional structure rebuilding）……220
17.1 电镜载网……220
17.2 负染……221
17.3 葡萄糖包埋……222
17.4 单宁酸包埋……222
17.5 冷冻含水方法……222
17.6 低剂量电镜术……223
17.7 三维结构重建的梗概……224
小结……226
思考题……226

第18章 质谱技术（mass spectrometry）……227
18.1 生物质谱技术……227
18.2 生物质谱技术应用示例……232
小结……238
思考题……238

第19章 微量热技术（microcalorimetry）……239
19.1 等温滴定量热法（isothermal titration calorimetry，ITC）……239
19.2 ITC应用示例……242
19.3 差示扫描量热法……245
小结……249
思考题……249

第20章 荧光光谱技术（fluorescence spectrometry）……250
20.1 荧光的产生……250
20.2 从荧光光谱获得的主要谱参量……251
20.3 荧光方法的应用……256
小结……259
思考题……260

第21章 圆二色技术（circular dichroism）……261
21.1 基本原理……261

  21.2 圆二色仪 ·············· 265
  21.3 圆二色谱在结构生物学研究中的应用 ·············· 265
  小结 ·············· 267
  思考题 ·············· 267
第22章 扫描隧道显微技术（scanning tunneling microscopy） ·············· 268
  22.1 扫描隧道显微镜 ·············· 268
  22.2 STM应用于研究结构生物学的优点 ·············· 270
  22.3 STM在结构生物学研究中的应用 ·············· 271
  22.4 原子力显微技术 ·············· 275
  小结 ·············· 278
  思考题 ·············· 278
第23章 表面等离子体共振技术（surface plasmon resonance） ·············· 279
  23.1 SPR原理 ·············· 279
  23.2 基于SPR的BIAcore技术 ·············· 279
  23.3 SPR生物传感器技术的应用 ·············· 283
  23.4 SPR生物传感器技术中存在的一些问题 ·············· 287
  23.5 SPR生物传感器的改进 ·············· 289
  小结 ·············· 290
  思考题 ·············· 290
主要参考文献 ·············· 291
结构生物学相关领域Nobel奖历年获奖情况统计 ·············· 296
名词索引 ·············· 298
彩图

第 1 章 绪　　论

瑞士科学家 K. Wüthrich 教授由于用二维 NMR 测定生物大分子在溶液中的三维结构的贡献，美国科学家 J. B. Fenn 教授和日本科学家 K. Tanaka 由于用质谱鉴定和分析生物大分子结构方面的贡献，而共同获得 2002 年度诺贝尔（Nobel）化学奖。美国科学家 P. Agre 教授和 R. Mackinnon 教授由于在用 X 射线晶体衍射法测定水通道蛋白和离子通道蛋白的三维结构方面的贡献，而共同获得 2003 年度 Nobel 化学奖。以色列科学家 A. Ciechanover、A. Hershko 和美国科学家 R. Rose 教授由于发现泛素调节的蛋白质降解机制方面的贡献，而共同获得 2004 年度 Nobel 化学奖。英国科学家 V. Ramakrishnan 教授、美国科学家 T. A. Steitz 教授和以色列科学家 A. E. Yonath 教授由于用 X 射线晶体衍射法测定核糖体三维结构及其功能方面的贡献，而共同获得 2009 年度诺贝尔化学奖。美国科学家 E. H. Blackburn 教授、C. W. Greider 教授和 J. W. Szostak 教授由于发现端粒和端粒酶保护染色体机制方面的贡献，而共同获得 2009 年度诺贝尔生理学或医学奖。

迄今为止，仅在 X 射线晶体学和核磁共振波谱学两个领域中就有十多位科学家获得诺贝尔奖（详见附录）。可见，结构生物学是诺贝尔奖得主的摇篮之一。

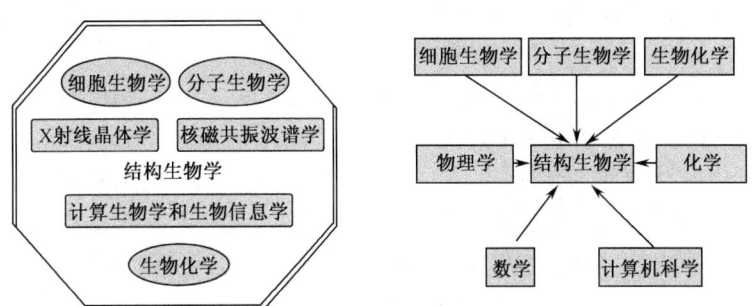

结构生物学是以生物大分子的特定三维结构及结构的特定运动与其生物学功能的关系为基础来阐明生命现象的学科。它是分子生物学的重要组成部分，从当前发展趋势来看，很可能会成为整个生命科学的前沿和带头学科之一。本课程系统讲授结构生物学基本知识、基础理论和研究方法，介绍结构生物学的新成果、新进展、发展的趋势及面临的挑战。

1.1　结构生物学——历史与定义

生物学研究的对象是生物系统（或者说包括环境在内的广义生物系统）。生物系统是非线性的复杂系统，是具有网络层次结构的系统。近几十年来，对生物系统具有的整体性、关联性、网络层次性、统计涨落性、内在和外在的随机性、奇异性（非均匀性）、开放性和历史性等复杂系统所共有的特征方面，在多学科综合集成研究的推动下，取得了积极的进展。同样，在生物科学迅速发展的今天，非线性理论中的分岔、湍流、混沌以及非线性相互作用与反常涨落、非线性相互作用与突变等的研究，已经与生物学研究相结合，并在一些重要生物学问题的探索中取得了可喜的进展。在自然科学中，对非线性和复杂性的研究由来已久。由于非线性、复杂性和复杂系统理论的研究，给生物学注入了新的概念体系和新的方法论，并成为现代生物学认识论和方法论的基础，从而推动了生物学向精确、定量学科的转化。

虽然结构生物学名称的提出已有30多年的历史，但急剧发展并逐步形成一门新的学科则是最近10多年的事。结构生物学针对生物系统的网络层次结构，也相应地分化出若干个层次，分子层次的结构生物学是结构生物学当今发展的主流，也是结构生物学的主体。

在英国出版的权威性杂志 Nature，在以往的一个时期里，每年11月召开一次以分子生物学为主题的国际学术讨论会，讨论生物学领域这一年最为重要的学科最新动态。在1993年以结构生物学为主题的讨论会议上，曾任哈佛大学、麻省理工学院教授，现为美国 Brandeis 大学教授的 Petsko 在会上宣称结构生物学的时代已经开始，并提出结构生物学的中心法则：

序列⟶ 三维结构⟶ 功能

自1990年以来，至少有4种新的结构生物学专业期刊问世，它们是：

Journal of Structural Biology（1990，IF=4.059）（IF，影响因子）

Current Opinion in Structural Biology（1991，IF=9.06）

Structure（1993，IF=5.397）

Nature Structural Biology（由 *Nature* 在1994年推出，IF=10.987）。2004年更名为 *Nature Structural & Molecular Biology*。

尤其值得注意的是已有几十年历史的 *Journal of Structural Biology* 的几次更名。这份杂志创刊时的刊名是 *Journal of Ultrastructure*，主要发表生物体结构的电子显微镜研究论文，1972年更名为 *Journal of Molecular Structure Research*。1990年改为现在的刊名，这在一定程度上反映了结构生物学发展的动向——朝向分子水平。

另外一些重要的新刊物虽然不直接用结构生物学为名，但内容主要是结构生物学。

Proteins（IF=4.313）

Protein Science（IF=3.787）

Journal of Biomolecular NMR（IF=2.420）

Journal of Biomolecular Structure & Dynamics（IF=1.131）

Current Opinion 是1991年出版的介绍生物学领域内最新成就和观点的刊物，它目前有13个分支领域，包括结构生物学、细胞生物学、神经生物学、微生物学、植物学、化学生物学、免疫学和生物技术等。值得注意的是13个重要分支学科已不包括分子生物学，但是实际上几乎所有其他分支都包含分子生物学的内容，并且都离不开结构生物学的影响。*Nature* 于20世纪90年代和21世纪推出了11个专刊，包括结构生物学（2004年改为结构分子生物学）、细胞生物学、神经科学、遗传学、医学、免疫学和生物技术等，同样也不包括单一的分子生物学。

由此可见，**结构生物学**是以生物大分子的特定三维结构及结构的特定运动与其生物学功能的关系为基础来阐明生命现象的学科。详细地说，它是一门以分子生物物理学为基础，结合分子生物学和结构化学方法测定生物大分子及其复合物的三维结构以及结构的运动，阐明其相互作用的规律和发挥生物学功能的机制，从而揭示生命现象本质的学科。

1.2 结构生物学——进展

结构生物学一直是分子生物学的重要组成部分，只是近年来才飞速发展成为分子生物学的前沿和主流，并且从当前发展趋势来看，很可能成为整个生命科学的前沿和带头学科之一。

神经生物学和细胞生物学之所以出现今天这样蓬勃的局面，完全是因为注入了结构生物学这一新鲜血液。生物膜与细胞内跨膜信息传递，基因结构与基因调控，生物能的产生、传递和作用，神经网络的结构功能，直至感情、学习、记忆这种最高级的生命运动形式都需要、也只有结构生物学水平上的研究才可能最终阐明它们的本质。离子通道和神经递质受体结构研究已给神经生物学带来了全新的面貌，作为现代生物学热点的神经生物学已经不是传统的神经生物学，而是建立在分子生物学，特别是结构生物学基础上的神经生物学了。

一切生命活动，如生长、运动、呼吸、免疫、消化、光合作用，以及对外界环境变化的感觉并作出必要的反应等，都必须依靠蛋白质来实现。每一种蛋白质都有它自己特定的氨基酸序列和特定的三维结构。20世纪50年代中期，胰岛素分子的氨基酸序列及二硫键连接方式的阐明，是蛋白质一级结构测定的开始。半个多世纪来氨基酸序列被测定的蛋白质已超过40万个。

即使肽链的氨基酸序列不变，只要三维结构被破坏，就会导致蛋白质功能的丧失。蛋白质在肽链保持完整条件下三维结构的破坏称为蛋白质的变性。这一概念是我国科学家吴宪教授在20世纪30年代初根据他在国内的工作首先提出来的，长期以来被国际上广泛接受。

X射线晶体衍射目前仍然是蛋白质三维结构测定的主要方法（图1-1）。美国蛋白质数据库存入的晶体结构，现在已超过50 000个，晶体结构测定的速度目前已达到平均每天10个结构的水平。

几乎每一个重要蛋白质高分辨率结构的测定，都从分子水平上阐明了一项基本生命现象；但是这些结构已被测定的蛋白质，只不过是自然界数以百万计的蛋白质中的微不足道的部分。

在结构生物学领域内，近20年来发展起来的二维和三维核磁共振方法（图1-1）已经显示了它对蛋白质在溶液中的三维结构和运动状态方面研究的优势，现已解出了7 000多个较小蛋白质的结构，也许在不远的将来它会为生物大分子三维结构测定带来又一次突破。

结构与功能关系的研究，一直是蛋白质研究的核心问题之一。现在，体外基因突变技术，特别是定点突变的发明，可以任意改变蛋白质分子中的氨基酸残基，以观察其对生物学功能的影响。

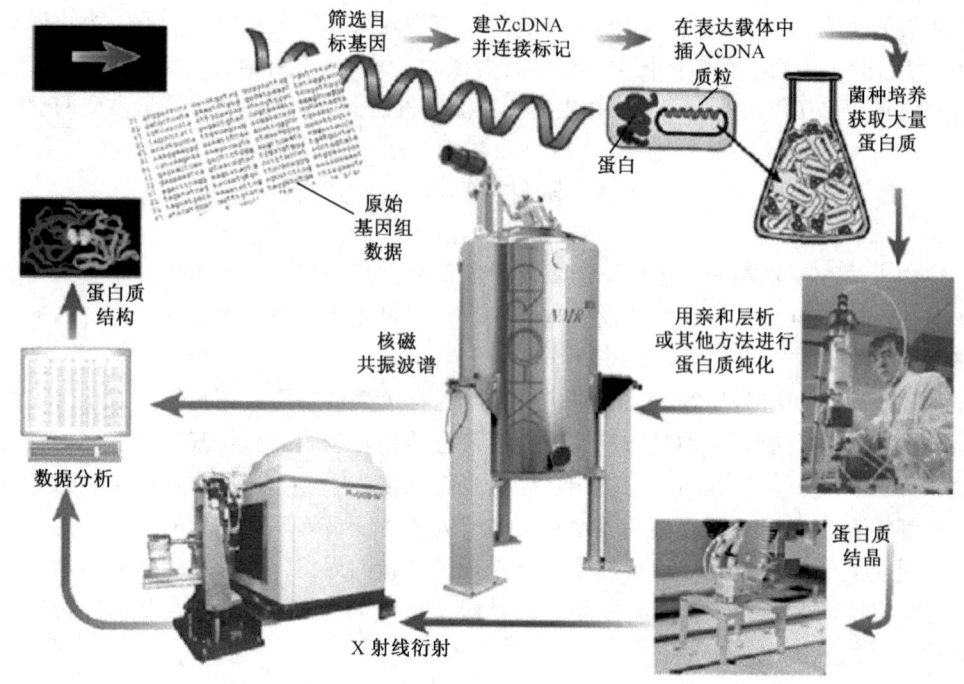

图 1-1 结构生物学研究流程示例

另一个重要的问题是蛋白质三维结构与其生物活性的关系,这是近年来发展最为迅速的领域,也是结构生物学的核心之一。邹承鲁院士曾指出,三维结构对酶的功能至关重要,即使极其细微的扰乱也会导致酶活力的丧失。蛋白质分子不是刚性分子,它的三维结构在一定程度上是在不断运动之中,即使在晶体状态下运动也不停止。实际上,蛋白质的功能不仅与分子结构本身密切相关,而且必须依赖于结构的这种运动性能。酶分子活性部位的一定程度的柔性,亦即可运动性,正是酶充分发挥其催化功能所必需的。

经过多年的研究,遗传信息由 DNA 到 RNA 再到多肽链的合成过程已经基本清楚。需要进一步搞清的问题是,这一过程是怎样得到调节控制的。这不但是细胞发育分化的基础,也和生物体与各种环境因素的相互作用以及疾病的发生有密切关系。

另一个需要进一步搞清的问题是,以一定氨基酸顺序排列的多肽链怎样折叠成有一定三维结构的蛋白质。这是分子生物学中心法则目前还完全没有解决的两大问题之一。除实验研究外,从理论上如何根据蛋白质的氨基酸序列预测蛋白质三维结构,也是一个受到广泛重视的研究方向。

对于生物大分子的结构和功能,生物学家最感兴趣的还是功能,因而结构生物学的研究最终也必将导致对生物功能的冲击。大分子以及大分子复合物结构的阐明正是揭示功能的基础(图 1-2)。仅以 DNA 结构和功能研究为例,随着对 DNA 精细结构、三链结构、四链结构、超螺旋结构等结构多样性研究的进展,已经戏剧性地改变着我们对 DNA 分子结构的看法。在增加多样性和复杂性的同时,也为我们提供了揭示 DNA 生物学功能的大量信息。

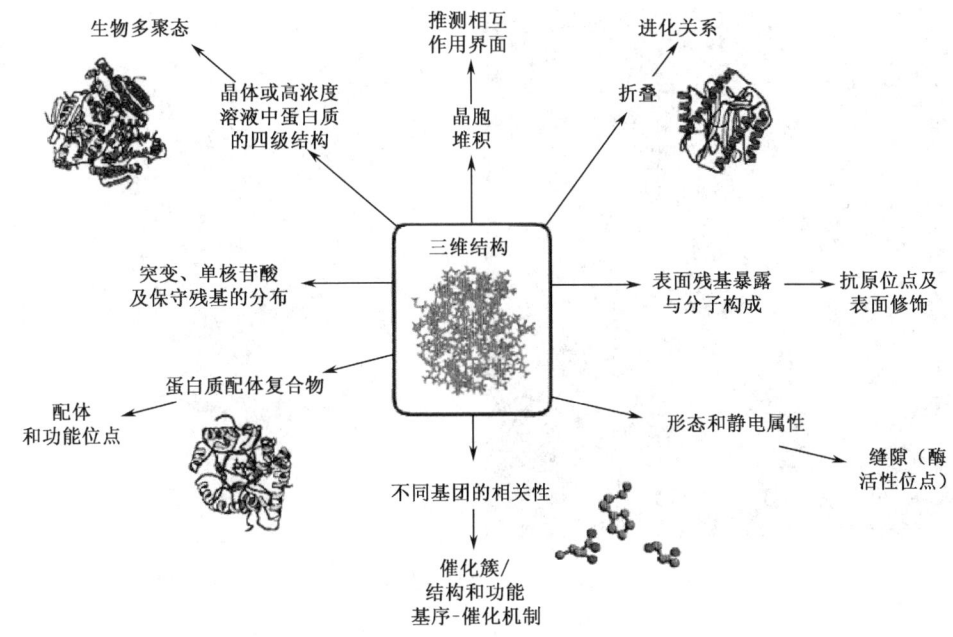

图 1-2　从结构到功能：从三维结构可以获得大分子生物学功能的概要信息
(Thornton J. M. et al. 2000)

在神经生物学领域中，神经细胞中信息的存储和组织以及神经细胞间信息传递的研究，现在都已进入了分子水平。以电生理学而言，脑组织中的电流活动与膜的离子通道密切相关。即使是像钠离子那样的普通物质，也必须通过跨膜的、有一定结构的钠离子通道蛋白才能出入细胞。通道蛋白大体上可分为配体控制（如乙酰胆碱受体）和电压控制（如钠离子通道蛋白）两大类，它们都具有特定的专一性。因此钾、钠离子出入细胞各有其自己的特有的通道蛋白，二者不能通用（图 1-3）。

钠离子虽然较小，却不能利用钾离子通道。这是因为钾离子与其通道蛋白配位结合后引起通道蛋白三维结构的变化造成钾离子的通过，而钠离子正因为太小，配位结合后不足以引起通道蛋白的三维结构变化，所以反而不能通过（图 1-4）。钾离子通道蛋白的三维结构已经在 1998 年解出，美国科学家 R. MacKinnon 教授由于此项工作而获得 2003 年度诺贝尔化学奖。

动物一般有极强的感觉能力，这是动物生存所不可缺少的，也是神经生物学研究的重要内容之一。例如，某些动物感知气味的灵敏度可高达

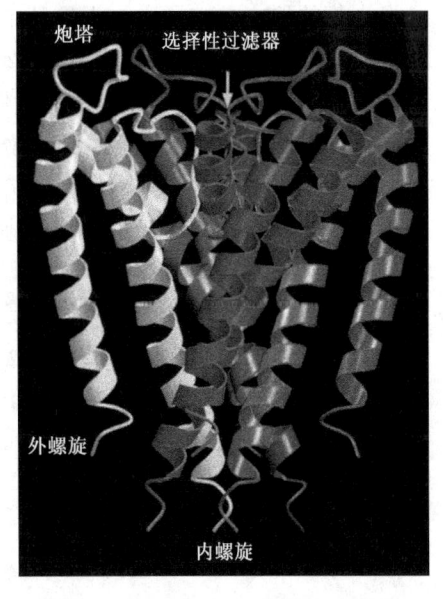

图 1-3　每个亚基含有 2 个穿膜螺旋，在孔道区域连接起来，孔道区域由"炮塔"、孔道螺旋和选择性过滤器组成
(Doyle D. A. et al. 1998)

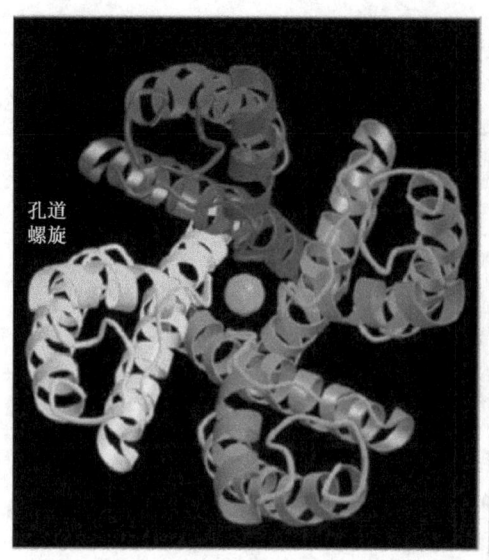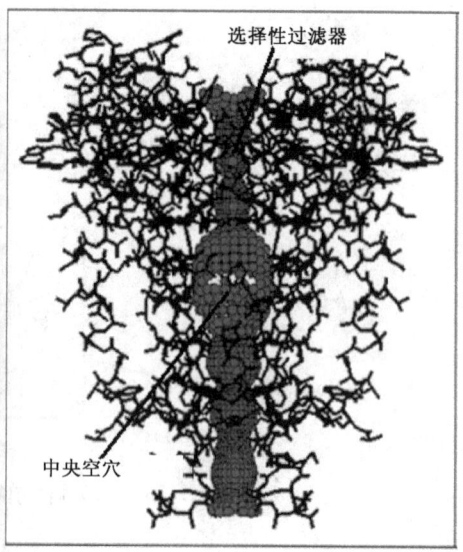

图 1-4 钾离子通道蛋白由四个对称的亚基组成，包含一个中央空穴
(Doyle D. A. et al. 1998)

10^{-12}，并能分辨化学物质的光学异构体。现在这些现象已经从分子水平开始得到阐明。视觉、味觉和嗅觉等都有自己的受体，这些受体也都是蛋白质。这些受体蛋白质不但有极高的专一性，并且以极高的亲和力与配体结合，这就是生物体感觉的分辨力和灵敏度的分子结构基础。

大脑的研究是神经生物学领域中最复杂的问题之一。思维、感情、学习、记忆都是大脑的活动，许多学者认为它将是 21 世纪最活跃的研究领域，现在也已开始进入分子生物学研究的范围。相信 21 世纪大脑研究将从分子水平上取得突破性进展。人的大脑可能含有 10^{14} 个突触接点，其物质基础仍然离不开受体蛋白。正是这些突触接点的连接组织方式决定了人脑的活动。记忆的基础可能与突触接点连接组织方式的改变有关，某些蛋白质的磷酸化能对突触接点的加强或减弱起调节作用，从而影响突触的连接组织方式。

虽然膜蛋白的重要性如上所述已毋庸置疑，但膜蛋白的结构测定，仍然远远落后于一般蛋白质的结构测定，在已知结构的数万个蛋白质中仅有几百个是膜蛋白。无疑，膜蛋白结构测定的突破一定会给结构生物学乃至整个生物学的前进开辟全新的广阔领域，2003 年度 Nobel 化学奖授予水通道蛋白和离子通道蛋白结构测定的两位科学家就充分说明了这一点。

1.3 结构生物学——新目标

如果说三维结构测定已经有 50 余年的历史，那么今天的结构生物学已经完全超越单纯三维结构测定的本身，而是直接瞄准待测结构的生物大分子的功能，瞄准那些与功能紧密联系在一起的生物大分子复合物的结构，如酶与底物（DNA 聚合酶-DNA）、酶与抑制剂（溶菌酶-(NAG)$_3$）、激素与受体（人生长激素与其受体）、抗原与抗体（流感病毒神经氨酶-单克隆抗体）、DNA 与其结合蛋白（TATA box 与其结合蛋白）等。

进一步的目标又提高到由许多生物大分子组成的极其复杂的大分子组装体的结构（macromolecular assembly）。如组成细胞骨架的微管系统（microtubules）、病毒与抗体复合物、由 200 多种不同的蛋白质组成的细菌鞭毛（flagella）、含有 100 多种蛋白质的细胞核膜孔、由组蛋白和 DNA 组成的核小体、由 60 个不同的蛋白质分子和 3 条 RNA 链组成的分子质量高达 230 万的核糖体等。其中核糖体大亚基的分析已达 2.9Å（1Å＝10^{-10} m）分辨率，是当前 X 射线晶体结构分析的一个突破。

如果说早期如溶菌酶与其抑制剂 (NAG)$_3$ 复合物结构分析为揭示酶的作用机制提供了重要信息，随后细菌光合作用中心三维结构的解析（第一个膜蛋白的高分辨率结构，也是迄今为止国际上所解析出的最复杂的分子结构）又为阐明光合作用机制以及膜蛋白的三维结构分析铺设了道路（德国科学家 R. Huber 教授就由于此项工作而获得 1988 年度 Nobel 化学奖），那么现在 DNA 聚合酶-DNA、人生长激素与其受体、TATA box 与其结合蛋白、核小体、核糖体等复合物结构的阐明则为 DNA 复制、激素作用、基因调控、遗传信息转录翻译和光合作用等重要生命活动的分子机制又提供了关键的信息。今后对生物大分子发挥生物功能认识上的突破还要依赖于这些相互作用的大分子复合物的结构细节的阐明。

结构生物学的另一特点是不再满足于静态结构的测定，而追求与生物大分子发挥生物学功能相伴随的动态结构的测定。生物大分子及其复合体的结构不是刚性的，而是有柔性的，存在着在不同层次的不同自由度的运动，它们是生物大分子发挥生物学功能的基础和条件；另一方面，生物大分子发挥功能的过程就是和其他分子相互作用的过程，也是构象变化的过程。因此生命的结构必然是运动的结构，结构分析也必须分析结构的运动。

X 射线晶体结构分析正努力在第四维时间坐标上跟踪、分辨和描述生物大分子的结构变化，即所谓四维结构测定。由于同步辐射所提供的 X 射线光源可以达到很高强度，因而可以在以秒计的时间范围收集一套完整的衍射数据，使得在以秒计的时间范围内的结构动态测定成为可能。但 X 射线分析毕竟受收集衍射数据所需时间的限制，目前核磁共振（NMR）方法应该还是测定生物大分子动态结构的最佳手段。尤其在蛋白质折叠的研究中，NMR 是当前捕捉和鉴定折叠中间物的产生、结构和演变最有效的手段，但是它所能测定的蛋白质的分子质量目前还只在 1 万～3 万道尔顿（Da）的水平。

当今，学科的交叉和融合已经成为科学发展的必然趋势。生物物理学和分子生物学、生物化学等姐妹学科之间现在已经不能划出明确的界线，也已经不存在什么纯粹的生物物理学、纯粹的分子生物学、纯粹的生物化学等。生命科学的每一分支无一不在运用分子生物学的概念和技术，并且无一不在逐步走向结构生物学，而分子生物学和结构生物学诞生本身又是得益于物理学的成就。

今天，生物学家的任务是要运用人类所有的对自然，特别是对生命的知识和认识，运用人类已经掌握的全部技术来研究生命，而不能只固守在自己已经习惯的一小块领地上，只遵循自己一贯的概念，只用自己熟悉的方法进行工作，那是不能进步的，也不能为科学发展做出贡献。我国生物学家也只有适应国际潮流,与其他姐妹学科相互渗透、携手前进,才能向新的高度进军。

小　结

结构生物学是以生物大分子的特定三维结构及结构的特定运动与其生物学功能的关系为基础来阐明生命现象的学科,它是分子生物学的重要组成部分,是整个生命科学的前沿和带头学科之一。

结构生物学的新目标之一,是直接瞄准待测结构的生物大分子的功能,以及那些与功能紧密联系在一起的生物大分子复合物的结构。

思　考　题

1. 解释结构生物学并简述其发展史。
2. 试述近20年来结构生物学领域取得的重大成就。
3. 试述结构生物学的新目标。
4. 结合你对结构生物学的认识展望结构生物学的发展前景。
5. 英译汉

The essence of structural genomics is to start from the gene sequence, produce the protein and determine its three-dimensional structure. The challenge, once the structure is determined, is to extract useful biological information about the biochemical and biological role of the protein in the organism. This is a complete reversal of the classical structural biology paradigm, where a protein structure is determined to understand how it performs its known biological function at the molecular level.

第2章 核酸结构的多样性
(nucleic acid structure diversity)

"核酸的结构和功能"是分子生物学、分子遗传学、生物医学和生物工程学等的主题之一。长期以来,一直受到生物学界的高度重视。人们已经认识到,生物多样性在基础的层次上决定于遗传的多样性,而作为遗传多样性基础的遗传物质(DNA 或 RNA)结构的多样性和功能的多样性,它不仅是生物多样性基础的基础,而且是生命活动的基础之一。就 DNA 而言,不仅揭示了它的 A、B 和 Z 型等双螺旋的多种不同构象的存在,而且还发现了与传统的双螺旋截然不同的三链 DNA、四链 DNA 结构。即使是双链 DNA,也还有链状和环状等结构,还可以形成松弛型、浓缩型、超浓缩型和花束型等不同拓扑形式的高级结构。大量的研究表明,核酸是动态分子,可在不同的结构状态间变换,亦即在不同的条件下,核酸的分子结构可有所不同(图 2-1)。

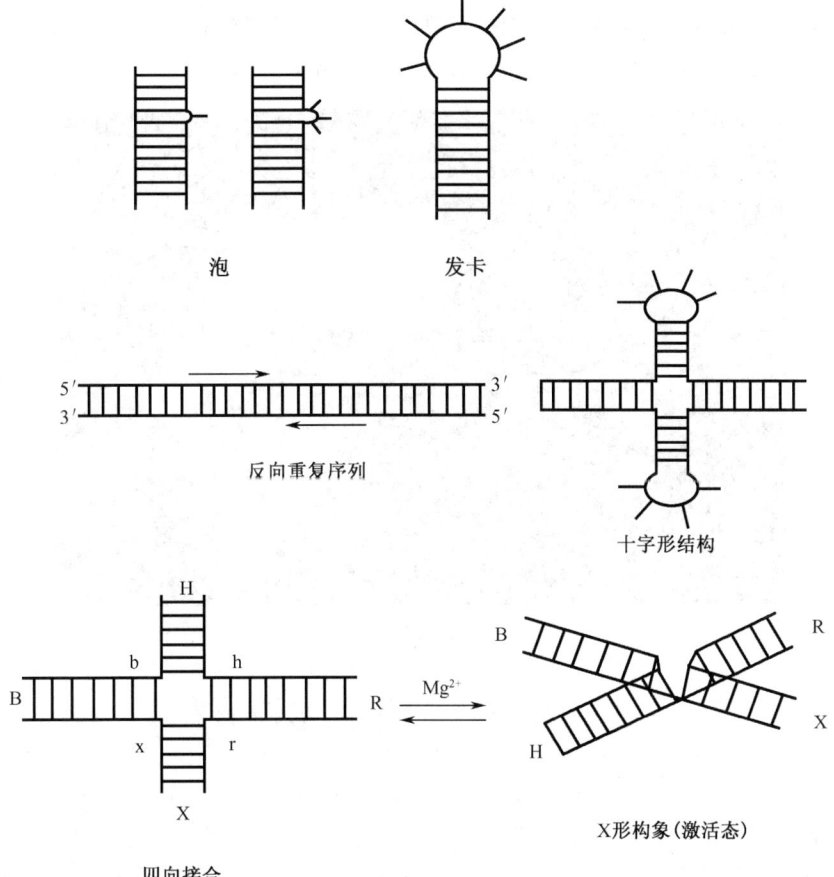

图 2-1 核酸分子的结构形态:RNA 和 DNA 主要二级结构的简单描述

在生物系统中,影响或导致核酸结构多样性的因素很多,大致可以归纳为:
(1) 组成核苷酸链的核苷酸顺序;
(2) 核苷酸主链的静电相互作用和主链构象角;
(3) 碱基间的氢键相互作用、共平面相互作用和堆积相互作用,以及修饰碱基的影响;
(4) 精细结构;
(5) 大分子、小分子和金属离子等的影响;
(6) 溶剂;
(7) 在系统条件下,自组织和调节控制的作用;
(8) 遗传因素。

2.1 单链核酸分子的结构形态

在活细胞中,经转录生成的新生 RNA 分子除极个别者外,是单股多核苷酸链,其分子内部有部分碱基可通过配对而形成局部的小双链区,并与其附近未配对的碱基(单链区)构成所谓的发夹式结构(hairpin structure)。RNA 是边形成边折叠的。对于单链核酸分子的结构形态(图 2-2),更复杂的情形是由于同聚核苷酸也能以单链螺旋的形式存在。在溶液中,它们显示出一种局部有序的结构。

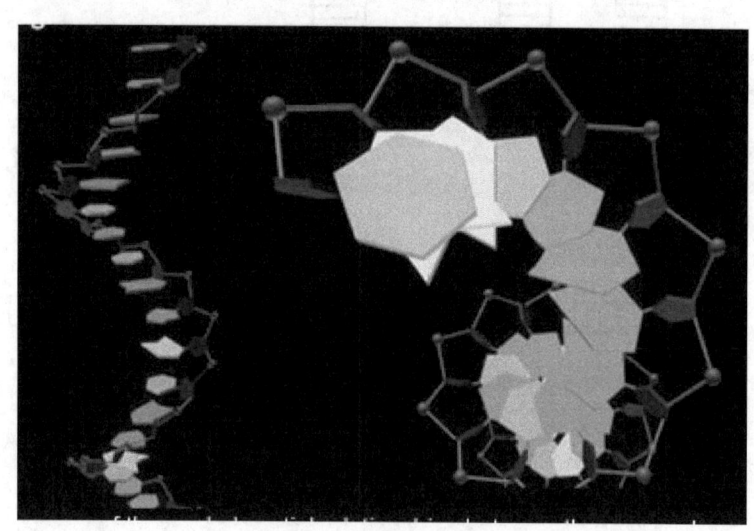

图 2-2　单链螺旋 DNA 分子

2.2 双链核酸分子的结构形态

双链核酸分子的结构形态可分为环状和线状两类。细胞中的 DNA 通常是线状的,即 2 条主链都有终端。然而,有一些 DNA(特别是许多病毒和细菌的 DNA)则是环状的,其 2 条主链都闭合成圈。可以想像,活细胞核里的 DNA 细长分子,必然有非常复杂的弯曲、绞缠等几何现象。在描述这类现象时应当注意的是双螺旋的轴线(各个碱基对的中点所连成的线）的几何形状。实验中观察到 DNA 的轴线本身通常也绞拧成螺旋状。环状 DNA 的轴线可以打结，交叉点不超过 6 的纽结都已在实验中观察到。环状 DNA 分子之间可以构成链环而不能分离。事实上，生物化学家已经能够确定环状双链 DNA 分子的环绕数和绞拧数。例如猴病毒 SV40 的环状 DNA 有 5226 个碱基对，其 Wr≈−25（Wr 为绞拧数）。值得注意的是，大多数天然 DNA 的绞拧数都是负的，因而其超螺旋的样子像左旋的麻花。

在细胞中，DNA 的结构形态最主要的是右手双螺旋（图 2-3）及双螺旋基础上的超螺旋，其他形态仅占很小的比例。

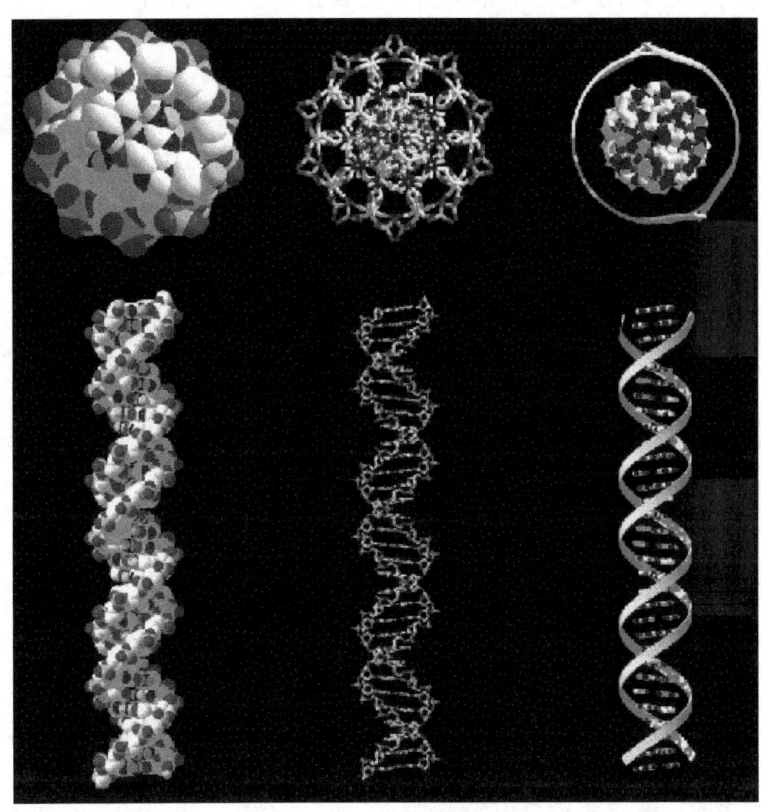

图 2-3　DNA 双螺旋

2.3　三链核酸分子的结构形态

根据构成三链 DNA 的结构单元不同，可将它分为 2 种基本类型：嘧啶-嘌呤-嘧啶型和嘌呤-嘌呤-嘧啶型。它们在第 3 链的组成序列、各条链的相对方向、3 条链的位置和碱基相互作用等方面都存在明显差别。

2.3.1　嘧啶—嘌呤—嘧啶类三链 DNA

寡聚嘧啶以平行于 Watson-Crick 双螺旋嘌呤链的方向，在双螺旋的大沟中，专一性地与双螺旋的嘌呤相结合。其专一性体现在 T 对 A-T 碱基对的识别（T·TA 三碱基体），以及质子化的 C（C$^+$）对 G-C 碱基对的识别（C$^+$·GC 三碱基体）。

2.3.2 嘌呤—嘌呤—嘧啶类三链 DNA

富含嘌呤的寡聚脱氧核糖核酸以反平行于 W-C 双螺旋嘌呤链的方向，在双螺旋的大沟中，专一性地与双螺旋的嘌呤链结合。其专一性体现在 G 对 G-C 的识别（G·GC 三碱基体），以及 A 对 A-T 对的识别（A·AT 三碱基体）。

构成三链 DNA 结构的基础归纳起来是：由 2 条极性相反的单链脱氧核苷酸按互补的配对方式结合而形成的双螺旋，沿大沟存在多余的氢键给体和受体，这些暴露于周围环境的氢键给体和受体，可和专一性的结合分子（如蛋白质等）发生相互作用，形成专一性的化合物；也可以与双螺旋 DNA 分子结合形成三链 DNA。实际上，正是由于双螺旋中大沟的存在为第 3 股 DNA 缠绕到双螺旋上形成三链 DNA 提供了结构基础。

2.4 分支的三链核酸复合物

在具有生物活性的单链核酸中，三向接合（three-way junction）是最简单的和普遍存在的分支结构。例如大的核糖体 RNA 和锤头状核酶（hammerhead ribozyme）就含有三向接合结构（书后彩页图 2-4（a）中的箭头指向）。值得注意的是，几乎所有锤头状核酶都有未配对的 4 个核苷酸，它可由 DNA 类似物取代但仍有酶活性。

三向接合看来具有构象柔性，天然发生的三向接合中的未配对核苷酸是不变的，它有稳定三向接合形成的作用。

2.5 四链核酸分子的结构形态

四链 DNA 分子的结构，最初是对带有端粒重复序列的 DNA 大片段形成聚合物进行研究。Oka 等在体外合成了 Oxytricha 大核 DNA 的端粒部分，并提出了 3 种分子间结构的模型，其中 2 种分别为平行与反平行四螺旋。其后更多地从寡聚 DNA 片段得到了多种多样的结构。

体外实验表明，富 G 单链可形成多种稳定的 G4 结构。G 四碱基体为对称排列，当由 4 个 DNA 分子聚合而成时，主链为平行走向，形成右手螺旋，且所有核苷酸为 anti，糖环为 C2′-endo 构象，4 条链对等，有 4 个相同的沟。每一条链的构象都具有 B-DNA 特征。当由 2 个 DNA 链分别折叠为发夹而形成的结构则为反平行的，其环区为 T，而 G 形成四螺旋。对边缘二体而言，其糖苷键沿每一条链均为交替的 anti 和 syn 构象，四碱基体中相邻的 2 个 G 为 anti，另 2 个为 syn，从而形成 1 个大沟、1 个小沟和 2 个中沟。对于分子内四体，每条链仍为交替 anti、syn 构象，但每 4 个碱基体中位于对角线上的 2 个 G 为 anti，另一对为 syn，形成 2 个大沟和 2 个小沟（图 2-5）。

当由单链折叠形成四链时，每 2 个相邻的链均为反平行，其构象为 syn 对 anti。Venczel 等推测其形成过程为先形成发夹结构，而后再折叠形成四链。每一层四碱基体的 anti-syn 构象同分子内四体，因而也有 2 个大沟和 2 个小沟，其骨架为 2 次旋转对称。

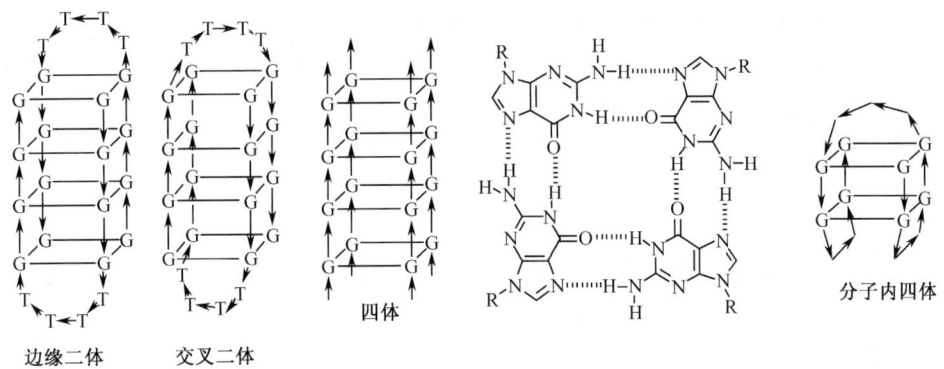

图 2-5 四链结构 DNA 的主要构象

2.6 非线型多支链结构

核酸结构的多态性除了以上介绍的各种结构形态外，还存在着多种非线型多支链结构，如在 Mg^{2+} 存在的情况下，DNA 分子形成一种非对称的三臂分支结构，并且这样的结构又可以 Y-结构和 T-结构形式存在。

2.7 多聚核苷酸右手螺旋：A 型和 B 型

在不同条件下，不同的天然和合成 RNA 和 DNA 的双螺旋结构形态表示为 A，A′，B，α-B′，β-B′，C，C′，C″，D，E 和 Z（图 2-6）。

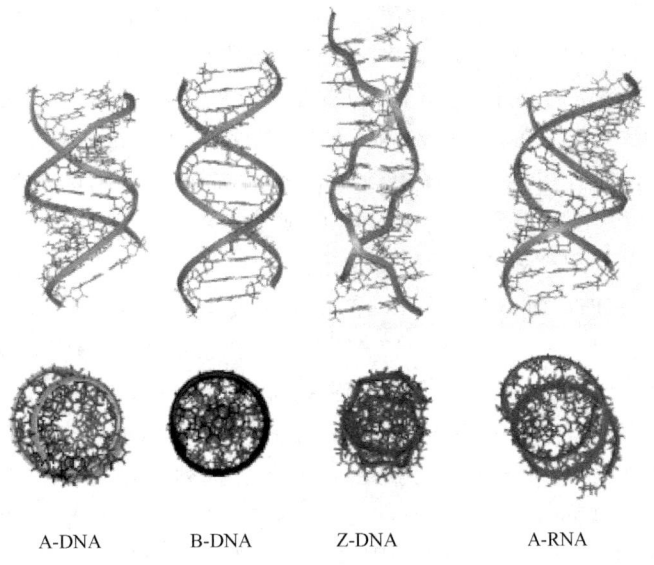

图 2-6 几种 DNA 和 A-RNA 结构的比较

(Belment P, et al. 2001)

A 到 Z 表示基本的结构多态性。前缀 α 和 β 只是表示与晶体晶格对称性有关，但包装不同。附加的符号表示一种类型的结构内小的差别。暂不考虑例外的左手 Z-DNA 时，便可发现核糖和脱氧核糖两类的多聚核苷酸有着共同的结构特征。一般地，单链、双链、三链或四链的右手 DNA 和 RNA 螺旋结构可分为 A 型和 B 型两大类（表 2-1）。

表 2-1　几种 DNA 和 A-RNA 的结构参数

结构参数	A-DNA	B-DNA	Z-DNA	A-RNA
螺旋方向	右手	右手	左手	右手
每圈残基数	11	10.5	11.6	11
轴高	2.55Å	3.4Å	3.7Å	2.8Å
螺距	28Å	36Å	45Å	
每个残基旋转角	32.7°	36°	−9°, −51°	32.7°
螺旋直径	23Å	20Å	18Å	
糖折叠				
dA, dT, dC	$C3'endo$, anti	$C2'endo$, anti	$C2'endo$, anti	$C3'endo$, anti
dG	$C3'endo$, anti	$C2'endo$, anti	$C2'endo$, syn	$C3'endo$, anti
大沟	窄，深	宽，深	平	
小沟	宽，浅	窄，深	窄，深	

　　A 和 B 型多聚核苷酸螺旋的主要区别取决于糖的折叠模式，A 族为 $C3'$-endo，而 B 族为 $C2'$-endo（或相当于 $C3'$-exo）。糖的不同折叠意味着相同的多聚核苷酸链中邻接的磷酸间在距离上的差异，对于 $C2'$-endo 和 $C3'$-endo 构象，其距离范围分别为 0.59 nm 和 0.7 nm。

　　碱基对的倾斜方向 θ_T 与糖的折叠有关。θ_T 在 A 型螺旋中是正的，而在 B 型螺旋中则是负的。倾斜角结合右手螺旋的螺旋方向的差异导致相邻碱基间堆积重叠的改变。

　　A-DNA 中每个残基的上升高度 h 比 B-DNA 中的变化大，而每个残基的旋转则显示出相反的趋势。一般来讲，在 A 型 Watson-Crick 双螺旋中，每个残基的 h 在 0.259～0.329 nm 的范围，并且与从一个碱基到下一个碱基的相对小的旋转变化（30.0°～32.7°）有关。然而，在 B 型双螺旋中，从 B-到 D-DNA，h 都相当恒定，其变化仅从 0.303～0.337 nm，而每个残基的旋转变化范围较大（36°～45°）。因此，A 型双螺旋的整体形貌是相当一致的，而 B 型 DNA 的变化则较大。A 族多聚核苷酸服从于结构的保守性。A 族双螺旋仅与 A-、A'-RNA 和 A-DNA 结构密切相关。B 族多聚核苷酸表现出结构的多样性。属于 B 族的螺旋结构仅在各种 DNA 中见到，RNA 不存在。与 A 族双螺旋比较，包括 B-、C-和 D-DNA 等组成的 B 族双螺旋表现出更大的结构变动（表 2-2）。主要原因是 A 和 B 型双螺旋在宏观上的排列方式，在 A 型中允许低缠绕（11～12），而 B 型螺旋可高缠绕（10～8），这不意味张力能在螺旋变化中起重要作用，碱基对位错和沿螺旋表面的大沟和小沟则是决定结构特征的重要因素。

表 2-2 A-DNA 与 B-DNA 的结构性质比较

族型	A	B
糖折叠	$C3'endo$	$C2'endo$
位错	0.59 nm（大沟）	0.70 nm（小沟）
	0.44～0.49 nm	0.02～0.18 nm
每个核苷酸的旋转角	30°～32.7°	36°～45°
h	0.256～0.329 nm	0.302～0.337 nm
碱基对倾斜	正，10°～20.2°	负，$-5.9°/-16.4°$

在 B-和 C-DNA 中，螺旋轴从碱基对中穿过，且大小沟也不如 A 型双螺旋明显。大小沟的深度几乎相同，而宽度则是不相同的，大沟比小沟宽。

在 D-DNA 中，螺旋轴被推至小沟旁，大小沟深度基本相同，小沟很窄，大沟相当宽阔。沟的大小差异与特定的复杂的性质有关，且取决于碱基对的倾斜和每个残基轴向上升的高度。

A 型螺旋的大沟表现出各种几何形状，大沟深且狭窄，易接近水分子和金属离子。

2.8 Z-DNA

早在 1979 年，对具有同样的 G·C 相间序列，如 d（CpGpCpGp）或 d（CGCG）和 d（CpG-pCpGpCpGp）或 d（CGCGCG）的寡核苷酸单晶 X 射线衍射研究，已确切证明左手双螺旋 DNA 的存在。自那以后，人们对左手双螺旋 DNA 作了多方面的研究，迄今已取得了许多有意义的结果。对 d（CGCGCG）晶体结构的分析表明，其分子模型系由 2 股反平行链，并以 Watson-Crick 碱基配对形成"Z"字形骨架的左手双螺旋，通常称为 Z-DNA。

2.9 天然 DNA 的构象

天然 DNA 一般采取 B 型。然而，B-DNA 精确的每转 10 个碱基对的重复，仅限于晶体状态，在溶液状态下并非如此。在溶液中，由于晶格破碎成溶液，使得螺旋—螺旋的直接接触丧失，晶体包装力所施加的结构限制不复存在，DNA 分子缠绕不那么紧，结果发生细微的扭曲，导致每转螺旋成为 10.3～10.6 个碱基对。这个数据是由 12 个聚核苷酸的晶体通过广角 X 射线衍射研究、酶消化、圆二色光谱测定和理论计算证实的。因为 B-DNA 是与纤维的高湿度或 DNA 的水溶液有关，通常将其视为生物机体出现的天然 DNA，相似的分子结构在围绕核小体的组蛋白八聚体核心缠绕的 DNA 中观察到，这也从一个侧面提示天然 DNA 取 B 型。

在水溶液中，聚（dA）·聚（dT）表现出唯一的每转 10 个碱基对的双螺旋，它可以 1∶1 形成 Watson-Crick 复合物，在低盐浓度和高相对湿度下表现出典型的 B-DNA 分子结构。其他天然发生的 DNA 或具有交替顺序的聚（dA）·（dT）复合体呈现每转 10.1 ± 0.1 碱基对。

聚（dA）·聚（dT）的 B-DNA 类的结构称为 B'-DNA，其螺旋不同于 B-DNA，螺距大约减少 0.008 nm。假如环境的盐浓度升高（或相对湿度降低），双螺旋不对称地转变为三股螺旋聚（dA）·2 聚（dT）和 1 个单核苷酸链，与聚（A）·聚（U）系统相似。在这两种情况下，A 族（A-DNA）的 Watson-Crick 复合体的大沟容纳 1 个额外聚嘧啶股，它与聚嘌呤以 Hoogsteen 碱基对相连。Hoogsteen DNA 两股平行走向，可能是 B 型 DNA 转变为 Z 型 DNA 的中间态（图 2-7，图 2-8）而 Watson-Crick 复合体中的多核苷酸链是反平行的。

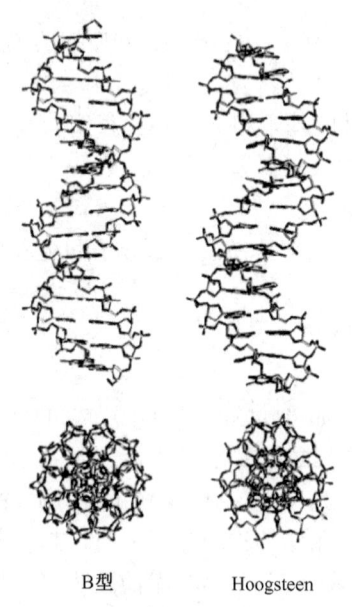

图 2-7　B 型双螺旋 DNA 与 Hoogsteen
双螺旋 DNA 结构的比较
（Abrescia N. G. A., et al. 2002）

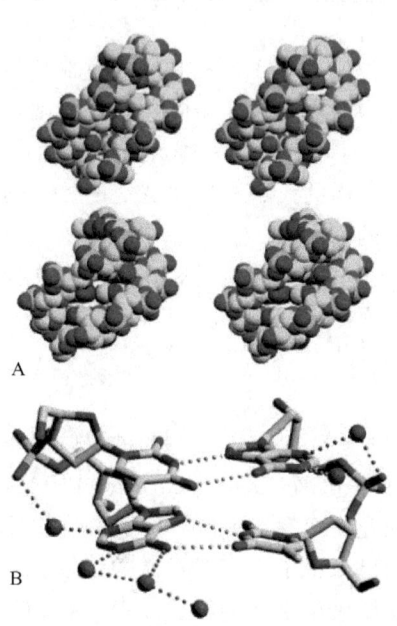

图 2-8　Hoogsteen DNA 的凹槽结构。
Hoogsteen DNA 可能是 B 型 DNA
转变为 Z 型 DNA 的中间态

除右手螺旋的天然 DNA 外，1979 年在人工合成的 DNA 片段中发现了左旋结构，后来又在天然 DNA 中发现了左旋 DNA 结构（Z-DNA）。

小　　结

生物多样性在基础的层次上决定于遗传的多样性，而作为遗传多样性基础的遗传物质（DNA 或 RNA）结构的多样性和功能的多样性，它不仅是生物多样性基础的基础，而且是生命活动的基础之一。

在溶液中，单链核酸分子显示出一种局部有序的结构。双链核酸分子的结构形态可分为环状和线状两类。根据构成三链 DNA 的结构单元不同，它们在第 3 链的组成序列、各条链的相对方向、3 条链的位置和碱基相互作用等方面都存在明显差别。

单链、双链、三链或四链的右手 DNA 和 RNA 螺旋结构可分为 A 型和 B 型两大类。天然 DNA 一般采取 B 型。

思 考 题

1. 列举在生物系统中影响或导致核酸结构多样性的因素。
2. 试述核酸分子的结构形态。
3. 试述天然 DNA 的构象。

第 3 章 RNA 的结构
(the structure of RNA)

分子生物学的中心法则（central dogma）：DNA ⟷ RNA ⟶ 蛋白质，揭示了遗传信息流的深刻内涵，指出了 RNA 在遗传信息传递过程中的地位和作用。但对 RNA 的重要性的认识还有待加深。当今世界上许多国家在涉及 DNA 的研究领域，如"人类基因组计划"，已投入了大量的人力和经费。相比之下，对 RNA 的研究就略显逊色。

从结构生物学、分子生物学、分子遗传学和生物化学等对 RNA 研究的现状看，新的研究思路和研究成果正在与日俱增，有关 RNA 的研究论文明显上升。这些变化无疑将会推动 RNA 结构和功能研究的发展，为进一步揭示 RNA 在遗传信息流中的地位和作用提供必要的前提和条件。

3.1 RNA 和 DNA 的结构差异

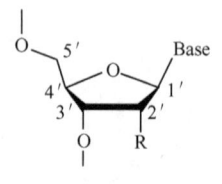

DNA:脱氧核糖核酸 R=H
RNA:核糖核酸 R=OH

图 3-1 RNA 和 DNA 糖环结构上的差异

RNA 与 DNA 的差异之一就在糖环的 2′位（图 3-1）。核糖的 2′位羟基是一个易发生副反应的位置。当核糖核苷酸聚合形成 RNA 时，2′位的羟基是游离的。这个游离的羟基使得 RNA 的化学性质不如 DNA 稳定，也使得 RNA 较 DNA 能产生更多的修饰组分，并使 RNA 除了生成 3′,5′-磷酸二酯键外，还可跟核苷酸形成 2′,5′-磷酸二酯键。

由于 2′羟基的存在使得 RNA 主链构象角因羟基（或修饰基团）的立体效应而不同于 DNA 的主链构象角，从而导致 RNA 呈现出复杂多样的折叠结构。从碱基组成看，相应于 DNA 中的胸腺嘧啶残基，在 RNA 中为尿嘧啶残基。尿嘧啶与胸腺嘧啶的区别仅在于嘧啶环的 C5 位上，后者相当于前者的甲基取代衍生物。由于甲基基团在 C5 位的引入，通过空间效应和电子效应产生一定的影响，致使胸腺嘧啶有别于尿嘧啶。但这样的差别是很小的。首先，从氢键相互作用看，尿嘧啶和胸腺嘧啶具有相同的参与碱基配对的氢键作用位点，且尿嘧啶除了跟 A 配对外，还可跟 G 配对，这对于 RNA 链形成稳定的特征性自身折叠结构起着一定的作用。再者，量子化学 ab initio 计算结果表明，两者在 N1、C2、N3、C4、C5、C6、O2 和 O6 位置上有着几乎相同的原子净电荷。基态的 π 键级以及其他电子结构指数彼此也是十分接近的。由此推测，两者的反应活性没有显著差别。

因此 RNA 和 DNA 结构上的差别，主要是由核糖和脱氧核糖的差别造成的。当然，胸腺嘧啶作为尿嘧啶的甲基取代衍生物，甲基基团的空间效应对 DNA 脱氧核糖核苷酸链的柔性将会产生一定的影响，使得其柔性低于 RNA 链。

3.2 RNA 的结构特征

RNA 最重要的结构特征是其单链结构和因单链回折而形成的特征性结构。这些结构对于 RNA 执行多种生物学功能是至关重要的。遗憾的是，我们对于 RNA 的这些结构，特别是 mRNA 和 rRNA 的三维结构缺乏了解，因而在客观上也影响了对 RNA 的研究。

RNA 通常分为 mRNA、tRNA 和 rRNA，它们在遗传信息的传递、表达和调控过程中承担着不同的角色，执行不同的功能。随着具有酶功能的 RNA（核酶）、反义 RNA 的发现以及对不均一核 RNA（heteronuclear RNA，hnRNA）、核小分子 RNA（snRNA）和 miRNA（microRNA，小 RNA）等非编码 RNA（non-coding RNA，不被翻译成蛋白质的 RNA）研究的深入，一幅绚丽多姿、和谐美妙的 RNA 多样性的图像展现在我们的面前。然而，当人们仔细研究这幅图像时，又对它的复杂性感到茫然。怎么办？对策之一是从解析和综合的角度，沿着遗传信息传递的路径，从转录和反转录两方面来揭示为何一个双螺旋 DNA 分子，经过转录会产生如此多种多样的 RNA 分子，以及这些 RNA 分子在控制条件下又是如何协调作用并反转录为 DNA 分子的，那么我们就有可能解开（或部分解开）RNA 多样性和复杂性之谜。当然我们也可以从正向和反向翻译两方面，理解 RNA 结构的多样性和复杂性。

20 世纪 90 年代以来，一系列新的核仁小分子 RNA（small nucleolus RNA，SnoRNA）的发现及其在核糖体生物合成中调控作用的确定，在 RNA 分子生物学领域中刮起了"核仁风暴"。通过对 SnoRNA 结构与功能的研究，使真核生物 rRNA 加工中的一系列重大难题（加工体系的构成、修饰核苷生成原理、正确的分子折叠及构型转变等）取得了突破，揭示了真核生物核糖体生物合成过程中复杂的基因表达体系与调控机制。

RNA 的多样性包括结构的多样性和功能的多样性。相对于 RNA 的一维线性结构的多样性而言，其单链自身回折形成的特征性二级结构和高级结构的多样性更具吸引力和富于挑战性。

以下两点是值得注意的：

（1）跟蛋白质和其他分子结合的位点或功能性位点，大多位于茎环结构的环区或游离的端区。在 tRNA 二级结构中，几乎所有恒定和半恒定核苷酸都是处在非氢键互补区（环区和游离区）。rRNA 和 mRNA 的二级结构在不同程度上也具有类似的情况。由于茎环结构和圈结构的形成，使得一些功能位点在空间上彼此靠近，从而为酶或其他调控因子提供了作用部位。

（2）5S rRNA 与 tRNA "打结"形成分子间螺旋，对于 tRNA 上的 TψCG 臂的几何构象。进而对于整个 tRNA 分子的三级结构有很大的影响。与 RNA 的"打结"结构形成鲜明对比的是，对绝大多数球蛋白多肽链而言，当从 2 个末端拉伸时，链不仅不会缠结而且很易拉开，没有结的形成。但最近发现少数蛋白三级结构中存在打结的结构（knot structure）（图 3-2）。

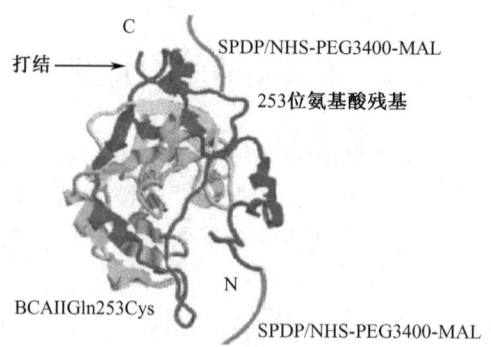

图 3-2　牛碳酸酐酶 C 端的打结结构对其酶活力和力学性质的影响表明了该结构的重要性
(Alam M. T., et al. 2002)

3.3　RNA 的一级结构

3.3.1　RNA 一级结构的测定

20 世纪 60 年代，人们就发展了核酸顺序分析技术。当时的注意力主要集中在 tRNA 和 rRNA 中的 5S rRNA，因为这些 RNA 是天然存在的最小的核酸，与 mRNA 相比易于分离和纯化。经典的 RNA 顺序分析方法类似于蛋白质顺序分析的片段重叠法。核酸分子大，但仅由 4 种核苷酸组成，测序过程中最大的困难是分离大小不同的寡核苷酸片段。就核酸和蛋白质的序列测定而言，1956 年 Sanger 第一个发表了完整的牛胰岛素的氨基酸序列，时隔大约 10 年以后，Holley 才发表了第一个核苷酸序列，即 77 个碱基的酵母丙氨酸转移核糖核酸的核苷酸全序列。1976 年，Fiers 等人完成了 RNA 噬菌体 MS2 中 3569 个核苷酸的序列分析，这是第一个确定了一级结构的有完全自我复制能力的天然核酸分子，它标志着传统的 RNA 一级结构分析已达到顶点。随后，由于 DNA 顺序分析技术的突破性发展促使 RNA 的顺序分析出现了崭新的局面。目前，用于 RNA 序列分析的方法主要有：片段重叠法（overlapping）和直读法。

RNA 的基本组成单位是腺嘌呤核苷酸、鸟嘌呤核苷酸、胞嘧啶核苷酸和尿嘧啶核苷酸 4 种基本核苷酸和少量的稀有核苷酸。不同种类的每分子 RNA 所含的核苷酸总数是不相同的，少的仅含几十个核苷酸，多的则含几百或几千个核苷酸。其中，每种核苷酸的含量在同一个 RNA 分子中也是不相同的，核苷酸的排列顺序亦不一样。

尽管不同的 RNA 分子核苷酸总数、每种核苷酸的含量和核苷酸的排列顺序均不相同，但各个核苷酸之间的连接方式则完全相同，都是由前一个核苷酸的 C3′-羟基与后一个核苷酸的 C5′-羟基通过生成磷酸二酯键（即 3′,5′-磷酸二酯键）而彼此相连形成一条多核苷酸链的。在通常情况下，RNA 多核苷酸链不含侧链，且 RNA 分子往往由单股多核苷酸链构成。

要认识 RNA 的一级结构（图 3-3），除了要先弄清其核苷酸组成的种类、数量以及它们的连接方式之外，更重要的就是必须确定这些核苷酸在 RNA 链中的排列顺序。

3.3 RNA 的一级结构

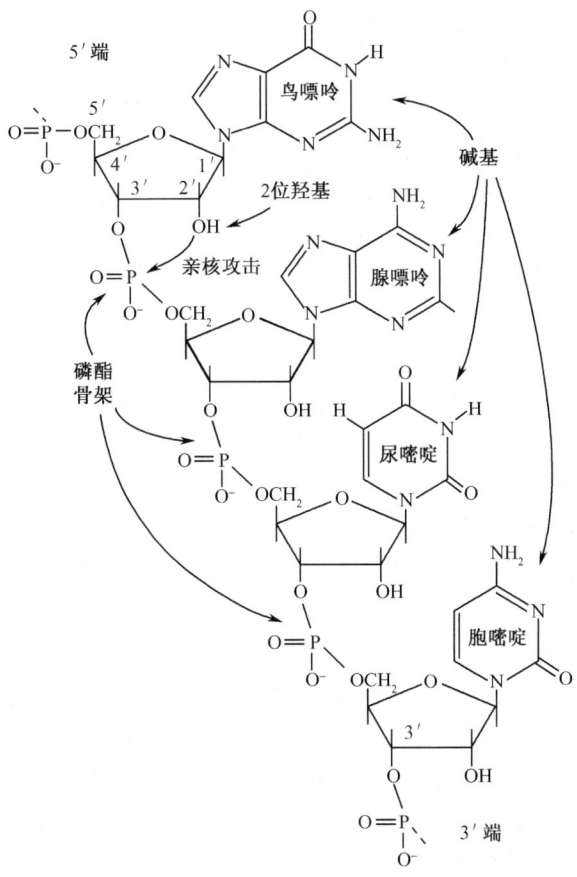

图 3-3 RNA 一级结构图

3.3.2 各类 RNA 一级结构特点的比较

mRNA 代谢较快（有的 mRNA 仅存在 1 min），与 mRNA 相比，tRNA 与 rRNA 要稳定得多。rRNA 含量最高，约占细胞总 RNA 的 80%；tRNA 含量约占全部 RNA 的 15%，而 mRNA 含量大约占全部 RNA 的 3%~5%。

在一级结构水平上，3 类 RNA 的结构有以下几个方面的特点：

3.3.2.1 RNA 核苷酸链的长短和序列

tRNA、rRNA 和 mRNA 都是单股多核苷酸链，但它们的链的长短相差很大。

从对来自原核和真核细胞的大约 200 多种 tRNA 分子的一级结构分析结果看，它们的分子链都很短，在长度上彼此接近，最短者为 73 个核苷酸，最长者也只有 94 个核苷酸，它们的 3′-末端毫无例外地都是—CpCp—A$_{OH}$ 序列，这一序列是 tRNA 结合和转运氨基酸时所必不可少的。研究发现，同功 tRNA 的核苷酸序列非常近似，而非同功 tRNA 则相差较大。

rRNA 分子的链长彼此相差较大。其中，来源于各种原核和真核细胞的所有 5S

rRNA 的链长大多在 116~121 个核苷酸之间，而来源于真核细胞的 5.8S rRNA（只存在于真核细胞的核蛋白体的大亚基中）都是由 130~160 个核苷酸组成的短链。大肠杆菌的 16S rRNA 的链长为 1 542 个核苷酸，23S rRNA 的链长则达到 2 904 个核苷酸。然而，真核细胞中的十几种 snRNA，最小的链长为 70 个核苷酸，最大的为 300 个核苷酸，它们的一级结构大多数已被测定。

与上述 tRNA 和 rRNA 不同，通常各种 mRNA 分子的链长都长于前两者。但各种 mRNA 分子的链长亦极不相同，一般为几百、几千，少数甚至为上万个核苷酸长链。

3.3.2.2 RNA 链的修饰度

在各种 RNA 链中，除 4 种基本核苷酸外，还含有多种稀有核苷酸。其中以 tRNA 中的含量最高，约占其总核苷酸数的 5%~20%；rRNA 中次之，含量约为 0.6%~1.7%（5S rRNA 例外）；mRNA 中最少或者不含稀有核苷酸。

真核细胞 tRNA 中的稀有核苷酸含量在各类 RNA 中最为丰富。例如酵母丙氨酸 tRNA，在其 76 个核苷酸构成的链中，有 10 个是稀有核苷酸；由 85 个核苷酸构成的酵母丝氨酸 tRNA 链中，有 14 个是稀有核苷酸；而同样由 85 个核苷酸构成的鼠肝丝氨酸 tRNA 链中，就有 17 个是稀有核苷酸。就目前所掌握的资料看，所有 tRNA 的反密码子 3′端相邻位置上的核苷酸都是嘌呤核苷酸，且绝大多数情况下是单纯甲基化的稀有核苷酸，实验证明，在 tRNA 这个位置上的核苷酸的修饰度愈高，则该 tRNA 与 mRNA 以及核蛋白体的结合能力愈大，促进蛋白质生物合成的效率也愈高。此外，在 tRNA 反密码子（anti code）中，第一个核苷酸往往为稀有核苷酸，其中尤以次黄苷酸最多。真核细胞 tRNA 链中稀有核苷酸的含量不仅高于原核细胞 tRNA 链中稀有核苷酸的数量，而且所含种类及分布情况亦不一样，这可能与生物的进化有关。

就 rRNA 的修饰度而言，原核细胞 rRNA 分子链的修饰度远远低于真核细胞的 rRNA 链的修饰度。

与 tRNA 和 rRNA 相比较，在原核细胞 mRNA 分子中不含稀有核苷酸，即这类 mRNA 分子链似乎完全不被修饰；在真核细胞 mRNA 分子中仅含极少量的稀有核苷酸，而且都集中在 mRNA 的 5′端非翻译区。此外，2 个非翻译区的中部还往往各含一个 m^6A。

3.3.2.3 原核及真核细胞 mRNA 一级结构的特征及其功能的关系

原核生物 mRNA 与真核生物 mRNA 的一级结构具有很大差别。

绝大多数原核细胞的 mRNA（包括某些噬菌体 RNA），都是"多顺反子"（polycistron）型的信使，即一个原核 mRNA 分子带有指导合成几种蛋白质的遗传信息，亦即可以作为合成几种蛋白质的模板（template）。它们都是能为几种蛋白质编码的操纵子（operon）的转录产物或者是自身复制品。例如，大肠杆菌中由乳糖操纵子转录来的 mRNA 带有能合成 5 种蛋白质的遗传信息。

与原核细胞的上述情形相反，所有已知真核细胞中的 mRNA 都是"单顺反子"

(monocistron)型的信使,即一个真核 mRNA 分子只带有指导合成一种蛋白质的遗传信息,亦即只能作为合成一种蛋白质的模板。此外,真核细胞 mRNA 和原核细胞 mRNA 的生成方式也不一样。真核细胞 mRNA 都是由前体(即非均一性核 RNA)经剪接加工后转变而来的,而原核细胞的 mRNA 则不事先生成前体,一般是边直接转录生成,边直接进行翻译。迄今了解得较为清楚的多顺反子型 mRNA 是一些噬菌体的 RNA。它们既是复制自己的基因,又是合成其所含蛋白质的模板。

3.3.3 RNA 一级结构与分子进化(molecular evolution)

随着生物化学、进化生物学、结构生物学和计算机科学的发展,尤其是核酸测序技术和测序速度的提高,世界上几个主要的核酸数据库存储的核酸序列数据呈现"爆炸"式增涨的局面。这在客观上为人们利用这些宝贵的"资源"提供了机会。其中,以生物大分子一维线性结构为主要对象的分子进化研究已发展成为当今生物进化研究的一个十分活跃的领域。有待解决的问题如下。

3.3.3.1 生物大分子的一级结构与分子进化

通常认为,生物大分子的一级结构决定它的高级结构。从迄今为止的研究来看,通过生物大分子一级结构的比较和分析,进而研究不同种属生物体中同源生物大分子的差异程度,确实是推动分子进化研究的一个重要方向。但是,我们不能因此就认为,根据生物大分子一级结构的比较分析,就可以描绘出物种进化的系统发生树(phylogenetic tree),并可对不同种属间的亲缘关系给出一个定量的概念。因为这里既忽略了层次结构间的差别,又忽略了系统与子系统间的差别。

3.3.3.2 生物大分子的高级结构与分子进化

目前研究工作者已开始将注意力转移到了主要根据同源生物大分子在三维结构上的差异程度来确定其亲缘关系,并取得了一些有意义的结果。不过我们必须把不同种属生物体的同源生物大分子的亲缘关系与不同种属生物体间的亲缘关系区分开来。由于生物大分子在生物系统中的功能主要是在其三维结构上体现的,因此对生物大分子三维结构的详细了解是揭示同源分子进化关系的最重要因素(图 3-4)。

3.3.3.3 生物进化过程中,生物系统实现着最巧妙、最复杂的控制和信息过程

生物的进化和分子水平上的变异也是一个统一的控制过程。就一个核酸序列而言,它在进化中形成并固定下来,实际上是一个非常复杂的历史过程。其中包含着随机漂变(random genetics drift)的因素、自然选择的因素,也包含着各种功能的制约。因此,尽管每一基因序列是稳定的,但它仍然受着大量的历史中出现的许多因素的支配,因而需要用控制和系统的理论,运用非平衡统计(nonequilbrium statistic)的方法才有可能从大量序列资料的分析中导出其必然的内在规律性。

3.3.3.4 生物进化研究中的非线性问题(nonlinear problems)

鉴于生物系统是非线性的系统,因而在生物进化的研究中如何处理非线性的问题,

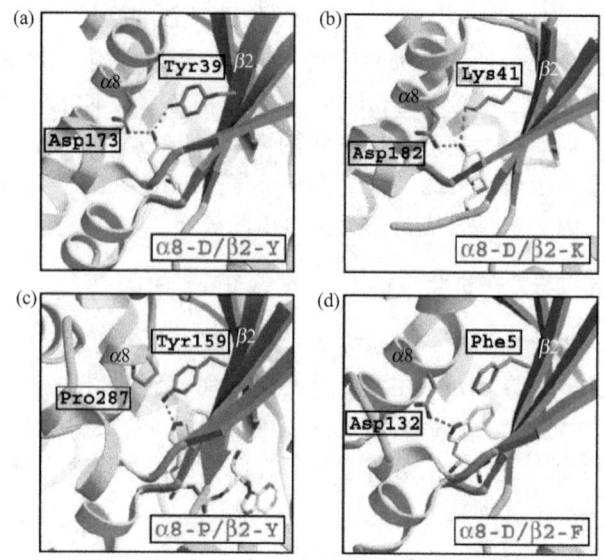

图 3-4 酪氨酰-tRNA 合成酶的晶体结构图
(Yang X. L., et al. 2003)

也就成了未来生物学的研究课题之一。就迄今在分子进化研究中出现的问题来看，把非线性问题不加条件地当作线性问题来处理的现象仍旧比较突出。

3.4 RNA 的二级结构

3.4.1 RNA 二级结构的预测

前已提及，X 射线衍射方法是研究生物大分子结构的一个重要手段。用此法已测定了 tRNA 分子的三维结构（图 3-5）。

然而，由于实验条件的限制，大多数 RNA 分子（特别是 mRNA 分子）的结构还不能直接用实验方法测定。因此，用理论方法来预测 RNA 的高级结构（目前主要是二级结构）就显得尤为重要。

RNA 的二级结构是由 RNA 单链自身回折而形成部分碱基配对和单链交替出现的茎环结构（stem-loop structure）。RNA 中的配对碱基通常为 G-C，A-U 和 G-U。然而近年来发现有其他形式的错配碱基对存在，如 G-A 对等。碱基互补配对形成的双螺旋区域又称为茎区（stem）。环区（loop）由不形成互补配对的单链部分组成。根据单链碱基所处的位置，可将环分为发夹环（hairpin loop）、内环（internal loop）、膨胀环（bulge loop）以及多分支环（multibranch loop）（图 2-1）。

茎区配对碱基间的氢键对二级结构起稳定作用，而环区的存在则使 RNA 分子的自由能升高，因而减弱二级结构的稳定性。然而，生物作用往往发生于环区或环与茎连接的部位。根据这些特点，在预测二级结构时，通常依照如下原则：①生成自由能最小；②碱基配对数最大；③结构与功能统一。

酵母苯丙氨酸 tRNA

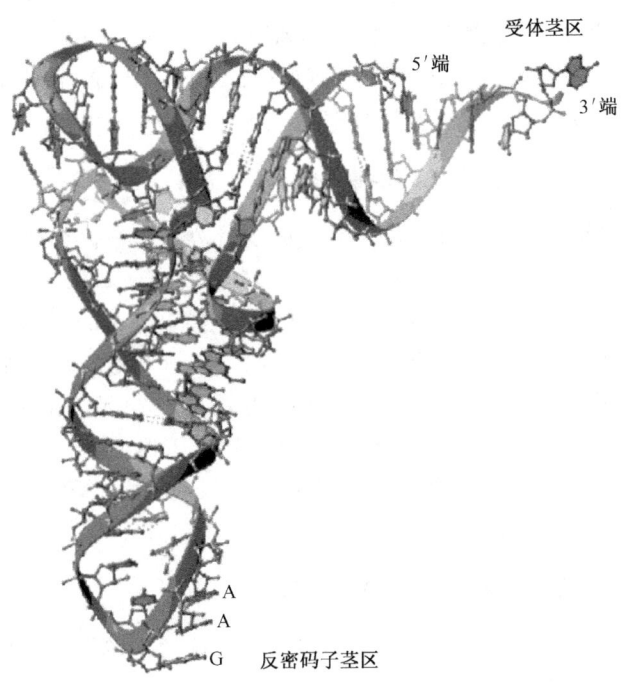

图 3-5 tRNAs 的三维结构图
(Belmont P., et al. 2001)

最初所用的预测方法是点矩阵作图法（dot matrix construction），即给配对区域打点，不配对区域不打点，然后检索矩阵对角线点的模式（图 3-6）。然而，用这种方法得到的二级结构往往不是 RNA 分子自由能最低的结构。所以，人们又发展了基于热力学方法而寻找具有最低自由能的二级结构预测法，Zuker 算法就是其中比较典型的一种。

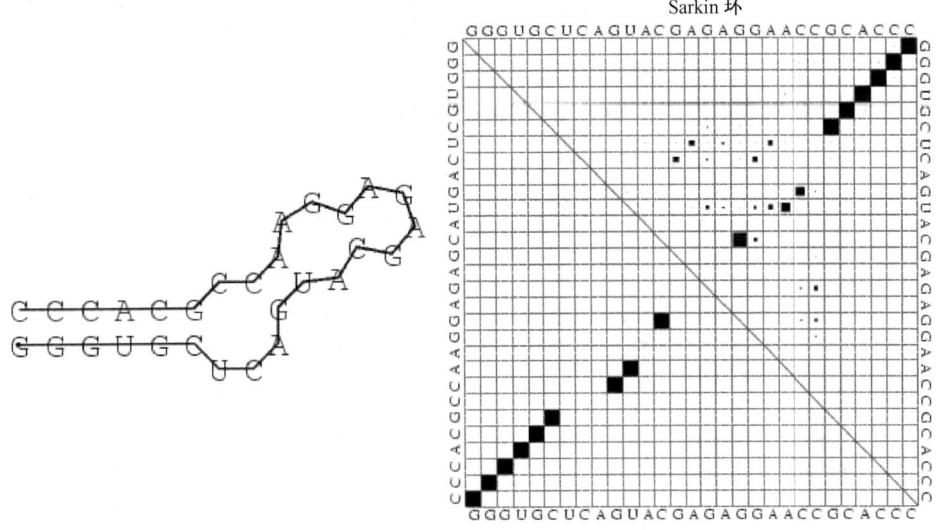

图 3-6 运用 RNA 折叠预测方法得到的 23S rRNA 茎环最低自由能结构

Zuker算法对于预测 RNA 二级结构是比较有效的，它对 tRNA 二级结构预测的符合率达到 80% 以上。但是，这种算法的缺点是计算时间长，大约是序列长度 n 的 3 次方（n^3），这就使得所要预测的核苷酸长度受到限制。例如，Zuker 的 PCFOLD 程序只能预测长度在 425 个核苷酸以下的序列（而目前的 MFOLD 程序则可预测上千个核苷酸长度的 RNA 的二级结构，预测的符合率在 70%～80%）。

3.4.2 影响 RNA 折叠结构稳定性的因素

预测 RNA 二级结构的思路和方法中所用的能量数据是在体外研究寡核苷酸的稳定性得到的，碱基配对的规则基本上是 Watson-Crick 型的，即 G-C，A-U，还有 G-U。在能量计算过程中，规定折叠结构某一位置的能量仅受其最邻近的碱基影响。从这些规则可看出，所预测的二级结构基本上是由 RNA 的一维核苷酸顺序确定的，折叠结构的稳定性主要寄托在碱基最大配对上。然而，近年来的研究发现，在 RNA 的折叠结构中有大量的碱基"错配"（mismatch）现象，折叠过程有蛋白质分子的参与。而且还发现除了水分子外，金属离子、碱基的修饰等作用对 RNA 折叠的稳定性起着很重要的作用。可见，影响 RNA 折叠结构稳定性的因素很多，以下分别对各种因素进行讨论。

3.4.2.1 维持折叠（二级）结构稳定性的力

RNA 的二级结构由碱基配对的双链区（茎）和非配对的单链区组成。由于单链区的能量为正，双链区的能量为负。所以，一般认为使二级结构稳定的力主要是双链区的碱基相互作用，这主要是碱基配对的氢键力。然而，也有文献指出在进行二级结构的三维展开过程中发现，稳定二级结构的力主要还是库仑力（Coulomb force），其次是色散力，最后才是氢键力（hydrogen-bond force）。而且，氢键力中非碱基配对的氢键力占了很大一部分。表 3-1 给出了人 ADH2 基因核苷酸片段二级结构作三维显示后进行构象优化过程中的能量变化情况。从表中可以看出，最终的总能量为 -72933.39 kJ/mol，其中库仑能为 -81183.93 kJ/mol，色散能为 -17036.72 kJ/mol，而氢键能仅为 -279.73 kJ/mol，初始构象中氢键能为 -150.62 kJ/mol。这是所有标准的碱基配对的氢键能。优化 800 步后，氢键能增大为 -279.73 kJ/mol，这其中包含有上下碱基间、糖环与碱基、磷酸与碱基以及磷酸与糖环间的氢键相互作用。由此看来，氢键对 RNA 二级结构的稳定作用不仅限于碱基间的配对。

表 3-1 三维构象能量分析（单位/kJ·mol^{-1}）

	初始值	优化 400 步	优化 800 步
总能量	136592.5	-69874.04	-72933.39
键能	167856.24	966.16	934.81
θ	69020.70	3001.49	2927.57
φ	6095.72	5363.34	4976.27
Out of plane energy	12.13	101.87	95.91
氢键能	153.46	-213.27	-279.73
非结合能	23018.03	-788.78	-404.28
非结合色散能	26803.84	-17714.85	-17036.71
库仑能	89478.61	-78267.20	-79677.69
RMS	1689.87	4.32	1.76

3.4.2.2 金属离子在RNA折叠结构中的作用

近几年来，对金属离子与RNA折叠结构的关系已有一些研究结果。其中比较多的是对tRNA中离子结合时的热力学和结构研究。一般说来，Mg^{2+}离子的结合位点有两类。第一类位点一般有较高的亲和性（$K_b \approx 10^3 \sim 10^4$ L/mol），在一些条件下，由于与RNA的结构变化耦合会表现出结合中的协调性，但这类位点的数量很少。第二类位点的数量较多，它们有弱结合亲和性（$K_b < 10^3$ L/mol，当Mg^{2+}的浓度>0.1 mol/L）且是非专一性的，主要表现为离子与RNA主链磷酸的静电相互作用（electrostatic interactions）。

金属离子对RNA折叠结构的稳定性有一定的作用。前面提到的锤头状ribozyme中碱基错配区域附近有Mg^{2+}存在，碱基的错配降低了折叠结构的稳定性，而Mg^{2+}的存在可能是对折叠结构稳定性的一个补充，当然这不排除水分子和其他蛋白质分子等的作用。

总之，金属离子（特别是Mg^{2+}）与RNA的相互作用是研究RNA结构的一个重要方面，但现有的结果还主要来自于实验，以上结果也主要是些定性的结果。从理论上对这些相互作用做定量研究对于弄清RNA的结构和功能都是很有意义的。

3.4.2.3 碱基的修饰对于折叠结构的影响

在体内，大多数功能性RNA分子会被一些功能性基团所修饰，这些修饰的结果对于RNA折叠有很重要的影响。对$tRNA^{ala}$由二维核磁共振的研究结果表明，碱基的修饰增加了金属结合位点的强度。对未加修饰的$tRNA^{phe}$的晶体结构研究的结果又显示，在靠近通常为Ψ碱基所占据的核苷处失去了一个水分子。这说明碱基修饰会影响水分子的组织，从而影响大分子的稳定性。关于碱基修饰对RNA折叠结构的影响曾有过一个有趣的报道，样本取自超嗜热菌的tRNA。随着细菌培养媒介温度的升高，tRNA中被修饰的成分增加，已经知道的能增加螺旋刚性（helix rigidity）的3个修饰变得特别占优势。这说明碱基的修饰有助于稳定二级结构。更有趣的是，一旦各种修饰的RNA的三级结构形成后，它们都有相似的熔解温度。这提示我们，修饰也许在折叠过程中是很重要的，但对于折叠好的结构影响不是太大。

3.4.2.4 水分子的作用

RNA分子处在溶液环境中，它周围的水分子能与它的一些基团发生氢键相互作用。这对RNA的折叠结构起着很大的稳定作用，特别是对于RNA折叠结构中的碱基错配区域，这种作用就更明显。例如，对r(GGACUUCGGUCC)$_2$双螺旋的结构分析发现，螺旋中部非Watson-Crick碱基配对G-U和U-C、U-C对中只有1个氢键。然而，通过水分子与碱基环上氨基、主链的磷酸或糖环的2′羟基，以及水分子之间形成的氢键网络，使得G-U、U-C配对的稳定性得以补充。

3.5 RNA的三级结构

RNA二级结构中的结构单元间的碱基在空间上会发生长程相互作用（long-range

interaction),从而形成 RNA 的三级结构。RNA 主链的成分(糖、磷酸)对于 RNA 的三级相互作用是很重要的。特别是糖环上的 2′-羟基,它能与多种成分形成氢键。水分子、金属离子等对三级相互作用也会产生影响。

RNA 一级结构折叠成三级结构一般被分为两步:①通过碱基配对,核苷酸链折叠成二级结构;②二级结构通过氢键和其他三级相互作用再折叠形成三级结构。在折叠过程中,首先是双螺旋区的成核作用,进而是二级结构单元之间的"缩合"(polycondensation),最后形成具有较低生成自由能的、在系统条件下具有生物学功能的三维结构(图 3-7)。

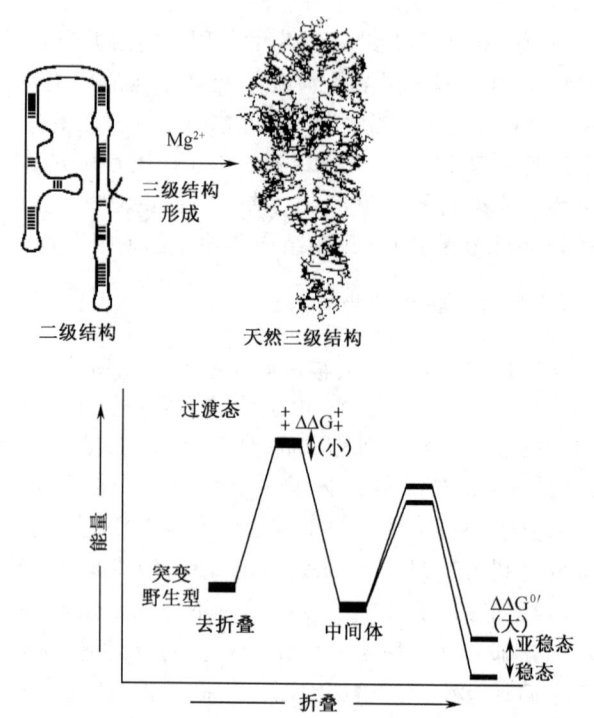

图 3-7 四膜虫 I 型内含子 RNA P4-P6 结构域折叠及能量变化

3.6 RNA 的折叠

在活细胞中,生物大分子无一不是三维的。对于一条新生的 RNA 多聚核苷酸链而言,如果它是自由伸长的,那么其长度将大大超过包装它的"生物容器"的尺度。例如在烟草花叶病毒中,必须把长度为 2 μm 的一个单链 RNA 装入尺度为 0.008 μm×0.3 μm 的小室中。因此要求 RNA 必须极紧密地压缩(condensation)才能与装容它的空间尺度相适应。多年来科学家们对 RNA 折叠(folding)或包装(packaging),如 RNA 是折叠为某一特殊的模式还是对不同的情况有不同的模式很感兴趣。

RNA 的折叠不同于 DNA 的折叠。后者通常是在双螺旋基础上的折叠并形成超螺旋。RNA 折叠的主要特点是单链回折形成双螺旋和单链交替出现的茎环结构。这种结构的基本结构单元是发夹（hairpin）（图3-8）。RNA折叠结构的结合模块可分为：假结（pseudoknots）（图3-9）、环、RNA的错配区（mispairing regions）、核苷的三联相互作用、四体（quadruplexes）和U转折（U-turns）等。其中假结是一种具有高的分子识别本领的结合模块。

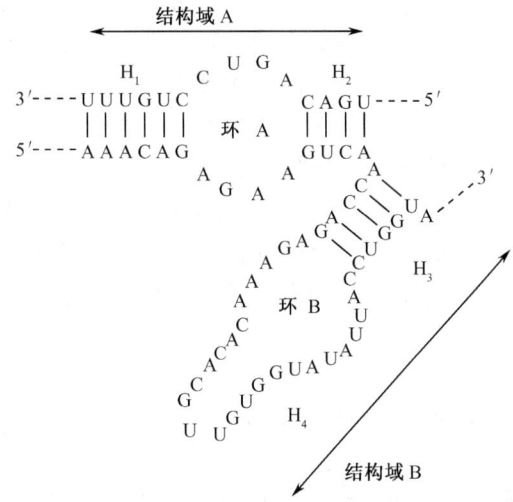

图3-8　发夹核酶的二级结构显示出其2个结构域

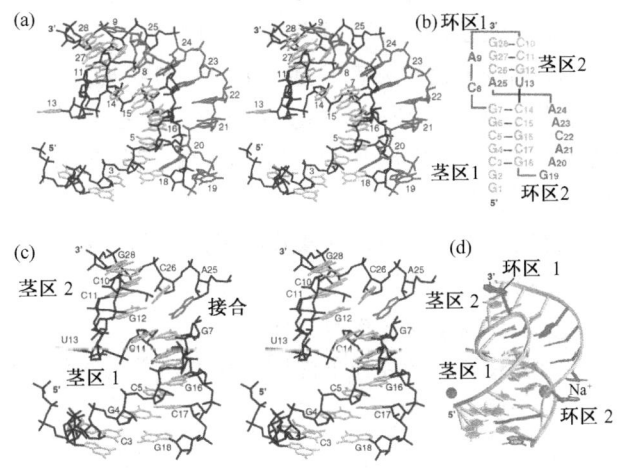

图3-9　甜菜西方黄化病毒（BWYV）假结的晶体结构及二级结构

(a) 假结的晶体结构立体图。环区1与茎区2的大沟交叉，环区2在茎区1的小沟处堆积；(b) BWYV序列二级结构的常规描述。野生型假结序列的茎区1从C3开始，G1被添加在5′端以协助转录，G2则存在于初始RNA序列中。其晶体结构与二级结构预测的差异显著：A25-U13未配对；茎区2中A25-G28序列翻转到了另一边；(c) 无环区核苷酸的茎区1、2以另一个角度观察的立体图。茎区2相对于茎区1旋转并呈非共线性堆积，所有碱基对均被高度扭转。在连接处，G12堆叠在C14上。但在另一条链上，茎区2底部碱基A25为堆叠在G7（茎区1的顶端碱基）上；(d) 假结与金属离子的折叠；镁离子与5′-三磷酸区结合；一个钠离子与小沟相互作用。

RNA 的折叠构象可能不是能量最低的稳态，而是亚稳态（metastable state）。由于 RNA 链折叠速度很快（这是在生物体中的真实情况），它以最有利的途径折叠成能量较低的亚稳态（图 3-7），这是一种动力学上容易达到的亚稳态。RNA 要达到最稳态，往往需要越过很高的能量壁垒，而且折叠途径极复杂，是动力学上不允许的。

在活细胞中，RNA 边合成边折叠，并且以先折叠的发夹结构为中心，后来形成的"发夹"按能量上有利的立体化学选择作空间排布，进而通过三级相互作用紧缩为能量较低的三维动态结构。在生物体中，通过分子间相互作用、调节和控制而执行其生物学功能。在 RNA 的折叠中，除了由 RNA 分子的主链本身的特征结构（如 2′羟基）和由它的碱基序列所决定的（如碱基共轴堆积、环-茎相互作用）一些控制因素外，环境因素如金属离子、水分子、碱基修饰等的作用也是不可忽视的。另外，在有些 RNA 的折叠中，蛋白质分子还起着不可或缺的作用。例如，Hall 发现有些 RNA 分子只在蛋白质存在的情况下才折叠，且在 RNA 折叠过程中，蛋白质的结构几乎没有变化。

通过生物化学分析又发现 RNA 和蛋白质共折叠现象。在这个过程中，RNA 和蛋白质的构象均有改变。动力学分析也揭示了在 RNA 折叠中，核衣壳（nucleocapsid）蛋白通过消除"错误折叠陷阱"（misfolded trap）或消除缺乏活性的构象而起一种分子伴侣（chaperone）的作用。

总之，RNA 在遗传信息传递过程中的地位和作用已是人所共知的，而各种 RNA 的折叠结构对于它们体现各自的生物学功能又是至关重要的。特别是 mRNA，它不像 tRNA 和 rRNA 那样具有一些较保守的折叠结构特征，然而也许正是它复杂而多样的折叠结构决定着基因的表达和调控，直至影响着蛋白质的结构。由此可见，研究 RNA 的折叠对于研究分子生物学和分子遗传学都具有一定的指导意义。

作为一种常见的生物大分子，RNA 的折叠问题具有一些与其他大分子折叠相同的特性。RNA 折叠问题的阐明，可能给其他大分子结构研究提供有价值的信息。与蛋白质相比，RNA 主要有如下特点：

(1) 基本组成单位比较简单，仅由 4 种核苷酸组成；
(2) 有很强的形成二级结构的倾向；
(3) 分子的柔性比较大，容易发生构象变化；
(4) 其主链上的多个磷酸基团导致分子内斥力较大，需要溶剂内的正离子中和其负电荷，因此其构象受正离子强度的影响。

3.7 RNA 的晶体结构

过去很长时间里，由于 RNA 结构的易变性，很难获得理想的 RNA 晶体。近年来，RNA 结晶技术已经成熟，不少功能 RNA 已经获得了晶体结构（图 2-4）。

1996 年获得了四膜虫 I 型内含子核酶的一个结构域（160nt）的晶体结构，1998 年又获得了它的催化核心（247nt）的晶体结构（图 3-10）。

2000 年获得了核糖体大亚基的晶体结构（图 3-11），2001 年又获得了整个核糖体的晶体结构。

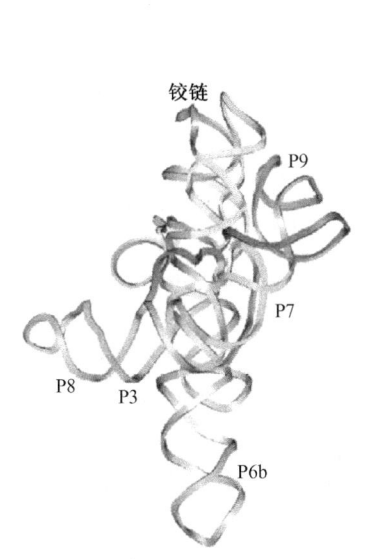

图 3-10 四膜虫 I 型内含子核酶
催化核心的晶体结构
(Golden B. L., et al. 1998)

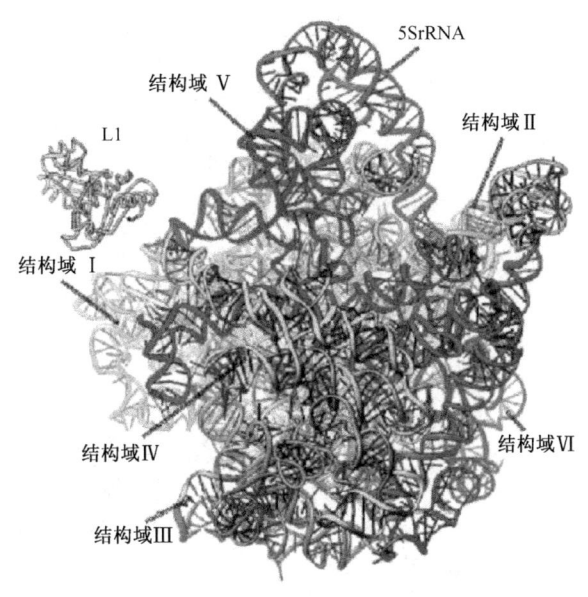

图 3-11 核糖体大亚基的晶体结构
(Ban N. et al. 2000)

3.8 具有催化功能的 RNA

RNA 不仅结构具有多样性，而且功能亦是多种多样的。例如 mRNA 是合成蛋白质的模板，起信使的作用；tRNA 的功能是搬运氨基酸；而 rRNA 与蛋白质结合在一起构成了装配蛋白质的机器——核糖体。此外，还存在一些具有催化功能的 RNA，它们起着酶的作用，称为核酶（ribozyme）（书后彩页图 2-4）。

根据作用机制的不同，一般将核酶分为两类。

1) 剪接型

此类核酶主要催化 RNA 自身，既剪又接，具有核酸内切酶和连接酶 2 种酶活性。

2) 剪切型

这类核酶可催化 RNA 自身或其他异体 RNA 分子，对 RNA 进行剪切。相当于核酸内切酶的作用。

剪接型核酶主要见于自剪接的第 I 类和第 II 类内含子中。内含子自剪接的过程不需要蛋白质的参与。研究得比较多的剪切型核酶是锤头状结构的核酶（hammerhead ribozyme）（图 3-12）。它由 11 个特定保守核苷酸残基和 3 个螺旋结构域构成。无论是天然的还是人工合成的锤头状核酶都由 2 部分构成：①催化结构域；②底物结合结构域。

除了锤头状核酶外，还有其他结构形状的核酶，如发夹状结构。丁型肝炎病毒（HDV）（图 3-13）和链孢霉线粒体 RNA 也能自剪切，但没有锤头状结构或发夹结构。这说明还有其他结构的剪切型核酶存在。所以，仅就核酶而言，其结构亦具有多态性。

核酶催化的反应（图 3-14，图 3-15）特点是亲核基团来自本身，其动力学机制为

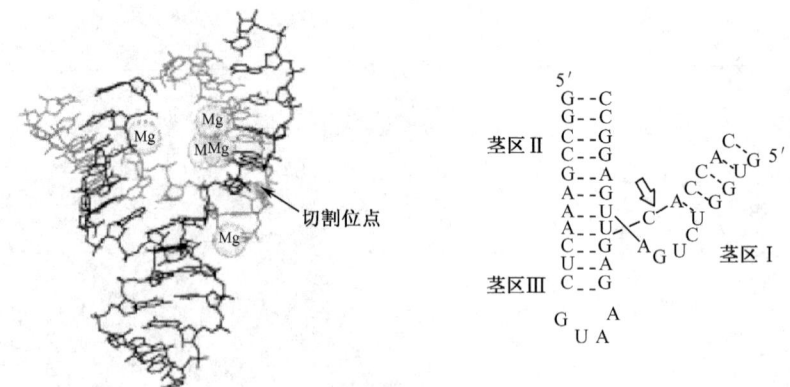

图 3-12　锤头状核酶的活性部位结构
箭头指示的部位是底物链上被切割的位置图。

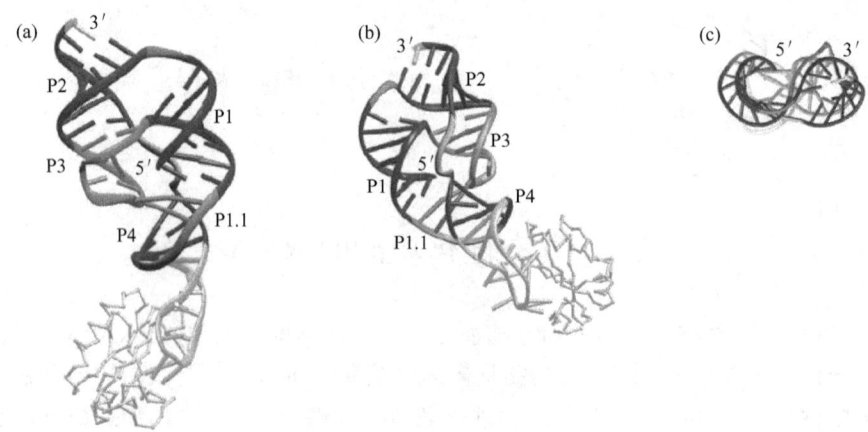

图 3-13　HDV 核酶晶体结构图
RNA 骨架走向为飘带，配对的核苷酸则为棍形，图中未配对核苷酸已忽略未显示。
(a) 正面立体图。(b) 分子的背面。为了强调在两个螺旋堆叠及复杂的假结交叉中 $J_{4/2}$ 区的滑动配合，
图是略微倾斜的。(c) 俯视结构图。图中显示出两个螺旋堆叠几乎是平行的。
(Ferré-D'Amaré A.R.，et al. 1998)

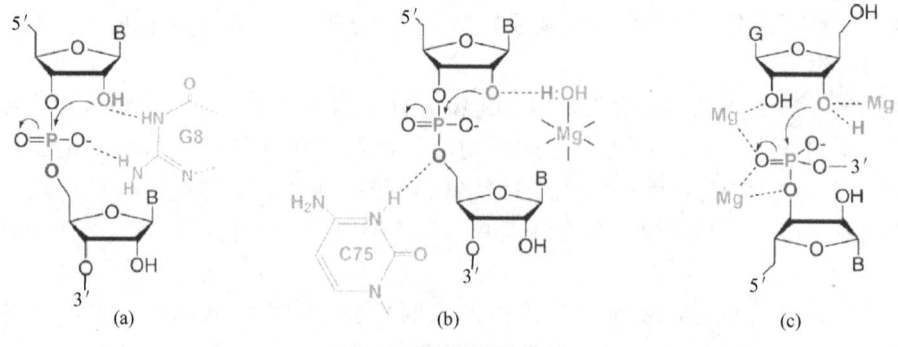

图 3-14　核酶催化机制
(a) 发卡。(b) 丁型肝炎病毒。(c) Ⅰ 型内含子。

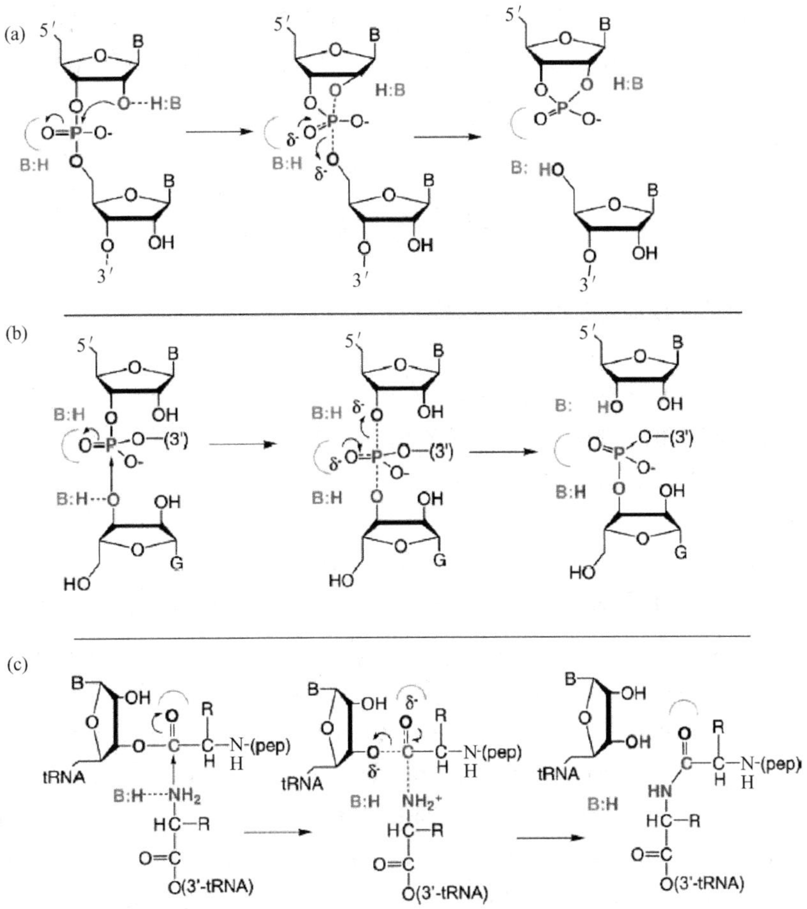

图 3-15 核酶催化的反应
(DeRose V. J., 2002)

碱基参与了催化反应，金属离子远离切割位点。G8 和 A38 分别靠近亲核基团和离去基团，一系列的实验表明，G8 的外环氨基和羰基的功能很重要，可能为底物切割位点的磷酸二酯键提供静电稳定性，并且激活 2′-OH。

小　结

RNA 和 DNA 结构上的差别，主要是由核糖和脱氧核糖的差别造成的。RNA 最重要的结构特征是其单链结构和因单链回折而形成的特征性结构。RNA 的多样性包括结构的多样性和功能的多样性。RNA 通常分为 mRNA、tRNA 和 rRNA，它们在遗传信息的传递、表达和调控过程中承担着不同的角色，执行不同的功能。

用于 RNA 序列分析的方法主要有片段重叠法和直读法。以生物大分子一维线性结构为主要对象的分子进化研究，已发展成为当今生物进化研究的一个十分活跃的领域。

RNA 的二级结构是由 RNA 单链自身回折而形成部分碱基配对和单链交替出现的

茎环结构。影响 RNA 折叠结构稳定性的因素有维持折叠（二级）结构稳定性的力、金属离子在 RNA 折叠结构中的作用、碱基的修饰对于折叠结构的影响以及水分子的作用。

核酶是具有催化功能的 RNA。

思 考 题

1. 详述 RNA 和 DNA 的结构差异。
2. 比较各种 RNA 的一级结构特点。
3. 试述影响 RNA 折叠结构稳定性的因素。
4. 什么是具有催化功能的 RNA？试举例。
5. 与蛋白质相比，RNA 有哪些特点？
6. 英译汉

Twenty years have passed since the initial discovery of catalytic RNA. Although initial discoveries of ribozymes (RNA enzymes) involved phosphoryl transfer reactions on RNA substrates, our knowledge of the biological repertoire of these enzymes was expanded recently as a result of new evidence suggesting that the RNA component of the ribosome catalyzes peptide bond formation. Ribozymes have posed novel challenges for mechanistic studies, but recent investigations have yielded increasing support for chemical mechanisms involving precisely positioned nucleic acid bases with environmentally perturbed pKa values and metal ions. A continuing challenge for RNA enzymologists is the separation of the structural and chemical effects in interpreting experimental results, a challenge that will be overcome as the intriguing fields of RNA enzymology and structural biology continue to expand.

第4章 DNA 的结构
(the structure of DNA)

1953年4月25日，英国 Nature 杂志刊登了3篇有关 DNA 分子结构的论文。第一篇是 Watson 和 Crick 的《核酸的分子结构——脱氧核糖核酸的结构》，在这不到两页的短文中，提出了 DNA 分子的双螺旋结构模型。另外两篇则是 Wilkens、Stokes 和 Wilson 合写的《脱氧戊糖核酸的分子结构》以及 Franklin 和她的学生 Gosling 署名的《胸腺核酸钠的分子构象》，各自发表了 DNA 螺旋结构的 X 射线晶体衍射照片及数据分析。9年后，Watson 和 Crick 以及 Wilkens 因对发现 DNA 双螺旋结构做出的卓越贡献而获得 Nobel 生理学或医学奖。

Watson 和 Crick 以 DNA 双螺旋模型中4种碱基配对（腺嘌呤同胸腺嘧啶配对，鸟嘌呤同胞嘧啶配对）的原则，揭示了遗传物质复制的可能机制，回答了 DNA 如何在遗传信息的复制和传递过程中起作用。在解决这个有关生命本质的最基本问题之一以后，关于 DNA 的结构和功能的研究如同春雨润土，渗入并滋养着包括遗传学在内的生命科学领域中各个学科，使研究思路、方法和技术发生了根本性的变革。人们开始从 DNA 水平上来考察绚丽多彩的生命现象的由来，从中寻找出作为复杂多样性基础的简明的同一性。DNA 双螺旋结构模型的提出揭开了现代分子生物学研究的序幕，并为分子遗传学的研究奠定了基础。

本章主要介绍 DNA 的一级结构、二级结构、三级结构和四链 DNA 结构。

4.1 DNA 的一级结构

DNA 的一级结构涉及脱氧核糖核苷酸的种类、数量、排列位置和键连接关系。DNA 分子在一级结构层次上是由许多脱氧核苷酸分子连接而成的多聚脱氧核苷酸长链分子，通常将链短者称为脱氧寡核苷酸（deoxyoligonudeotide）。在 DNA 分子中，脱氧核苷酸之间是通过磷酸二酯键连接起来的。

如果不考虑碱基的差别，由脱氧核糖和磷酸所构成的 DNA 主链（或骨架），其结构单元（由脱氧核糖和磷酸构成）是彼此相同的。

对各种 DNA 一级结构而言，相互间的差别主要就在于所含碱基的组成、数量及排列顺序上。因此，在描述 DNA 的一级结构时，总是以其所含碱基的序列为准，并用碱基的第一个英文字母构成的字符串来表示。如

G A G C C C T A T T C G G T……

就图4-1所列举的4种脱氧核苷酸片段而言，便可将其写作：AGTC，或写作 dAdGdTdC 或 d-AGTC，也可写作 d-pApGpTpC（其中，d 代表脱氧核糖，p 代表磷

酸)。然而，一般为简便起见，就只用 AGTC 来表达，其方向总是 $5'\to 3'$（核酸序列数据库描述核苷酸序列，使用的就是这种形式）。

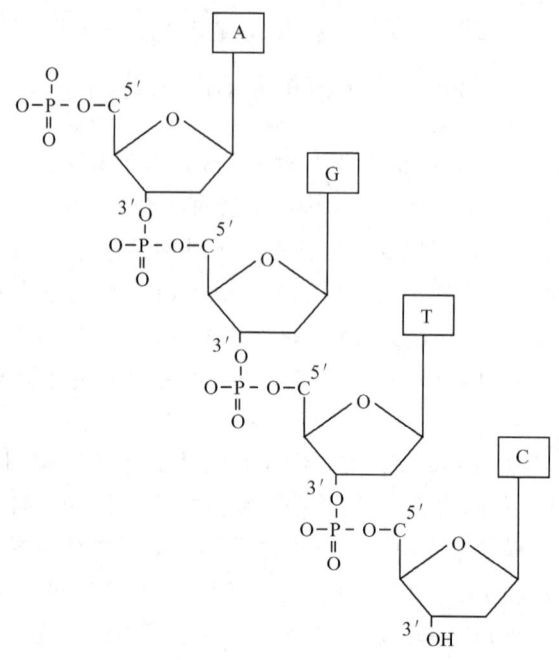

图 4-1　DNA 一级结构示意图

多数 DNA 是线型分子，也有少数是环型分子。当线型多聚脱氧核苷酸链的 3′端羟基与其 5′端的磷酸残基缩合成酯后（即形成磷酸二酯键而连接起来），成为环型的 DNA。

快速而精确地测定和分析核酸（DNA 和 RNA）的一级结构，是核酸研究的一项关键技术。目前应用的 2 种 DNA 序列测定技术是 Sanger 等提出的酶法（Sanger method）（图 4-2）以及 Maxam 和 Gilbert 提出的化学降解法（Maxam-Gilbert method）。

在这 2 种方法中，利用化学降解法进行 DNA 测序具有较高的重现性，而且也容易为一般研究人员所掌握。化学降解法还具有一个明显的优点，即它所测定的序列是来自 DNA 分子而不是酶促合成反应所产生的拷贝。因此，利用化学降解法可对合成寡核苷酸进行直接测序，可以分析诸如甲基化等 DNA 修饰的情况，还可以通过化学保护及修饰干扰实验来研究 DNA 二级结构及 DNA-蛋白质相互作用。

Sanger 的酶法则需要有单链模板和特异的寡核苷酸引物，而且还需要高质量的聚合物制剂。但由于 Sanger 法既简便又快速，因而仍然是目前被广泛采用的方法之一。

DNA 一级结构是 DNA 结构层次中的基础层次，不仅是认识和研究二级结构和三级结构的基础，同时是进一步分析 DNA 结构—功能关系的前提，而且有利于基因表达、调节和控制等多项分子生物学的研究。随着"人类基因组计划"的顺利实施和完成，使得人们对 DNA 一级结构的认识逐步向着顶峰迈进。

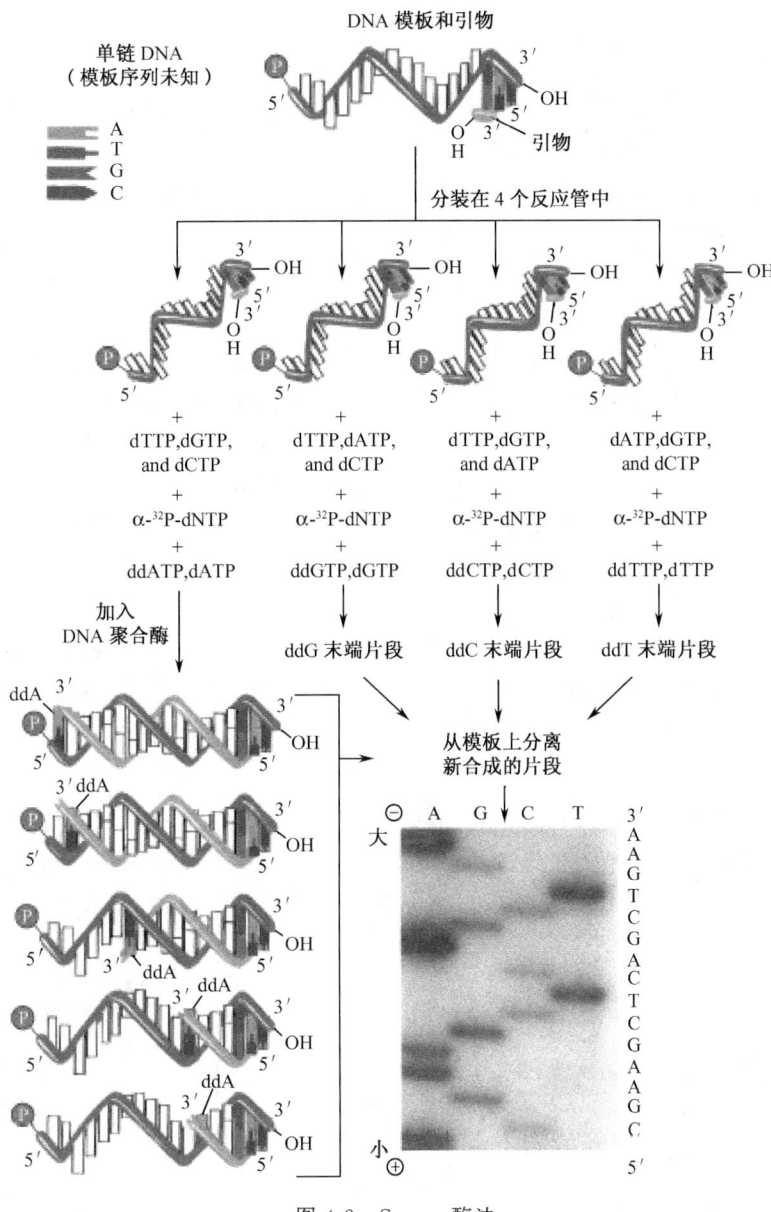

图 4-2 Sanger 酶法

4.2 DNA 的二级结构

4.2.1 双螺旋结构特征

DNA 的二级结构通常是双股脱氧核苷酸链间,通过碱基的配对相互作用而形成以双螺旋结构为特征的二级结构。双螺旋结构的基本特征包括:

4.2.1.1 主链的基本特征

DNA 的主链由脱氧核糖和磷酸基相互间隔连接构成。从磷酸二酯键的方向看，双螺旋结构中 2 条多聚脱氧核苷酸链是反平行的。

DNA 双螺旋结构的 2 条主链处于螺旋的外侧，碱基处于螺旋的内侧，且主链是亲水性的。2 条主链形成右手螺旋（Z-型结构为左手螺旋），有共同的螺旋轴。

4.2.1.2 碱基配对特征

DNA 双螺旋结构是通过碱基的配对相互作用而形成的。由于几何形状的限制，一般由嘌呤和嘧啶配对，才能使得碱基对较合适地安置在双螺旋内。

X 射线晶体衍射分析证实，在 A 与 T，G 与 C 之间存在氢键。其中 G-C 的氢键只取一种形式，而 A-T 之间可取不同方式形成氢键。但是在 DNA 双螺旋结构中，一般都是采取 Watson-Crick 氢键碱基配对的形式（图 4-3）。这类碱基配对的特征对双螺旋结构具有重要意义，是 DNA 行使其复制以及遗传信息由 DNA ⟷ RNA ⟶ 蛋白质传递的基础。

另一个特征是碱基对处于一个平面，在平面内有二次对称轴，碱基对旋转 180°不影响双螺旋的对称性。这意味着 A-T、T-A、G-C 和 C-G 4 种碱基对形式都允许处在双螺旋这种形式的几何形状之中，于是在双螺旋中任何水平位置都可能出现所有 4 种可能的核苷酸残基。

碱基对在螺旋中的位置是碱基对平面与螺旋轴近似地垂直，螺旋轴穿过碱基平面，相邻碱基对沿轴旋转 36°，并上升 0.34 nm。因此，每 10.5 个碱基对旋转一圈成一个螺旋结构，螺距 3.4 nm。螺旋直径 2 nm。以上所述的结构特征系以 B-型 DNA 为例（图 4-4）。

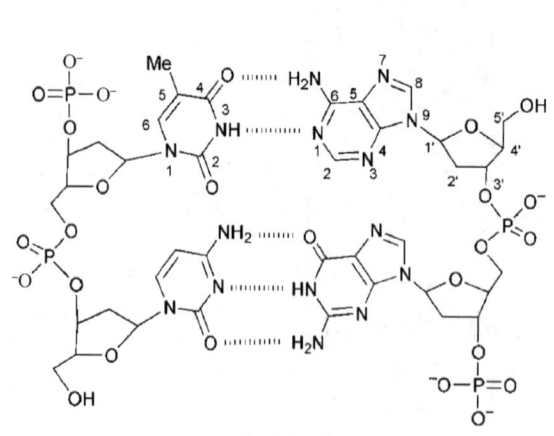

图 4-3 Watson-Crick 碱基对

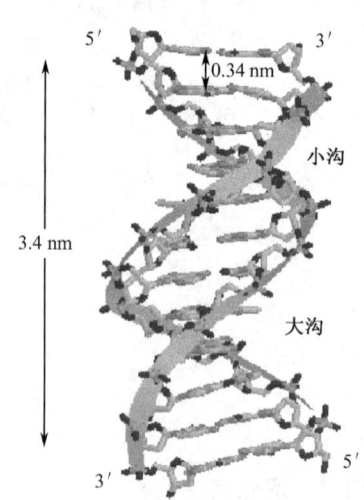

图 4-4 B 型 DNA 的结构

（引自 *Molecular Biology Web Book*，http://www.web-books.com/Mo-Bio/Free/Ch3B3.htm）

就 DNA 而言，碱基互补配对是 DNA 双螺旋结构的主要特征。然而，研究表明，除 Watson-Crick 碱基配对外，还存在着各种形式的非 Watson-Crick 碱基配对（图 4-5）。这些碱基对无疑与 DNA 执行其自身复制和作为遗传信息载体的功能是冲突的，如何解决这样的戏剧性冲突是摆在科学家面前的难题之一。

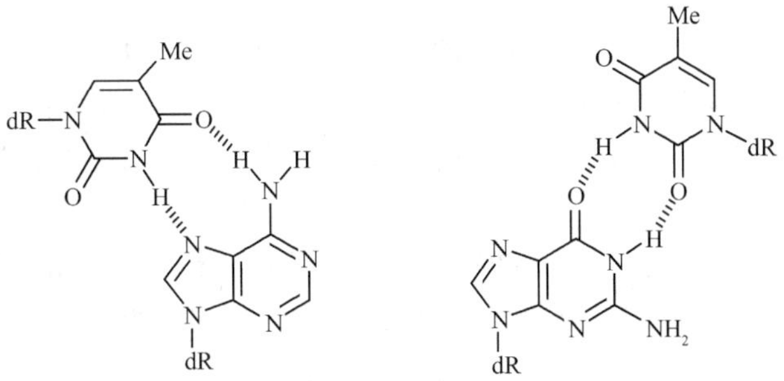

Hoogsteen 碱基配对(T-A)　　　Wobble 碱基配对(G-T)

图 4-5 非 Watson-Crick 碱基对

4.2.1.3 大沟和小沟

观察双螺旋结构时，可看到配对的碱基并没有充满螺旋的空间。由于碱基对与糖环连接不是在碱基对的相反两侧而是在同侧，因此碱基对与糖环不对称的连接导致双螺旋表面形成 2 个凹下去的沟，即宽的大沟和窄的小沟。沿着碱基对的边，与 2 个糖环连接点之间夹角小于 180°的一侧是小沟边，与 2 个糖环连接点之间夹角大于 180°的一侧是大沟边。当碱基对堆积成螺旋时，糖—磷酸骨架构成大沟和小沟的两壁，碱基对边就是沟底。由于螺旋轴通过碱基对中央，因此大小两沟的深度差不多，也即从螺旋圆柱面至遇到碱基对边之间的横向距离大致相等。

双螺旋表面的沟对 DNA 与蛋白质的相互识别和结合都是很重要的（图 4-6）。因为只有在沟内才能"觉察"到碱基的顺序，而在双螺旋的表面，是脱氧核糖和磷酸的重复结构，无信息可言。

大沟和小沟之间存在着明显的差别。大沟携带了其他分子能"阅读"的信息（碱基顺序），且提供了空间的可能性，使其氮、氧原子可以和蛋白质的氨基酸侧链形成氢键。相比之下，小沟一般没有足够的空间与蛋白质分子识别和结合，但是现在已有实验证明 B-DNA 的小沟亦可识别和结合少数蛋白质分子。

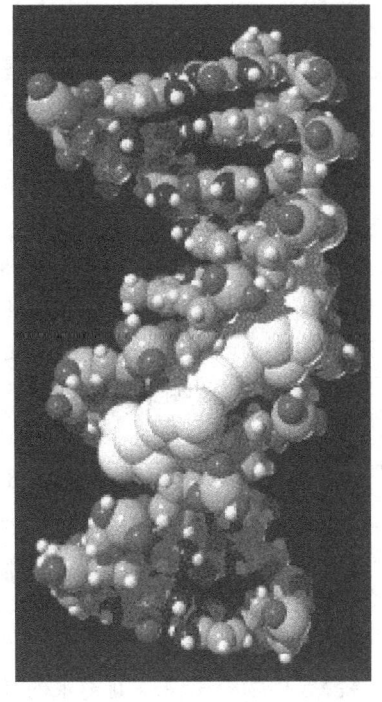

图 4-6 DNA 双螺旋表面的沟与蛋白质的相互识别和结合

4.2.2 DNA 二级结构和碱基堆积

碱基堆积对维持 DNA 的二级结构起主要作用。核酸的晶体结构研究表明，在相继排列的 2 个碱基间，部分碱基平面实际上是互相平行的，且有明显重叠，两平面间的二面角小于 200°，这就是碱基堆积的主要特征。

在固态时，一个碱基平面与相邻的碱基平面在排列方向上平行，碱基间相隔 0.34 nm（B-DNA），排列堆积起来。在溶液状态下，仍能有很好的碱基堆积。有许多证据表明，在溶液中单核苷酸也有聚集的倾向，红外光谱和核磁共振谱都说明这种聚集不是由氢键造成的。因此单核苷酸中各组成单位具有强烈的聚集倾向，这是碱基本身的固有性质。表 4-1 列出了碱基堆集的缔合常数（association constant）。一般地，这些缔合常数较小，而且还显示相互作用的强度正比于堆积环的大小。

表 4-1 在水溶液中碱基堆积缔合常数（K）（25℃）

碱 基	K/mol·L^{-1}	碱 基	K/mol·L^{-1}
DA	12	dA-dT	3～6
嘌呤核糖核苷	3.5	dG-dC	4～8
I	3.0	dA-dC	3～6
DT	0.91	dA-dU	3
DC	0.91	dT-dC	0.91
U	0.70		

碱基堆积时，相邻碱基平面间隔 0.34 nm 时，仍处于 Van der Waals 距离内，因此碱基平面上分布的 π 电子云系统之间的吸引力，碱基上永久性偶极间的作用力和诱导偶极的相互作用等分子间作用力使堆积状态稳定。

以上仅以右手 B-DNA 螺旋结构为例简述了碱基的堆积相互作用，左手双螺旋中碱基堆积模型不同于右手双螺旋。仅就 d（GpC）顺序而言，相邻碱基的空间关系属于螺旋旋转形，也呈现出 G 和 C 之间的股内堆积。然而，在 d（CpG）的情况下，胞嘧啶形成股间堆积，嘌呤同其他碱基根本不堆积，而是同相邻脱氧胞苷的糖的 O4′ 堆积。碱基对堆积模型的这些差别反映在局部扭角上，d（GC）约 45°，d（CpG）顺序仅 15°。每二核苷酸重复的旋转 −60°。在 d（CpG）和 d（GpC）中，磷酸基是不等价的。在所有的右手螺旋（交替的 B-DNA 除外）中，磷酸基是等价的，即它们定位在同一螺旋半径上。相反，在交替的 poly（dG-dC）顺序的左手螺旋中，d（CpG）磷酸半径 ~0.62 nm，d（GpC）磷酸半径 ~0.76 nm，因而 2 个磷酸在化学上是不等价的。由于磷酸的半径不同且交替，相邻呋喃糖单元指向相反，双螺旋中磷原子的连接线不是平滑地出现，而是采取"之"字形路线，故称为 Z-DNA。

除以上所述外，导致碱基堆积稳定的另一个重要因素是水的存在。在生物系统中，核酸等生物分子总是处于水的环境。水的结构和性质对稳定核酸结构，如双螺旋结构，起着重要作用。在液态水中，水分子处于氢键结构状态，组成一个网络结构（图 4-7）。研究表明，水分子中每个氧原子被 4 个氢原子包围，其中 2 个氢为水分子本身所有，另

2 个氢属于别的水分子而通过氢键相连。凡是亲水性物质，由于能与水形成氢键，可溶于水，因此它们能使水的氢键破坏，形成新的氢键，例如，核酸分子外层的核糖（脱氧核糖）和磷酸基即是。然而，核酸螺旋内部的碱基与水分子发生氢键相互作用因空间上的限制就有限了，不仅如此，由于碱基的疏水性质也限制了与水分子的氢键相互作用。同时，也正是因为碱基的疏水相互作用，碱基成环部分的疏水性趋使它们成簇存在，最有效的成簇就是碱基的环面互相接近，从而促成了碱基堆积，这是在水中最有利的构象。

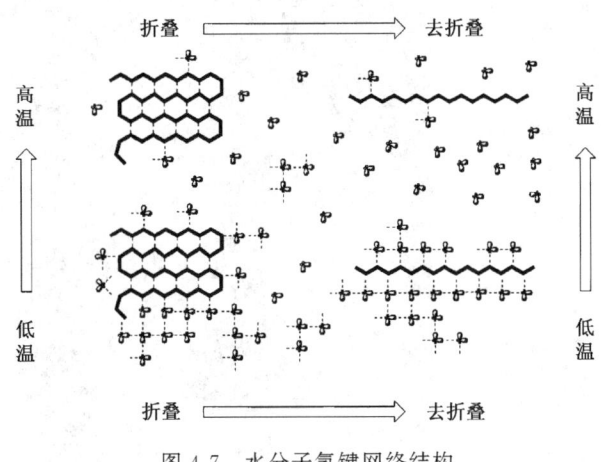

图 4-7 水分子氢键网络结构

4.2.3 双螺旋结构的种类

以上所讨论的双螺旋的特征除指明者以外，均属于 B-DNA 双螺旋结构。一般认为，B-DNA 双螺旋最接近于 DNA 分子的溶液状态，A 型和 B 型是 DNA 分子的 2 个基本的双螺旋形式。除此之外，通常还有 C 型、D 型、E 型和左手双螺旋的 Z 型 DNA 分子。图 4-8、图 4-9 及表 4-2 列出了各种双螺旋 DNA 的形态结构和特征。

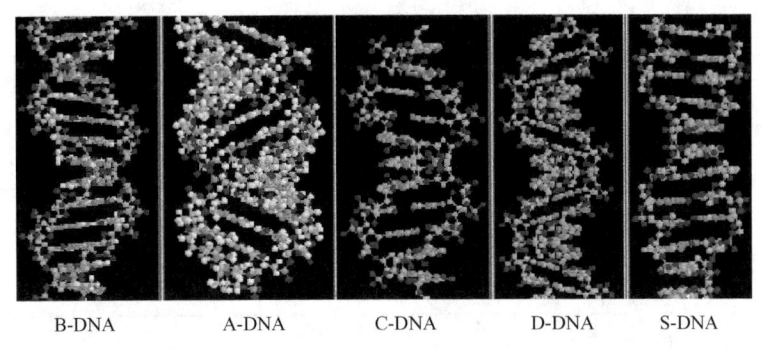

图 4-8 B-、A-、C-、D-及 S-DNA 球棍图

总的来说，就已经掌握的资料看，A 型螺旋较 B 型螺旋拧得紧一些，碱基的倾角大一些，大沟的深度明显超过小沟的深度。在 B 型双螺旋中，大沟的宽度比小沟大，但大、小沟的深度却相差不多。

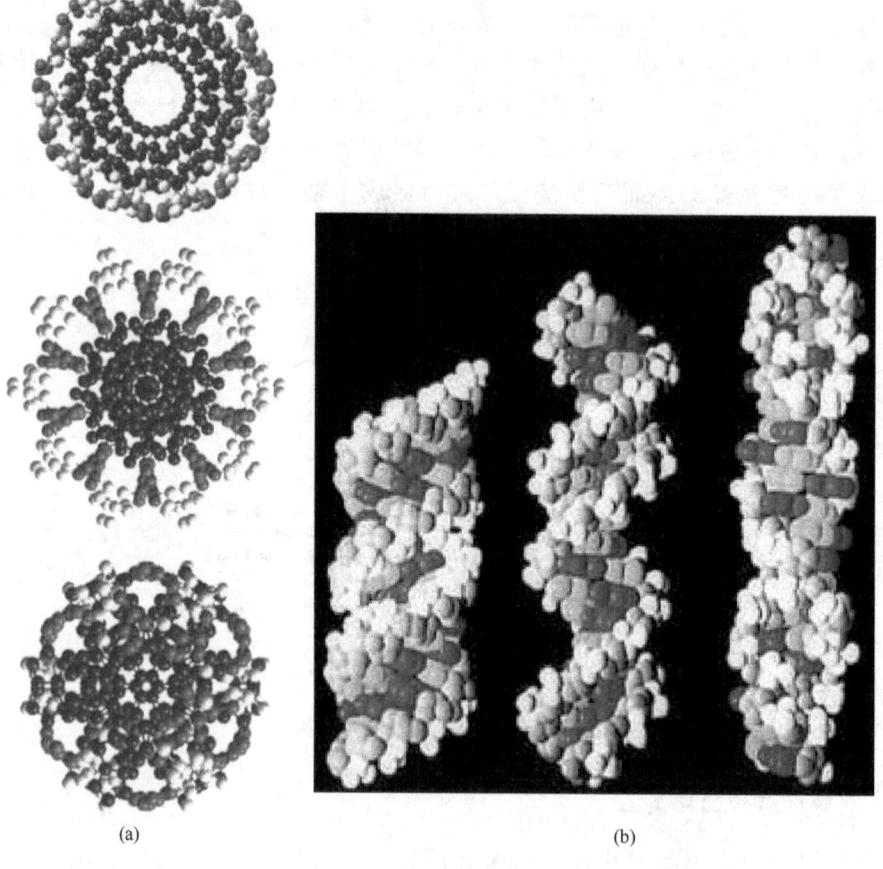

图 4-9 A-DNA、B-DNA 及 Z-DNA 俯视及平视图
(a) 从上往下依次为 A-DNA、B-DNA、Z-DNA。(b) 从左往右依次为 A-DNA、B-DNA、Z-DNA。

表 4-2 DNA 的结构类型和螺旋参数

结构类型	螺距	螺旋对称性[a]	每个核苷酸残基轴升 (h) 和扭曲角 (t)		沟的宽度[g]/nm		沟的深度[g]/nm	
			h/nm	t/(°)	小	大	小	大
天然和合成的 DNA								
A	28.2	11_1	0.256	32.7	1.10	0.27	0.28	1.35
B	33.8	10_1	0.338	36.0	0.57	1.17	0.75	0.85
C	31.0	$9.33\ (28_3)$[b]	0.332	38.6	0.48	1.05	0.79	0.75
非随机合成的 DNA								
B′	32.9	10_1	0.329	36.0				
C′	29.5	9_1	0.328	40.0				
C″	29.1	$9_1\ (18_2)$[c]	0.323	40.0				
D	24.3	8_1	0.304	45.0	0.13	0.89	0.58	
E	24.35	$7.5_1\ (15_2)$[d]	0.325	48.0				

续表

结构类型	螺距	螺旋对称性[a]	每个核苷酸残基轴升（h）和扭曲角（t）		沟的宽度[g]/nm		沟的深度[g]/nm	
			h/nm	t/(°)	小	大	小	大
非随机合成的 DNA								
S	43.4	6_5[e]	0.363	-3.00[h]				
Z^f	45	6_5[e]	0.37	-3.00[h]	0.88	0.37	1.38	

表中数据主要引自 Leslie A. G. W. et al. J. Mol. Biol., 1980, 143, 49~72
a. 每一转的残基数，括弧中数字是精确重复的残基数。
b. 螺旋转是 9.33 残基，以 9.33 三转重复，即 $9.33\times3\approx28$ 残基。
c. 二核苷酸顺序，2转后精确复得，即 $9\times2=18$ 残基。
d. 三核苷酸顺序，二转重复，即 $7.5\times2=15$ 残基。
e. 二核苷酸作为重复单元。
f. 由 d(G-C) 六核苷酸获得的数据。
g. 引自 Conner B. N. et al. Nature, 1982；295, 294~299。
h. 以二核苷酸重复的碱基对平均转动角给出的值。

C-DNA 是在特定的盐和湿度（相对湿度为 44%～66%）条件下 A 型与 B 型之间的中间物。一般来说，C-DNA 与 B-DNA 相似，它的核苷酸构象参数与 B-DNA 相比仅有小的变化（表 4-2），因而同属于 B-DNA 家族。

D-DNA 也属于 B-DNA 家族中的一员。天然 DNA 一般不取 D 型双螺旋结构。但是当 DNA 中有 A、T 顺序交替的富 AT 区时，可能取 D 型。D-DNA 的糖环取 C2'-exo 折叠，从表 4-2 可知 D-DNA 每个螺旋只包含 8 个碱基对，螺距 2.43 nm，每碱基转角 45°，轴向上升 0.304 nm。与 B 型和 C 型相比，大沟变得更浅更窄（宽度为 0.89 nm），小沟深而窄（宽度 0.13 nm，深度 0.58 nm）。

Z-DNA 族包括 Z-、Z_1-、Z_{11}-和 Z'-DNA。它们的共同特征：每转 12 个碱基对，螺距 4.46～4.67 nm，每二核苷酸为一重复单元，h 为 0.74 nm，$-60°$旋转。碱基稍呈负倾斜（$-7°$），Van der Waals 直径为 1.81～1.84 nm（B-DNA 为 1.93 nm）。

4.3　DNA 的三级结构

DNA 的三级结构，是在一二级结构基础上的多聚核苷酸链的卷曲。在一定意义上，是双股螺旋结构基础上的卷曲。DNA 的三级结构包括线状 DNA 双链中的可能有的纽结和超螺旋、多重螺旋和分子内单链形成的环以及环状 DNA 中的结、超螺旋和连环体（conctemer）等拓扑学状态。

在 DNA 的三级结构形态中，最常见的是**超螺旋结构（supercoil）**。超螺旋 DNA 的形成包括 DNA 相对于双螺旋轴的扭曲和转折，在形成过程中包括自身的相互作用。

当 DNA 取 B-DNA 构象时，处于能量最低状态，结构也最稳定。如果 DNA 双螺旋可以任意增大或减小相邻碱基对之间的转角，那么螺旋就很容易拧紧或扭松，并一直维持松弛状态。然而在二级结构的层次上，DNA 总是趋于维持 B-DNA，只有不受任何张力影响的 DNA 才处于松弛状态，没有链的扭曲。

如果使正常的 DNA 额外地捻紧螺旋或放松螺旋，DNA 就会受到张力，在 DNA 链末端开放的情况下，这些张力经过链的转动可以除去，使 DNA 又恢复到松弛状态。但是，在末端闭合的情况下，增加或减少螺旋数产生的张力将使 DNA 分子发生扭曲。假定在 DNA 2 个末端闭合前，稍解开双螺旋，再把末端连接起来，未堆积的碱基对将自发地再趋于聚集成通常的双螺旋构象。由于没有游离末端，它们不可能沿着双螺旋互绕，唯一的可能是整个环状分子旋转扭曲来补偿引进的张力，结果形成右手超螺旋，又称负超螺旋（negative supercoil）。假定末端闭合前，线状 DNA 螺旋捻得更紧，得到的闭环 DNA 为维持 B-DNA 结构的倾向而趋于解旋，结果产生了左手超螺旋，又称正超螺旋（positive supercoil）（图 4-10）。一般在天然状态下，观察到的都是负超螺旋。线状 DNA 或环状 DNA 分子都可以有超螺旋状态的三级结构。

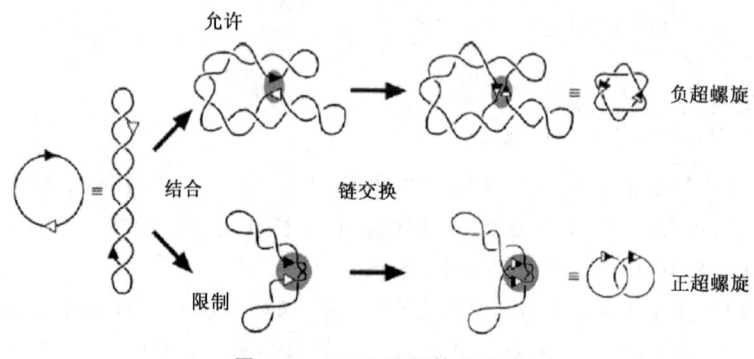

图 4-10　DNA 超螺旋的形成

4.4　四链 DNA 结构

研究发现，各种端粒 DNA 都具有富 G 链的简单重复序列。DNA 序列上的这种特殊性提示我们端粒可能需要这种特殊的序列以形成特殊的结构。大量的体外实验表明，富 G 单链可形成各种稳定的 G4 结构（G4 structure）（图 4-11）。

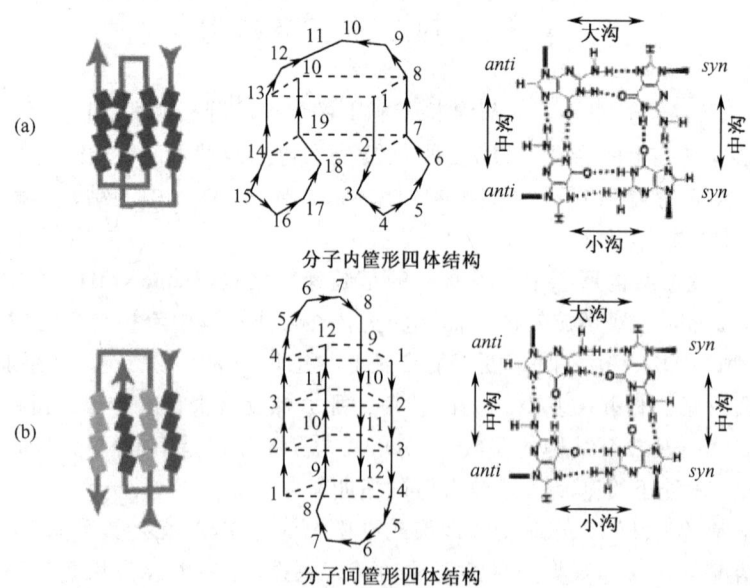

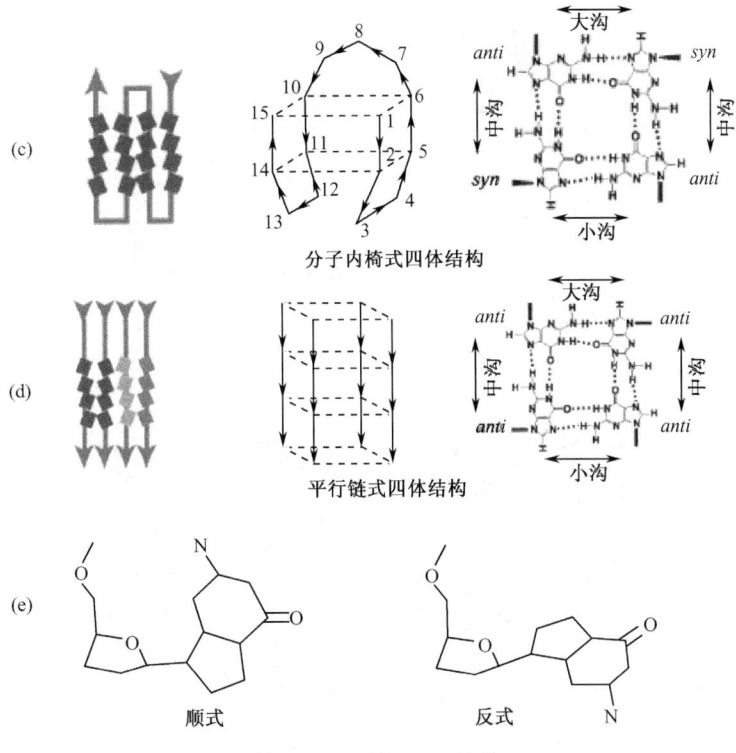

图 4-11 四链 DNA 结构
(Arthanari H., et al. 2001)

G 四碱基体为对称排列,当由 4 个 DNA 分子聚合而成时,主链为平行走向,形成右手螺旋,且所有核苷酸为反 C2'-endo 构象,4 条链对等,有 4 个相同的沟。每一条链的构象都具有 B-DNA 特征。由 2 个 DNA 链分别折叠为发夹而形成的结构则为反平行的,其环区为 T,而 G 形成四螺旋。对于结构 A 和 B,其糖苷链沿每一条链均为交替的 anti 和 syn 构象,四碱基体中相邻的 2 个 G 为 anti,另 2 个为 syn,从而形成一个大沟、一个小沟和 2 个中沟。对于结构 C,每条链仍为交替 anti、syn 构象,但每个四碱基体中位于对角线上的 2 个 G 为 anti,另一对为 syn,形成 2 个大沟与 2 个小沟。对于结构 D,4 条链均为 anti 构象,形成 4 个中沟(图 4-11)。

四链 DNA 结构的稳定性及其影响的因素一直是研究的热点。体外实验表明,四链结构具有高熔解温度,甚至可以高达 100℃。最初认为是在 2 层 G4 体之间螺旋轴附近插入了一个水分子并与碱基形成氢键而稳定其结构。在其后的研究中发现碱金属离子对其形成与稳定性有很大影响,特别是 K^+ 和 Na^+ 离子(图 4-12)。

分支的四链 DNA 分子的结构

在具有生物活性的四链 DNA 分子中,四向接合(four-way junction)是最简单的和普遍存在的分支结构。在金属离子的诱导下,四向接合具有构象可变性(图 4-13)。

第4章 DNA 的结构（the structure of DNA）

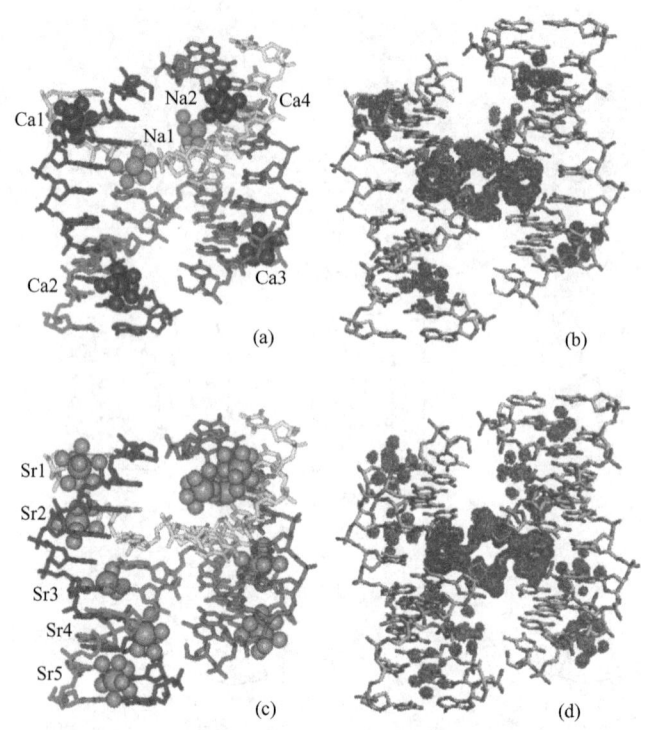

图 4-12 DNA 大沟（正对接合点）示意图
(a) X 型结构示意图（含 Ca^{2+} 和 Na^+）。(b) 叉点电子密度示意图（含 Ca^{2+} 和 Na^+）。
(c) X 型结构示意图（含 Sr^{2+}）。(d) 交叉点及含 Sr^{2+} 部位电子密度示意图。

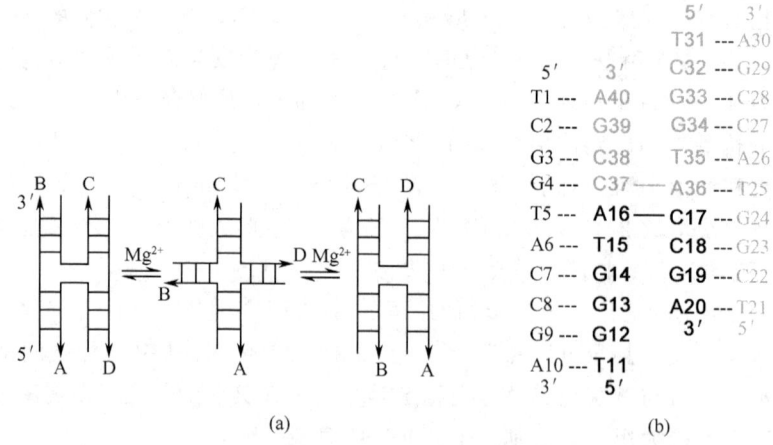

图 4-13 DNA 四向接合
(a) DNA 四向接合的结构平衡（可由金属阳离子诱导）示意图。
(b) 碱基颜色编号法示意图：A 链为黑色，
B 链为黑色粗体，C 链为灰色，D 链为灰色粗体。(Thorpe J. H., et al. 2003)

小　　结

DNA 的一级结构涉及脱氧核糖核苷酸的种类、数量、排列位置和键连接关系。多数 DNA 是线型分子，也有少数是环型分子。常用的 2 种 DNA 序列测定技术是 Sanger 等提出的酶法和 Maxam 和 Gilbert 提出的化学降解法。

DNA 的二级结构通常是双股脱氧核苷酸链间，通过碱基的配对相互作用而形成以双螺旋结构为特征的二级结构。除最为常见 B-DNA 外还有多种螺旋形式。碱基堆积对维持 DNA 的二级结构起主要作用。双螺旋表面的沟特别是大沟在与蛋白质的相互识别和结合中起重要作用。

DNA 的三级结构，是在一、二级结构基础上的多聚核苷酸链的卷曲。最常见的是超螺旋，它的形成包括 DNA 相对于双螺旋轴的扭曲和转折。

富 G 单链可形成各种稳定的 G4 结构。四向接合是最简单的和普遍存在的分支结构。

思　考　题

1. 试述目前应用的 2 种 DNA 序列测定技术，比较它们的优缺点。
2. 试述 DNA 双螺旋结构的基本特征。

第5章 核酸的功能
(nucleic acid function)

  分子生物学研究结构的目的，是为了认识其功能，而结构生物学只是揭示生物分子体现生物学功能过程的中间站。然而，结构的测定和阐明不仅导致对已知功能的分子在生物体内体现其功能认识的极大深化，同时对于迄今为止对其功能了解甚少或几乎不了解的分子，结构的阐明也将会给有关功能的认识带来巨大的进步。

  时至今日，不同学科的科学家对结构、性质、功能等概念仍持有不同的看法。在化学家看来，化合物的性质是由该化合物的结构所决定的。但是，在生物学中，化学家的这种性质概念已经暴露出了种种缺陷。

  确切地讲，在生物学中对生物大分子（核酸和蛋白质）而言，主要研究的是它们的结构与功能，而不是它们的性质。因为性质可以由单一化合物在某一反应中表现出来，而生物学功能则不同，它是指许多分子（包括生物大分子和其他一些小分子）在若干协同反应中，由整个生物系统表现出来，也就是说，生物分子的功能是与分子间相互作用和系统紧密联系在一起的。离开了系统，从单一的蛋白质和核酸的结构或这些分子的结构之"和"是不能解释其生物学功能的。

  尤其需要指出，在生物系统中，生物大分子的结构每时每刻都是处于动态变化之中，生物大分子是可变形的。核酸就是动态分子，可在不同的结构状态间变换。一般地，我们可以将生物大分子的结构分为两类：孤立的静态结构（如由X射线衍射获得的分子图像）和处于系统中的动态结构。在功能的意义上，主要是研究系统中（如细胞层次上）生物大分子的动态结构、分子间相互作用及由此而在系统条件下表现出的生物学功能。

  生物化学家为了研究生物大分子的结构与功能，通常采用的思路就是从生物体或生物体的某些组织和器官中提取、分离、纯化这些生物大分子，然后用物理和化学的方法确定这些分子的结构，进而再去研究其可能的生物学功能。这种思路在生物学（特别是结构分子生物学）的发展中确实起过极大的作用，并且毫无疑问地将会继续起着重要的作用。

  但是，另一方面，这些从生物体中提取出来的生物大分子，其结构在较大程度上正是前面所述的孤立的静态结构。由于本身已经脱离了生物系统而只能当作是特别复杂的化合物，虽然我们可以在实验室研究它们的结构和功能，但却有可能无法了解其确切的生物学功能。

5.1 核酸分子作为遗传信息载体的功能

  DNA是绝大多数生物体的原初遗传信息载体（但有时是RNA），不但通过复制、转录和翻译过程可使其载有的遗传信息得到传递与表达，而且经过严格的调控可使之有不同表达，以致指令同一个受精卵严格有序地分化为不同类型的细胞，组成各种组织和器官，构成完整的生物个体。

5.1.1 核酸作为遗传信息载体的共同特征

5.1.1.1 一维线性序列

遗传信息贮存在核酸分子的一维核苷酸线性序列之中。DNA 贮存的生物遗传信息通过转录拷贝到 RNA 的一维线性序列上（有些生物的 RNA 本身就是原初遗传信息的载体）。

从这样的意义上讲，DNA 和 RNA 作为遗传信息载体的共同特征之一，就是它们的一维核苷酸排列顺序。当然，这样的一维线性序列只有在活细胞里，通过严格的调节、控制，经转录和翻译过程才表现出其作为信息载体特征的。

5.1.1.2 一些共同的物理性质

核酸具有很高的介电常数，是振动方式很多但频率相同的系统，有大量强大的相互作用的非偶极电子云，从而成为具有作为信息载体所具备的"重要物理要素"。

5.1.1.3 复制和转录

DNA 和 RNA 分子通过碱基的互补可以复制子链。DNA 分子通过转录（RNA 分子通过反转录和翻译过程）还可以传递遗传信息。

5.1.2 DNA 与遗传信息

对 DNA 而言，尽管是它的序列而不是结构本身表示遗传信息，但在通常情况下，以双螺旋结构形态存在的 DNA，其 2 条互补链必须分开，才能利用这些信息。然而，链的分开要受整个 DNA 分子结构的影响，要受到在细胞条件下复杂的调控，能在某些区域使双螺旋结构发生变化乃是 DNA 功能的一个重要方面。

从结构看，虽然 DNA 的结构是多态的，但其基本结构形态是双螺旋。双螺旋结构是生命进化（包括分子进化）的结果，是一种理想的"精确"保存和向子代传递遗传特性的结构形态。一切生命都要依靠信息的正确传递。

遗传信息经过一代又一代的细胞分裂传递，仍能被精确地保存在 DNA 中，正是因为这种互补的 A-T 和 G-C 对之间的氢键，以及这些碱基对沿着螺旋轴堆积时碱基间的相互作用所稳定的双螺旋结构。无论是 A-DNA 和 B-DNA，还是左手螺旋的 Z-DNA，它们的 A-T、G-C 配对使 2 条多聚脱氧核苷酸链互补，从而保持了遗传信息的完整性。

稀有碱基（或修饰碱基）和非 Watson-Crick 碱基配对（如 Hoogsteen 氢键配对和碱基的错配）的存在，实际上已影响到双螺旋结构对遗传信息保存的精确性。但是，由于生物体中修复系统的作用，使得在代代相传的过程中，即使出现了某些差错，也会因修复机制的作用而保存其精确性（图 5-1）。

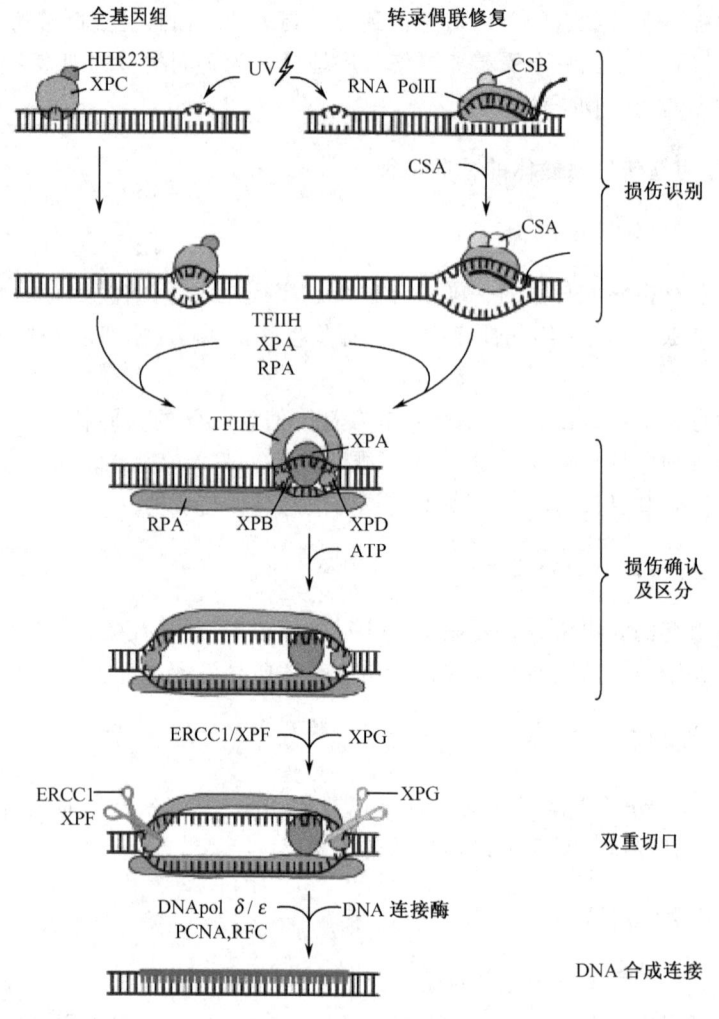

图 5-1 基因修复模型

5.1.3 RNA 与遗传信息

RNA 在遗传信息流中处于中间环节，它既可反转录为 DNA，又可翻译而指导蛋白质的生物合成。RNA 兼有 DNA 和蛋白质两类生物大分子的功能。合成蛋白质的模板是 RNA。无数的证据表明，mRNA 分子是携带信息的中间载体，而另一些 RNA 则是蛋白质合成机器的一部分。

大量的研究结果显示，原始基因以较短的核酸片段重复产生。最初以 RNA 为基础，表现为随机的核糖核苷酸链，经过连接和一再复制而形成长的 RNA。虽然 RNA 具有化学反应性强和容易产生等特点，但也存在容易分解的缺点，相比之下 DNA 在化学上很稳定。

于是，伴随着生命的起源和进化，基因的作用从最初的 RNA 逐渐演变过渡到稳定且有利于信息保存的 DNA。据此可以认为，在生命起源和进化过程中，遗传信息最初是由 RNA 流向 DNA。由于出现了像 DNA 这样的"理想"遗传信息贮存结构，才逐渐进化为 DNA ⟷ RNA ⟶ 蛋白质的遗传信息流。

5.1.4 三链 DNA 的生物学意义

• 三螺旋的形成能阻止序列专一性的蛋白质接近相同或邻近的序列。在质粒中，通过 2 个碱基对的 *Ava* I 识别位点或 3 个碱基对的 *EcoR* I 识别位点，同型嘧啶 ODN（ODN 为寡聚脱氧核糖核酸的简称）与同型嘌呤—嘧啶束道的结合阻止了限制性内切酶的切割或和甲基化酶的甲基化。通过与 Sp1 结合位点上的 4 个碱基对重叠，ODN 与双螺旋的靶序列结合形成三螺旋，阻止了转录因子 Sp1 的结合。

• 通过三螺旋的形成，ODN 阻止基因的转录和复制。

• 作为精确切割双螺旋 DNA 靶序列的"分子剪刀"。通过三链 DNA 的形成，ODN 可作为人造限制性内切酶，专一性精确切割双链 DNA。

5.1.5 四链 DNA 的生物学意义

经典的 DNA 半保守复制有 2 个特点：①需要 RNA 引物启动 DNA 的合成；②新 DNA 的合成具有方向性，均由 $5'→3'$。由此引出了 DNA 的末端复制问题：线型 DNA 分子每一次复制都将导致 DNA 链的缩短。

端粒 DNA 的不断丢失会导致染色体不稳定，使细胞衰老。Sandell 和 Zakan 以酵母菌为实验材料，诱导单个染色体使之丢失端粒。他们发现这种诱导丢失会使细胞停留在 G_2 期的 checkpoint，虽然不少细胞最终由 G_2 期得到恢复，但丢失端粒的染色体并未被修复。这种端粒不完整的染色体在细胞分裂进程中极易被丢失。可见，端粒 DNA 的丢失对细胞造成的影响与破损的染色体相仿。迄今为止，已有不少实验表明染色体端粒犹如细胞生命的时钟，细胞每分裂繁殖一次，端粒就缩短一些。当缩短到一临界值时，就触发了细胞走向衰老。

生物学家们很早就注意到体细胞无论在活体内还是在体外培养环境中，其寿命都有一定的限制，只有癌细胞和生殖细胞是不死的。如果端粒（图 5-2，图 5-3）的长度是

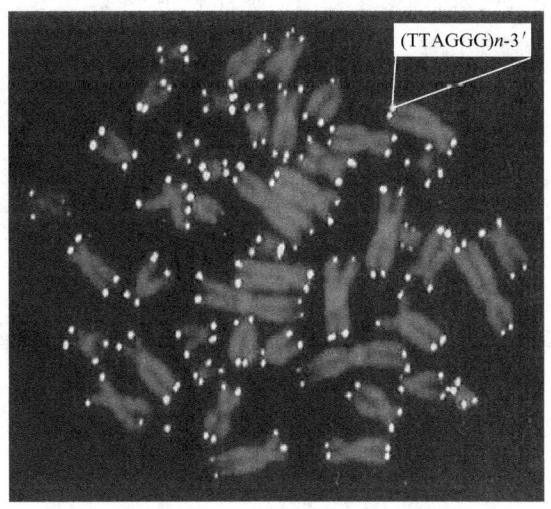

图 5-2　人类细胞中的端粒

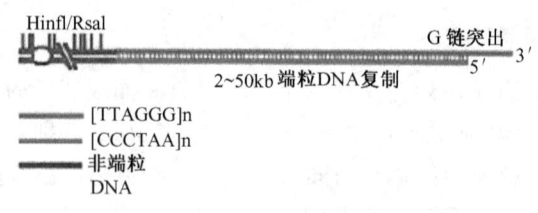

图 5-3 在一端或两端突出的端粒

细胞寿命的时钟，那么癌细胞和生殖细胞是如何在细胞的世代分裂繁殖过程中维系其端粒长度，使其长于衰老的临界值呢？

20 世纪 80 年代科学家们在纤毛虫和人的无细胞提取液中发现了端粒酶（telomerase）。端粒酶由蛋白和 RNA 两部分组成。四膜虫的端粒酶 RNA 分别包含序列 5′-CAACCCCAA-3′。该序列为端粒富 G 链的补链序列。体外实验表明，端粒酶就是以 RNA 中的这段序列为模板来合成端粒的富 G 链。因此，端粒酶属于一种反转录酶。

来自四膜虫和酵母菌的实验表明正常的端粒酶活性是保证长寿的基本要素。在四膜虫中，一个突变的端粒酶 RNA 基因的大量表达就足以引起端粒变短和生物衰老。在酵母菌中，EST1 基因功能的丧失会在 8 个细胞世代中造成端粒不断变短，最终导致衰老。EST1 基因编码端粒酶中的一种蛋白质。

5.2 核　　酶

前面提到科学家们已经发现某些 RNA 具有酶的催化活性。在完全没有蛋白质存在和参与的情况下，这些 RNA 分子能单独催化其自身或其他 RNA 分子进行某些生物化学反应。这些发现动摇了以往认为"生物催化剂—酶—蛋白质"三位一体的传统观念，同时还提示 RNA 在细胞中兼有 DNA 和蛋白质的某些功能，或者说，RNA 分子既能携带遗传信息，又能行使催化功能。

RNA 作为遗传信息的携带者，它在信息的贮存和传递机制上与 DNA 有何异同？其信息结构与遗传信息流的关系如何？在生物的起源和进化中形成的 RNA 的遗传程序是以何种方式编码在其信息结构之中，又是以何种方式"反转录"给 DNA 的？由 RNA 信息结构体现的生物特殊语言——遗传语言在信息传递和调控以及多层次网络通讯中的词汇、语法和句法规则怎样？RNA 的拓扑结构、一维线性结构与三维结构的关系等问题，已经引起了生物学家的极大关注。

RNA 具有催化功能这一现象不仅从根本上改变了所有的酶都是蛋白质的传统观点，而且还提示，在生命起源中 RNA 很可能是最早出现的大分子。RNA 的这一功能还可能给生物技术提供新的工具，从而建立对付病毒感染的新的防护体系。从 RNA 具有酶活性看，其意义远非这些。

小 结

DNA 是绝大多数生物体的原初遗传信息载体（但有时是 RNA）。这些信息贮存在核酸分子的一维核苷酸线性序列之中。DNA 和 RNA 分子通过碱基的互补可以复制子链。DNA 分子通过转录（RNA 分子通过反转录和翻译过程）还可以传递遗传信息。碱基互补配对的双螺旋结构及修复系统保证了遗传信息的精确传递。

RNA 在遗传信息流中处于中间环节，它既可反转录为 DNA，又可翻译而指导蛋白质的生物合成。RNA 兼有 DNA 和蛋白质两类生物大分子的功能。

三链、四链 DNA 及核酶的发现与研究，丰富与深化了核酸结构功能的研究。

思 考 题

1. 试述核酸作为遗传信息载体的共同特征。
2. 简述三链 DNA 的生物学意义。
3. 试述四链 DNA 的生物学意义。

第 6 章 基因组学
(genomics)

2003年4月14日,6国科学家(美、英、中、法、德、日)宣布:人类基因组序列图绘制成功。4月15日,科学技术部、中国科学院和国家自然科学基金委员会在京召开新闻发布会,宣布人类基因组序列图绘制成功,所有目标全部实现,同时宣布中国总理温家宝与美、英、日、法、德政府首脑联名发表的《六国政府首脑关于完成人类基因组序列图的联合声明》,对人类基因组计划的完成表示祝贺。人类基因组计划的完成是人类揭示生命奥秘的一个里程碑,标志着"基因时代黎明的真正到来"。

6.1 人类基因组计划

随着分子生物学、分子遗传学、基因工程、生物信息学和核酸测序技术的进展,人类在认识和改造自然的进程中,强烈地意识到"了解自身"的重要性和迫切性(图6-1),进而提出了"人类基因组计划"(Human Genome Project)。1986年美国能源部(DOE)最先开始"人类基因组计划"课题。紧接着,Nobel奖金获得者、DNA双螺旋结构模型建立者之一的Watson也参与进来。1988年9月,美国国立健康研究院(NIH)建立了人类基因组研究办公室(Office of Human Genome Research)。1989年

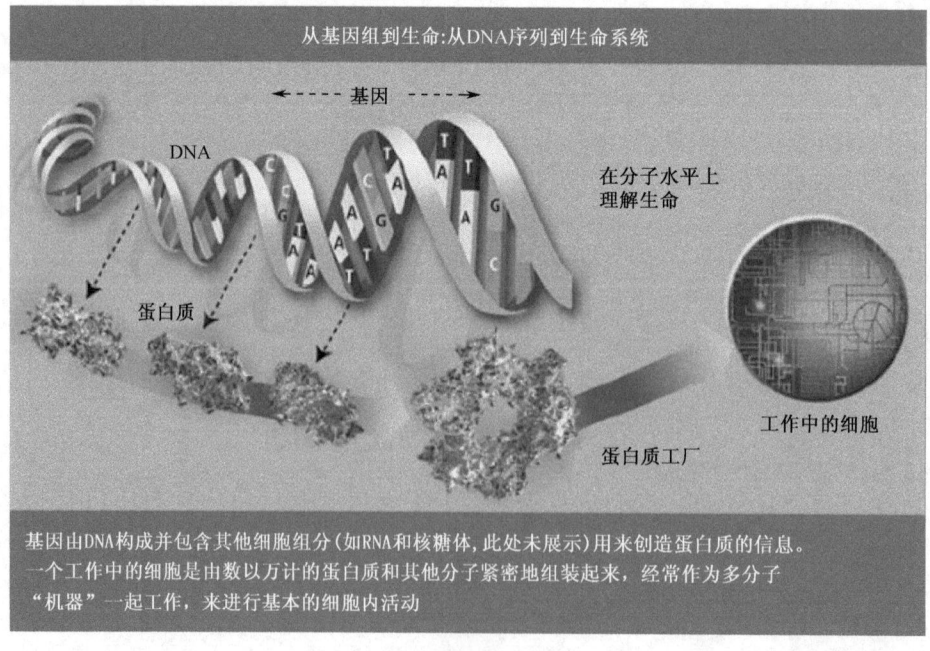

图 6-1　从基因组到生命

10 月改为国家人类基因组研究中心（National Center for Human Genome Research, NCHGR）。英、法、日、意、荷、加、丹麦等国家也不甘落后，出巨款投入研究。欧共体和联合国还组织多国多中心的联合研究。1993 年 7 月，我国自然科学基金委员会正式决定将"中华民族基因组若干位点的研究"作为"人类基因组计划"的一个部分列入国家重大项目。

1990 年国际上开始了人类基因组的合作研究，人类基因组计划当时被称为"生命科学阿波罗计划"，并预计在 15 年内完成。由于技术的飞速发展，研究进程不断加快，完成时间提前到 2003 年，比原计划提前了两年。人类基因组的"工作草图"（working draft）已完成，并发表在 2001 年 2 月的 *Nature* 和 *Science* 上。

人类基因组的精确图谱已经于 2003 年 4 月完成。我国参加并完成了 1‰的人类基因组测序工作。此项工作获得 2002 年国家自然科学奖二等奖。

人类基因组计划在范围上是国际性的。今天的成就也是由于许多国家的贡献和有效的信息与资源共享的结果。

整个基因组测序计划的成功既令人瞩目又令人兴奋。1995 年首次公布了第一个非寄生生物的全基因组序列，而迄今为止，在公共数据库中已经有数百个生物体的全基因组序列。

我国科学家于 2002 年完成水稻第 4 号染色体的精确测序，从而完成了所承担的国际水稻基因组计划第四号染色体精确测序任务，对国际水稻基因组计划测序工作的贡献率达 10%。这是我国迄今为止完成的最大的基因组单条染色体的精确测序，研究论文发表在 2002 年 11 月 21 日出版的 *Nature* 杂志上，这标志着我国在大基因组测序方面已经具备构建完成图的绘制能力，成为基因组学研究强国之一。

人类基因组计划的主要任务包括（图 6-2）：

（1）寻找出人体约 30 000 个基因（最新数据认为只有约 25 000 个基因），确定 30 亿个碱基对的排列顺序；建立相应的数据库，进行数据分析，并分析此计划可能带来的人种、伦理及社会问题；对一些动物的遗传组成进行研究，包括大肠杆菌、果蝇和小白鼠等。

在实施"人类基因组计划"第一项研究任务时，由于人类基因组十分巨大而复杂（包含 30 亿对碱基，约 3 万个基因），不可能直接进行顺序分析，所以又将第一项任务分为以下 3 个层次进行。

① 绘制基因图谱（Genetic map），即通过研究人类的疾病特征和生理特征以及其他方法，确立一个基因在某一染色体上的位置。

② 制作物理图谱（Physical map），这是对基因的一种较精确的描述，它表明 DNA 上限制性内切酶位点的数目，限制片段的大小和排列顺序。

③ 测定 DNA 序列，这是整个计划中最艰巨的工作。

虽然人工酵母染色体（YAC）和人工细菌染色体（BAC）对序列分析起了很好的推动作用，但 YAC 和 BAC 方法还存在着使用中序列丢失和错乱等问题，因而建立更迅速、更准确和更经济的序列测定方法，是基因组计划的重要任务之一。

（2）从根本上讲，基因组物质结构和信息结构的研究目的是要澄清基因组的结构与功能。一维的序列信息如何变换成三维的结构信息？胚胎的遗传信息怎样演化成宏观的

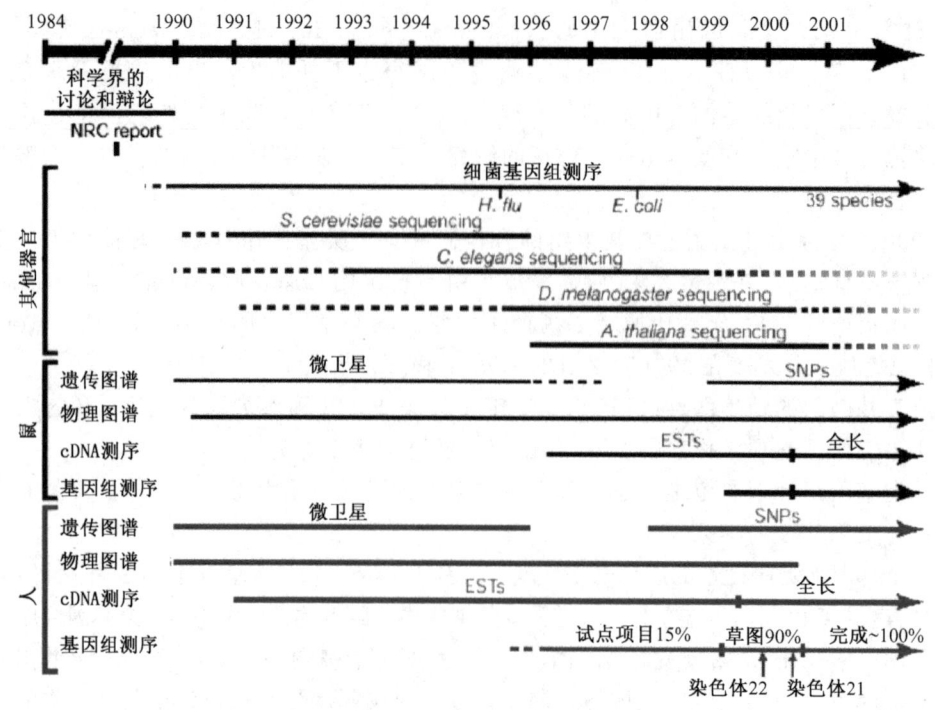

图 6-2 大规模基因组计划进展示意图
(International Human Genome Sequencing Consortium. 2001)

形态信息？即使基因组测序任务全部完成，要回答这些根本问题仍是极为繁重和困难的任务。

(3) 个体发育中，基因表达的程序、时间、位置和数量是受不同层次的调控机制调节的。对于发育来说，最重要的不是个别基因的表达，而是这些表达之间在时间和空间上的协调和配合，即发育的遗传程序。发育的遗传程序有 3 个方面：①发育途径的选择；②发育事件的时空程控；③基因群的相关整合与协同表达。如果说基因组复杂性是生物复杂性的内核，那么发育的遗传程序是这个内核的核心。

6.2 基因组的初步分析

6.2.1 基因组的重复序列 (repetitive sequences)

大量的研究表明，DNA 一级结构中并不是所有脱氧核苷酸序列都载有遗传信息，其中重复序列就不载有遗传信息。原核细胞基因组 DNA 中重复序列几乎不存在，即使有也是少数，而真核细胞 DNA 则有特定序列多次重复的情形。

不同来源染色质的 DNA，其重复序列的程度不尽相同。其中一种为单一序列 (single copy sequences) 及重复序列最少者，其副本（拷贝）数目可少到 1 个。另有一种为轻度重复序列（图 6-3），其副本数目一般小于 10^6 个，以 100 至几千个碱基对的片段分布于单序列大片段 DNA 之间。

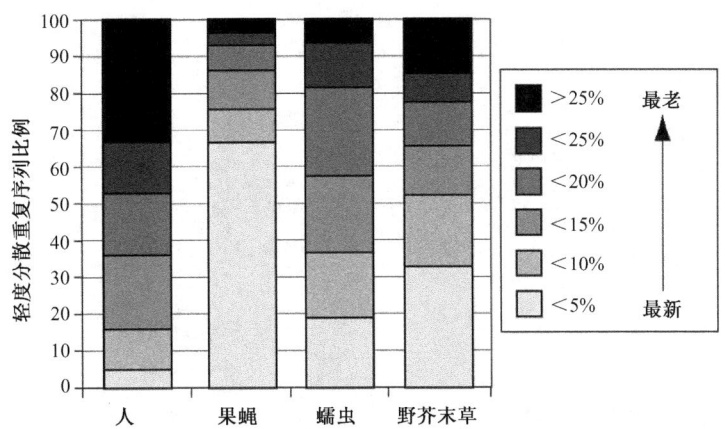

图 6-3 真核基因组中轻度分散重复序列进化时间的比较
重复的拷贝数是由它们从一致性序列的分支核苷酸替换水平得到的。
(International Human Genome Sequencing Consortium. 2001)

大多数轻度重复序列 DNA 虽然被转录，但所生成的 RNA 并无特殊功能，如 Alu 序列（因其绝大部分所含 300 个碱基对的片段都具有限制性内切酶 Alu 的切割点而得名）是人类基因组中最多而广泛分布的轻度重复序列 DNA，含有 3 万～500 万个副本。

Alu 序列在猴、啮齿类、鸟类、两栖类动物，甚至在黏液菌体内都有其存在。

DNA 中还有高度重复序列（high repetitive sequences）。它们由 10 个以下碱基对组成几乎相同序列，并以串列方式重复达数千次；一般短序列高度重复的副本数约在 10^6 以上，群集于着丝点。这种高度重复序列常被称为卫星 DNA（satellite DNA）。卫星 DNA 具有物种特异性。

6.2.2 间隔序列

基因组的非编码序列（non-coded sequence，不翻译的 DNA 序列）包括位于编码区（外显子）之间的间隔序列（内含子），以及基因与基因之间的序列。目前，人们正在寻找基因组中一段较大的"非编码序列"所包含的信息。当一些人把非编码 DNA 称为"垃圾或废物"（Junk）或"多余物"时，另一些人则把它归为标点符号，起修饰和转录物的作用。

由于间隔序列的存在，使得一个完整的基因被分隔成为若干不相连接的区段（图 6-4）。为什么这些间隔序列绝大多数仅存在于真核细胞中？为什么一个基因中要增加不表达的序列（所谓"Junk"序列）来"破坏"基因结构的完整性，从而使遗传信息的表达和调控变得更加复杂？从生物系统的"经济原理"看，为什么要耗费不少的能量和"原材料"去合成这样一些往往比编码区还要长的"多余物"序列？

已经发现，真核生物的间隔序列（内含子）本身有可译框架，能编码蛋白质和酶。内含子既可以在 DNA 水平上，又可以在 RNA 水平上移位，是一个可移动的基因元件。RNA 水平上内含子的可变剪接则是基因表达的一种特殊控制方式。此外，由内含子编

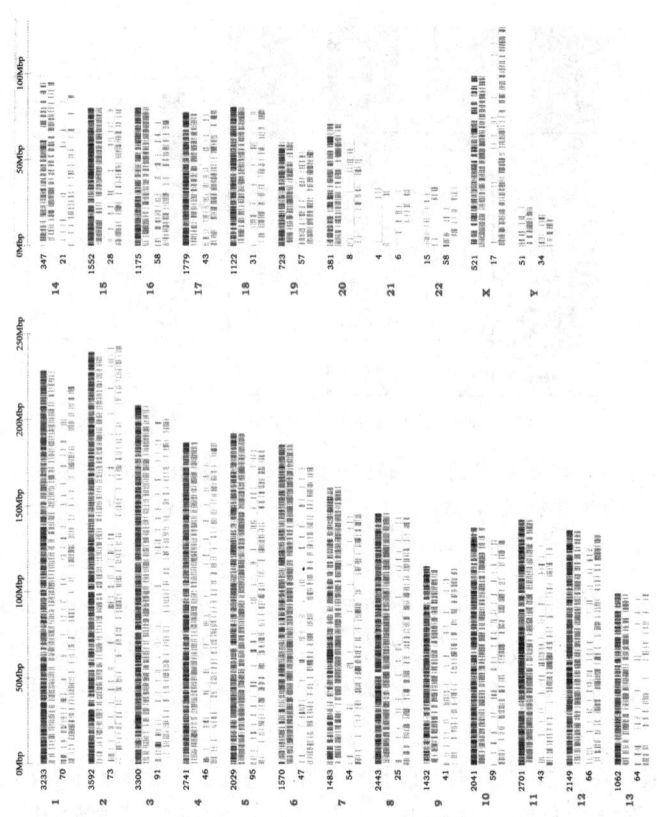

图 6-4 所有染色体中断裂位点和大段间隔序列分布示意图

每条染色体对应的第 1 列标记表示断裂位点，第 2 列标记表示超过 10 000 bp 的大段间隔序列，旁边的数字表示每条染色体上的断裂位点数，而染色体编号在最外侧标明。（Venter J. C. et al. 2001）

码许多称为核仁小分子 RNA（snoRNA）的分子积累在核仁中，而那里正是核糖体生成的地方，因而推测 SnoRNA 可能在核糖体装配过程中起作用。

6.2.3 断裂基因（interrupted gene，真核基因）

真核基因在结构上的不连续性是最近 10 年中生物学上的重大发现之一。大多数真核基因都是由蛋白质编码序列和非蛋白质编码序列两部分组成的。编码序列称为外显子（exon），非编码序列称为内含子（intron）。在一个结构基因中，编码某一蛋白质序列不同区域的各个外显子并不连续排列在一起，而常常被长度不等的内含子所隔离，形成镶嵌排列的断裂方式，所以真核基因又被称为断裂基因。

组成断裂基因的 DNA 顺序分成 2 个部分。包含在初级转录物内，而在成熟 RNA 中消失的部分是内含子间隔顺序；既存在于核内 RNA 前体中，又作为成熟 RNA 到达细胞质内的部分是外显子。外显子不仅包括基因中编码蛋白质的顺序，而且包括 mRNA 中的 5′前导顺序和 3′端不翻译顺序。断裂基因的表达必须要从代表基因组顺序的 RNA 前体中精确地除去内含子，产生由一系列外显子组成的成熟 RNA，这个过程称为 RNA 剪接（RNA splicing）。由于 RNA 的选择性剪接不牵涉到遗传信息的永久性改变，因此是真核基因表达调控中一种比较灵活的方式。

1977 年以来，不仅在高等动物和真核生物的病毒中发现了许多种断裂基因，而且在无脊椎动物、植物和酵母菌（单细胞生物）中也均有发现。

断裂不仅可出现在为蛋白质编码的基因上，也存在于最终产物是 tRNA 和 rRNA 的基因上，甚至在线粒体和叶绿体基因组一些产生 mRNA、rRNA 和 tRNA 的区域中也有内含子。

6.2.4 启动子（promoter）

转录前 RNA 聚合酶必须识别 DNA 双螺旋上的起始部位，使 DNA 解旋产生一个短的单链区，然后 RNA 链的第一个核苷酸参入。上述反应所必需的 DNA 顺序就是启动子。启动子含有告诉 RNA 聚合酶结合在哪里、结合的紧密程度怎样以及起始 RNA 链合成的频率达多少等信息。启动子与基因的 5′端相邻。它的顺序不被转录和翻译只是与 RNA 聚合酶结合。

6.2.5 增强子（enhancer）

启动子的作用是结合 RNA 聚合酶，使 RNA 在正确的位点上起始，以后又发现另一类 DNA 顺序要素能强烈地影响 RNA 聚合酶的转录。这段顺序就是增强子。增强子有两个明显的特征：一个是能在离转录单位几千个碱基对以外的远距离起作用；另一特点是在基因的上游或下游都可以起作用。

6.2.6 操纵基因的结构

通过足迹法（genetic footprinting）、化学保护法以及 DNA 顺序分析结果的综合分析阐明了操纵基因的结构特征。其中，最重要的特点是反向重复顺序赋予操纵基因对称性。

对结合 RNA 聚合酶和操纵基因的 DNA 部分结构分析资料为推测操纵基因的作用方式提供了依据。操纵基因的结合妨碍了 RNA 聚合酶与启动子的结合以及起始 RNA 合成。

6.2.7 终止子（terminator）

DNA 中使 RNA 合成在特定位点上终止的信号是终止子。在终止子处，RNA 聚合酶停止作用并释放出 RNA 链。目前对真核生物的终止子了解还甚少。就原核生物而言，根据终止作用是否需要终止因子 Rho 蛋白的参加而把终止子分成两类，即不依赖于 Rho 蛋白的终止子和依赖于 Rho 蛋白的终止子。

6.2.8 生物信息学（bioinformatics）

生物信息学在基因组学的研究中起特殊的重要作用（图 6-5）。因为基因组学研究所提供数据的数量之巨大在生物学上是史无前例的（表 6-1），必须要有高度自动化的处理，包括数据的输入、储存、加工、索取以及数据库之间的联系。输入和输出数据必须非常迅速并有质量控制，数据处理需要设计各种特殊软件，对各种不同的分析方法得到的数据进行综合分析，不同的数据库之间要有高效自动的应答。庞大的数据库要有严密的管理，包括定期检查以保证提供最新和最准确的数据。

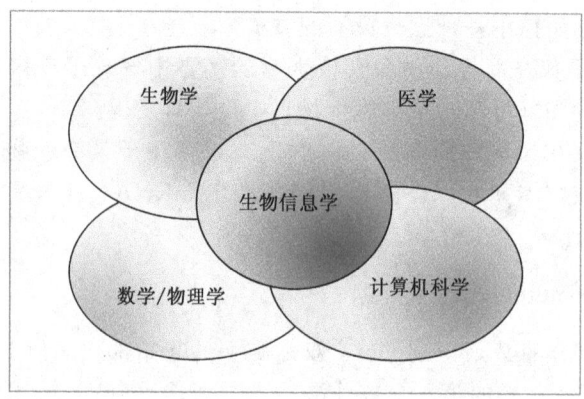

图 6-5　生物信息学是由多个学科综合形成的
(Bayat A. 2002)

表 6-1　人类基因组全貌

项目	数值
基因组大小(包含间隔)	2.91Gbp
基因组大小(不包含间隔)	2.66Gbp
最长重叠群	1.99Mbp
最长骨架	14.4Mbp
基因组中 A+T 百分比	54
基因组中 G+C 百分比	38
基因组中未确定碱基百分比	9
富含 GC 最多的 50kb 长度片段	Chr. 2 (66%)
富含 GC 最少的 50kb 长度片段	Chr. X (25%)
基因组中重复基因百分比	35
已注释基因数	26 383
已注释但未知功能基因数	42
基因数(已注释和假说的)	39 114
已注释或假说但未知功能的基因百分比	59
具有最多外显子的基因	Titin (234 exons)
基因平均大小	27 kbp
含基因最多的染色体	Chr. 19 (23 genes/Mb)
含基因最少的染色体	Chr. 13 (5 genes/Mb)
	Chr. Y (5 genes/Mb)
冗余基因的总大小	605 Mbp
编码基因的碱基对百分比	25.5 to 37.8*
编码外显子的碱基对百分比	1.1 to 1.4*
编码内含子的碱基对百分比	24.4 to 36.4*
基因间隔 DNA 碱基对百分比	74.5 to 63.6*
已注释外显子中 DNA 含量最高	Chr. 19 (9.33)
已注释外显子中 DNA 含量最低	Chr. Y (0.36)
最长基因间隔区(在已注释区和假基因之间)	Chr. 13 (3 038 416 bp)
单核苷酸多态性变化率	1/1 250 bp

注：标 * 的百分比分别代表已注释的基因数及其与已有的假说基因数之和的百分比。

　　基因组既是生物物种的数据库，也是个体发育的程序库。首先，一个一维线性分子在特定的环境中通过复杂而准确的信息程序处理，可拓扑展现为一个四维时空生命体；第二，这种展现过程所获得的新信息反过来又不断地反映到一维线性分子中，导致生物物种的不断进化；第三，镶嵌成这种线性分子缠绕扭结的形式表明，基因组作为天然计算机不仅具有一般的遗传算法，而且具有更丰富的算法内蕴。

当整个基因组测序完成后，获得的数据可构成一部100万页的书。而这部书总共只有4个字母反复出现，既没有标点，又没有语法，如何解读？如何读懂这部"天书"，乃是人类基因组计划的第二步战略目标，也是生物信息学发挥重要作用的领域。用数学、物理学的语言来说，人类基因组计划的最基本、最直接的结果是得到一个由4个元素（A、G、C、T）串联组成的长度为 3×10^9 的一维链。在这些链上不仅包含有制造人类全部蛋白质的信息，还要按照特定的时空模式把这些蛋白质装配成为生物体的四维调控信息（三维空间和一维时间）。如何找到这些信息的编码方式和调节规律，是人类基因组研究向数学、物理学家提出的首要科学问题。

迄今为止真正掌握规律的只有DNA上的编码蛋白质的区域。现在已知编码蛋白质的区域占基因组的64%。统计表明，在过去的50年中，仅围绕着5%左右序列的研究，就造就了几十名Nobel奖获得者，可以想见余下的36%仍不清楚其功能的序列（图6-6），会有多少信息或秘密等待我们去发掘和认识，会有多少机遇等待着我们去获取。在国际上科学家们习惯地把这部分DNA序列统称为"Junk"DNA。这一方面反映了科学家们并不认为这占36%的"Junk"序列是废物，另一方面也反映出对其功能了解甚微的一种心境。

近年来的分子生物学研究，特别是基因调控的研究正逐渐为揭开"Junk"DNA的

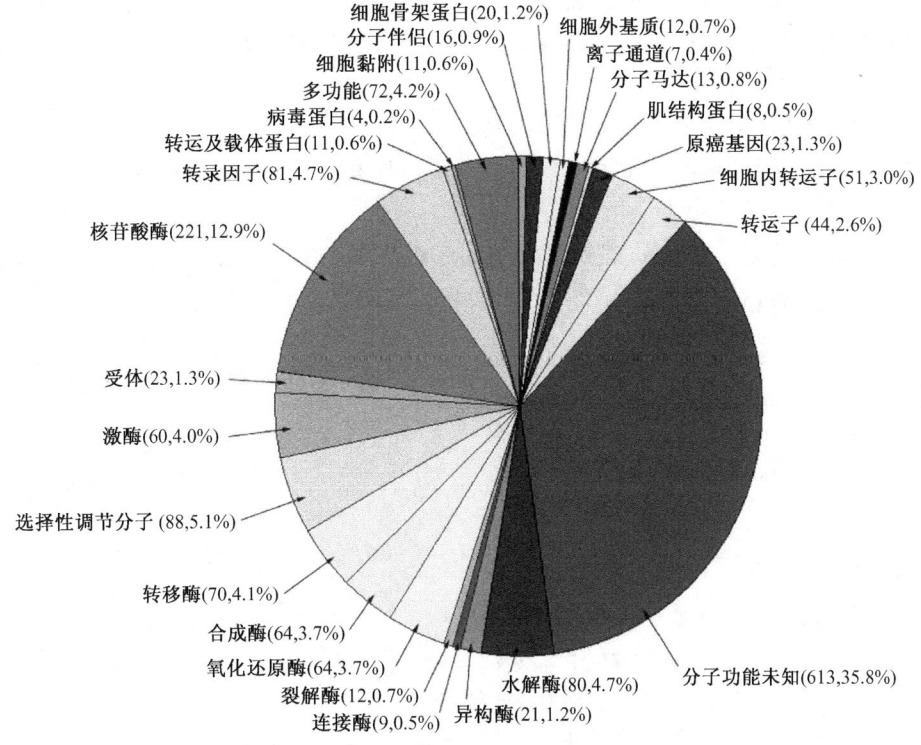

图6-6 脊椎和无脊椎动物基因组的功能分布（推测）

(Venter J. C., et al. 2001)

本质提供重要的信息。

6.3 基因组研究的部分内容

（1）寻找 DNA 一维线性结构中三联体以外的编码方式，确定是否存在其他字长的编码，以及 DNA 一维线性结构、三维结构与蛋白质一维线性结构和三维结构间的多重联系，认识"空间编码"。

（2）通过遗传信息流的分析（包括反向分析）来理解基因组的信息结构，并反过来分析复杂的信息结构与遗传信息流的关系。

（3）寻找基因组序列产生的逻辑规则、指令和语法。

（4）探索基因组图谱和测序的统一方法，建立识别人类患病基因的遗传模型。

（5）从非线性动力学角度，研究用简单规则产生不规则序列以及产生核苷酸和氨基酸序列的可能性。

（6）由基因序列体现的生物特殊语言——遗传语言在复制、转录和翻译，调节和控制多层次网络通讯中的词汇和语法规则，以及基因组作为一种语言的复杂性。

（7）在进化中形成的遗传程序是以何种方式编码在基因组上的，编码在基因组 DNA 上的一维线性顺序是如何控制三维结构的（书后彩页图 6-7）。

（8）寻找"Junk"DNA 中时间、空间调控信息的本质：包括编码方式、信息发放与调节，以及"Junk"DNA 的进化过程与规律。

（9）继续发展密码学方法，并建立其他新的分析工具，用于 DNA 中各组分的识别，特别是用于发现新基因。

（10）核酸结构语法分析器与翻译工具的研究。

（11）核酸多形结构的分子模型，核酸—蛋白质相互作用模型和染色体的环结构模型的研究。

基因组研究可以很快地处理大量的基因组提供的信息（书后彩页图 6-7），发现重要的新基因和新蛋白，综合、比较得到一般规律（图 6-8，图 6-9），但是不能提供相关

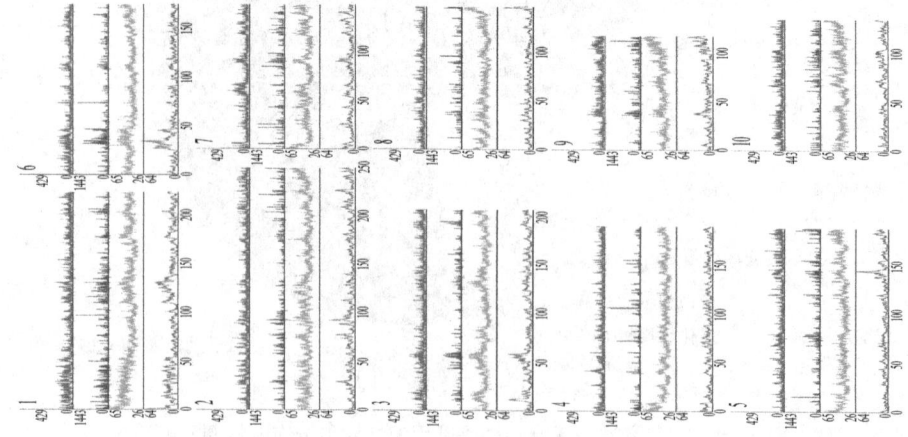

图 6-8 恶性疟原虫基因组图谱

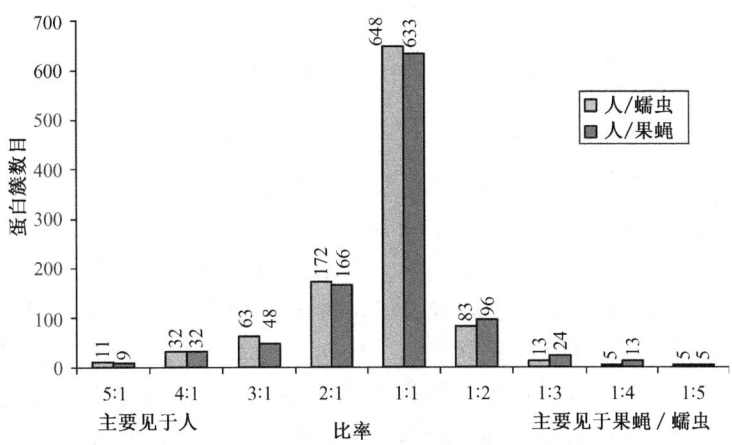

图 6-9　整个蛋白质簇中的基因重复
(Venter J. C., et al. 2001)

机制（mechanism）和途径（pathways）。

6.4　基因组学研究的前景

1) 基础研究方面

• 完成《人类基因组遗传语言语法（阅读）手册》的编写工作，这对于读懂《人类基因组百科全书》具有决定性意义。

• 为揭示基因组物质结构和信息结构的内涵以及发育的遗传程序，提供"钥匙"和部分标准答案。

• 促进对分子进化和生物进化中某些问题的了解。

• 重新认识和估价核酸、蛋白质和染色体结构—功能的现有理论。

• 有助于认识基因的本质，认识占基因组 36% 左右的 "Junk" DNA 序列的 "作用"。

• 促进生物学、物理学、化学、信息学、数学、计算机科学、系统科学、非线性科学和动力学系统理论等多学科的交叉，产生一系列新的概念与理论思维。

2) 应用方面

• 理论研究将为蓬勃发展的基因工程、生物工程学的研究提供理论根据、思维与模式。

• 为基因组结构分析提供专用软件包。

• 有助于较快地鉴定出与人类特定（或特殊）疾病有关的基因。各种遗传病、癌症的病因和治疗等难题，可利用 "基因组遗传语言阅读手册"，或通过查阅 "基因词典"来认识、解决或部分地解决。

3) 工业方面

• 将加快基因产物的分离，以便产物用于药物与生物技术工业。

6.5 结构基因组学（structural genomics）

在大规模测序完成后，由政府部门和工业界参与，国际上开始了新一轮大规模国际合作—结构基因组计划和大规模测定蛋白质三维结构。

2000年4月，在英国召开第一届国际结构基因组会议，美、英、法、德、加拿大、荷兰、以色列、意大利、日本等9个国家开始结构基因组计划的合作。2001年4月在美国召开第二届会议，中国参加并达成协议，为结构基因组国际组织的形成做准备。

美国1998年DOE开始支持结构基因组计划，2000年9月美国NIH结构基因组计划启动建立7个中心，日本科技厅支持20个实验室参与，其中包括日本理化所、核磁中心等。在工业界，大制药公司如Merck、Roche、Novgen、Compaq、MSI、Syrrx等也加入了结构基因组研究的行列。

6.5.1 结构基因组计划的主要内容

开展大规模的基因克隆、表达和分离纯化蛋白质，测定和分析蛋白质的三维结构。以蛋白质为药物作用的靶分子，为药物设计和药物筛选奠定基础。主要包括：

- 发展结构基因组的研究方法
- 规模化测定蛋白质三维结构

人体约3万个基因，大约10万个蛋白质，大约有1 000～2 000种不同的折叠类型。目前PDB数据库中约有60 000多个蛋白质，大约有1 000种不同的折叠类型（表6-2，图6-10）。

表6-2　PDB表格资料（截止2010-5-26）

实验技术	分子类型				
	蛋白质、肽及病毒	蛋白质核酸复合物	核酸	碳水化合物	总计
X射线晶体衍射及其他	53 318	2 549	1 232	31	57 130
NMR	7 330	155	905	7	8 397
总计	60 648	2 704	2 137	38	65 527

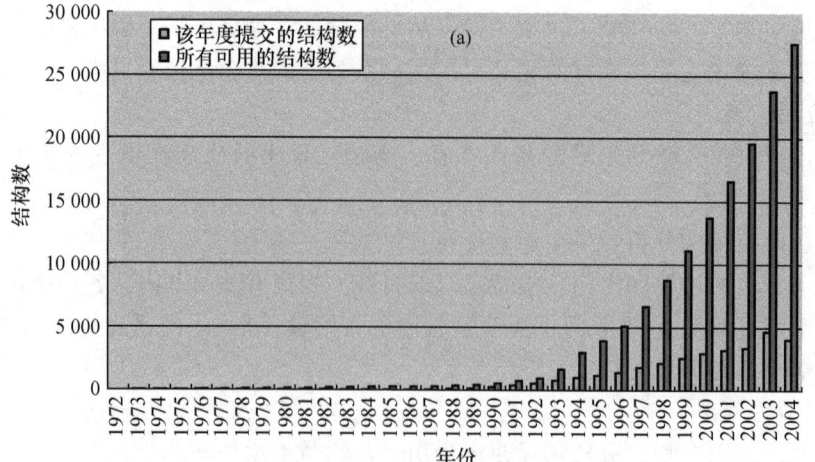

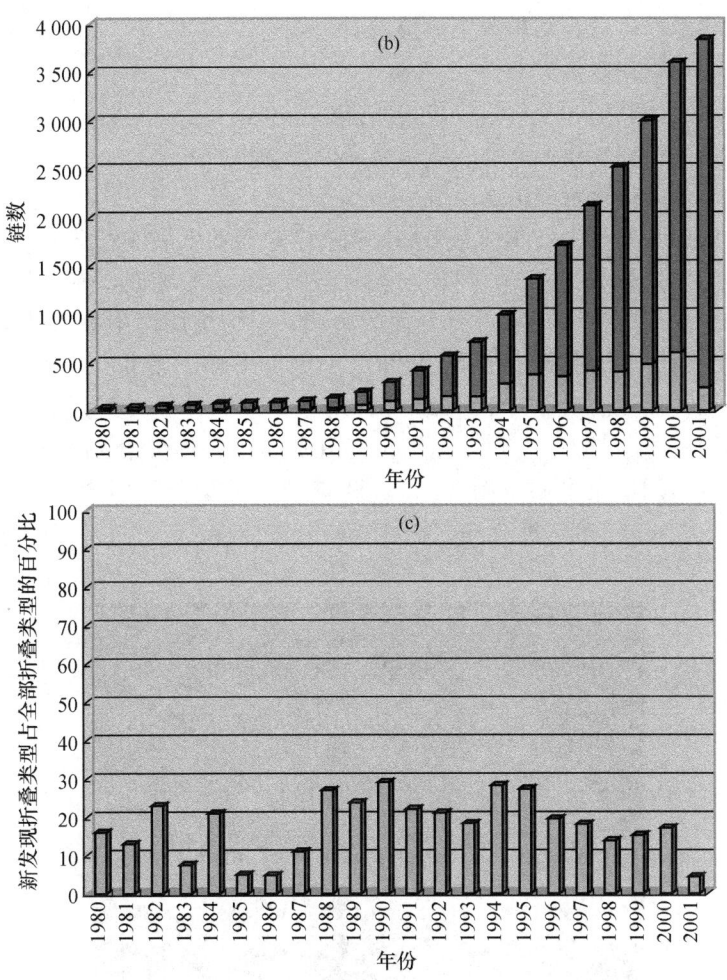

图 6-10　PDB 数据库包含的结构、链和折叠数量

(a) PDB 结构数据的增长情况（截止 2004 年 10 月）；(b) 新的链类型的增长情况（截止 2001 年）；
(c) 新发现的折叠类型占所有已发现折叠类型的百分比（截止 2001 年）。
(引自 http://www.rcsb.org/pdb/holdings.html)

6.5.2　结构基因组计划的主要科学目标

6.5.2.1　规模化测定蛋白质的三维结构

(1) 用实验方法测定一些代表性的生物大分子的结构，包括医学上重要的人体蛋白质、来自重要病源体的蛋白质以及来自模式生物的蛋白质。
(2) 基于序列相似性提供结构模型。
(3) 用实验和计算方法提供蛋白质功能信息。

6.5.2.2　发展结构基因组的方法学

(1) 按照结构或功能意义来选择有代表性的蛋白质家族的方法。

(2) 规模化地产生适合结构测定的蛋白质的方法。

(3) 规模化地数据收集方法。

(4) 自动测定、确证、分析三维结构的方法。

(5) 基于同源结构模建或其他方法来确证模型结构的方法。

(6) 优化支持结构测定的信息系统。

(7) 基于结构及其他生物学信息来估计生物学功能的生物信息学方法。

人类基因组计划是20世纪后半叶生命科学中最重大的事件，但是仅仅DNA碱基序列还不足以对复杂的生命现象进行全面的解释。一切重要的生命活动都离不开蛋白质，蛋白质是生命活动的主要承担者，生长、运动、呼吸、消化、免疫、代谢、生殖、光合作用，以至于神经活动都离不开蛋白质。

我们来回顾一下生物体中几种重要的蛋白质和蛋白质复合物结构，包括核糖体（图6-11）、光合作用反应中心（图6-12）、钾离子通道蛋白（图6-13）、T细胞受体-MHC复合物（图6-14）和人朊蛋白（图6-15）三维结构。

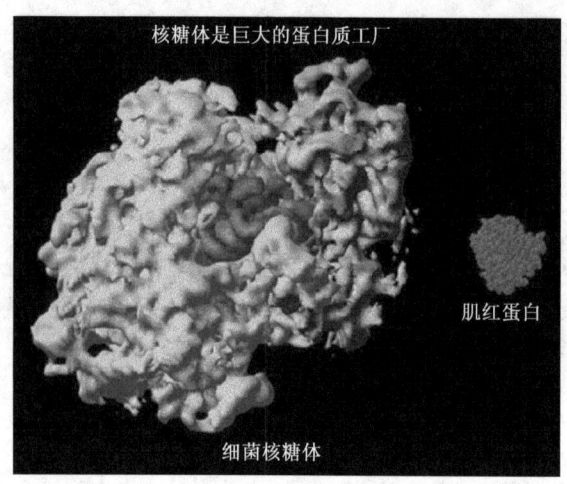

图 6-11　核糖体——蛋白质合成工厂

6.5.3　重要疾病——构象病和药物研究

α-螺旋向β-折叠构象转变会导致分子构象病，如克-雅氏病（图6-15）。

创新药物的研究与发现，从过去相对盲目地大量合成、大量筛选发展为首先确定药物作用的靶分子，在此基础上来设计、筛选药物。基于蛋白质三维结构的合理药物设计与组合化学以及高通量筛选结合引起了医药工业新的革命。

这是围绕新药物研究开发基础性、前瞻性、战略性研究，也是生命科学和技术前沿和新的制高点。

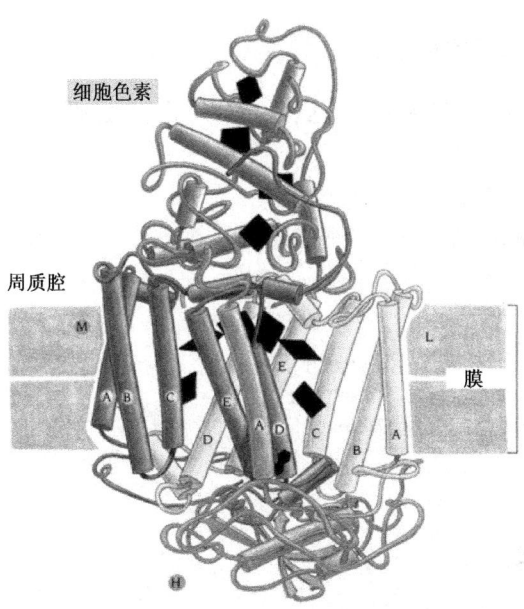

图 6-12 光合作用反应中心的三维结构,光合反应中心量子产率高于任何已知的光电池

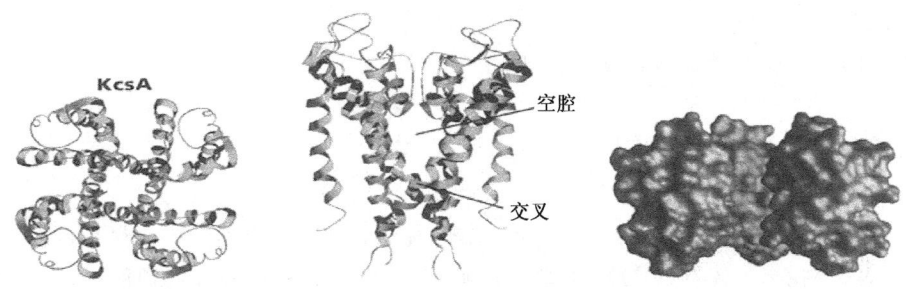

图 6-13 钾离子通道的结构

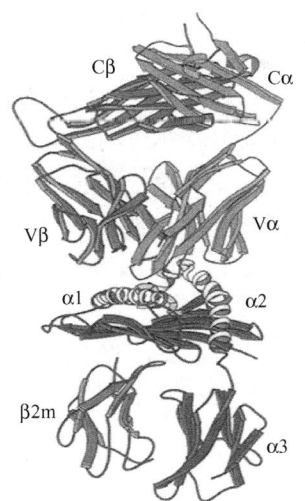

图 6-14 T 细胞受体- MHC 复合物

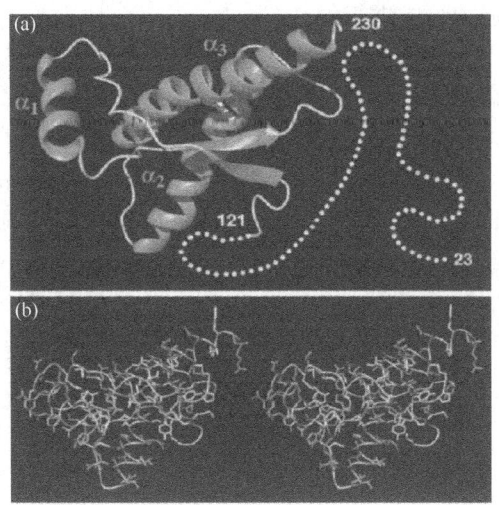

图 6-15 人朊蛋白三维结构

(Zahn et al. 2000)

6.5.4 结构基因组学研究的技术手段

- 规模化地基因克隆、表达、蛋白质分离、纯化、性质鉴定技术；
- 蛋白质晶体生长技术；
- 蛋白质 X-射线晶体结构解析技术；
- 蛋白质多维核磁共振波谱结构测定技术；
- 同步辐射技术；
- 计算机过程自动控制；
- 生物信息学和计算机辅助药物分子设计。

6.5.5 结构基因组学研究的实验方法

- X 射线晶体衍射；
- 多维核磁共振波谱；
- 电子显微镜三维重构；
- 中子衍射（neutron scattering）；
- 紫外、红外、荧光、CD、拉曼、ESR；
- 原子力显微镜。

部分内容在相关的章节将详细讲述。

小 结

人类基因组计划（1986～2003）的完成是人类揭示生命奥秘的一个里程碑。其主要任务包括：寻找出人体约 30 000 个基因，确定 30 亿个碱基对的排列顺序；建立相应的数据库，进行数据分析，并分析此计划可能带来的人种、伦理及社会问题；对一些动物的遗传组成进行研究。

生物信息学在基因组学的研究中起特殊的重要作用。基因组的分析表明，原核与真核的基因组在基因的结构组织上有各自的特点。最大的差异在于真核基因组中存在大量非编码区，呈现断裂基因的形式即编码蛋白质序列的外显子被长度不等的内含子隔离。

在大规模测序完成后，结构基因组的研究已经展开，主要内容包括开展规模化地基因克隆、表达和分离纯化蛋白质，测定和分析蛋白质的三维结构，以蛋白质为药物作用的靶分子，从而为药物设计和药物筛选奠定基础。

思 考 题

1. 简述人类基因组计划。
2. 试述基因组研究的内容（可加入非书本内容）。
3. 什么是结构基因组学？列举结构基因组计划的主要内容及主要科学目标。
4. 列举结构基因组学研究的技术手段和实验方法。

5. 结合你对基因组学的认识阐述其发展前景。
6. 英译汉

The human genome sequence can be thought of as a picture of the human organism. However, like a impressionist painting, the genome is a very large canvas whose details become fuzzy when you look closely. A fully detailed image of a complex organism requires knowledge of all of the proteins and RNAs produced from its genome. This is the impetus for proteomics, the study of the complete protein sets of organisms. Due to the production of multiple mRNAs through alternative RNA processing pathways, human proteins often come in multiple variant forms. Because of our ignorance of the rules governing splice site choice, today's tools for analyzing genomic sequence provide a picture of these gene products that is highly indistinct. Our ability to define the product RNA and protein structures encoded within genomic sequence will need to improve greatly before a complete genome sequence can tell us the fine details of an organism's protein constitution.

第7章 蛋白质分子的结构
(the structures of proteins)

由 20 种氨基酸（图 7-1）"排列组合"而成的蛋白质有着丰富多彩的结构，本章将从 4 个层次介绍蛋白质的结构：一级结构、二级结构、三级结构和四级结构。

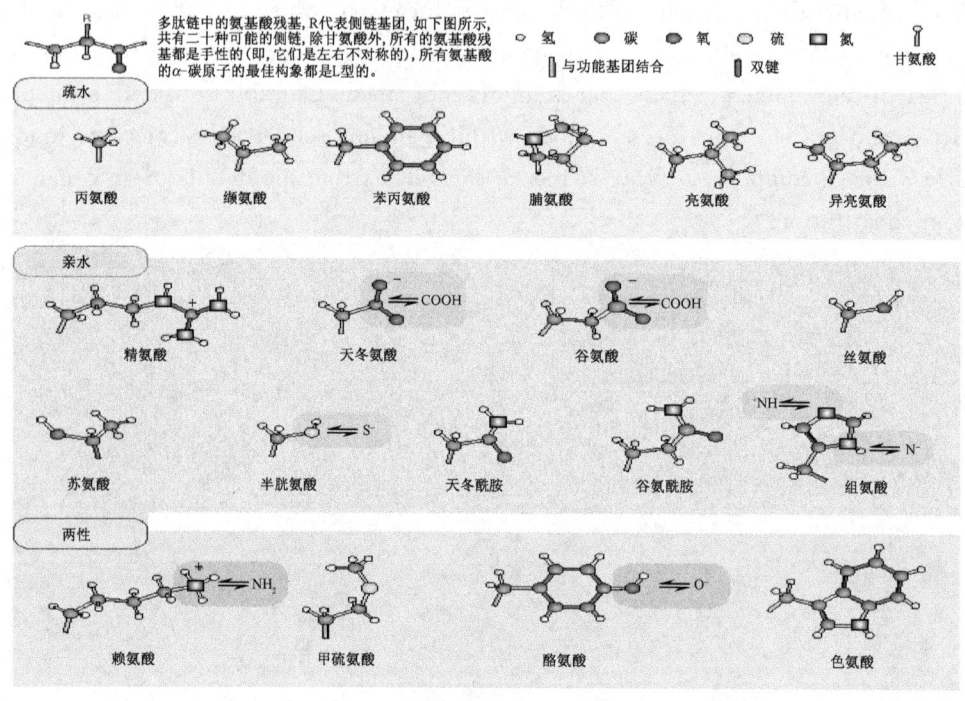

图 7-1 蛋白质的 20 种氨基酸

7.1 蛋白质分子的一级结构（primary structure）

蛋白质分子的一级结构（primary structure）是指组成蛋白质的 20 种不同氨基酸的排列顺序。蛋白质分子的一级结构是蛋白质分子结构的基础，包含着结构的全部信息，影响着蛋白质分子构象的所有层次。蛋白质的共价键结构包括肽链的数目、端基的组成、氨基酸排列顺序和二硫键的位置等，它是全部原子和连接它们价键的特性。

1969 年，国际纯粹和应用化学协会（IUPAC）规定，一级结构专指氨基酸排列顺序，以此与共价键结构有所区别。

第一个被测定一级结构的蛋白质是牛胰岛素，它是由 Sanger 于 1955 年完成的，总共只有 51 个氨基酸，共耗时 8 年，牛胰岛素是由 2 条肽链组成的。A、B 2 条肽链通过 2 个二硫键联结起来，其中 A 链由 21 个氨基酸组成，B 链由 30 个氨基酸组成，A 链本身还有一个链内二硫键（图 7-2）。

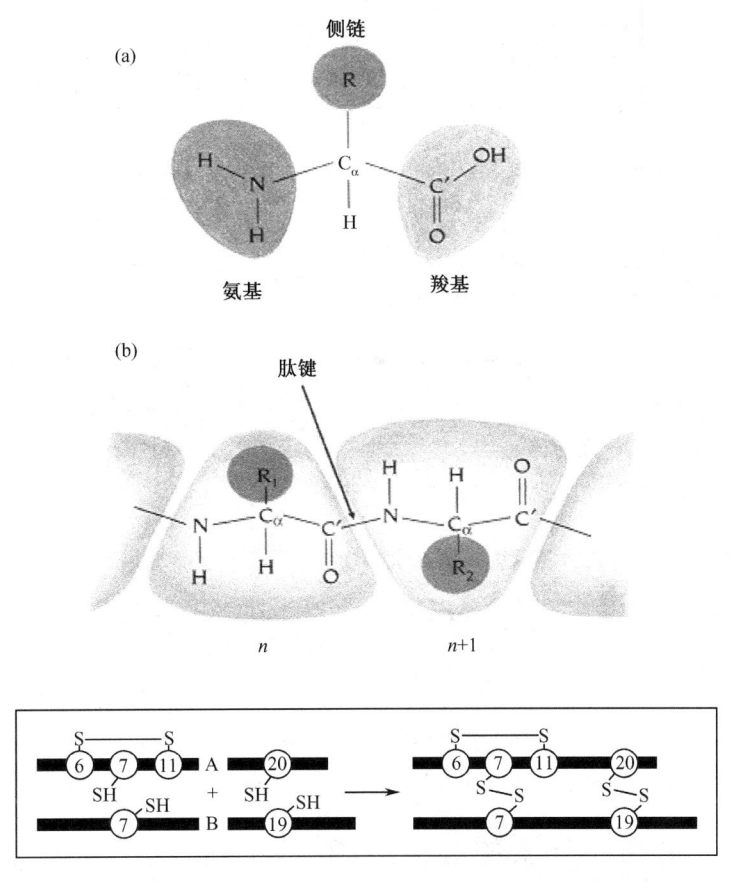

图 7-2　两条 H 形肽链可能的接合方式（包括 3 个二硫键）

1967 年发现了 3 个核苷酸决定一个氨基酸的三联体遗传密码（triplet genetic code），这样不但解决了核酸和蛋白质之间的信息传递关系，而且为通过测定核酸一级结构来测定蛋白质的一级结构打下了基础。1966 年美国全国生物医学研究基金会（NBRF）的 Dayhoff 发表了由她编辑的第一个《蛋白质序列和结构集》。1993 年 10 月 SWISS-PROT 第 27 版就已经收集了 33 329 个序列，约 1.1×10^7 个氨基酸残基。目前已知氨基酸序列的蛋白质分子已超过 400 000 个。

自 1967 年 Edman 等发明蛋白质序列自动分析法以来，蛋白质序列测定的速度大大加快（图 7-3）。由于国内外许多实验室都配备有序列自动分析仪，因而造成序列数据库收集到的数据猛增，进而使得处理这些极其庞大的数据的矛盾日益突出。解决这一矛盾的途径之一，就是增加人力和设备去使收集的数据最适化。目前最先进的测序仪为毛细管电泳测序仪。

人们已经成功地用结构基因 DNA 序列推测蛋白质序列，其原理是显而易见的。因为根据分子生物学的中心法则，DNA 序列中每 3 个连续碱基代表一种氨基酸残基，因此，知道了为某种蛋白质编码的基因的序列，就可能直接写出该蛋白质的氨基酸序列。

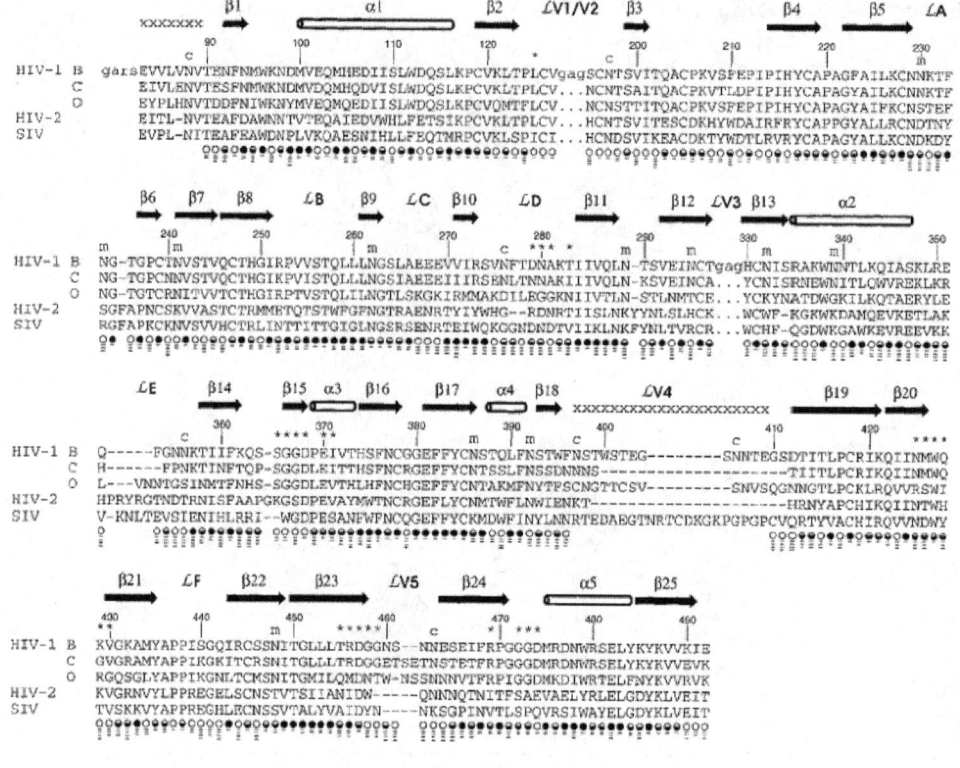

图 7-3 同源序列具有相同或相似的二级结构

7.2 蛋白质分子的二级结构（secondary structure）

7.2.1 螺旋结构（helix）

多肽主链骨架围绕一个轴一圈一圈地上升，可形成螺旋式构象。如果每一圈所包含的氨基酸残基数是整数（如 3 个残基），则这种螺旋就称作整数螺旋。但是，如果每圈的残基数是非整数（如 3.6 个残基），则这种螺旋就是非整数螺旋。此外，螺旋结构还可以分为右手螺旋和左手螺旋结构。

多肽链主链的螺旋结构以 α-螺旋（α-helix）结构为最常见（图 7-4）。α-螺旋结构（也称为 3.6_{13} 螺旋）具有如下特征：

(1) 每一圈包含 3.6 个残基，螺距 0.54 nm，残基高度 0.15 nm，螺旋半径 0.23 nm。

(2) 相邻螺旋间形成链内氢键，即一个肽单位的 C=O 氧原子与其前面的第三个肽单位的 N—H 基氢原子形成一个氢键。氢键的取向与螺旋轴几乎平行。氢键封闭环本身包含 13 个原子。α-螺旋构象允许所有的这些原子在氢键封闭的环中。

$N = 3n + 4$。对于 3.0_{10} 螺旋，$n = 2$，$N = 10$；对于 α-螺旋，$n = 3$，$N = 13$，而对于 π-螺旋，$n = 4$，$N = 16$。其中，N 为每一圈螺旋的原子数，n 为每一圈螺旋包含的肽键数。

7.2 蛋白质分子的二级结构（secondary structure）

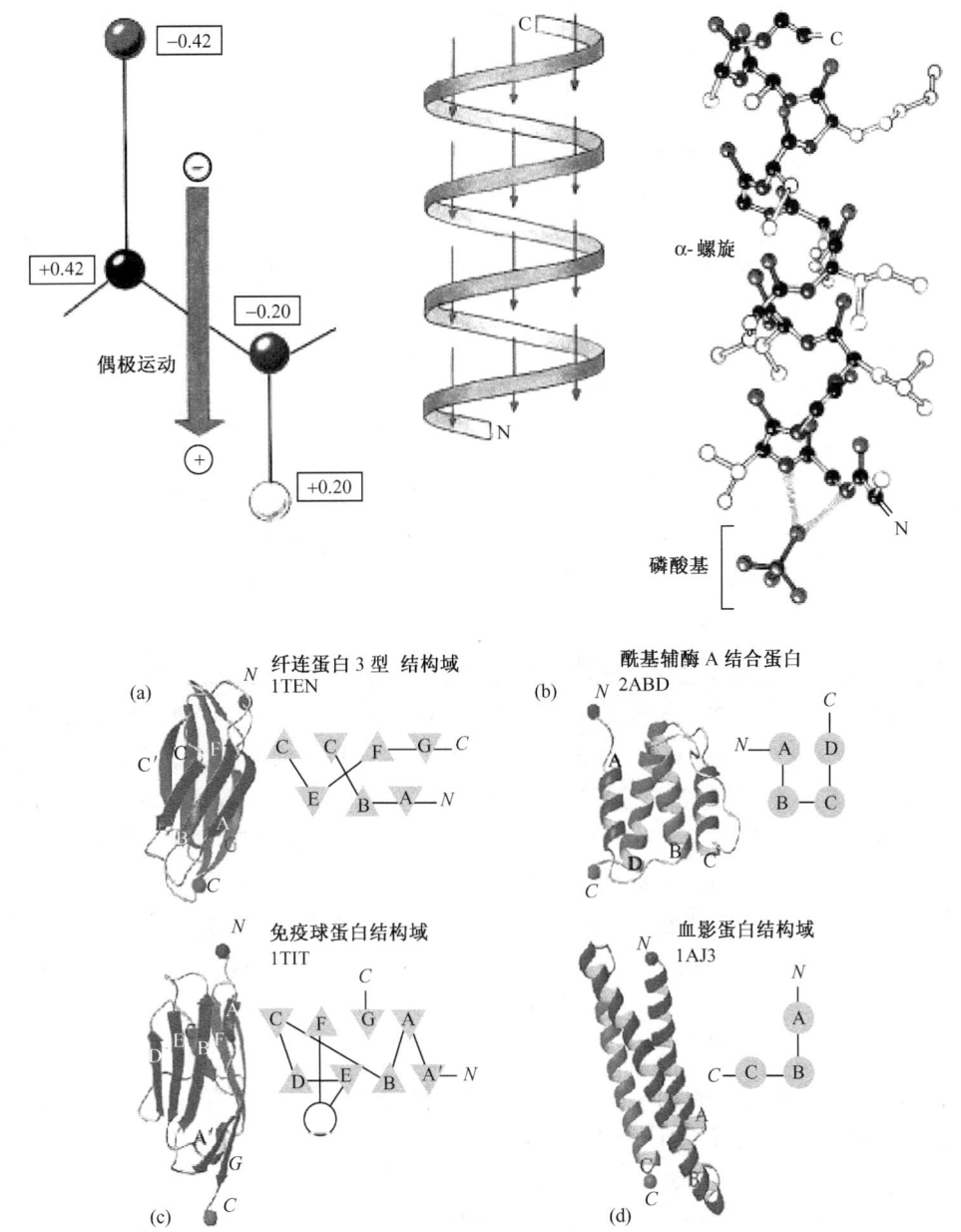

图 7-4 蛋白质结构及其拓扑学描述方法

在示意图中，三角形表示 β-折叠，圆表示 α-螺旋
（以及免疫球蛋白结构域中的 3_{10}-螺旋）。
(Paci E. and Kamplus M. 2000)

由于肽键都能参与链内氢键的形成，因此，α-螺旋构象是相当稳定的。但是，如果破坏其氢键，则 α-螺旋构象将遭到破坏，而变成伸展的多肽链。右手 α-螺旋是稳定的构象，其稳定性不仅取决于 N—H 和 C=O 之间的氢键，而且还取决于主链的所有组分原子的相互作用。

7.2.2 β-结构 (β-structure)

由多肽链形成的β-结构是一种较伸展的构象，但并不完全伸展。一种由2条或多条多肽链形成的β-折叠结构叫做β-折叠片（β-sheet）（图7-4）。在β-折叠片中，单个的多肽链称为β-折叠股（β-strand）。在β折叠结构中，主链呈现周期性折叠构象。β-折叠股除可以参与形成β-折叠片外，还可与α-螺旋或无规卷曲（random coil）交替连接，构成一些有规则的超二级结构。β-折叠片分为平行的和反平行的2种类型。在平行和反平行β-折叠片中，氢键网络是不同的。从能量上看，反平行β-折叠片比平行β-折叠片更稳定。因为前者所形成的氢键N—H⋯O 3个原子几乎位于同一条直线上，此时氢键最强。大多数蛋白质的β-折叠片都是非平面的，它们是向右手方向扭曲的。

7.2.3 回折 (reverse turn)

在多肽链中，经常见到约180°转弯结构，这样的结构就是回折。通常有2种形式的回折，即β-转角（β-turn）和γ-转角（γ-turn）。

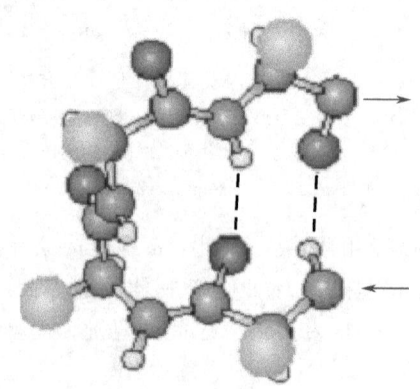

β-转角的结构特征：

（1）由多肽链上 4 个连续的氨基酸残基组成；

（2）第 n 个氨基酸残基的羰基氧原子与 $n+3$ 个残基上的亚氨基（N—H）氢原子之间形成 1 个氢键；

（3）主链骨架以 180°返回折叠；

（4）C1 与 C4 与之间的距离小于 0.7 nm；

β-转角又可分为 I 型和 II 型 2 种类型。在 I 型 β-转角中，中间肽单位的羰基与其相邻的 2 个 R 侧链，呈反方向排布。在 II 型 β-转角中，中间肽单位的羰基与其相邻的 2 个 R 侧链，呈同方向排布。II 型 β-转角一般是不稳定的。

在球蛋白中，β-转角是较多的，可占总残基数的 1/4。大多数 β-转角位于蛋白质分子表面。大多由亲水氨基酸残基（如 Asn 和 Ser 等）组成。

在多肽主链中，相邻残基二面角值重复出现的构象，仅有右手 α-螺旋和 β-折叠片。这 2 种规则的二级结构单元在蛋白质三维结构中占有重要的地位。

7.3 蛋白质分子的三级结构（tertiary structure）

具有规则二级结构如 α-螺旋、β-折叠片和 β-转角的多肽链进一步折叠成紧密的球状，即是所谓的三级结构。蛋白质的三级结构是指具有二级结构的多肽链的空间排布。

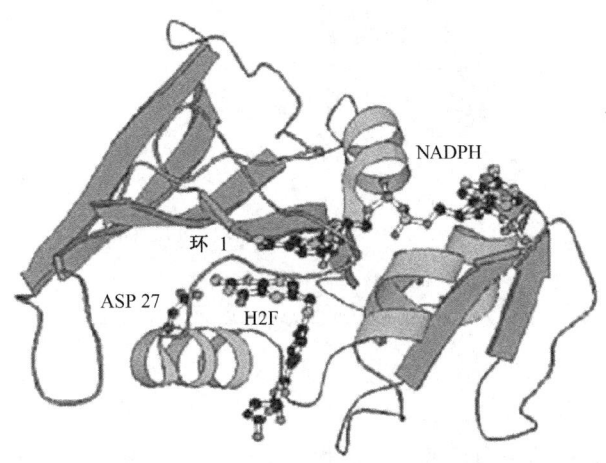

当一个线球被从两端沿相反方向拉伸时，线通常会缠绕并有结的形成。但是，对绝大多数球蛋白多肽链而言，当从 2 个末端拉伸时，链不仅不会缠结而且很易拉开，没有结的形成（图 7-5）。但最近发现少数蛋白质三级结构中存在结的结构（knot structure）（图 7-6）。这就提示：肽链折叠成紧密的天然蛋白质分子有其特有的机制，揭示蛋白质折叠机制和阐明第二遗传密码是结构生物学的基本任务之一。

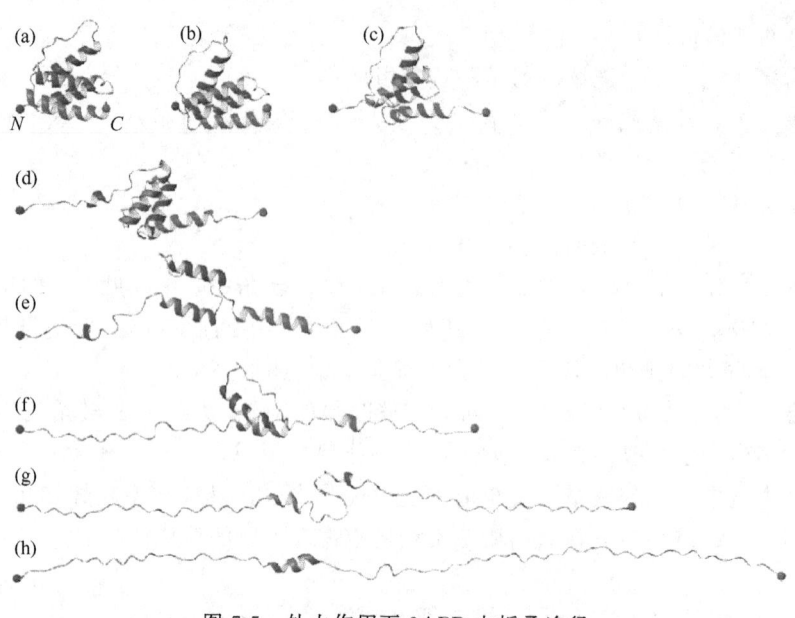

图 7-5　外力作用下 2ABD 去折叠途径
(Daci E and Kamplus M,2000)

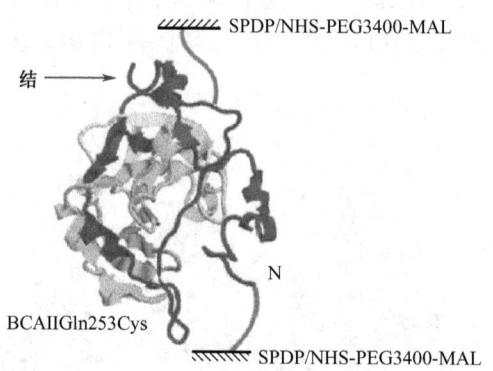

图 7-6　蛋白质打结结构
(Alam M. T. et al. 2002)

7.3.1　结构域 (domain)

具有较高分子质量的蛋白质的折叠结构，通常由分子最小的球形折叠单元（称为结构域，domain）组合而成。换句话说，对于较大的蛋白质分子或亚基，多肽链往往由两个或两个以上相对独立的三维实体缔合而成三级结构，这种相对独立的三维实体就称为结构域，图 7-7 至图 7-9 分别为肌酸激酶、gb120 核心部分和变位酶的结构域组成图。单个结构域通常由 100～200 个氨基酸残基组成，直径大约是 2.5 nm。

在糖酵解酶中，一些酶由催化域和辅酶结合域组成，功能区域有时再分为小结构域。活性位点通常位于 2 个或多个结构域接触的部位。

7.3 蛋白质分子的三级结构（tertiary structure）

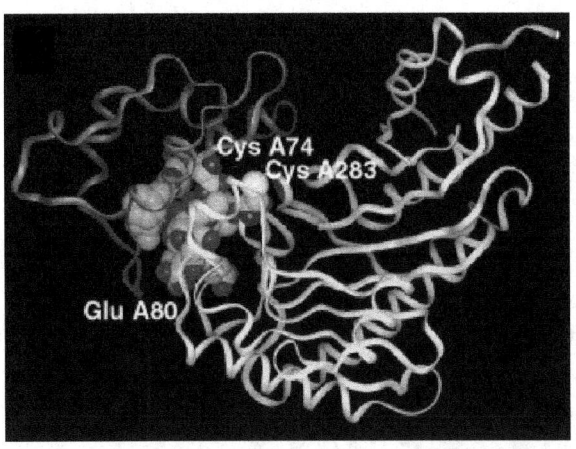

图 7-7 肌酸激酶单体结构（飘带结构图）及活性部位的氨基酸
(Webb T. I. and Morris G. E. 2001)

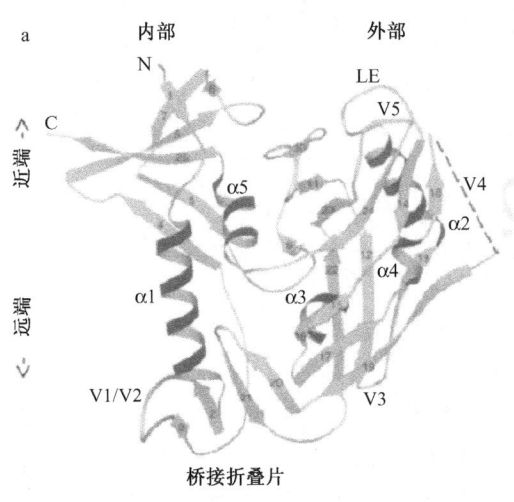

图 7-8 gp120 核心部分的飘带结构
(Kwong P. D. et al. 1998)

7.3.2 超二级结构

球状蛋白质的三级结构中存在着某些标准折叠单位（又称为超二级结构）。它们通常是由 2 个或几个规则二级结构单元，即 α-螺旋和 β-折叠相互连接排列成多种确定的折叠类型。常见的标准折叠单位有 3 种：αα、ββ 和 βαβ。

- αα 单位是由 2 个相邻的 α-螺旋形成的，两者之间由肽链连接；
- ββ 单位由 β 折叠形成，连接处可为发夹结构；
- βαβ 单位也是由 β 折叠链形成的，不过是由一个不规则的环链或一个 α-螺旋将 β-折叠的 2 条平行链的末端连接起来。

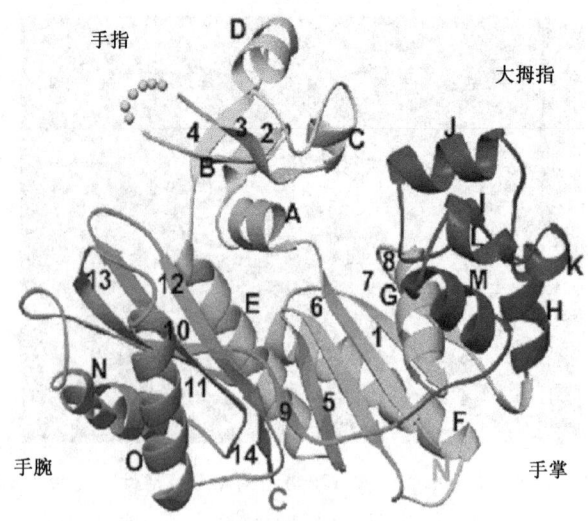

图 7-9 变位酶的飘带结构
(Yang W. 2003)

7.3.3 三级结构的折叠类型

大量的研究揭示，尽管蛋白质三级结构多种多样，但仍然存在着某些规律。根据这些规律，可以将它们归纳为多种折叠类型。对于自然界存在的蛋白质折叠类型总数，近年来倾向于 1 000～2 000 种。

由于同一个蛋白质中的各个结构域往往是不相同的，因而若以结构域为单位来对蛋白质三级结构的折叠型式进行分类，问题就变得简单得多。迄今为止，根据每个结构域中二级结构单元的类型、数量和组合，主链骨架的各层相对于疏水核心的数目和形状，以及在一层中肽链之间连接的拓扑图等，可将结构域的三级结构分为 4 种主要类型：①全 α；②平行 α/β；③反平行 β 结构；④不规则的小结构。

统计表明，大约有 3/4 的已知蛋白质结构可以用这 4 种类型加以描述。

1) 全 α

这类三级结构是由 α-螺旋组成的。全 α 类型中最简单的亚类是所谓升降螺旋捆（up-and-down helix bundle），即相邻的 α-螺旋反向排列，头尾相连，形成近似于一个筒形的螺旋捆或螺旋簇。全 α 类型的另一个亚类是所谓的希腊花边螺旋捆（Greek key helix bundle）。

2) 平行 α/β

这类结构是由 α-螺旋和 β-折叠链沿着肽链的方向交替存在，并折叠组成多层的结构。平行 β-折叠片层在内部，α-螺旋形成外部覆盖层。

3) 反平行 β 结构

像平行 α/β 类一样，反平行 β 结构也能形成 β 筒和单片层，但是它们的拓扑图以及其他结构不同于 α/β 蛋白质。反平行 β 结构中最常见的亚类是所谓的"希腊花边 β 筒"

(Greek key β-barrel)。

4) 不规则的小结构

许多很小的蛋白质是很难以归类到前述任何一种结构类型中的，它们的结构常常是不规则的，只具有相当少量的二级结构，而且不组成较大的结构单位。

7.4 蛋白质分子的四级结构 (quaternary structure)

分子质量较大的球蛋白分子，往往包含 2 条或更多条的多肽链。这些多肽链本身都具有球状的三级结构，彼此以次级键（包括氢键、疏水相互作用和盐键等）相连成一个相当稳定的结构，实质上是一种缔合作用。这些独立的肽链就是蛋白质分子的亚基（subunit）。四级结构（quaternary structure）是指寡聚蛋白中亚基的种类、数目、空间排布以及亚基之间的相互作用。

四级结构的定义有狭义和广义之分。上述四级结构的定义是狭义的。广义的四级结构还包括由相同或不同球蛋白分子所构成的聚合体，如多酶复合物、病毒外壳蛋白和细菌鞭毛虫的微管等。

用 X 射线衍射法和电子显微技术可以观察到蛋白质的四级结构。蛋白质分子中亚基的空间排列方式就是应用这两项技术解决的。亚基之间通过次级键的相互作用高度有序地组装成一个具有生物学功能的聚合体。

从结构上看，亚基是蛋白质分子的最小共价单位。亚基的组装可分成 2 种基本类型。

7.4.1 第一种类型：由互不相同的亚基组装

在这种类型的四级结构中，亚基的空间排列方式取决于各个亚基与其相邻的亚基之间的特异相互作用。每个亚基与其相邻亚基相互作用的方式在聚集体中仅出现一次，这使得整个聚集体结构具有高度不规则的几何排布，是不对称的。一般说来，不对称的复杂组装方式具有复杂的生物学功能。这种类型最简单的形式是由 2 个不同的亚基构成的异源二聚体（见书后彩图 7-10）。

Ku 的异源二聚体的结构就像一个有着巨大基部和一个提手的竹篮，被称为桥梁结构。当 DNA 绑缚到 Ku 上时，一个 14 碱基对的片段就会契合到竹篮的基部和提手之间。在异源二聚体中，Ku86 扩展的 C 端的 α 螺旋臂紧紧地围绕着 Ku70 的 β 桶状结构域，同样，Ku70 的 C 端 α 螺旋臂也紧紧地围绕着 Ku86 的 β 桶状结构域，看上去就像是由于 β 桶状结构域的相互交换而导致了二聚化作用。

最复杂的装配形式是由许多生物大分子组成的极其复杂的大分子组装体（macromolecular assembly），如组成细胞骨架的微管系统（microtubules）、由 200 多种不同的蛋白质组成的细菌鞭毛（flagella）、60 个不同的蛋白质分子和 3 条 RNA 链组成的分子质量高达 230 万道尔顿的核糖体等。

7.4.2 第二种类型：由一种或几种不同亚基多次重复组装

在结构上，这种类型是较普遍的。由于亚基之间特异性相互作用的重复出现，而使亚基呈规则的几何排列。最简单的规则排列是亚基形成线性的聚合物（如肌动蛋白和肌球蛋白）。在线性聚合物中，相邻亚基之间特殊的结构相互作用重复出现，使整个结构呈规则的线性排列。比线性排列稍为常见的是相同亚基的螺旋状排列，这很类似于氨基酸形成α-螺旋的情形。事实上，许多由相同亚基组装成的聚合物仅是大体上呈对称排列的，而不是完全对称的，这已被X射线晶体学分析所证实。X射线晶体学研究发现，四级结构中各亚基之间的相互作用和空间排列，往往是不完全对称的和不相等的，即使化学组成完全相同的亚基也经常出现不完全对称的排列。

第二种类型最简单的形式是由2个相同的亚基构成的同源二聚体（图7-11）；较复杂的形式如热休克蛋白GroEL，由2个背对背七元环组成的同源十四聚体（图7-12）。

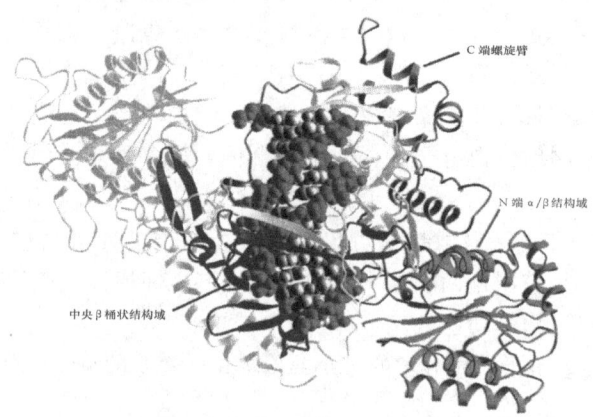

图7-11 MM-CK同源二聚体
(Rao J. K. M. et al. 1998)

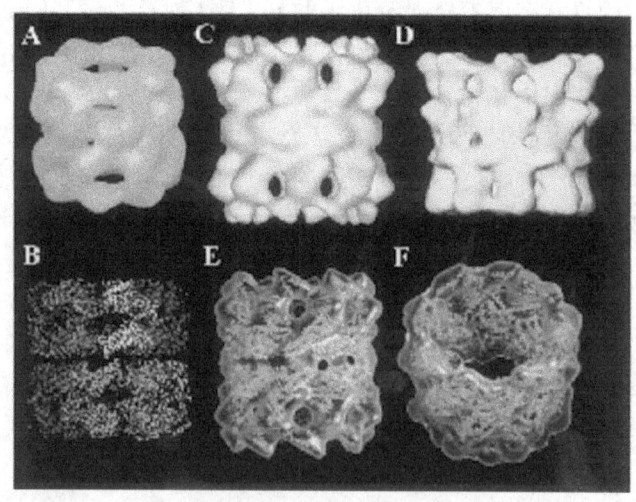

图7-12 GroEL同源十四聚体（A和B）
(Saibil H. R. and Ranson N. A. 2002)

球蛋白聚合成四级结构的优越性：

（1）四级结构具有更加复杂的蛋白质结构，以便执行更为复杂的功能；

（2）四级结构可以通过相同或不相同亚基之间的协同作用，以实现对酶活性的调节；

（3）四级结构可以具有一定的几何形状；

（4）四级结构可以把中间代谢途径中的各种酶分子集合在一起，以提高催化效率，避免中间产物的浪费；

（5）球蛋白聚合成四级结构可以适当降低溶液的渗透压。

小　　结

蛋白质分子的一级结构是指 20 种不同氨基酸的排列顺序。一级结构是蛋白质分子结构的基础，包含着结构的全部信息，影响着蛋白质分子形象的所有层次。蛋白质的共价键结构包括肽链的数目、端基的组成、氨基酸排列顺序和二硫键的位置等。

蛋白质的二级结构形式包括螺旋、β-结构以及回折。具有规则二级结构的多肽链进一步折叠形成特定的空间排布，即三级结构。结构域的三级结构可分为 4 种主要类型：①全 α；②平行 α/β；③反平行 β 结构；④不规则的小结构。

四级结构是指寡聚蛋白中亚基的种类、数目、空间排布以及亚基之间的相互作用。广义的四级结构还包括由相同或不同球蛋白分子所构成的聚合体。亚基的组装可分成两种基本类型：第一种类型是由互不相同的亚基组装，第二种类型是由一种或几种不同亚基多次重复组装。

思　考　题

1. 维持蛋白质三级结构的作用力是什么？并说明其特点。
2. 简述球蛋白聚合成四级结构的优越性。
3. 试述亚基组装的两种类型。
4. 试述蛋白质三级结构的折叠类型。
5. 试述蛋白质二级结构的特点。

第 8 章 蛋白质折叠和分子伴侣
(protein folding and molecular chaperones)

核酸是遗传信息的承担者，遗传信息存储于以双螺旋结构形式存在的 DNA 分子的核苷酸序列之中，通过 DNA 的复制而世代相传。而丰富多彩的生命活动主要通过多种蛋白质的功能活动所体现，由 20 多种氨基酸组成的蛋白质，具有形形色色的功能，参与了生命活动的几乎所有方面，是生命活动的主要承担者。

生命信息在最重要的生物大分子 DNA、RNA 和蛋白质之间的传递规律称为分子生物学的中心法则（图 8-1）。它也是生命活动遵循的最根本的原则。遗传信息从线性 DNA 转录到互补的 RNA，再翻译成由氨基酸残基组成的多肽链。但是，有了一级结构完整的肽链还不是蛋白质，它必须要有特定的三维结构，才能表现其生物功能。

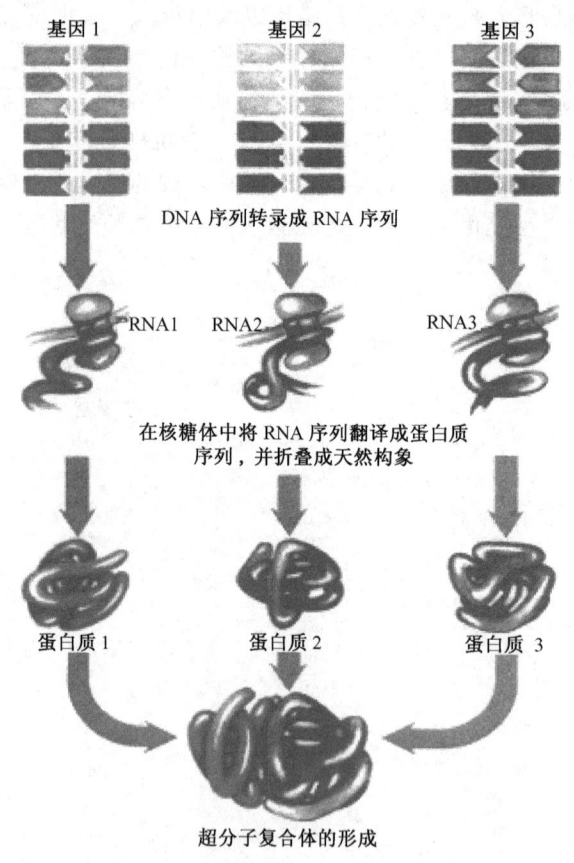

图 8-1 超分子复合体的形成

1961 年，Anfinsen 根据变性伸展失去活性的核糖核酸酶 A，能自发重新卷曲折叠，恢复其原有的三维结构和生物活性的实验事实，提出"一级结构决定高级结构"的著名论断。同年，杜雨苍和邹承鲁等根据胰岛素 A、B 链拆合的实验就指出：亚基间 S-S 的形成有高度选择性，不是随机的；只要一级结构有了，就能形成天然的高级结构。他们的结论与 Anfinsen 的相同，而所研究的体系（二条多肽链）更为复杂。

8.1 蛋白质和新生肽链折叠的新概念

8.1.1 蛋白质折叠问题

一个有活性的蛋白质分子不但有特定的氨基酸序列，还处于特定的由氨基酸序列决定的三维结构。三维结构的完整性受到干扰，生物活性也会发生变化；有时即使只是轻微的破坏，都可能导致其生物活性全部丧失。所以蛋白质的生物功能是与其三维结构密切联系在一起的。

根据分子生物学的中心法则，生命的遗传信息在核内从 DNA 转录到 RNA，在细胞质的核糖体上翻译成蛋白质多肽链的氨基酸序列，实际上这只是合成出了新生肽链但还不是蛋白质。这种新生肽链必须经历一系列极其复杂的加工过程，包括氨基酸残基的化学修饰，诸如二硫键的形成、糖基化作用、羟基化作用、磷酸化作用、泛素化修饰、甲基化修饰等。现在知道的与翻译同时进行或在翻译完成后进行的化学修饰反应已经超过 100 种。新生肽链还必须进行折叠，才能形成一定的三维结构（图 8-2）。除此以外，每一个新合成的多肽链都必须转运到细胞内特定的场所或者被分泌到细胞外去发挥作用。这些转运往往需要经过一次甚至多次的跨越细胞膜结构的过程。完全折叠好的蛋白质是不能跨越膜结构的，因此如果折叠过早或过多，还要先去折叠，才能跨膜运输到特定的发挥其生物功能的场所，再最终折叠成为功能蛋白。多亚基蛋白还要进行亚基的组装。许多以前体形式合成的蛋白质，如一些蛋白酶原等，还必须经过水解除去前体分子中的原序列和前序列才能转变成具有活性的酶分子。上面所述的全过程也称为新生肽的"成熟"。新生肽只有折叠成特定的三维结构，才能获得特定的生物学功能，成熟为功能蛋白分子。这也就是我们要讨论的所谓"新生肽链的折叠"问题。显然，这里的"折叠"不仅指肽链在空间的盘旋卷曲，而是包括广义的新生肽链的整个成熟过程，包括化学修饰、跨膜转运、亚基组装、水解激活等。

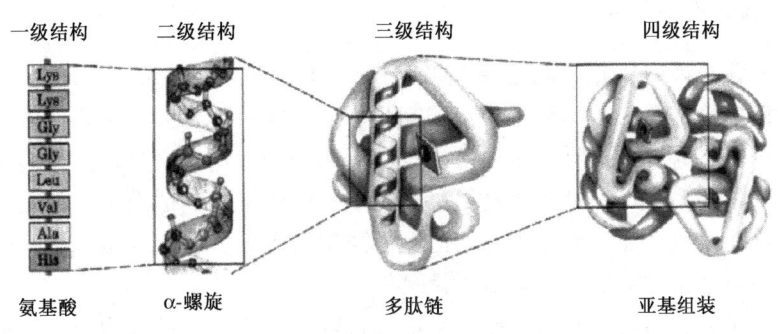

图 8-2 蛋白质折叠和组装过程

中心法则中遗传信息从 DNA→RNA→多肽链传递的主要步骤现在已经基本清楚，

但是人们对多肽链中氨基酸序列如何决定蛋白质的三维结构，在核糖体上合成出来的多肽链如何成熟为功能蛋白的问题，却认识极少，这个问题正是蛋白质折叠研究的核心问题（图 8-3）。"新生肽链的折叠"显然是"蛋白质折叠"研究的最重要的内容。

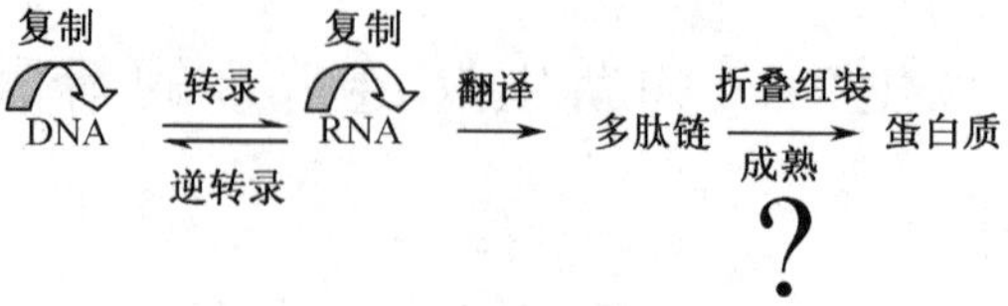

$$DNA \underset{逆转录}{\overset{复制}{\rightleftharpoons}} RNA \overset{复制}{\underset{翻译}{\longrightarrow}} 多肽链 \underset{成熟}{\overset{折叠组装}{\longrightarrow}} 蛋白质$$

图 8-3　分子生物学的中心法则

20 世纪 50 年代 Fraenkel-Conrat 和 Williams 从烟草斑纹病毒分离的外壳蛋白和核糖核酸，在体外生理条件下重组得到有感染活力的病毒粒子。60 年代 C. B. Anfinsen 根据还原变性的牛胰核糖核酸酶在去除变性剂和还原剂后，不需要任何其他物质的帮助，能够自发地形成正确的 4 对二硫键，重新折叠成天然的三维结构，并恢复几乎全部生物活性的实验，提出"多肽链的氨基酸序列包含了形成其热力学上稳定的天然构象所必需的全部信息"，或者说"一级结构决定高级结构"的著名论断。为此 Anfinsen 获得 1972 年 Nobel 化学奖。这些经典的工作开辟了近代蛋白质折叠的研究，形成了蛋白质折叠自组装（self-assembly）的主导学说，或者说占统治地位的学说。在研究新生肽链的折叠时，也很自然地把在体外蛋白质折叠研究中得到的规律推广到体内。

Anfinsen 原理揭示了蛋白质的氨基酸序列决定蛋白质分子在热力学上稳定的三维结构的必然性，但并没有阐明蛋白质折叠的全过程，还有一些极其重要的问题需要回答：一级结构到底如何决定高级结构？具有完整一级结构的多肽链又如何克服在动力学上可能的能垒，最终达到这个热力学上最稳定的状态？也就是说，从一级结构到高级结构的热力学规律和动力学规律是什么？这之间是否也存在着像三联遗传密码（即 3 个碱基决定 1 个氨基酸）那样的第二套遗传密码，即氨基酸序列决定蛋白质的三维结构的所谓"折叠密码"呢？总而言之，蛋白质折叠问题是中心法则至今尚未解决的问题，是生物学中在 21 世纪有待解决的一个重大问题。

8.1.2　蛋白质折叠的研究

蛋白质折叠的理论研究现在是一个极其活跃的领域。按照 Anfinsen 原理，在理论上应该可以根据蛋白质的氨基酸序列预测其相应的"唯一"的三维结构，这就是"蛋白质结构预测"研究的内容。除了蛋白质折叠问题本身的理论意义外，这一问题的解决也具有重要的实际意义。特别是在已经揭示了人类基因组全序列的今天，数据库内氨基酸序列的数据爆炸性地增加，而三维结构的测定速度尚远不能匹配，结构预测的需要就更迫切了。有关内容已在本书有关章节讨论。

近年来的研究表明蛋白质折叠是一个序变过程，因此当前的努力集中于捕捉蛋白质折叠的中间状态从而了解蛋白质折叠的全过程（图 8-4）。

8.1 蛋白质和新生肽链折叠的新概念

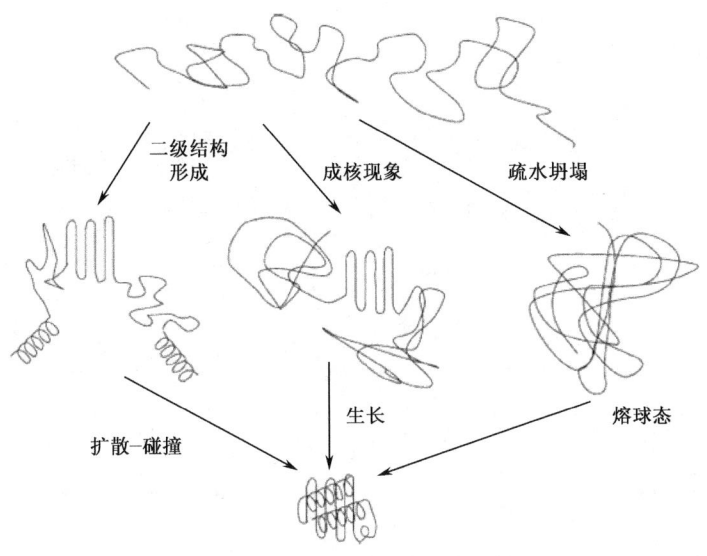

图 8-4　三种蛋白质折叠的经典机制

捕捉到蛋白质折叠过程中的中间态是近年来体外蛋白质折叠研究的最大成就。科学家们在研究牛与人的 α-乳清蛋白酸变性、热变性和在中等浓度盐酸胍溶液中变性时的各种物理性质，发现在这些条件下都能形成一种彼此类似但又不同于天然分子的结构，具有与天然的 α-乳清蛋白不同的新的物理状态。这种结构形式被称为"熔球态"（molten globule，MG）（图 8-5，图 8-6）。熔球态是蛋白质折叠过程中的中间态，与天然分子比较，虽然被动性增加，不存在特定的牢固安排的侧链基团，而且疏水残基外露，但其结构仍是紧密的，并具有显著的分子柔性，二级结构含量很高。

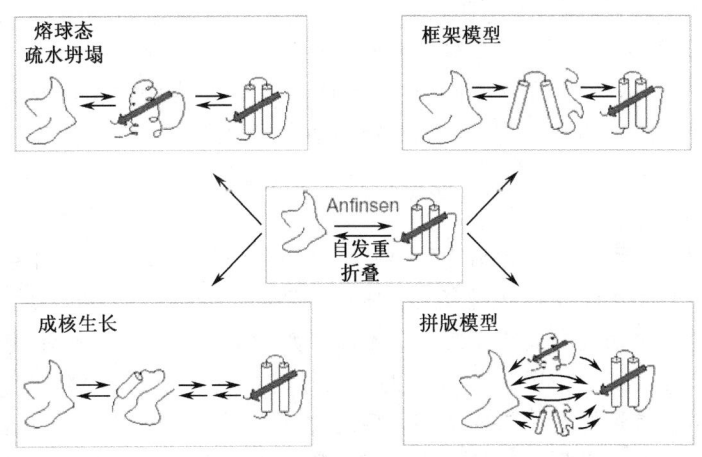

图 8-5　4 种蛋白质折叠经典机制

用细胞色素 c 的实验进一步观察到在低离子强度下分子的紧密程度比熔球态弱，几乎所有在天然态中存在的螺旋区域仍停留于二级结构状态。这种比熔球态松散的结构形态称为"前熔球态"（pre-molten globule state）。另外，比熔球态紧密的结构形态称为

第8章 蛋白质折叠和分子伴侣（protein folding and molecular chaperones）

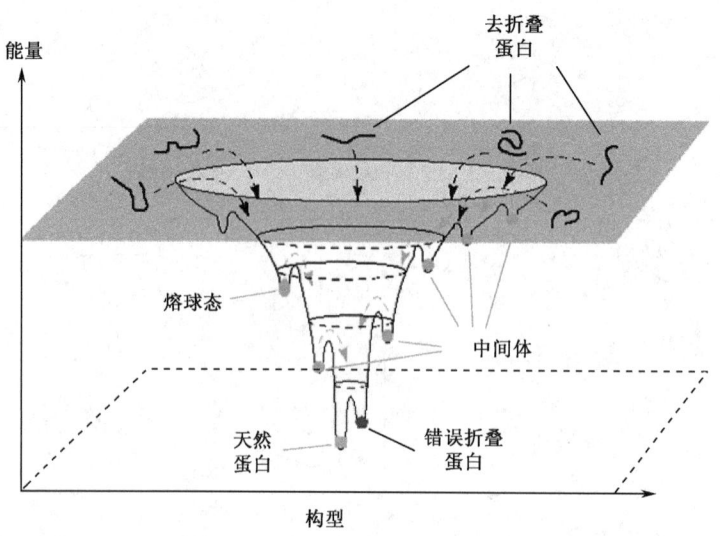

图 8-6 折叠能量"地貌"原理图

"后熔球态"（post-molten globule state）。

研究表明，对大多数小分子量蛋白质来说，变性的蛋白质在没有外来援助的情况下可以通过重折叠达到天然状态。这样，对蛋白质重折叠过程的了解就有了比较清楚的轮廓，即：

（1）无秩序态的瓦解（疏水坍塌，collapse）和二级结构的形成。重折叠一开始很快形成二级结构，但处于不稳定状态。

（2）二级结构的稳定阶段。

（3）多途径折叠。不同蛋白质二级结构单元的联合和装配方式不同，即通过多途径导致从变性态转变为天然态。

（4）走向天然态。通过稳定二级结构的相互作用进入天然状态，这一阶段是折叠的最后过程，比早期过程慢。在这一阶段，侧链被包装在特定的位置，分子变得越来越紧密，成为有特定三维结构和生物学功能的蛋白质分子。

8.1.2.1 研究新生肽链折叠的模型

以变性蛋白质的重折叠作为新生肽链翻译完成后折叠的模型，来研究新生肽链的折叠是建立在过去几十年间在体外研究蛋白质折叠基础之上的。长期以来普遍认为细胞中新合成的多肽链，是在其合成终了之后，不需要别的分子的帮助，也不需要额外能量的补充，就应该能够自发地折叠而形成它的三维结构，是一个所谓翻译后的自发折叠过程。由于把新生肽链折叠看作是一个翻译后的过程，所以是一条完整的但还不具有高级结构的新生肽链的自发折叠，于是普遍地用天然蛋白先变性使其丧失高级结构而成为伸展的肽链，再去除变性因素使其自发地重新折叠，即把变性蛋白质的复性作为新生肽链折叠的模型。所以蛋白质在试管内的去折叠和重折叠的研究一直是蛋白质折叠研究的主体系统，也是研究新生肽链折叠的基本模型。

折叠与肽链合成延伸同时进行新生肽链在核糖体上的合成总是从 N 端开始逐步向

C 端延伸的，那么新生肽链是否真是在翻译完成后才进行折叠呢？邹承鲁在 1988 年提出了新生肽链折叠的假说，他认为新生肽链的折叠在合成早期业已开始（取决于特定蛋白质分子氨基末端的氨基酸序列），而不是合成完成后才开始进行的；随着肽链的延伸同时进行折叠，又不断进行构象的调整；先形成的结构会作用于后合成的肽链的折叠，而后形成的结构又会影响前面已经形成的结构的调整，因此在肽链延伸过程中形成的结构往往不一定是最终功能蛋白中的结构。这样，新生肽链的合成、延伸、折叠、构象调整，直到最终三维结构的形成，是一个同时进行着的、协调的动态过程。显然这与一条变性伸展的完整肽链的重折叠的情况是完全不同的。所以他认为用具有完整氨基酸序列的去折叠的蛋白质分子的重折叠作为新生肽链折叠的研究模型并不是理想的。新生肽链边合成边折叠边调整的假说，将国际上有关新生肽链折叠的多种看法统一起来，强调了新生肽链折叠的结构信息存在于组成多肽链的氨基酸序列中，既考虑到多肽链中特定氨基酸残基间的近程相互作用，又重视特定氨基酸残基的远程相互作用在新生肽链折叠中的重要贡献。那么，如何对新生肽链折叠进行研究呢？这是一个难度很大的课题。新生肽链在合成过程中一直与核糖体相连，并且每种肽链在核糖体上的延伸是不同步的。每个 mRNA 可以同时携带多个核糖体，因此也带着多个处于不同合成阶段的、长度不同的新生肽链。而我们现在还没有有效的手段来探测新生肽链在核糖体上的折叠过程。多肽链在核糖体上合成同步化等问题尚未没有解决之前，邹承鲁实验室提出用从 N 端开始具有不同长度的一系列肽段作为模型，比较研究它们的构象变化和折叠规律。他们选择金黄色葡萄球菌核酸酶做模型蛋白，用基因工程方法制备了一系列从 N 端开始具有不同长度或兼有突变的肽段，用各种生物物理方法，如圆二色光谱、红外光谱等测定多肽链二级结构变化，用荧光光谱测定芳香氨基酸的环境变化，通过 ANS－荧光光谱和疏水柱层析分析多肽链在延伸过程中的表面疏水性的变化等，比较研究随着肽链长度的增加，多肽链的构象发生什么样的变化，从而探索多肽链的延伸与构象形成之间的关系以及特定氨基酸残基在特定构象形成中的作用。上述这些方法虽然能给出很多关于多肽链在延伸过程中构象变化的信息，但还只是一些定性的结果。二维及多维核磁共振则为进一步研究新生肽链的折叠过程提供了精确的定量和定位的方法。已有的结果表明，这些肽段的二级结构的含量并不总是随着肽链的延长而增加，说明后形成的肽段对先形成的肽段构象确有影响，肽段的结构一直处于调整之中。利用 N 端肽段作为新生肽链折叠研究模型已在国际上几个有名的实验室进行，新生肽链折叠过程中构象"调整"的观点也已被广泛接受。

对同一种蛋白质的不同长度的 N 端肽段的结构与功能表达关系的研究为我们了解新生肽链的折叠机制提供了很多有意义的结果和佐证，然而这毕竟是在离体条件下研究新生肽链折叠的模型体系。因此，进一步探索新生肽链在核糖体上折叠的设计相继问世，如将构象特异性的单克隆抗体作为探针，探测肽链在核糖体上延伸过程中的构象变化过程。另一种办法是将体外转录与体外翻译相结合，设计各种探针来追踪体外翻译体系中酶蛋白活性表达的过程来探测新生肽链在核糖体上的折叠过程。

8.1.2.2 体外蛋白质重折叠与细胞内新生肽链折叠的差别

长期以来变性蛋白质在体外的重折叠已经有广泛而深入的研究，使我们对蛋白质折叠问题积累了许多认识，也为研究体内新生肽链折叠建立了深厚的基础。然而体外蛋白质重折叠由于实验设计和条件的限制，常常是在远离生理条件下完成的，与细胞内新生肽链折叠有很大的区别。除了上面谈到的完整肽链在试管内的重折叠相当于翻译完成后才折叠，与新生肽链的合成延伸与折叠同时进行的不同外，还有以下一些显著的差别。首先，细胞内新生肽链折叠是一个比蛋白质体外重折叠快得多的过程。一个中等大小的蛋白质从翻译开始到功能分子的产生，不过是在几分钟的时间内完成的过程。而一个变性的中等大小的蛋白质在体外重新折叠为一个功能分子却往往需要几十分钟，几个小时，有的蛋白质甚至需要几十小时。虽然一个较小的蛋白质分子变性后重新折叠可以很快完成，但是近年来的研究指出，较小的蛋白质分子在变性后常常保留有一定的残余高级结构，而这些残余高级结构可以作为重新折叠的起点而大大加快折叠的速度，这就和新生肽链在核糖体上生成时折叠的情况完全不同。其次，哺乳类动物细胞的温度大约在37℃附近，pH值一般在中性范围内。但蛋白质的复性如果在体外这样的条件下进行，通常会形成大量的聚集物，活性蛋白的回收效率多半是极低的。为了得到高产率的复性，往往降低温度，甚至低到4℃。因为同样的原因，复性蛋白的浓度也很低，通常大约在1mg/ml以下。当年Anfinsen研究核糖核酸酶的复性时，酶的浓度是一个很关键的因素，浓度超过0.35mg/ml就得不到完全的复性。然而细胞内新生肽链的局部浓度相比之下比实验用的浓度高得多，可以高到毫摩尔数量级。此外，针对不同的蛋白质，体外折叠所选用的pH值范围也很不同。

细胞和试管还有一个重要的差别是最近引起高度重视的"大分子拥挤"（macromolecular crowding）问题（R. J. Ellis，*TIBS*，2001，26，597~604）。细胞中存在着成千上万种生物大分子，细胞质内所有大分子的浓度估计可高达50~400 mg/ml。依赖生长期的不同，大肠杆菌细胞质中蛋白质和RNA的总浓度约在300~400 mg/ml范围内。红细胞中单单血红蛋白的浓度就约有350 mg/ml。因此细胞容积的10%~40%都被大分子占用。由于大分子的不可穿透性使得任何一个大分子的实际可及空间大大减少，这样的生物大分子活动环境被称为"大分子拥挤环境"（书后彩页图8-7），它对生物大分子行为的影响用比较准确的术语描述就是"排斥容积效应"（excluded volume effect）。可以看出这里强调的是源于空间排斥的纯物理的非特异性效应，因此把所研究的大分子以外的其他大分子称为背景大分子（background macromolecules）。在细胞外递质中有高浓度的多糖，血液中有含约80 mg/ml的蛋白质，因此大分子拥挤环境在细胞外也是存在的。大分子拥挤最早是在理论上进行研究的，美国国立健康研究院（NIH）A. P. Minton从1983年就开始研究大分子拥挤现象，从理论上预测这样一个大分子拥挤环境对所有大分子之间的反应都有很大的影响，不仅影响反应的速率而且影响反应的平衡。最近，提出"分子伴侣"概念的英国Warwick大学R. J. Ellis教授指出，如此重要的大分子拥挤问题至今却仍被大多数人忽略，他呼吁生物学家们在研究体系中一定要加入细胞内相应浓度的"拥挤试剂"（crowding agent）以模拟细胞内的大分子拥挤环境；要把大分子拥挤与 pH、离子强度和溶液组成等一样视作常规因素考虑在蛋白质折叠的研究中。他说，大分子拥挤就像地心引力一样是一种客观存在的，是不可避免的，细胞的活动必须面对它引起的各种后果。如上所说，体外实验往往需要简化实验的条件，为了避免聚合，蛋白质折叠研究通常是在相当低的蛋白质浓度和低的温度下进行。也许因为绝大多数科学家都喜欢用尽可能简单的体系和方法而获取最多的信息；也许简单的体外体系给了人们太多的恩惠反而培养了科学家们采用体外简单体系的习惯。不管怎样，现在是认真考虑生理大分子拥挤环境的时候了。

8.1.3 蛋白质折叠研究的新概念

如上所说，细胞内新生肽链折叠或成熟是在较高的温度、较高的蛋白质浓度而又十分拥挤的环境中却是以极快的速度和极高的保真度在进行着，一句话，以极高的效率在进行着。是什么机制保证了细胞内蛋白质生物合成这样高的效率呢？20 世纪 80 年代后期，"分子伴侣"（molecular chaperone）的发现使新生肽链自发折叠和组装的传统概念受到冲击而发生了很大的转变。现在新的观点认为，细胞内新生肽折叠和成熟为功能蛋白，一般说来是需要帮助的，而不都是能自发进行而完成的。从"自组装"到"有帮助的组装"是新生肽链折叠研究在概念上的一个深刻的转变。有人说，这是一种"革命性"的转变。Anfinsen 原理揭示了蛋白质的氨基酸序列决定蛋白质分子在热力学上稳定的三维结构的必然性，但并没有包含许多动力学问题在内的蛋白质折叠的全过程。要知道，"Anfinsen 内心里更钟爱热力学的研究方法，虽然他在热力学和动力学两方面的实验中都极其活跃"（引自 Anfinsen 在 NIH 的同事 Alan N. Schechter 于 1995 年为其写的悼文，发表在 *Nature Structure Biology*，1995，2，621～623）。新生肽折叠和变性蛋白的重折叠需要帮助的新概念并不和 Anfinsen 原理相矛盾，而正是在动力学的意义上有所发展，加深和完善了蛋白质折叠的学说。用我们熟悉的语言来说，如果一级结构是肽链折叠并形成功能蛋白的特定三维结构的内因是第一位的因素；那么可以认为，帮助蛋白是肽链正确折叠的外因，是条件，外因要通过内因起作用；但是如果没有适当的充分的条件，多肽链也不能折叠成为活性蛋白质。

8.2 帮助蛋白质和新生肽链折叠的生物大分子

关于蛋白质折叠的新学说是"有帮助的组装"，那么由谁来执行帮助的功能呢？现在认识到，帮助新生肽折叠的是蛋白质，它可以分为两大类：一类是分子伴侣，直接帮助新生肽折叠成为成熟的蛋白质，但并不参与任何共价反应，另一类则是催化与折叠直接有关的化学反应的酶，现在又称"折叠酶"。与分子伴侣有许许多多种不同，已确定的帮助蛋白质折叠的酶目前只有 2 个，一个是蛋白质二硫键异构酶（protein disulfide isomerase，PDI）；另一个是肽基脯氨酰顺反异构酶（peptidyl prolyl cis-trans isomerase，PPI）。它们都催化共价的异构反应。

8.2.1 分子伴侣（molecular chaperone）

8.2.1.1 分子伴侣的发现和定义

1978年，英国的Laskey发现，DNA和组蛋白在体外生理离子强度条件下重组时必须有细胞核内一种酸性蛋白——核质素（nucleoplasmin）（图8-8）存在时才能成功组装成核小体，否则就会发生沉淀。这里，核质素并不提供组装的空间信息，也不是最终形成的核小体的组成成分，但它和组蛋白结合，屏蔽它的正电荷，防止它和DNA形成沉淀，从而促进二者正确装配。Laskey给它起了个十分新颖的名字"molecular chaperone"。

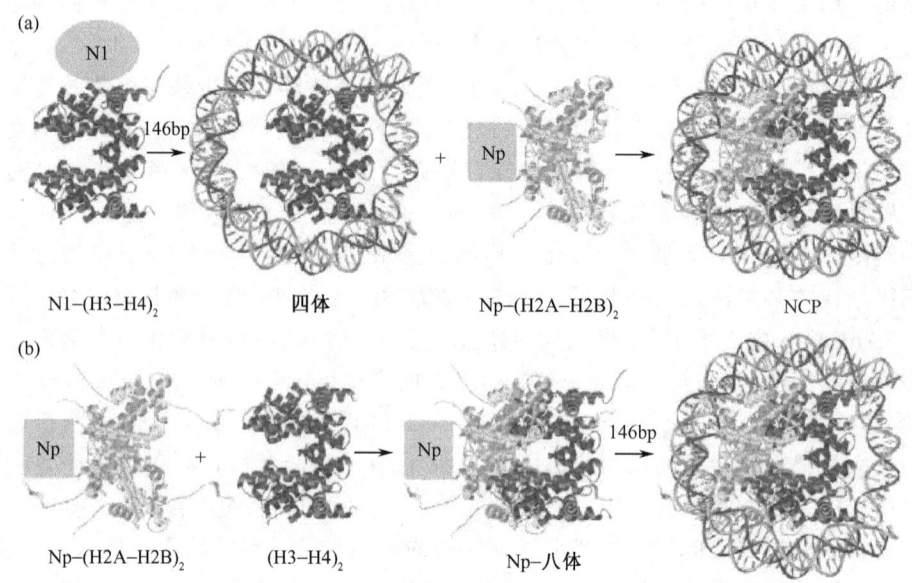

图8-8 第一个被发现的分子伴侣——核质素
(Akey C. W. and Luger K. 2003)

牛津英文字典对"chaperone"的解释是：Person, usually a married or elderly woman who, for the sake of propriety, accompanies a young unmarried lady in public as guide and protector. 所以，chaperone这个词在西文中是指欧洲中世纪少女成年后初次参加社会交际活动中陪伴、引导和保护她们的年长妇女。Laskey借用它来形容伴随多肽链并帮助它正确折叠和组装的另一些蛋白质。当我们对新生肽链的折叠有了更多的了解后，就会发觉"chaperone"这个词的借用是多么贴切！而"molecular chaperone"这个新名词的创造又是多么生动！在生命科学中，特别是在今天的后基因组时代，生命科学的日新月异的发展，新的基因、新的基因产物、具有新功能的蛋白质不断被发现，因此新的科学名词和概念也在不断创造，而且随着认识的发展又不断地在演变。1980

年，英国的 Ellis 在研究高等植物叶绿体中的核酮糖 1,5-二磷酸羧化酶—加氧酶（ribulose 1,5-bisphosphate carboxylase-oxygenase，Rubisco）时，发现在叶绿体中合成的 8 个大亚基和在细胞质中合成的 8 个小亚基必须先和一种蛋白质结合后，才能在叶绿体内组装成有活性的 Rubisco 酶分子。遗憾的是因为蛋白质自组装的传统概念影响太深了，这些发现没有引起应有的重视。1986 年，Ellis 在英国皇家学会组织的一个专门关于 Rubisco 的讨论会上提出这个"Rubisco 结合蛋白"可能是核质素之后的第二个分子伴侣，但是大部分人仍然认为它和核质素可能不过是两个特例，因为它们所作用的靶蛋白在体外太容易聚集了。同年，Pelham 讨论了分子质量为 70kDa 的热休克蛋白家族（Hsp70）在细胞受到刺激时以及在正常细胞活动中，对核内、细胞质内、内质网内蛋白质的组装和拆卸所起的各种作用，提出分子伴侣的作用可能是很广泛的。用 Ellis 自己的话说，这鼓励了他于 1987 年在英国 Nature 杂志上正式提出"molecular chaperone"的概念。至今虽然不过二十几年，分子伴侣的研究已经蓬勃开展，在美国和欧洲每 2 年都召开有关的专题学术讨论会，还创立了新的专门的学术刊物。但是对分子伴侣的功能和作用机制的认识仍然处于方兴未艾的阶段，特别是最近分子伴侣对引起神经退行性疾病的蛋白质的构象变化、聚集以及淀粉样沉淀的形成的作用的研究更成为热点中的热点。

新概念的定义在开始时也许不容易很准确，需要在深入研究其生物学功能和作用机制的过程中不断修正和完善。

经几度修正，1997 年 Ellis 对"分子伴侣"的定义是："A large and diverse group of unrelated proteins that all share the functional property of assisting the non-covalent assembly and/or disassembly of protein-containing structures *in vivo*, but are not permanent components of these structures when they are performing their normal biological functions."即一大类相互之间没有关系的蛋白质，它们具有的共同功能是帮助其他含蛋白质的结构在体内进行非共价的组装或卸装，但不是这些结构在发挥其正常的生物学功能时的永久组成成分。首先应该指出分子伴侣完全是从功能上定义的，凡具有这种功能的蛋白质都是分子伴侣，它们的序列和结构可以完全不同，可以是完全不同的蛋白质。从参与促进一个反应而本身并不在最终产物中出现这一点看来，分子伴侣具有酶的特征；但是从以下三方面看来分子伴侣又和酶很不相同。首先，它对靶蛋白不具有高度专一性，同一分子伴侣可以促进多种氨基酸序列完全不同的多肽链折叠成为三维结构、性质和功能都并不相关的蛋白质；其次，它的"催化"效率很低，是化学计量的帮助；最后，即使是它和肽链折叠的关系，有时也只是阻止肽链的错误折叠，而不是促进其正确折叠为成熟的有完整功能的蛋白质。表 8-1 列出的是已经鉴定的部分分子伴侣，预计这张表的长度会以很快的速度增加。根据 2001 年对人类基因组的测序和分析，估计真核细胞内至少有 750 种蛋白质涉及蛋白质的折叠和降解。

第 8 章 蛋白质折叠和分子伴侣（protein folding and molecular chaperones）

表 8-1 分子伴侣

名称	生物功能
核质素	卵中核小体组装和拆卸
热休克蛋白 60	
大肠杆菌 GroE，	
Rubisco 亚基结合蛋白，	
真核细胞胞质 TCP1	新生肽链转运和折叠
热休克蛋白 70	
大肠杆菌 DnaK（书后彩页图 8-9）	
线粒体 Hsp70, 酵母 SSC1	
热休克蛋白 90	
细胞质 Hsp90	激素受体蛋白折叠
酵母 HSP82	
DnaJ	和 Hsp70 及 GrpE 协同作用
GrpE	和 Hsp70 及 DnaJ 协同作用
SecB	细菌多肽转运
信号识别粒子	新生肽链转运
前导肽	蛋白水解酶折叠
PapD	细菌鞭毛组装
Lim	细菌脂肪酶折叠

（引自 *BBRC*, 1997, 238, 687~692）

  分子伴侣的作用机制目前还不完全清楚，因此 Ellis 在定义时很小心地用了不太严格的"帮助"、"介导"或"促进"等意思的词，对帮助的机制不加限制，可以是通过催化的或非催化的方式；也可以加速或减缓组装过程；可以传递组装所需要的空间信息，也可能只是抑制组装过程中不正确的副反应。

  分子伴侣帮助正确的"非共价组装或卸装"，强调"非共价"是为了区分和排除那些催化新生肽进行翻译后共价修饰的酶。因此，Ellis 在 1993 年时曾明确指出："蛋白质二硫键异构酶不是分子伴侣。"我们对此持有不同的看法，我们认为蛋白质二硫键异构酶也有分子伴侣的活性，下面还要仔细讨论这个问题。

  用"组装"这个词，是因为分子伴侣的功能不仅帮助新生肽链折叠，还帮助新生肽成熟为活性蛋白的各个步骤，包括转运、越膜定位、亚基组装以及激活等，因此用广义的"组装"比较妥当。由于新生肽链越膜有时需要去折叠，错误折叠的肽链由蛋白水解酶清除前也需去折叠，分子伴侣还有帮助卸装的作用。另外，分子伴侣的作用还涉及许多其他正常的生命活动，如 DNA 复制、细胞受到外界刺激（高温、缺氧、有害化学因素、异常代谢物积聚、极端 pH 值等）后的应激反应。分子伴侣的名称比较混淆。譬如 chaperonins (cpns)，是分子伴侣的一个亚类，无所不在，含量极为丰富，包括 cpn60 和 cpn10 两种。在大肠杆菌中，属于这个亚类的相应的两个分子伴侣分别称为 GroEL 和 GroES；在叶绿体质体中则为 rubisco 亚基结合蛋白；在线粒体中就是 Hsp60。有一些新鉴定的分子伴侣就以它们的基因来命名。

8.2.1.2 蛋白质分子折叠的特点和分子伴侣在蛋白质分子折叠中的作用

  蛋白质分子的三维结构，除了共价的肽键和二硫键，还靠大量极其复杂的弱次级键的共同作用形成。现在认识到，变性蛋白质的复性或新生肽链的成熟，不是一步形成的，而是通过形成一些折叠中间物而完成的。特别是新生肽链在逐渐延长过程中序列的不完整性使这些折叠中间物有可能形成在最终成熟蛋白质分子中不存在而且不应该有的瞬间结构，它们常常是一些疏水性的表面。这些瞬间形成的错误表面之间就有可能发生本来不应该发生的错误的相互作用而形成没有活性的分子，特别是在拥挤的细胞环境中，甚至会造成分子的聚集和沉淀。按照自组装学说，每一步折叠都应该是正确的、充分的、必要的。实际上在体外溶液中或在细胞内，情况常常不是如此，折叠过程实际上是由热力学因素和各种环境因素综合决定的、通过折叠中间态的正确途径与错误途径相互竞争的过程。为了提高蛋白质生物合成的效率，应该有帮助正确途径的竞争机制，分子伴侣就是这样的在进化中应运而生的产物。它们的功能是识别新生肽链折叠过程中形成的折叠中间物的非天然结构，如那些错误的疏水性的表面，与这些折叠中间物结合，生成复合物，从而防止这些表面之间过早的或错误的相互作用而阻止不正确的无效的折叠途径，抑制不可逆的聚合物的产生，这样必然促进折叠向正确的有效的途径进行而提高蛋白质生物合成的效率或变性蛋白质的复性效率。

蛋白质分子具有分子伴侣功能的先决条件是具有与多肽结合的能力。分子伴侣的作用机制实际上就是它如何识别需要帮助的靶蛋白，怎样与其结合，结合后二者发生什么变化，在什么条件下解离，解离后二者的命运又如何，这样一个全过程的机制，现在还认识得很少。对分子伴侣作用机制的认识由于 1994 年细菌的 GroEL 的 2.8Å 高分辨率晶体结构（图 8-10（a））的解析而有所突破。接着又有 GroEL-ATP$_\gamma$S 和 GroEL/GroES/（ADP）$_7$ 晶体结构的解析，极大地丰富了人们对 GroEL 作用机制的理解。首先，分子伴侣怎样认识需要它帮助的对象？现在只能说分子伴侣识别折叠过程中形成的折叠中间物的非天然构象，而不会去理会天然的结构。一般而言，分子伴侣不是识别特定的多肽序列。实验中观察到 GroEL 识别去折叠的构象；Hsp70 识别部分折叠的构象；而大肠杆菌的 DnaK 则识别没有确定结构的伸展的柔性构象，总之这还是一些含糊的提法。到底非天然结构的什么特征能被分子伴侣认识还很不清楚。由于在天然分子中，疏水残基多半位于分子的内部而形成疏水核，去折叠后就可能暴露出来，或者在新生肽链的折叠过程中，会暂时形成在天然构象中本应存在于分子内部的疏水残基组成的表面，因此认为分子伴侣最有可能是与疏水表面相结合，如硫氰酸酶分子 α-螺旋的疏水侧面。在许多情况下，发现被分子伴侣结合的靶蛋白是处于所谓的"熔球态"结构，但是 Kuwajima 发现 GroEL 并不识别 α-乳白蛋白的熔球态结构，而与另一种 4 对二硫键都被还原、结构更加松散和伸展的处于"前熔球态"状态的分子相结合。一般来说，分子伴侣与折叠早期形成的中间物相互作用而防止它们之间的聚合；一旦聚合已经形成，分子伴侣就无能为力了。可以说，分子伴侣能"治病救人"，但并无"起死回生"的绝招。不过最近也发现线粒体的苹果酸脱氢酶非常早期的折叠中间物所形成的聚合物（可能聚合程度不高或某种意义上的"可溶性聚集体"）与分子伴侣结合后可以解聚，但后期折叠中间物的聚合则是不可逆的。可见早期折叠中间物的聚合还没达到不可改变的地步。总的说来，分子伴侣识别的应该是某种构象方面的特性。近来有人用一种亲和扫描（affinity panning）的方法检查位于内质网管腔内的一种分子伴侣 Bip（属于 Hsp70 家族）

与有随机序列的十二肽结合的特异性,发现序列为 Hy-(W/X)-Hy-X-Hy-X-Hy 的基序(motif)与 Bip 结合最强,Hy 指含有较大的疏水侧链的氨基酸,其中最多的是 Trp、Leu、Phe。一般来说,2~4 个疏水残基就足够进行结合了。应该说,分子伴侣识别的序列上的特异性是不高的,但有一定构象方面的、疏水性方面的特异性。少数分子伴侣也有高度专一性的,譬如下面要讲到的分子内分子伴侣,只帮助它自己的前体分子折叠。还有洋葱假单胞菌(*Pseudomonas cepacia*)的脂肪酶,有它自己的"专用分子伴侣",它是由基因 *limA* 编码的,与脂肪酶的基因 *LipA* 只隔 3 个碱基,这可能是一个基因在进化过程中分裂成 2 个基因造成的;另一方面,分子伴侣与多肽结合部位的结构分析最近也有进展。譬如,位于细菌周质内帮助鞭毛组装的分子伴侣 PapD 的晶体结构表明,多肽结合在它的比较伸展的 β-折叠片区。在识别的基础上,分子伴侣与靶蛋白形成复合物。不同的分子伴侣与不同靶蛋白结合的亲和力是不同的,有的复合物非常稳定而可以在分子筛层析过程中分离到,在复合物中靶蛋白被保持在失活状态,只有

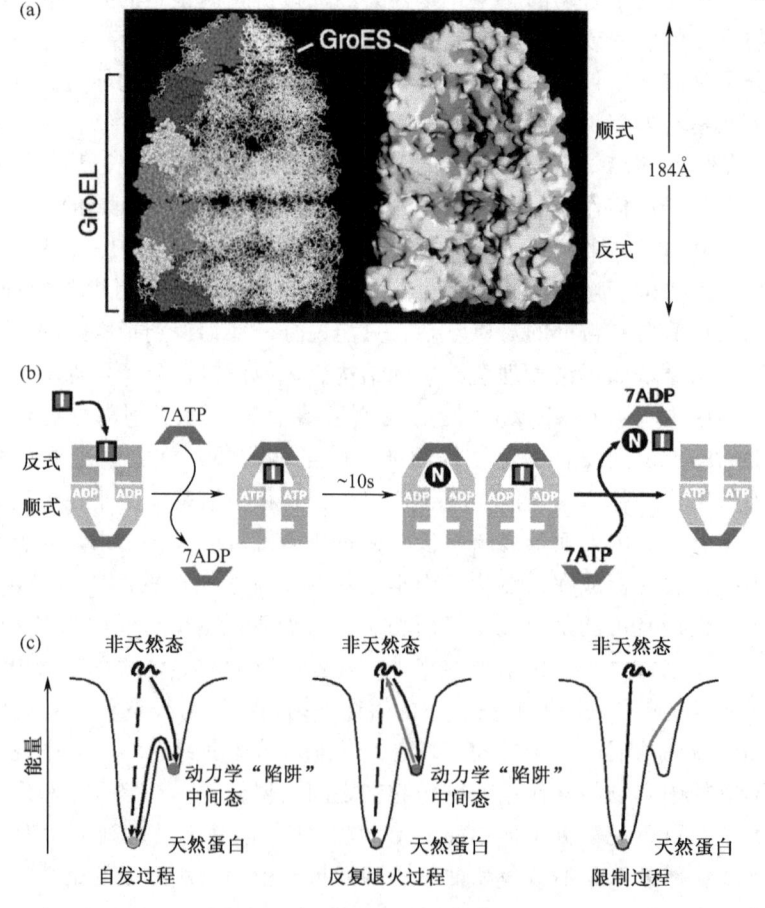

图 8-10 GroEL-GroES 分子伴侣体系

(a) GroEL-GroES-(ADP)$_7$ 晶体结构(左)和模拟结构(右);(b) GroEL-GroES 帮助蛋白质折叠机制;
(c) GroEL-GroES 帮助蛋白质折叠过程中的能量变化。

(Hartl F. U. and Hayer-Hartl M. 2002)

在满足使复合物解离的条件时，许多情况下需要加入 ATP 或其他因子，靶蛋白才被释放。这些分子伴侣往往具有 ATP 酶活性，ATP 的水解是它们与靶蛋白解离的必要条件。所以说，这些分子伴侣是依靠 ATP-依赖的构象变化来驱动与靶蛋白的相互作用以及靶蛋白的解离和折叠。根据分子表面的某些光学现象而发展的一种新技术——生物传感技术（biosensor），设计成称为 BIAcore 的仪器，主要用于生物大分子相互作用，也已经用来研究分子伴侣的作用机制，如 GroEL 与还原 α-乳白蛋白的相互作用动力学以及核苷酸对它们的影响。内质网内的应激蛋白 Hsp47 与前胶原蛋白的加工和转运密切有关，并且具有分子伴侣功能，它和各种胶原蛋白的相互作用的动力学参数也已用 BIAcore 进行了测定。这种技术提供了一个有发展前景的可以对低亲和力或快速解离的生物大分子之间的相互作用进行所谓"真正的瞬间的分析"。至今，作用机制研究得最多的是 GroEL，用电子显微镜，特别是 X 射线衍射晶体结构分析已经得到 GroEL 分子高分辨率的结构（图 8-10）。它是由 2 层圆面包圈背对背组成的中空圆柱，每层面包圈由 7 个相同的亚基组成，每个亚基则由 3 个结构域组成。形成中空圆柱两端的结构域的构象运动性最大，是 GroEL 结合靶蛋白的部位。赤道结构域是核苷酸的结合区。

  GroEL 是在 E.coli 发现的一种热休克蛋白（Hsp60），它是晶状圆柱体复合物，有两个背对背的七元环组成的十四聚体，在两端各形成内径为 450 nm 的空腔。每个七元环由 7 个分子质量为 57 kDa 的亚基组成。它的 7 个亚基组成 3 部分：顶端结构域、赤道结构域、中间结构域。顶端结构域表面含有丰富的疏水基团，可为变性蛋白质折叠中间态提供较大的几何表面，从而阻止蛋白质聚集，并具有和 GroES 结合的位点。赤道结构域由接近平行的 α-螺旋构成，GroEL 的两环在赤道区以非共价键相结合，此结构域内还具有可与三磷酸腺苷（ATP）相结合的位点，分子伴侣可通过 Mg^{2+} 与 ATP 中的磷酸根相结合。GroEL 的中间结构域较小，通过共价键连接顶端结构域与赤道结构域，能够作为铰链区，允许顶端和赤道结构域的相对运动，对 GroEL 的特性影响较大。关于该分子伴侣的作用机制现在形成了两个模型：一个是所谓 Anfinsen 笼状结构模型（Anfinsen cage model），就是说，靶蛋白可以进入 GroEL 分子的中间空腔内与周围环境隔离而不受干扰地进行折叠，同时降低溶液中折叠中间物的浓度而减少聚合；靶蛋白也可能在空腔内进行某种程度的去折叠，待释放后重新折叠成正确结构；如仍未折叠好，可再被 GroEL 结合而进入第二个循环；但也可能因为与其他折叠中间物的不正确相互作用而形成聚集。每一个循环都为折叠中间物提供一次新的命运分配的机会。前不久，对 GroEL 帮助特大分子（指大于 60 kDa 的分子显然不可能进入 GroEL 分子中间空腔的蛋白质）折叠的研究表明，与小分子折叠形成顺式笼状结构不同，大分子只能结合在 GroEL 分子的顶端不能进入中间空腔，靠 GroES 和 ATP 结合在另一端，即形成反式复合物而促使其释放，最终完成折叠也往往需要多次这样的循环。GroES 由 7 个 10 kDa 的相同亚基组成，有时也叫 Hsp10，呈环状结构。在缺少变性蛋白质折叠中间态的情况下，GroEL 的 ATPase 活性能够被 GroES 所抑制。在 ATP 存在时，GroES 可与 GroEL 的一端或两端连接形成一个突起结构，从而可使 GroEL 的内腔扩大近一倍。GroES 与 GroEL 顶端结构域的结合可导致原来与顶端结构域相结合的肽链释放到 Gro-

EL 空腔中，同时引发肽链的初步折叠。它作为"帽子"封闭蛋白质折叠的空间并帮助把底物蛋白质放进空穴。另一个模型认为，当靶蛋白结合在 GroEL 分子上时就能够进行进一步的折叠，如一种核糖核酸酶 Barnase，释放后就折叠成天然分子。从晶体结构看，靶蛋白很容易结合在 GroEL 分子空腔朝外的疏水表面上，两者的结合和相互作用一定会影响靶蛋白的折叠途径。在电镜下看到，2 个 GroEL 的辅助分子伴侣 GroES 分子结合在 1 个 GroEL 分子的两头组成对称的所谓"美式足球"结构，也看到只有 1 个 GroES 分子结合在 GroEL 分子的一头而组成不对称的"子弹"结构。通过 GroEL、GroES 以及 ATP 三者相互作用的循环而帮助多肽链正确折叠。我们实验室发现 GroEL 与不同蛋白质的结合有不同的模式，与较大的以二体形式存在的 3-磷酸甘油醛脱氢酶的折叠中间体以"半位结合"模式结合，即只能结合在 GroEL 分子的一头（子弹型）。而较小的单链溶菌酶折叠中间体则以"全位结合"模式结合，在 GroEL 分子的两头各结合一个中间体（美式足球型）。不同的分子伴侣帮助靶蛋白折叠的条件是不同的。GroES 封闭的空腔的体积大约是 175 000 $Å^3$，是未封闭空腔的 2 倍，它能够允许 60 kDa 或更小的蛋白质进入。在结合 GroES 的一端（cis），它的构象发生了很大的变化，主要发生在铰链区。顶端结构域沿轴转动 90°并从原来位置上升 60°，迫使中间结构域与赤道结构域的角度降低 25°，结果核苷酸结合位点隐藏在新的中间结构域，cis 的空腔扩大。而在没有结合底物的另一端（trans）构象几乎没有变化。不同的分子伴侣帮助靶蛋白折叠的条件是不同的。有的分子伴侣，如 Hsp90 和 PDI，它们与靶蛋白形成的复合物不那么稳定，靶蛋白的释放和折叠不需要 ATP，称为 ATP 不依赖型分子伴侣。但 chaperonins（原核细胞的 Hsp60 和真核细胞的 TRiC）在绝大多数情况下必须要有 ATP 激活其 ATP 酶，水解 ATP 释放能量，靶蛋白才能释放，称为 ATP 依赖型分子伴侣。GroEL 帮助 3-磷酸甘油醛脱氢酶的折叠只需要 ATP；有的则必需有 ATP 和 GroES 二者都存在，如硫氰酸酶。TRiC 则不依赖于辅助分子伴侣。我们实验室最近发现 GroEL 帮助一些脱氢酶的折叠在有辅酶 NAD 时可以不需要 ATP，因为 NAD 与折叠中间体的结合改变折叠中间体的构象，因此与 GroEL 的亲和力降低，其中一部分可释放而正确折叠。GroEL 不依赖于 ATP 而帮助蛋白质折叠的情况以前从未见报道。分子伴侣在体外实验中表现的特异性不高，但还是有一定的特异性。GroEL 和线粒体的 chaperonin 可以与肌动蛋白或微管蛋白结合形成二元复合物，也可以在 ATP 存在时释放它们，释放的靶蛋白也还可以被再结合，但是多次循环的产物仍然是没有折叠好没有活性的。而细胞质中的 chaperonin 则有效地帮助它的生理靶蛋白肌动蛋白和微管蛋白折叠。所以不同的分子伴侣的特异性根本是在促使生成有效折叠中间物的能力上的差别。在活细胞内经常存在一种所谓级连机制，即一个新生肽链的折叠、转运和组装需要处于其成熟通道上不同部位的不同分子伴侣分级连续协同作用才能完成。比如在原核生物的核糖体上就有触发因子（trigger factor），古细菌可能与真核生物相似，在核糖体上有新生肽链结合复合体（nascent chain-associated complex）和 prefoldin，防止尚未离开核糖体的新生肽链发生聚集。新生肽链从核糖体脱落下来后，在胞质内则可得到 DnaJ-DnaK-GrpE 的帮助，进一步还可得到 GroEL 或 TriC（chaperonin 家族）的帮助而最终完成折叠（图 8-11）。

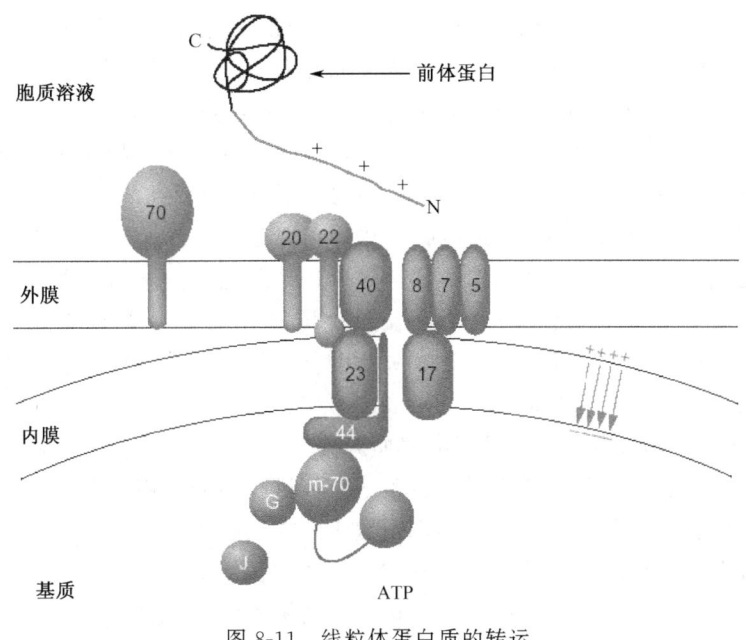

图 8-11 线粒体蛋白质的转运
(Matouschek A. 2003)

8.2.1.3 分子伴侣在细胞内的功能

对分子伴侣在细胞内的生物功能现在只有限的认识，除了核质素和 Rubisco 结合蛋白这两个经典的分子伴侣外，这里再举几个例子。最大的一类分子伴侣，也是当前研究得最多的是热休克蛋白（heat shock proteins），现在广义地称为应激蛋白（stress proteins）。作为对外界刺激的反应，它们会大量地迅速地产生。大部分热休克蛋白现在被鉴定为分子伴侣，实际上它们本来就存在于细胞中，在正常的细胞活动中发挥着重要的帮助新生肽链折叠的分子伴侣功能，细胞的应激反应只是通过分子伴侣蛋白的合成把原有的分子伴侣作用放大。

研究得最多的是 Hsp60、Hsp70、Hsp90 三大类，即它们的分子质量或亚基分子质量分别为 60 kDa、70 kDa 和 90 kDa。酵母的耐热反应是由热休克蛋白 Hsp104 承担的。高温刺激引起蛋白质变性，大量变性蛋白质的积累造成细胞死亡。Hsp104 的作用主要是防止蛋白质变性而不是降解变性蛋白质。预先在 37℃ 培养细胞会诱导 Hsp104 大量合成，这样"锻炼"过的细胞明显提高了经受致死温度（50℃）的能力；而 hsp104 基因突变的细胞则失去这种耐热的能力，存活率大大下降。

热休克蛋白与蛋白质生物合成的许多步骤直接有关。Hsp60 是新生肽链的折叠和组装不可缺少的。Hsp70 是无所不在的热休克蛋白，几乎所有的细胞、细胞内所有的部位都存在 Hsp70。细胞质中的 Hsp70 能与还连在核糖体上正在合成的新生肽结合，也能与从核糖体上释放的已合成好的新生肽结合。内质网和线粒体的 Hsp70 则在新生肽从细胞质转运到这两个细胞器内的过程中起关键作用。Hsp 70 家族的成员在结构上非常保守，它们包括大肠杆菌中的 DnaK（书后彩页图 8-9）和 Hsc70，酵母中的 Ssa

1p 和 Ssa 2p，哺乳动物细胞中的胞质蛋白 Hsp70，植物细胞叶绿体中的 ct-Hsp 70 等。所有的 Hsp70 对 ATP 具有高亲和力，而像 DnaK 和 Hsc 70 还有微弱的 ATPase 活性。Hsp 70 与靶肽结合或解离时，ATP 与 Hsp 70 结合而导致其构象的变化，而这种变化对靶肽的未折叠构象起稳定作用，防止不适当的分子间或分子内相互作用导致靶肽的错误折叠或聚集。ATP 的水解促进了与 Hsp 70 结合的靶肽的释放，并使之继续折叠成天然构象。目前看来所有的 Hsp 70 家族成员并无底物专一性。Hsp90 主要存在于细胞质中，对于稳定酪氨酸激酶、类固醇激素受体这样一些蛋白质的转运过程中的构象，以及生物活性的获得是必需的。还有一类分子质量小于 30 kDa 的小热休克蛋白，如眼晶状体中的晶状体蛋白。环境刺激引起变性和失活的蛋白质可以有两种命运：或者可以藉分子伴侣的帮助而重新折叠恢复活性，如 DnaK 可以营救部分的变性 RNA 聚合酶；否则就要被当作细胞垃圾通过蛋白水解酶水解而最终被清除，分子伴侣也参与这个清除过程。分子伴侣在新生肽越膜，特别是定位于线粒体过程中的作用研究得比较多。线粒体中几百种不同的蛋白质几乎都是由核内基因编码，在细胞质中合成后运送到线粒体，插入线粒体膜或跨越两层线粒体膜而达到它的基质中（图 8-11）。现在知道完全折叠好的蛋白质是不能越膜的，只有伸展的或部分折叠的结构才可以越膜。

如上所述，细胞质中的 Hsp70 可以和仍然连在核糖体上继续延伸的新生肽链结合，防止它过早和过多地折叠从而保持在能够进行越膜的状态；分子伴侣也可以使折叠过多的肽链去折叠而达到可越膜状态，对此有人称它们为"去折叠酶"。新生肽链常带有可切除的前导序列作为信号肽，它们可能通过不同的机制，在不同的部位，和不同的胞质内分子伴侣相互作用，结合成为有能力越膜的复合物。信号肽识别并结合外膜上的受体，越外膜后，再引发 N 端穿越内膜。这两个越膜过程是由 2 个膜内的"转运孔"（translocation pores，约长 15～20 nm，相当于 50～60 个氨基酸残基的长度）密切协同帮助的。内膜两侧的静电位差对穿越内膜是绝对必要的。待前体分子一进入基质，信号肽就会在线粒体加工肽酶（processing peptidase）和加工强化蛋白（processing enhancing protein）的作用下被切除。肽链的去折叠是越膜的先决条件这一点现在是很清楚的，越膜的肽链很可能是以几乎全伸展或部分折叠的形式滑过转运孔的。肽链 N 端进入基质内就会得到线粒体的分子伴侣的帮助而完成越膜。线粒体的 Hsp70 有两个功能：一个是驱动前体蛋白越膜进入基质；第二个是帮助它在线粒体内折叠。Neupert 等认为，肽链在胞质内的去折叠基本上是一个自发过程，只需要很少的能量。只要有一小段去折叠而成伸展状态，就可滑进转运孔，线粒体 Hsp70 也就有机会在膜的另一侧和肽结合，边拉边滑，使这个过程最终不可逆地完成。所以，线粒体 Hsp70 是以一种非直接的方式促进多肽链在线粒体表面去折叠。肽链从 Hsp70 上解离下来必须有 ATP 参与。最后一步是再分配，或插入内膜或回转到二层膜间的空间，这个过程涉及 Hsp70 和 Hsp60 的协同作用。在 ATP 的参与下，前体分子从 Hsp70 转移到 Hsp60 上才能进行折叠，Hsp60 防止前体分子在基质中发生错误折叠和聚集，促进最终折叠成天然结构。

大肠杆菌细胞质中的一种分子伴侣 SecB，能与新生肽结合，将它们维持在疏松的折叠状态使其可以越过质膜而运输。某些细菌的运动依靠其细胞外的鞭毛进行，鞭毛主要是由一种多亚基的蛋白质 P 鞭毛蛋白组成，一种位于细菌周质中的分子伴侣 PapD 可以与通过质膜分泌到周质的 6 个 P 鞭毛蛋白亚基结合，防止它们在周质中聚合从而促进正确地组装成 P 鞭毛。

1999 年 Wickner 等人在 *Science* 上发表的文章中提出，分子伴侣不仅帮助新生肽链组装成熟，它还有一个非常重要的功能是与一些依赖 ATP 的蛋白水解酶一起，负责对细胞内的蛋白质进行"质量控制"，即对正在折叠的肽链或折叠好的蛋白质进行监控，把折叠错误的或因各种刺激损伤的无可救药的蛋白质由蛋白水解酶清除，以防止垃圾堆积而引起疾病。有趣的是这些负责清除无活性的蛋白垃圾的蛋白水解酶本身也具有分子伴侣的活性（有的分子伴侣构成蛋白水解酶的亚基），所以这种蛋白水解酶发挥作用的前期可能就是利用分子伴侣活性，识别应该被降解的对象。经典的分子伴侣则以间接的方式，也就是使蛋白质处于可溶状态而容易被蛋白水解酶作用，要知道蛋白水解酶是很难水解聚集体的。与水解作用相联的分子伴侣活性又称 charonins，主要有 3 个家族：Clp 家族，AAA 蛋白水解酶（如 FtsH）和 Lon 蛋白水解酶。最重要的问题是分子伴侣如何识别、如何正确分配哪些能够继续折叠，哪些已没有希望继续折叠而必须被水解清除的？就好像医院里对不同病情的病人要分到不同的病房给予不同的处理（triage）。有一种所谓的"动态分配"观点认为，非天然构象的肽链，无论是正在折叠的肽链或受损伤的肽链，可以与体系中的分子伴侣或有分子伴侣活性的蛋白水解酶相互作用而被进一步正确折叠或被水解，它也可能因逃逸这两种作用而发生自聚集。其最终命运则取决于这几种反应的相对速度。在真核细胞内，主要是分子伴侣与泛素（ubiquitin）系统的竞争决定肽链的命运。正在正确折叠或注定会正确折叠的蛋白质分子不会被水解，因为其被识别的结构模块（motif）以及水解位点通常都会内藏在分子内部。显然，分子伴侣承担着对细胞内的蛋白质合成进行"质量控制"，保证了细胞内蛋白质生物合成的高质量和高效率。

8.2.1.4 蛋白质的聚集

近年来，发现了一些与当今人类健康和安全密切有关的疾病，如疯牛病、老年痴呆症（Alzheimer disease）、Huntington 症、Parkinson 症等神经退行性疾病，是由于蛋白质形成聚集，并在特定器官中形成淀粉样纤维沉淀或斑块。因此蛋白质聚集——错误折叠的产物，成为蛋白质折叠研究中极其热门的重要内容。已经发现大概有 30 多种蛋白质，包括朊病毒蛋白（prion）、β 淀粉样蛋白、丝氨酸蛋白酶抑制物（Serpins）、脂蛋白 A1 等，形成与这些疾病有关的淀粉样沉淀。prion 的研究已获 Nobel 奖，这个工作为经典的中心法则揭示了一条崭新的信息通道，即信息可以直接在蛋白质之间传递。实际上这在本质上改变了传统的生物信息传递的观点，是生物学上一个十分重大的事件。至于构象信息如何在蛋白质之间传递的机制现在还不清楚，但从细胞对蛋白质进行"质量控制"的角度来看，淀粉样沉淀的形成可能正是这些蛋白质逃逸了组成质量控制机器的分子伴侣和蛋白水解酶的监控而造成"质量失控"的结果。分析可能的原因有：这些蛋白质的表面结构不能被质量控制机器识别；这些蛋白质发生聚集太快以至于水解酶来不及发挥作用，因为水解酶对聚集体是无能为力的；聚集一旦形成通常是不可逆的。

最近，在蛋白质聚集研究中的一个重要进展是剑桥大学 Dobson 教授发现的，与上述这些形成淀粉样纤维沉淀疾病无关的蛋白质，在体外一定的条件下也能聚集而形成淀粉样纤维，这种由"普通"蛋白质形成的淀粉样纤维与疾病中发现的淀粉样沉淀完全一样而不可区分。因此他们认为聚集是蛋白质多肽链的一个普遍性质，而不只是少数已确定引起有淀粉样纤维沉积的疾病的蛋白质所特有。进一步，他们通过对细胞功能损伤的测试指出，即使对非致病蛋白而言，其早期的聚集产物对细胞都是有极大毒性的；而那些已经成熟的、形成了高度有序的淀粉样沉淀倒对细胞基本上无害了。这些重要进展使人们对蛋白质聚集的认识提高了一大步。蛋白质聚集体的结构对疾病的发生、发展要比蛋白质的种类和一级序列更为重要。现在对这类疾病冠以各种名称——"构象病"、"淀粉样纤维沉积病"、"折叠病"等，其本质都是蛋白质的聚集。蛋白质聚集不仅如以前认为的只是丧失了蛋白质的功能，其本身还对细胞有固有的毒性。因此在蛋白质生物合成的分子水平上，防止蛋白质聚集，提高正确折叠效率，挽救错误折叠的蛋白质，对维持细胞正常功能是极其重要的。生物进化必然会造就相应的机制来保证蛋白质折叠的高效率，那就是分子伴侣、催化与泛素结合的酶系统以及蛋白水解酶，它们的协同作用保证长期正常的生命活动。

8.2.1.5 分子伴侣概念的推广

从 Ellis 于 1987 年提出"分子伴侣"的新概念并予以定义以来，分子伴侣的范围实际上一直在扩展而不拘泥于最早的定义。

首先，分子伴侣不再局限于蛋白质（包括酶），核糖体、RNA 甚至一些磷脂都被鉴定为分子伴侣，至少有分子伴侣的活性。自复性效率很低的变性硫氰酸酶在不存在分子伴侣的无细胞体外转录/翻译体系中可以有效地复性。还有许多其他实验都表明，50S 核糖体或 23S RNA 具有分子伴侣的活性，帮助蛋白质折叠。一直存在一个问题，是否所有的新生肽都需要分子伴侣的帮助才能完成折叠？实际上，GroEL 的浓度只够帮助 5% 的新生肽。现在知道核糖体本身就可以起分子伴侣的作用而帮助在它上面合成着的新生肽的折叠。有人发现生物膜上的磷脂酰乙醇胺（phospatidyl ethanolamine）是乳糖透性酶（lactose permease）正确折叠所必需的，称为脂分子伴侣（lipochaperone）。有一类蛋白质稳定剂，如甘油和其他多元醇，它不提供结构信息，可能是通过增加蛋白质的水化作用而稳定其结构从而提高折叠的效率，被称为"化学分子伴侣"。细胞中有一类有机小分子，称为"细胞渗透物"（cellular osmolytes），帮助细胞对付诸如高渗那样的应激，所以起着化学分子伴侣的作用。细胞渗透物大致上可分为三类：糖类，如甘油、山梨醇、肌醇；氨基酸或氨基酸衍生物，如甘氨酸、脯氨酸、牛磺酸；甲胺类，如甜菜碱等。实际上，人们在研究包涵体的复性时常常用到"化学分子伴侣"。

第二，分子伴侣帮助的对象也不局限于蛋白质，分子伴侣也可帮助其他生物大分子的折叠。与 DNA 结合帮助 DNA 折叠的称"DNA 分子伴侣"。在细菌中为 HU；在真核细胞中有 HMG1 和 HMG2 两种，但在酵母中称 HMG-D 和 NHP6。核内的 DNA 多数都与蛋白质结合在一起，在这种 DNA-蛋白质的复合物中，DNA 分子包围在蛋白质分子的表面，既是高度有序的，又是在一定程度上结构已有所改变的。DNA 与蛋白质的这种相互作用对 DNA 的转录,复制以及位点特异性重组(site-specific recombination)都十分重要。DNA 在溶液中的结构有相当的刚性,必须克服一个能垒才能转变成它在蛋白质复合物中的结构。DNA 分子伴侣的作用就是和 DNA 分子结合,帮助 DNA 分子进行预折叠或预扭曲,从而把 DNA 稳定在一个适合于和蛋白质结合的特定构象。这种结合是协同的、可逆的,在形成复合物后便解离下来。因此,不论是 DNA 分子伴侣还是蛋白质分子伴侣,都是帮助最重要的生物大分子,蛋白质和核酸的功能结构的形成,与 DNA 和蛋白质的相互作用有关,与基因调控有关。最近还发现"RNA 分子伴侣",即帮助 RNA 分子折叠的蛋白质。RNA 无论是其本身的加工、剪接和成熟,还是发挥各种生物功能,都与蛋白质的相互作用密切相关,都需要有一定的构象。由于 RNA 折叠存在两个基本问题:①与有些蛋白质相似,在折叠过程中很容易发生错误折叠;②它的三级结构不是非常稳定,很难确切描述。一些 RNA 结合蛋白与其结合后可以防止 RNA 的错误折叠,或消除它的错误折叠从而促进 RNA 正确折叠成为功能结构;或把 RNA 稳定在正确的三级结构中。现在已经鉴定到了很多蛋白质,如核糖核蛋白、核蛋白壳以及依赖 RNA 的 ATP 酶,都具有 RNA 分子伴侣的活性。尽管真正意义上的细胞 RNA 分子伴侣,就是说确定在细胞内帮助 RNA 分子折叠的蛋白质,尚还没有完全肯定,但目前看来,核内不均一的核糖核蛋白是最有可能的 RNA 分子伴侣,因为它在体外帮助 I 型内含子剪切,而在 mRNA 的转录过程中,它包裹在前 mRNA 分子上。RNA 分子伴侣与蛋白质分子伴侣在通过与靶分子结合的相互作用,防止错误折叠,帮助正确折叠的原则和功能方面是一致的,但 RNA 分子伴侣具有消除错误折叠使之再正确折叠的能力,有时它还仍然留在功能 RNA 分子上,这两点似乎和蛋白质分子伴侣有所不同。有趣的是,科学家发现有些 RNA 分子也可通过与其他 RNA 分子结合而帮助后者的折叠,如与核酶(ribozyme)结合,防止它的自身折叠而可以更有效地与底物进行碱基配对。这有点像单链结合蛋白帮助形成双链核酸的情况。

第三,分子伴侣一定不是最终组装完成的结构在发挥其生物学作用时的组成部分,但不一定必须是一个分离的实体,它可以是共价地却是暂时地结合在靶蛋白上。因此一些蛋白水解酶的前导肽(propeptide)序列以及一些核糖体前体蛋白的泛肽尾(ubiquitin tails),若有分子伴侣功能的,也不排除在外(表 8-2)。前导肽对于这些酶的折叠和成熟是必需的,称为分子内分子伴侣(Intramolecular chaperone)。这些处于信号肽和成熟蛋白之间的前导肽,不仅抑制酶原蛋白的活力,现在认识到它们还有新的功能,即作为分子

表 8-2 分子内分子伴侣

酶	前导肽
α-裂解蛋白酶	166a. a.
枯草杆菌蛋白酶	77a. a.
羧肽酶 Y	91a. a.
Aqualysin	113a. a.
Y. Lypolitica 碱性蛋白酶	—
牛胰胰蛋白酶抑制剂	
半胱氨酸蛋白酶	
天冬氨酸蛋白酶	13a. a.
金属蛋白酶	
转化生长因子	
神经生长因子	

伴侣帮助酶原蛋白折叠。假如去除前导肽,剩余部分便会形成一种稳定的中间物,既不沉淀,也不折叠;加入前导肽后才能折叠成活性构象。而活性部位突变的枯草杆菌蛋白酶的酶原蛋白虽然仍然可以折叠,却不能被加工除去前导肽,因为催化水解去除前导肽的加工是由活性部位负责的。与一般的分子伴侣相比,这种分子内分子伴侣具有高度的

专一性，通过不需要 ATP 的自水解作用释放。有一个有趣的实验，在枯草杆菌蛋白酶的前导肽 48 位异亮氨酸突变成缬氨酸后，导致成熟酶蛋白有两种构象，一种是正常的，另一种则发生了 CD 谱的细微变化，稳定性降低，同时酶动力学参数也有变化。这里提出了一个问题，通常分子伴侣对其帮助对象是不提供三维结构信息的（non-steric chaperone），但枯草杆菌蛋白酶的分子内分子伴侣似乎对其酶的折叠提供了结构信息，因此 Ellis 称之为 "Steric chaperone"。

8.2.1.6 分子伴侣研究的实际应用

分子伴侣的研究涉及生物学最基础的重大理论问题，其研究成果必然会大大加深我们对生命现象的认识，同时又有很大的实际应用价值。在基因工程和蛋白质工程中，十分成熟的重组 DNA 技术在基因重组、克隆和表达等上游处理方面已经不存在根本性的困难，但是表达产物往往因为不能在寄主细胞内自发地正确折叠而发生沉淀形成包涵体，因而仍然不能以高产率获得活性蛋白。这一问题严重阻碍基因工程和蛋白质工程产物迅速投入生产。构建分子伴侣在细胞内的共表达或融合表达以帮助目的蛋白的正确折叠，现在已经有商品质粒供应。在体外用变性剂溶解包涵体蛋白，然后用分子伴侣帮助提高复活效率都已经有了许多肯定的结果。我们实验室用蛋白质二硫键异构酶帮助从 2 条链生成天然胰岛素分子以及一种含 7 对二硫键的蛇毒蛋白的复性都很成功。新生肽链折叠和分子伴侣研究的成果，对于从根本上提高基因工程和蛋白质工程的成功率，大幅度推动生物工程产业的发展和提高人类生活水平都必将起重要作用。

由于分子伴侣在生命活动的各个层次都具有重要作用，它本身的突变和损伤也必定会引起疾病。由于编码分子伴侣或具有类分子伴侣亚基的蛋白质的基因发生突变而引起的疾病现在知道的至少有 5 种：MucKusick-Kaufman syndrome；Bardet-Biedl syndrome（BBS）；autosomal recessive spatic ataxia of Charlevoix-Saguenay（ARSACS）；desmin-related myopathy 和 congenital cataract。因此可以运用分子伴侣的知识来治疗所谓的"分子伴侣病"，这将会增加我们与自然斗争的能力和自身生存的能力。一些初步的动物实验和培养细胞中的结果表明，在有突变蛋白 prion 的培养细胞中，Hsp28 和 Hsp72 的转录被阻断，猜测 prion 病可能与异常的 prion 聚集有关。缺血性心肌梗死与热休克蛋白的关系研究得不少。如同热刺激那样，发病会通过转录因子的活化而诱导 Hsp70 大量表达。用人的 hsp70 转导的培养细胞确实可以延迟和减少用代谢刺激模拟缺血性心肌梗死造成的不可逆损伤。但 Hsp70 对缺血性心肌梗死病变中细胞的保护作用还需进一步研究。显然，线粒体的 Hsp 特别重要，因为心肌细胞依赖于线粒体的呼吸功能以获得大量能量而维持不断的肌肉收缩。一些属于热应激蛋白的分子伴侣已被鉴定为对某些感染产生的抗原。还有一种肿瘤抑制物（tumour suppressor），如视网膜母细胞瘤（retinoblastoma，Rb）的基因产物是一些转录因子的分子伴侣，而 Hsp70 可以调节另一个肿瘤抑制物 p53 的功能。热休克蛋白还可能与风湿病、糖尿病也有关系。用 Hsp65 可以防止发生风湿病。产生 Hsp60 的抗体可以预防小鼠的胰岛素依赖的糖尿病。总之，分子伴侣在防止其他突变蛋白的聚集，抵抗蛋白突变引起的细胞效应中的作用是很明显的。此外，包括不良环境造成的刺激以及生理的，包括衰老等因素与热休克蛋白的关系的研究都有很大的实用意义。看来，古老的芬兰桑拿浴作为健身手段和日本的热池浴用于镇痛治疗还是很有道理的，用今天对热休克蛋白的新的认识可以找到更加科学的解释。

如前所述，蛋白质聚集已成为蛋白质折叠研究中极其热门的重要的内容，分子伴侣作为蛋白质的保护者在蛋白质生物合成和一些细胞活动中的作用也已经积累了许多认识，但直接研究分子伴侣与蛋白质聚集的关系，特别是与导致神经退行性疾病（重复多聚谷氨酰胺疾病、老年痴呆症、帕金森病、亨廷顿病、Creutzfeldt-Jakob 病等）的蛋白质聚集的关系的结果只是近几年来才有大量报道。

8.2.2 帮助蛋白质折叠的酶——折叠酶（foldase）

8.2.2.1 肽基脯氨酰顺反异构酶（peptidyl-prolyl-cis-trans-isomerase，PPI）

在小肽分子中，反式的脯氨酸亚氨基的肽键是更稳定的。但是在蛋白质分子中，虽然其他各种氨基酸形成的肽键，99.95% 是反式的；由于三维结构的立体化学制约，部分的脯氨酸亚氨基的肽键（大约 6%）需要是顺式的，在肽链折叠时这一部分肽键必须异构化为顺式，才能形成蛋白质的天然三维结构。1984 年 Fischer 等发现催化这一顺反异构作用的酶是肽基脯氨酰顺反异构酶。但是在体内蛋白质生物合成过程中肽基脯氨酰顺反异构酶的确切作用还有待于进一步的研究。这一顺反异构化作用究竟是在这一肽键合成时即已发生；还是在新生肽链延伸时随着肽链的不断折叠而完成，以适应逐步形成的三维结构的需要；或是在肽链全部合成后才完成，都还是没有解决的问题。关于肽基脯氨酰顺反异构酶是否具有分子伴侣活力的问题曾有过反复的争论，但人们更感兴趣的是具有肽基脯氨酰顺反异构酶活性的分子伴侣，如细菌中的触发因子（trigger factor）。它由 3 个结构域组成，中间的结构域实际上是一种肽基脯氨酰顺反异构酶，N 和 C 端两个结构域主要负责多肽结合。中间结构域能自主折叠并维持大部分酶活性，但其帮助蛋白质折叠的能力仅为完整分子的 1/1 000。触发因子与核糖体结合形成了帮助新生肽链折叠的"分子摇篮"。

8.2.2.2 蛋白质二硫键异构酶（protein disulfide isomerase，PDI）

蛋白质分子中的二硫键是新生肽在合成过程中或合成完成后由 2 个半胱氨酸的巯基氧化形成的，它与新生肽链的折叠是两个密切关联、互相影响又共同协调的过程。二硫键对维系蛋白质分子的结构稳定性和功能发挥具有重要作用。这个反应在体外是较慢的，往往是变性还原蛋白重新氧化折叠复性的限速步骤；但蛋白质在体内合成的速度是一二分钟完成的快过程。因此 20 世纪 60 年代 Anfinsen 找到了催化二硫键生成反应的酶，最初称为巯基蛋白质氧化还原酶。直到 20 世纪 80 年代末，蛋白质二硫键异构酶在体内催化新生肽链的巯基氧化形成二硫键，从而使含二硫键蛋白折叠并成熟为功能蛋白的生理作用才为实验所证实，于是被公认为新生肽天然二硫键形成的生理催化剂。

蛋白质二硫键异构酶位于内质网管腔内，含量非常丰富，特别是在含二硫键的蛋白质合成和分泌旺盛的组织中，蛋白质二硫键异构酶的含量可高达细胞总蛋白量的 0.4%。在体外，取决于环境的氧化还原势，它可以催化蛋白质分子中巯基氧化、二硫键还原以及二硫键之间的交换三种反应。除了二硫键异构酶的基本功能外，它还具有多种完全不同的功能。譬如它是四聚体的脯氨酸-4-羟化酶 $\alpha_2\beta_2$ 的 β 亚基；又是微粒体内甘油三酯转移蛋白复合物（由 88kDa 和 58kDa 2 个亚基组成）的小亚基；它还是一种糖基化位点结合蛋白（glycosylation site binding protein）等等。其中，最引人注目的还是它有与多肽结合的能力，可以结合具有不同序列、长度和电荷分布的肽，特异性较低，主要是与肽的主链相作用，但对巯基尚有一些偏爱。所以它是目前发现的最为突出的一种多功能蛋白。蛋白质二硫键异构酶通常以二聚体形式存在，每个亚基分子质量为 57 kDa，也存在一定比例的四聚体，四聚体的比活是二聚体的一半。只有在强变性条件下二聚体才解离成单体，单体完全失活。一些种属的蛋白质二硫键异构酶的氨基酸序列已经从其 cDNA 推断得到。它有 2 个与硫氧还蛋白（thioredoxin）的含-CGPC-活性中心区域序列同源性很高的结构域 a 和 a'（图 8-12），其中的催化活性中心则为-CGHC-。即使在 X 射线晶体结构分析技术大大提高的今天，已经发现了 40 多年的蛋白质二硫键异构酶的三维结构至今还没有得到，主要是满足衍射条件的晶体培养存在相当的难度。但其结构域 a 和 b 的 NMR 结构已得到解析（图 8-13），它们虽然同源性很低，β 亚基没有-CXYC-的基序，却都具有类硫氧还蛋白的基本结构。

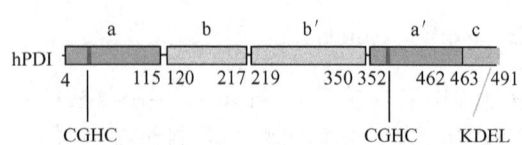

图 8-12 推测的蛋白质二硫键异构酶的结构域
a 和 a' 为类硫氧还蛋白结构域，含—CGHC—活性中心。
（Zhao Z. et al. 2003）

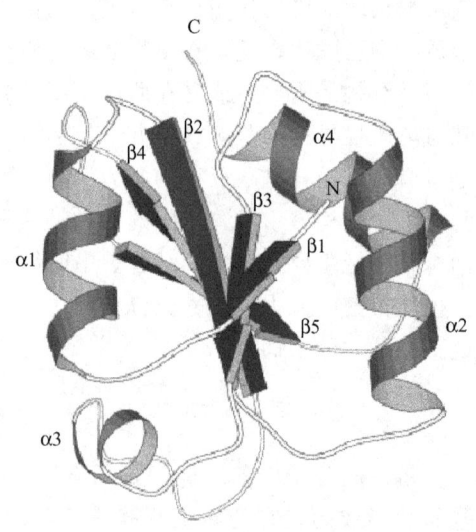

图 8-13 PDI 的 a 结构域的结构
（Kemmink J. et al. 1999）

硫氧还蛋白是一种在原核和真核生物中广泛存在的、分子质量较小的蛋白质，主要催化二硫键的还原反应。硫氧还蛋白超家族的成员都具有-CXYC-序列的活性中心。值得一提的是，在细菌周质中的 Dsb 家族蛋白，至少有 6 个成员，相互协同而完成蛋白质二硫键在生理活动中所需的氧化、还原和异构作用。但这些蛋白质的氨基酸序列除了活性部位附近区域，与 PDI 基本上没有同源性。鼠内质网管腔内富含的 ERp72 蛋白则有 3 个-CGHC-序列，在整个蛋白质序列中也有不少与 PDI 相似之处。此外，和 PDI 的保留序列 KDEL 类似，它的 C 端也有一个 KEEL。保留序列是蛋白质的 C 端序列，它和在内质网管腔内的受体相互作用而把蛋白质保持在内质网管腔内，还能把溢出的蛋白质拉回内质网管腔内。最近发现的一种钙结合蛋白 CaBP2 原来就是 ERp72，并且鉴定到它在体外条件下的 PDI 活力。此外，一些促性腺激素，如促卵胞素和促黄体素都含有类似硫氧还蛋白活性部位的序列，并且表现甚至比硫氧还蛋白更高的 PDI 活力。这可能是因为 PDI 在细胞中的分布是高度局限的，而这些激素与受体结合需要通过非常专一的巯基-二硫键交换反应，因此需要在 PDI 不存在的局部环境中自身进行巯基-二硫键交换的缘故。PDI 催化二硫键氧化或异构的作用机制的研究非常活跃。催化活性部位的 2 个半胱氨酸的性质很不同，N 端的半胱氨酸较暴露，具有异常低的 pK 值，因此十分活泼，在中性 pH 时呈 S^- 形式。C 端的半胱氨酸则较内埋而反应性低。一般认为 PDI 是靠 N 端的半胱氨酸与其底物生成混合二硫键复合物，然后与环境中的小分子氧化还原剂交换而生成底物中的正确二硫键。

8.2.2.3 蛋白质二硫键异构酶具有分子伴侣的活性

蛋白质二硫键异构酶被定义为与分子伴侣不同的另一类帮助蛋白质折叠的帮助蛋白。直到 1993 年，分子伴侣的发现者 Ellis 在一篇关于分子伴侣的综述文章中，为进一步阐明分子伴侣的新概念时，还专门强调了"蛋白质二硫键异构酶不是分子伴侣"。因为分子伴侣帮助非共价的反应，而酶催化共价的反应，因此不是分子伴侣。确实，二硫键的氧化、还原或异构，以及脯氨酸亚氨基肽键的顺反异构都是通过共价反应完成的。但是我们持有不同的观点。我们认为，蛋白质分子中天然二硫键的形成要求这些在肽链上往往不处于相邻位置，有时还是相距甚远的半胱氨酸，首先通过肽链一定程度的折叠，才能相互接近到可以发生化学反应而形成正确二硫键的位置。肽链的自身折叠是一个慢过程，而蛋白质二硫键异构酶催化蛋白质天然二硫键的形成却是一个快过程；而这个过程又不需要另外的分子伴侣的帮助。另一方面，蛋白质二硫键异构酶与各种不同肽链相结合的特异性不高，在内质网中以较高的浓度存在（mmol/L），这些都符合了分子伴侣的某些条件。因此我们提出一个假说："蛋白质二硫键异构酶不仅是酶也是分子伴侣。"我们认为 PDI 很可能首先通过与伸展的、或部分折叠的肽链的结合，阻止错误的折叠途径，促进正确中间物的生成，帮助肽链折叠，使相应的巯基配对以提供二硫键正确形成的可能性；然后催化巯基的氧化或二硫键的异构而形成天然二硫键。我们认为蛋白质二硫键异构酶的酶活性与它的分子伴侣功能不是相互排斥，而是密切相关，统一协调的。

PDI 的分子伴侣活性是独立于它的二硫键异构酶活性的固有性质可表现在：

1) PDI 帮助不含二硫键蛋白在体外的折叠

如上所说，多肽链的折叠和二硫键的形成是两个密切相关、协同运作的过程。因此如果用含二硫键的蛋白质做靶蛋白就很难确切地将 PDI 可能具有的分子伴侣活性与它的异构酶活性区分开。因此我们选用不含二硫键的蛋白质，由相同的 4 个亚基组成的 3-磷酸甘油醛脱氢酶（GAPDH）和单链的硫氰酸酶，作为靶蛋白来检查 PDI 是否确实具有固有的、在一般意义上的帮助变性蛋白进行重折叠的能力。这两种蛋白质做靶蛋白还有一个好处是它们在完全变性后都只表现很低的自发复性能力，而且在复性过程中表现显著的聚集倾向，因此更容易看出 PDI 对它们复性的影响。

脲变性的 GAPDH 或硫氰酸酶在含有接近化学计量而非催化计量的 PDI 的复性体系中进行稀释复性时，复性产率都有明显的增加；同时，自发复性过程中严重的聚合也由于 PDI 的存在而大大减弱或被抑制；而 PDI 本身并不成为重折叠后形成的最终功能结构的组成部分。这两种蛋白质的复性过程都不包含任何共价的变化。此外，PDI 还抑制硫氰酸酶在热变性过程中的聚合。因此，PDI 在帮助 GAPDH 和硫氰酸酶折叠过程中表现的性质与 Ellis 对分子伴侣的定义完全一致，而且完全符合 Jakob 和 Buchner 所提出的判断一个蛋白质为分子伴侣的 4 条标准：①抑制蛋白质在折叠过程中的聚合；②抑制蛋白质在去折叠过程中的聚合；③影响折叠的产率及动力学；④在化学计量水平发挥作用。由于在这两种酶的折叠过程中不涉及二硫键的形成，所以 PDI 帮助它们复性的效应不应该与它的异构酶活性有关，而恰恰表明了它的分子伴侣活性。

有趣的是，在嗜热古细菌 *Sulfolobussolfataricus* 中发现的一种催化二硫键形成的酶，在帮助它自己的乙醇脱氢酶和谷氨酸脱氢酶折叠时的表现与分子伴侣十分相似，而这两种脱氢酶也是不含二硫键的。

Lilie 等发现，PDI 对变性的但保持完整二硫键的抗体片段 Fab 的复性没有帮助效应。当时因为这个实验结果而怀疑蛋白质二硫键异构酶的分子伴侣活性。我们认为，这可能是因为二硫键完整的肽链虽然变性仍会有残留结构，使分子在重折叠过程中没有形成能为 PDI 识别和结合的结构。实际上，这个实验恰恰符合一般性的规律，就是细胞越需要分子伴侣的时候，如受到各种应激或损伤时，分子伴侣发挥作用的效率越高。实验表明，在拥挤条件下，蛋白质二硫键异构酶的分子伴侣能力大大提高。而有残留结构的二硫键完整的肽链的自复性非常快而且完全，本来就不需要外界帮助。

2) **酶活性部位-CGHC-不是 PDI 的分子伴侣活性所必需的**

PDI 分子由 a、b、b'、a' 和 c 5 个结构域顺序排列组成。a 和 a' 分别具有 1 个与硫氧还蛋白相似的-CGHC-序列，是其异构酶的活性部位。Gilbert 小组报道，活性部位是其分子伴侣活性与酶活性都必需的，我们认为他们的实验设计不够合理。我们对活性部位中的巯基进行化学修饰，并直接比较 PDI 的烷基化对其异构酶和分子伴侣活性的作用。结果表明化学修饰使异构酶活性几乎全部丧失，但并不影响 PDI 的分子伴侣活性。烷基化的 PDI（mPDI）加入到变性 GAPDH 的再折叠体系中表现出与天然 PDI 几乎相同的增加 GAPDH 复性，减少复性过程中聚合的能力。这与位于 c 结构域的多肽结合位点并不需要活性部位半胱氨酸残基参与的实验相符合，说明 PDI 的分子伴侣活性与酶活性部位无关。

3) **没有异构酶活性的突变 PDI 具有重要的生物学功能**

Euglp 是酵母中 PDI 的同源蛋白，它的 2 个活性部位分别为-CLHS-和-CIHS-而不是-CGHC-，它也能与多肽结合，但完全没有二硫键异构酶活性。它的过量表达可以使因缺失必需基因 *pdi1* 而不能生长的酵母存活。在这种情况下，羧肽酶 Y 在内质网中积累而无法进一步转运，表明 Euglp 可以与新合成的蛋白质结合并可能起到稳定它们的作用。此外，*Eug1* 基因的调节是通过对内质网中蛋白质积累水平的感受来进行的，表明它在新生肽链折叠过程中可能有类似分子伴侣 Bip 的作用。因此 LaMantia 和 Lennartz 设计了一种突变 PDI，其活性中心的-CGHC-为-CLHS-和-CIHS-所取代。这种突变 PDI 只保持了 5% 的野生型异构酶活力，但带有这种突变 PDI 的酵母依然可以存活，只是羧肽酶 Y 的二硫键形成，转运和其分泌囊泡的成熟都延迟了。另两个 C 端被不同程度切除的突变 PDI，但它们都保留有一个完整的活性部位-CGHC-，虽然还分别保留 33% 和 12% 的天然异构酶活性，但带有这两种突变体的细胞却无法存活。所以他们认为 PDI 催化蛋白质二硫键形成的功能对酵母细胞的生存并不十分重要，PDI 很可能以分子伴侣的方式在蛋白质折叠的途径中发挥作用，而且很可能正是通过被切除部分中的多肽结合位点发挥这一作用的。

最近日本一个实验室发现，两个活性部位的-CGHC-都为-SGHC-代替的突变体，其异构酶活性完全丧失，但在酵母中仍然可以与野生型 PDI 一样促进与其共表达的人溶菌酶的正确折叠和分泌。这是没有异构酶活性的 PDI 可以在体内加速蛋白质折叠的第一个实验证明。

现在知道，脯氨酸-4-羟化酶 $\alpha_2\beta_2$ 的 β 亚基就是 PDI，它的作用是防止 α 亚基的错误折叠和聚合而使其形成有功能的四聚体。有意思的是 2 个活性部位都被-SGHC-取代并丧失全部异构酶活性的 β 亚基，仍然可以像野生型一样与 α 亚基结合而形成具有全部活力的脯氨酸-4-羟化酶 $\alpha_2\beta_2$，说明 PDI 在活性羟化酶四聚体的装配过程中的作用不是异构酶的活性而可能是它的分子伴侣功能。相似的情况还有 Wetterau 的实验。微粒体甘油三酯转运蛋白复合体由 PDI 与另一个 97kDa 的亚基组成，97kDa 成分一旦与 PDI 解离就会发生聚合。而 2 个催化部位都被-SGHC-取代的完全失活的 PDI 与 97kDa 共表达仍能形成有活力的甘油三酯转运蛋白复合体。当然，在这两种情况中，PDI 是最终有功能结构的组成成分这一点与典型的分子伴侣不同，但它确是功能蛋白的装配所必需的，而且起作用的恰恰不是它的异构酶活性。

4) PDI 的多肽结合位点负责其分子伴侣活性

PDI 对多肽有低特异性的结合能力，早期至少有一个多肽结合位点已经被确定位于 c 结构域，这一位点被认为与其分子伴侣功能有关。如前面所提到的，尽管保持了-CGHC-活性位点但缺失了多肽结合位点的突变 PDI 的酵母是无法存活的。最近，我们实验室在 *E.coli* 中表达了一种人 PDI 的突变体，其 C 端与多肽结合有关的 51 个氨基酸残基被删除。这种突变体既不表现多肽结合能力，在帮助变性 GAPDH 重折叠的过程中也不再表现出分子伴侣的活性；但仍表现出绝大部分催化还原胰岛素和因二硫键错配而失活的核糖核酸酶的异构复性的活力。这为 PDI 的 C 端的多肽结合位点负责其分子伴侣活性提供了直接的证据。后来，不同长度 C 端切除或突变的一系列突变体的研究，把 PDI 的多肽结合位点更确切地定位在 a' 结构域的最后一个 α 螺旋上。最近，我们以及其他实验室的工作都表明，PDI 的所有结构域实际上都参与了与靶蛋白的结合而发挥分子伴侣作用，尤其是帮助大蛋白的折叠。触发因子的情况也是这样，需要全部 3 个结构域的参加发挥分子伴侣作用。硫氧还蛋白有一个-CGPC-活性位点，但缺乏多肽结合能力，即使在很高的浓度下对 GAPDH 的重折叠也不表现任何效果。非特异的多肽与靶蛋白竞争结合 PDI，可阻碍 PDI 所协助的靶蛋白的再折叠，同时还阻碍 PDI 发挥抑制靶蛋白聚集的作用。这证实了多肽结合位点对其分子伴侣活性所起的重要作用。

8.2.2.4 PDI 的折叠酶活性由其异构酶和分子伴侣两种活性共同组成

不久前我们实验室报道了 PDI 帮助变性还原的酸性磷酸酯酶 A_2（$APLA_2$）的氧化重折叠和复性。$APLA_2$ 是一种只有 124 个氨基酸残基组成的小蛇毒蛋白，却含有 7 对二硫键。PDI 化学计量的帮助变性还原的 $APLA_2$ 达到最大复性。非常有趣的是，存在于重折叠系统中的天然 PDI 90% 可以被仅具有分子伴侣活性、但丧失异构酶活性的烷基化 PDI（mPDI）所完全替代。也就是说，90% 的 mPDI 和 10% 的天然 PDI 帮助变性还原的 $APLA_2$ 复性，与 100% 的天然 PDI 的效果完全一样，大部分的 PDI 实际上起着分子伴侣的作用。所以说在体外，PDI 作为折叠酶的作用是由异构酶活性和分子伴侣活性二者共同组成的。mPDI 本身在 $APLA_2$ 复性过程中不表现任何促进作用；切除了多肽结合部位的 PDI 对 $APLA_2$ 复性的帮助大大降低。但两者同时存在时在促进 $APLA_2$ 复性的过程中也表现协同作用。与这种情况相比，即只具有异构酶活性的 PDI 突变体和只具有分子伴侣活性的 mPDI 两种分子的联合作用，集异构酶和分子伴侣两种活性于一身的 PDI 具有更高的折叠酶效率。

8.2.2.5 PDI 在体内或在体外都表现为不仅仅是一个异构酶

PDI 被发现可与非天然构象的蛋白质以及分泌蛋白相结合。根据分子伴侣具有选择性地与去折叠蛋白结合，经 ATP 水解又可与之解离的性质，Nigam 等建立了一种亲和层析方法用以分离内质网中具有分子伴侣性质的蛋白质。结果，内质网中已被鉴定的分子伴侣以及硫氧还蛋白家族成员，如 PDI、Erp72 都通过这种亲和层析方法分离得到。Roth 和 Pierce 用体内交联的方法证实了 PDI 与免疫球蛋白形成的复合体，表明 PDI 与在内质网内进行折叠的新合成的蛋白质可以相互作用发生瞬间结合。Otsu 等的结果表明，PDI 在体内可与错误折叠的人溶菌酶结合，而不和天然的酶结合，他们认为这是与 PDI 可能具有的分子伴侣功能，而不是异构酶功能相关的。Chessler 和 Byers 发现，PDI 与因突变而呈反常构象的 I 型原胶原蛋白三体形成稳定的复合物，表明 PDI 可能对在内质网中折叠错误的胶原蛋白分子的特异识别，结合并把它们保留在内质网中起重要作用。像内质网中其他"应激蛋白"，如 Bip 和 calreticulin 一样，PDI 也会因为分泌蛋白的过量合成，或未折叠好的和错误折叠的蛋白质在内质网中的积累而被诱导表达。最近还观察到，无论是组织非特异性 PDI 还是胰腺特异性 PDI 都可与处在转运后期阶段的一些分泌蛋白，包括不含有半胱氨酸残基的蛋白，发生瞬间的接触。这表明 PDI 在蛋白质与翻译同时进行及翻译后进行的转运过程中起着重要的作用，这种作用可能正是与它的分子伴侣活性有关。胰腺特有的 PDI 虽然也有 2 个与硫氧还蛋白类似的活性中心（-CGHC-和-CTHC-），但其 C 端没有一般 PDI 所具有的富含酸性氨基酸的多肽结合结构域，因此酶活力表现很低，底物结合能力显然对 PDI 的酶活性有贡献。

在完整的细胞中或是在体外，PDI 都可催化人绒毛膜促性腺激素 α 和 β 亚基的组装而并不成为组装完成后的活性激素分子 αβ 的组成部分。有意思的是，不完全折叠的 β

亚基比其全部二硫键都形成的β亚基更有组装能力，它可被PDI优先结合。

8.2.2.6 PDI帮助蛋白质折叠的作用模式

像其他分子伴侣一样，PDI识别未折叠好的或部分折叠的新生肽折叠中间物的非天然结构，或变性蛋白在重折叠过程中形成的折叠中间物的非天然结构，通过自己的多肽结合部位与之结合，从而防止靶蛋白或底物蛋白之间错误的结合和聚集（图8-14）。ATP通常是大多数分子伴侣，如Hsp60和Hsp70，赖以释放并帮助靶蛋白进一步折叠所必需的。因此和这一类ATP依赖型分子伴侣不同，PDI与其靶底物的结合可能是瞬间的，而且复合物的解离不需要ATP的存在，以这样不断进行的快速结合又解离的相互作用来阻止新生肽链间无用的相互作用，即导致聚集以及进一步降解的错误相互作用。这种情况可能与另一类分子伴侣，如Hsp90相似。PDI与靶蛋白的短暂结合促进它们正确地折叠成类似天然的构象，这样对应的巯基才可能在空间上接近到可以通过氧化反应而形成天然的二硫键，这就是通常公认的PDI的异构酶功能。PDI具有非特异的多肽结合能力并不值得奇怪，因为这种能力正是分子伴侣必需的分子基础。PDI的分子伴侣活性和异构酶活性是相互独立的，但这两种活性很可能在靶蛋白折叠过程的不同阶段协同发挥作用的。在折叠过程的早期，PDI可能主要是作为分子伴侣防止部分折叠的肽链由于错误相互作用导致的聚集；在后期即当多肽链已经折叠到一定程度，PDI的基本功能表现为异构酶，即催化配对巯基的氧化联接或接错的二硫键的异构。

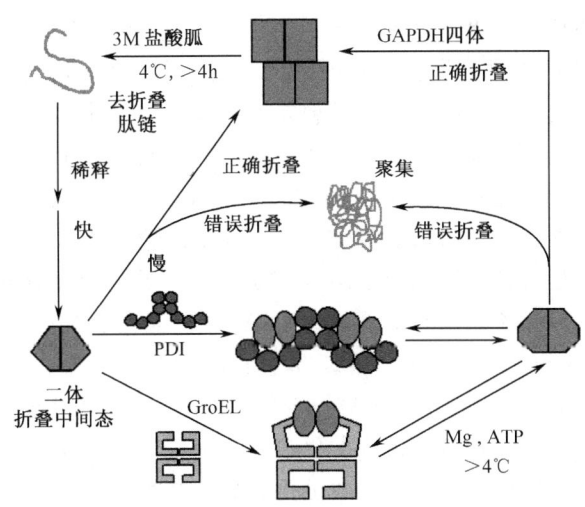

图8-14 具有分子伴侣活性的PDI和GroEL帮助蛋白质折叠的模式图（推测）

8.2.2.7 细菌中的蛋白质二硫键异构酶

细菌中蛋白质的二硫键是在周质内形成的，20世纪90年代才发现这个过程是由Dsb氧化还原蛋白家族负责完成，其过程比真核生物还要复杂。细菌仅以一层多孔外膜与外界环境隔开，因此对环境的 pH、温度、物质浓度等的变化十分敏感，蛋白质在这里发生折叠错误的可能性也随之增加；可是在细菌周质内长时间里恰恰就没有发现有典型的分子伴侣。因此负责细菌的含二硫键蛋白生物合成的 Dsb 蛋白是否和真核生物的 PDI 相似，也具有分子伴侣活性呢？Dsb 氧化还原蛋白家族目前已鉴定到 6 个成员：DsbA、DsbB、DsbC、DsbD、DsbE 和 DsbG。

本实验室最早鉴定到氧化性较强的 DsbA 在帮助 3-磷酸甘油醛脱氢酶和硫氰酸酶复性中的分子伴侣活性，虽然比 PDI 的弱，但却是肯定的。这大概是因为小得多的 DsbA 分子的多肽结合能力较 PDI 分子弱的缘故。后来又发现催化活性与蛋白质二硫键异构酶更为相似的 DsbC，其帮助靶蛋白 3-磷酸甘油醛脱氢酶在体外复性的能力大于蛋白质二硫键异构酶，并有效地降低 3-磷酸甘油醛脱氢酶复性过程中形成的聚集。这表明 DsbC 具有相对强的独立于异构酶活力的固有分子伴侣活力，尽管 DsbC 的二硫键异构酶活力和巯基-蛋白质氧化还原酶活力仅为蛋白质二硫键异构酶的 30%。一年后，DsbE 也被 Dsb 蛋白的发现者之一 Bardwell 鉴定为分子伴侣。

8.2.2.8 分子伴侣具有多功能的进化意义

真核细胞的蛋白质二硫键异构酶以及原核细胞的一些 Dsb 蛋白，承担对细胞内蛋白质合成进行"质量控制"的 ATP 依赖型蛋白水解酶，分子伴侣触发因子和 DnaJ，它们以类分子伴侣的方式与底物结合来提高酶的效率实在是一种非常重要而又聪明的办法。分子伴侣帮助酶的底物去折叠或折叠为酶提供了一个效率大大提高的作用机制。与硫氧还蛋白相比，PDI 在进化中可能获得了又一个含-CXYC-的结构域和另一个多肽结合结构域，因此使 PDI 能同时具有异构酶活力和分子伴侣活力，而更有效地行使其折叠酶的功能。而硫氧还蛋白既没有多肽结合能力也没有分子伴侣活力，它的异构酶活力也比 PDI 要低很多。与此类似的是，触发因子对于大蛋白底物比小分子更有效。最近又发现一组新的小分子肽基脯氨酰顺反异构酶——Parvulins，它与 cyclophilins 或 FK506 结合蛋白无关，对小肽比对大蛋白底物更有效。如果设想那些与蛋白质折叠或去折叠有关的酶分子在进化过程中，由于加上了结合多肽的结构域或亚基而提高酶的催化效率，特别是对大蛋白底物，应该是很有道理的。F_1-ATP 酶亚基的抗体能识别线粒体内分子伴侣的事实证明，Chaperonin 和 ATP 酶家族蛋白在进化上具有关系。同一分子具有分子伴侣和酶两种活力为蛋白质分子提供了更高的效率，或赋予它新的功能。ATP 依赖型蛋白酶就是通过选择性降解错误折叠的蛋白质，而获得质量控制的新功能。所有这些实验事实都表明，分子伴侣与帮助新生肽链折叠的酶之间，大概不应该也不能够划一条绝对的分界线。

小 结

1961 年，Anfinsen 提出蛋白质的一级结构决定其高级结构的学说。蛋白质折叠研究的中心问题是阐明蛋白质折叠的过程。近年来的研究表明许多蛋白质折叠是一个序变过程，蛋白质折叠过程中存在中间态——"熔球态"。

体外蛋白质重折叠与细胞内新生肽链折叠有很大的区别。新的观点认为，细胞内新生肽折叠和成熟为功能蛋白，一般是需要帮助，而不都是能自发进行而完成的。帮助新生肽折叠的是蛋白质，可以分为两大类：一类是分子伴侣，另一类则是"折叠酶"。

分子伴侣按照它的功能分为 ATP 依赖型分子伴侣和 ATP 不依赖型分子伴侣。最大的一类分子伴侣是热休克蛋白。然而，对蛋白质二硫键异构酶的研究表明，分子伴侣与帮助新生肽链折叠的酶之间不存在一条绝对的分界线。

思 考 题

1. 简述邹氏新生肽链折叠假说。分子伴侣和酶有哪些不同之处？
2. 试述蛋白质和新生肽链折叠的新概念。
3. 熔球态的主要特征是什么？
4. 试述体外蛋白质重折叠与细胞内新生肽链折叠的差别。
5. 试述蛋白质二硫键异构酶的结构特点和功能。
6. 试述 GroEL 的结构特点和功能。
7. 试述分子伴侣在蛋白质折叠中的作用。
8. 简述分子伴侣在细胞内的功能。
9. 为什么说蛋白质二硫键异构酶既是折叠酶又是分子伴侣？

第9章 第二遗传密码
(the second genetic code)

9.1 第一遗传密码

对生命遗传信息存储、传递及表达的认识是20世纪生物学所取得的最重要的突破，其中的关键问题是由3个相连的核苷酸顺序决定蛋白质分子肽链中的1个氨基酸，即"三联遗传密码"（第一遗传密码）的破译（图9-1），但是蛋白质必须有特定的三维结构，才能表现其特定的生物学功能。

```
… UAU  CUA  UCU  AUC  UAU  CUA  UCU  AUC  UAA  GUA  A…
… Tyr  Leu  Ser  Ile  Tyr  Leu  Ser  Ile  Stop  
```

UUU Phe	UCU Ser	UAU Tyr	UGU Cys
UUC Phe	UCC Ser	UAC Tyr	UGC Cys
UUA Leu	UCA Ser	UAA Stop	UGA Stop
UUG Leu	UCG Ser	UAG Stop	UGG Trp
CUU Leu	CCU Pro	CAU His	CGU Arg
CUC Leu	CCC Pro	CAC His	CGC Arg
CUA Leu	CCA Pro	CAA Gln	CGA Arg
CUG Leu	CCG Pro	CAG Gln	CGG Arg
AUU Ile	ACU Thr	AAU Asn	AGU Ser
AUC Ile	ACC Thr	AAC Asn	AGC Ser
AUA Ile	ACA Thr	AAA Lys	AGA Arg
AUG Met	ACG Thr	AAG Lys	AGG Arg
GUU Val	GCU Ala	GAU Asp	GGU Gly
GUC Val	GCC Ala	GAC Asp	GGC Gly
GUA Val	GCA Ala	GAA Glu	GGA Gly
GUG Val	GCG Ala	GAG Glu	GGG Gly

图 9-1 第一遗传密码

分子生物学中心法则中一个关键问题是线性DNA分子与线性多肽链之间关系的确定，即三联遗传密码的破译。

20世纪60年代Anfinsen提出假说，认为蛋白质特定的三维结构是由其氨基酸排列顺序决定的（图9-2），并因此获得Nobel奖。这一论断现在已被广泛接受，大量实验充分说明氨基酸序列与蛋白质三维结构之间确实存在着一定的关系。

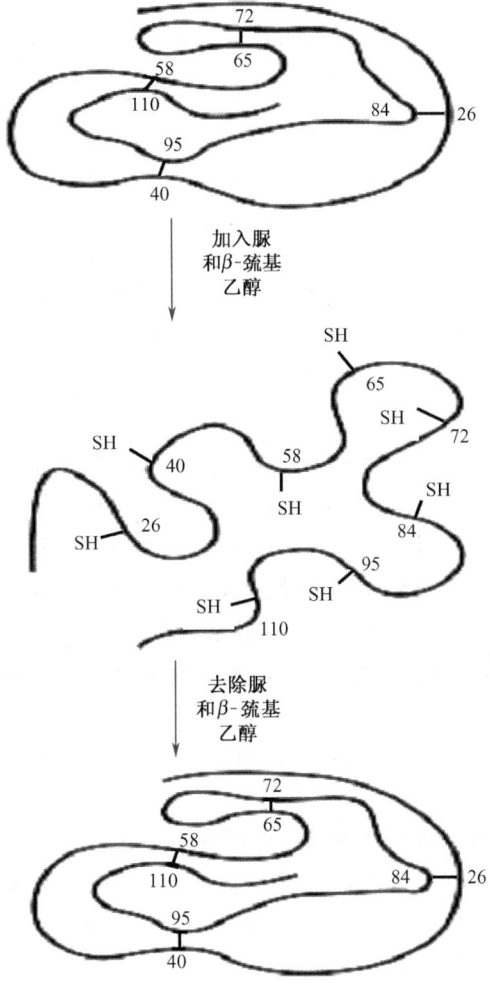

图 9-2 氨基酸序列决定了蛋白质特定三维结构

9.2 第二遗传密码

遗传信息的传递，应该是从核酸序列到功能蛋白质的全过程。现有的遗传密码仅有从核酸序列到无结构的多肽链的信息传递，因此是不完整的。本节讨论的是从无结构的多肽链到有完整结构的功能蛋白质信息传递部分。完整的提法应该是遗传密码的第二部分，即蛋白质中氨基酸序列与其三维结构的对应关系，国际上称之为第二遗传密码或折叠密码（以下简称第二密码）。

Anfinsen 原理认为，和一定的氨基酸序列相对应的三维结构是热力学上最稳定的结构，但多肽链折叠成为相应的三维结构在实际上还存在一个"这一过程是否能在一定时间内完成"的动力学问题。事实上蛋白质最稳定结构与一些相似结构之间的能量差并不大，约在 20.9~83.7 kJ/mol。蛋白质之所以最容易形成天然结构除能量因素外，是由动力学和熵的因素所决定的。

分子伴侣的发现已经把过去经典的自发折叠概念转变为"有帮助的肽链的自发折叠和组装"的新概念。"自发"是指由第二遗传密码决定折叠终态的"内因"亦即热力学因素,而"帮助"则是为保证该过程能高效完成的"外因",是由一类新发现的分子伴侣和折叠酶来帮助完成的,主要是帮助克服动力学和熵的障碍,从而帮助克服细胞内由各种因素引起折叠错误并造成翻译后多肽链分子的聚集沉淀而最终导致信息传递终止。

三联遗传密码解决的是在一维空间内两个不同性质分子的"翻译"关系,即从线性DNA的核苷酸排列顺序到线性多肽链的氨基酸排列顺序。第二遗传密码要解决的是一维结构序列信息与三维结构信息之间的关系。由氨基酸顺序决定蛋白质三维结构,到由蛋白质三维结构决定其特定的生物学功能,是完整的遗传信息传递过程的不可缺少的重要的一半。

由于三联遗传密码的阐明,许多蛋白质的氨基酸序列实际上是由其对应的DNA分子核苷酸序列推断得到的,而且根据氨基酸序列预测蛋白质的三维结构也有很大进展。目前,一些原核生物及少数真核生物的基因组全序列已被解出,人类基因组全序列的测定也已完成,仅就人类基因组而言,所编码的全部蛋白质总数约为数十万个,这些蛋白质的氨基酸序列都可以由其对应的DNA核苷酸序列推断得到,但要认识这些蛋白质的功能是与了解其三维结构密切相关的。即使现在对蛋白质三维结构测定的速度已经大大加快(平均一天解出的蛋白质结构约10个),但数以百万计的蛋白质结构测定仍不是短期内能够完成的,这就对揭示氨基酸序列和蛋白质三维结构的对应关系提出了前所未有的挑战。

自然界存在的蛋白质总数虽然很大,但根据它们在序列上的相似性以及进化上的同源性,可以归并为总数并不很大的蛋白质家族;从它们所含二级结构在拓扑学上的关系又可以归并为有限数目的折叠类型。对于自然界存在的蛋白质折叠类型总数,近年来倾向于1 000~2 000种(已测定的结构大约为1 000种),这就使认识全部蛋白质三维结构的任务大大简化。蛋白质三维结构预测的目的在于认识氨基酸序列和蛋白质三维结构的对应关系,也就是确立第二遗传密码。

当前国际上对于蛋白质在体内外的折叠过程已有了一定的了解。已取得的结果都说明第二遗传密码不仅确实存在,也是可以认识的。解决这一问题可以从两方面入手。一是从理论上研究蛋白质的氨基酸序列如何决定其三维结构,即如上所述的蛋白质三维结构的预测。二是在实验上研究变性蛋白质如何重新折叠恢复其天然构象,以及新生肽链如何折叠成为完整蛋白质分子的全过程。在此基础上,研究肽链中氨基酸的定点突变如何影响蛋白质的总体结构折叠与形成的动力学过程。实验研究不仅将会为第二遗传密码的确定提供重要信息,也是最终检验所提出的第二遗传密码是否正确的必要手段。

第二遗传密码的特点如下。

(1) 简并性:从一定的氨基酸序列决定一定的三维结构看来,也许认为第二密码是绝对的、唯一的,即两者之间是一对一的对应关系,但实际情况并非这样简单。在第一遗传密码中有所谓"简并性",即同一氨基酸可以为不同密码子所编码,如CGA和AGG都编码为精氨酸,UCC和AGU都编码为丝氨酸等。第二密码也同样有简并性。

现在已经知道有不少氨基酸序列颇为不同的肽链可以有极为相似甚至相同的三维结构，这就是第二密码的简并性。

第二密码的简并性首先体现为，在不同生物体中执行相同生物功能的蛋白质虽然可以有氨基酸序列上的差异，但却有相同的整体三维结构。例如有近百种不同来源的线粒体细胞色素 c 的氨基酸序列已经测定，它们的氨基酸残基数均在 104 左右，其中仅在 21 个位置上的氨基酸在不同生物体的细胞色素 c 是完全相同的，其他则各不相同；但是所有这些细胞色素 c 的整体三维结构却是非常相似的（图 9-3）。另外，2 个在功能上完全无关的蛋白质，卵类黏蛋白的第三结构域和核糖体结构蛋白 L7/L12 的 C 端部分虽然在氨基酸序列上仅有 3% 相同，却具有几乎完全相同的三维结构。

简并性还体现在用化学修饰及定点突变方法研究侧链残基取代对蛋白质折叠状态的影响上。首先是研究改变侧链性质，包括大小、极性、电

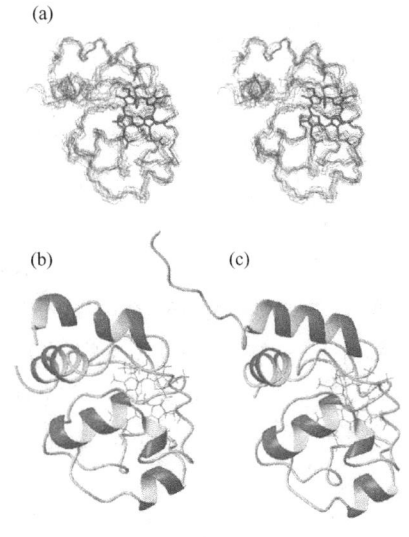

图 9-3 （a）马心脏细胞色素 c 结构与其他 9 种模拟的蛋白质结构骨架原子重叠的立体图；（b）马心脏细胞色素 c 溶液结构；（c）Crithidia oncopelti 的细胞色素 c 根据氨基酸序列模拟的结构

（Banci L. et al. 1999）

荷、氢键形成能力等的影响。例如硫氧还蛋白在分子内部有一个巯基，对这个巯基用不同链长的烷基硫代磺酸修饰可以在分子内部引入不同链长，包括从甲烷到正戊烷的烷代二硫键。这样在分子内部引入大小不同的疏水基团的结果并没有影响分子的圆二色光谱，也没有影响它在脲溶液中的去折叠与重折叠以及对 DNA 多聚酶的活化。晶体衍射结构分析的结果表明，对金黄色葡萄球菌核酸酶做同样的修饰也不影响分子的整体结构。在分子内部引入大小不同的疏水基团的结果，只不过是使某些侧链基团在位置上有所重排，但并不影响分子的总体结构。

定点突变技术的建立为蛋白质结构功能关系研究提供了极大的方便。金黄色葡萄球菌核酸酶（图 9-4）是研究得最多的蛋白质之一，它的 149 个氨基酸残基几乎每一个都被替换过。多数残基被替换时对酶的结构或功能都不产生明显影响。特别值得注意的是，处于分子内部的疏水残基 Val66 被极性并带正电荷的 Lys 取代时，不影响酶分子的整体三维结构。对 T4 溶菌酶的类似取代也得到同样的结果。结构

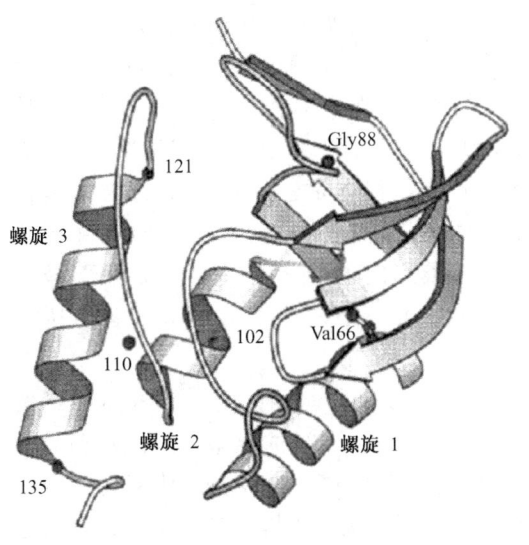

图 9-4 葡萄球菌核酸酶的飘带结构图

研究还表明，处于分子内部的 Lys 并没有为氢键或盐键所稳定。这一事实充分说明某些个别键的破坏并不能对结构起到决定性的作用，所以个别残基的单独替换不会对分子的总体构象产生明显的影响。甚至整段的序列用相同残基构成的序列所取代，如 T4 溶菌酶分子内部 40～49 的 10 个残基都用丙氨酸取代，对酶的折叠或生物活性都没有明显影响。

（2）多意性：从已知的蛋白质氨基酸序列和三维结构的对应关系看来，第二遗传密码显然远较第一密码更为复杂。除和第一密码同样具有简并性外，看来某些相同的氨基酸序列还可以在不同条件下决定不同的三维结构，这种情况可以称之为第二遗传密码的多意性。一个为大家熟悉的例子是 Prusiner 对天然型和感染型朊蛋白的研究。天然型朊蛋白（PrP^C）在正常动物体内存在，不导致疾病，而感染型的朊蛋白（PrP^{SC}）则导致某些神经性疾病，并导致天然型朊蛋白转变为感染型朊蛋白。结构研究表明天然型朊蛋白主要为 α-螺旋结构，而感染型的朊蛋白却主要为 β-折叠结构（图 9-5）。实验表明

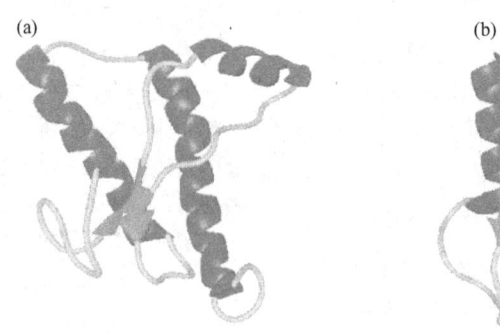

图 9-5 天然型（a）和感染型（b）朊蛋白的结构

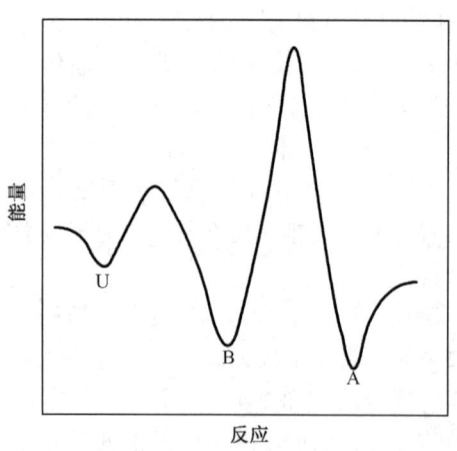

图 9-6 Anfinsen 原理示意图

某些蛋白质在一定条件下可以有多种构象存在，如鸟氨酸脱羧酶和腺苷酸激酶等。这在表面上看来似乎和 Anfinsen 原理（图 9-6）相矛盾，但实际上并非如此。Anfinsen 原理从根本上说是一个热力学原理，其基本论点是"由氨基酸序列所确定的一种三维结构是在一定条件下从热力学角度看来最稳定的结构"。这里应该指出两点，首先是这一最稳定的结构是在一定条件下最稳定的结构，在其他条件下并不一定是最稳定的结构；其次热力学上最稳定的结构并不一定是在动力学上最容易达到的结构。

A 和 B 都是热力学上的稳定结构，两者由一个较高的能垒所隔开。单纯从能量角度看来 A 比 B 更为稳定，但是从 B 转化为 A 需要克服一个较高的能垒，因此从动力学角度看来 B 比 A 更容易达到。在变性蛋白（U）重新折叠时，更容易形成的是构象 B 而不是更为稳定的 A。新生肽链在体内折叠时也有类似情况。正因为动力学上最容易达到的状态不一定是热力学上最稳定的状态，因此达到稳定状态的过程常常是不能自发完

成的,而需要其他分子,即所谓分子伴侣的帮助。

不同生物体中执行相同生物功能的蛋白质(又称同源蛋白质,意指在进化上的同一来源)可以在氨基酸序列上差异很大,但却有几乎完全相同的三维结构。由于第二密码的这种高度的简并性,在 1994 年 Rose 和 Creamer 提出一个挑战,他们称之为 Paracelsus 挑战,即如果有人能够在改变不超过 50% 的氨基酸序列的情况下就能改变一个蛋白质的基本三维结构,将得到 1 000 美元的奖金。结果 1997 年,Regan 小组获得了这一挑战的胜利,赢得了奖金。他们改变了金黄色葡萄球菌 IgG 结合蛋白中一个 56 个残基片段中的 28 个残基,从而设计得到一个全新结构的蛋白,把原来主要是 β-折叠的结构改变为一个主要是 α-螺旋的蛋白(图 9-7)。

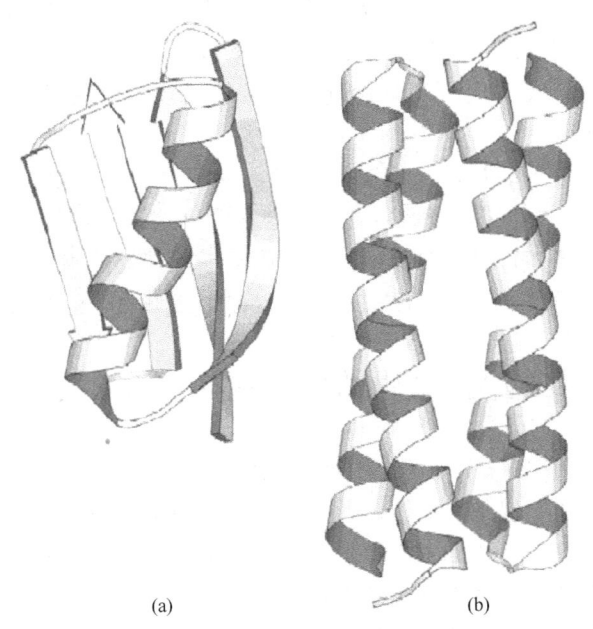

图 9-7　Regan 小组的实验结果
(Dalal S. et al. 1997)

这一实验说明了不能简单看待简并性和多意性。不同来源的细胞色素 c 虽然仅有 20% 序列相同,或者说在 80% 的位置上残基不同,结构却几乎完全相同;另一方面,50% 残基的改变已经可以完全改变金黄色葡萄球菌 IgG 结合蛋白片段的折叠类型。这只能说明第二密码的复杂性,不能简单的看有多少残基被取代,而更重要的是看用什么残基取代什么残基以及在什么位置上取代。

(3) 全局性:维系蛋白质总体三维结构相对稳定的是大量弱键协同作用的结果,个别键的形成或破坏并不足以影响蛋白质的总体三维结构,这就是第二密码简并性的结构基础,任何对于第二密码的设想都必须把大量弱键协同作用的考虑放在首位,并不是一段特定序列的肽链只对应一种特定三维结构这样的简单关系,正因为肽链在空间卷曲折叠构成蛋白质总体的三维结构。在肽链上相距很远的残基可以在空间上彼此靠近而相互作用,并对分子总体结构产生重要影响。第二密码必须把蛋白质作为一个全局来考虑,这就从根本上决定了第二密码的复杂性,不可能像第一密码那样有简单的一对一的关系。某些蛋白C-末端少数氨基酸的去除,或侧链基团的翻译后修饰,有时都可以对整体构象和功能产生重大影响。在新生肽链合成过程中,后形成的肽段可以影响已经形成的肽段的构象从而造成对分子整体的影响。以上这些情况可以称之为第二密码的全局性,全局性决定了第二密码的复杂性。

第二密码的全局性还体现在环境对分子结构的影响上,已经知道蛋白质分子与水可有紧密结合,水分子对于维系蛋白质一定的三维结构有重要作用,即使在结晶状态,蛋白质分子也含有大量的结晶水。因此曾经认为以非水溶剂全部或部分取代水溶液,将对蛋白质折叠起破坏性的作用,但是实际情况却并非如此。

例如溶菌酶在甘油与水的混合溶液甚至纯甘油中仍能保持天然结构。虽然已知不少有机溶剂是蛋白质的变性剂,但是溶菌酶能在丙酮或己酰氨的水溶液中正确折叠。即使是50%的甲醇也只影响金黄色葡萄球菌核酸酶及核糖核酸酶的折叠动力学,而不影响它们的最终折叠状态。

但环境对蛋白质分子结构确实有重要影响,如免疫球蛋白轻链在不同离子强度和pH值下形成不同的晶体,X射线衍射结构测定表明这些不同晶体确实具有略为不同的三维结构。在体内,某些跨膜蛋白是部分处于膜双层内部的疏水条件下,对于这些蛋白质的折叠状态虽然仍是由其氨基酸序列所决定,但也必然会受到其特殊环境的影响。

9.3 第二遗传密码的研究在实际应用上的意义

第一遗传密码的阐明解决了基因在不同生物体之间的转移与表达,开辟了遗传工程和蛋白质工程的新产业。但是在异体表达的蛋白质往往不能正确折叠成为活性蛋白质而聚集形成包涵体。生物工程这个生产上的瓶颈问题需要第二密码的理论研究和折叠的实验研究来指导和帮助解决。由于分子伴侣在新生肽链折叠中的关键作用,它一定会对提高生物工程产物的产率有重要的实用价值。

蛋白质工程的兴起,已经使人们不再满足于天然蛋白质的利用,而开始追求设计自然界不存在的全新的、具有某些特定性质的蛋白质,这就开辟了蛋白质设计的新领域(图9-8)。前面提到的把原来主要是β-折叠结构改变为一个主要是α-螺旋的新蛋白的设计就是这方面的一个例子,更多的努力将集中于有实用意义的蛋白质设计上。

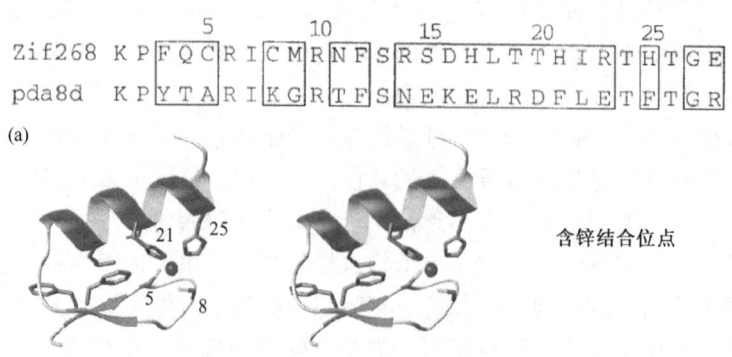

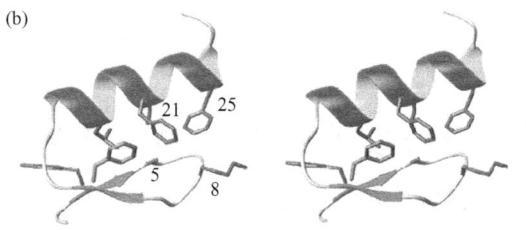

图 9-8 新蛋白的设计
(Dahiyat B. I. et al. 1997)

小　结

遗传信息的传递，是从核酸序列到功能蛋白质的全过程。第一遗传密码解决的是在一维结构内从线性 DNA 的核苷酸排列顺序到线性多肽链的氨基酸排列顺序。第二遗传密码要解决的是一维结构序列信息与三维结构信息之间的对应关系。

当前对于第二遗传密码的研究，一是从理论上对蛋白质的三维结构进行预测；二是在实验上研究变性蛋白质以及新生肽链折叠成为完整的有功能蛋白质分子的全过程。

第二遗传密码具有简并性、多意性和全局性等特点。第二遗传密码的研究，将为提高生物工程产物的产率和设计自然界不存在的全新蛋白质开创广阔的前景。

思　考　题

1. 试述第二遗传密码的特点及其研究意义。
2. 试述第二遗传密码的研究应用前景。
3. 什么是第二遗传密码的简并性、多意性和全局性？

第 10 章 蛋白质的错误折叠与疾病
(protein misfolding and diseases)

蛋白质是生物体内一切功能的执行者，我们身体内的任何功能，从催化化学反应到抵御外来侵略都是蛋白质作用的结果：我们能行走、运动，靠的是肌肉中肌动蛋白的工作；我们身体的骨架是由蛋白质骨胶原加强的；细胞的正常分裂或癌变也是通过蛋白质调节控制的。具有完整一级结构的新生肽链，只有当其折叠形成正确的三维结构才可能具有正常的生物学功能。蛋白质的错误折叠就是新生肽链的折叠在体内发生了故障，形成错误的三维结构，其后果是这些蛋白质不但丧失了原本拥有的生物学功能，而且会引起多种疾病。

细胞是生命体的基本单位，每一个活细胞执行功能的背后，都有大量的通过特殊折叠途径折叠的蛋白质执行着非常专一的任务，但是如果此生物功能的源头出现了错误就会引起麻烦。一个细胞的日常活动充满着潜在的隐患，出现错误会引起严重的后果：从细胞的死亡（如神经变性疾病）到癌细胞不受控制的生长。为保证细胞的正常活动，细胞的各部分在执行各自的任务时，通过各种层次的"质量控制"（quality control）来识别、纠正和防止错误的发生。作为细胞生物学的前沿领域，1999 年 12 月 2 日，*Science* 上登载了 4 篇关于细胞内质量控制机制的文章，分别描述保证细胞正常功能的质量控制过程。

10.1 细胞内保证蛋白质正常功能的"质量控制"系统

蛋白质在执行生命活动过程中，通常都需经历生成、折叠/组装、错误折叠和降解的过程。蛋白质经历的这种"生、老、病、死"时空过程，有着严密的质量控制。在内质网和分泌路径的下游细胞器中，有多种质量控制机制以保证在细胞生命过程中蛋白质表达的精确性。因为只有那些能够通过严格选择程序的蛋白质才能达到其相应的靶细胞器。如果不能通过正常的成熟选择，歧变的产物被降解。质量控制通过将蛋白质保护在内质网特殊的折叠环境，以防止有害的、能够引起蛋白质不完全折叠或装配的过程。因此，了解何时蛋白质会发生错误折叠，如何防止错误折叠，如何拯救错误折叠的蛋白质等，都是非常重要的前沿问题。

在分子生物学中心法则中，DNA 分子以自身为模板进行复制，并通过 RNA 分子将遗传信息传递给蛋白质分子。复制、转录、翻译作为分子生物学中心法则的三个关键步骤，对每一个过程的质量控制都是细胞正常功能的保证。

10.1.1 DNA 复制的质量控制

DNA 分子复制是通过 DNA 聚合酶及各种相关酶蛋白、蛋白质因子的协同有序工作完成的，具有高度的精确性和准确性。DNA 可能被内源的（水和氧等），也可能被外源（日晒和抽烟）的因素损伤。DNA 损伤监测及修复相关酶（图 10-1，图 10-2）通过碱基删除和核苷删除过程分别对由内源和外源因素引起的 DNA 损伤进行修复。

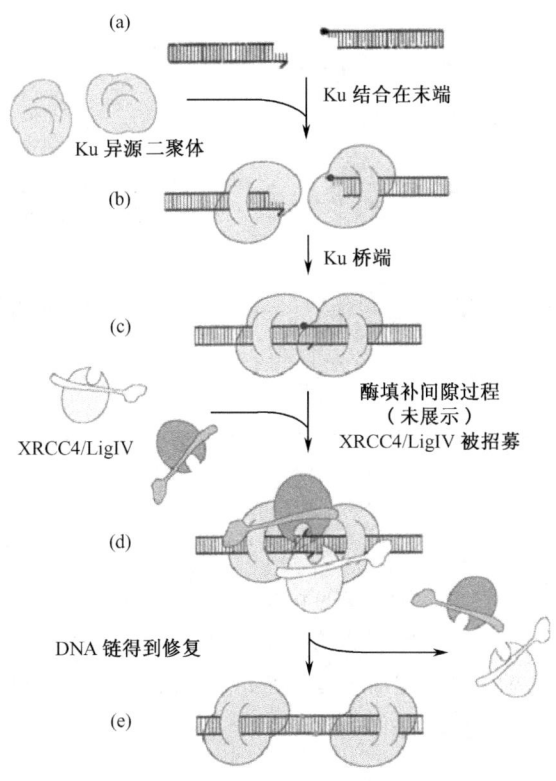

图 10-1 DNA-PK 修复 DNA 的过程
(Jones J. M. et al. 2001)

DNA 依赖的蛋白激酶（DNA-PK）是一种重要的 DNA 链断裂感应分子。当 DNA 双链发生断裂时，DNA-PK 结合到双链断裂处并被激活，通过蛋白质相互作用或磷酸化作用，吸引修复相关蛋白质到 DNA 损伤处，同时引发 DNA 损伤信号传递反应。

细胞对 DNA 损伤的耐受、即 DNA 损伤旁路的分子机制长期以来一直是 DNA 代谢中一个悬而未决的问题。1999 年，科学家们发现了一类新的 DNA 聚合酶，这些 DNA 聚合酶具有传统聚合酶所没有的跨越 DNA 损伤和 DNA 异常结构的复制合成功能（见书后彩页图 10-3），而且它们的复制产物突变率极高，故这类 DNA 聚合酶被命名为变位酶（mutase）（图 10-4 和书后彩页图 10-5）。

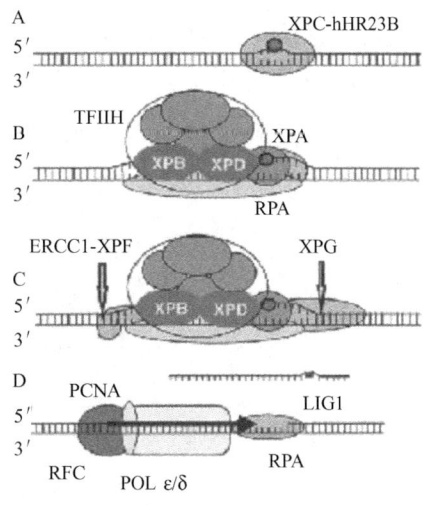

图 10-2 非表达区 DNA 链损伤后的修复
(Lindahl T. and Wood R. D. 1999)

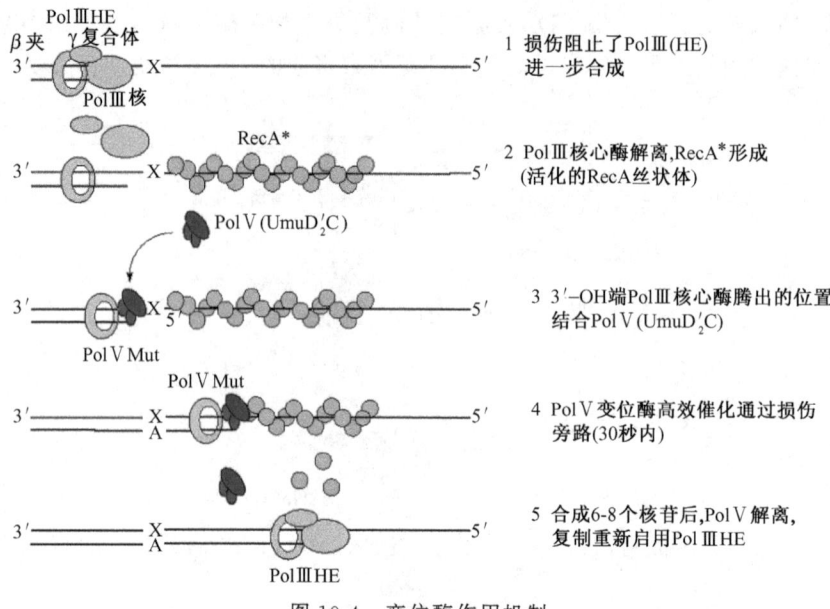

图 10-4　变位酶作用机制
（Goodman M. F. 2000）

由于DNA在临床上常常作为癌症的化学治疗药物作用靶点，跨损伤合成的DNA聚合酶的作用使DNA受损癌细胞得以存活，而且变位酶复制的高突变率子代DNA，通过激活原癌基因或抑制抑癌基因而诱发癌症，因此筛选、寻找和设计具有变位酶活性抑制功能的抗癌药物将极大推进癌症的化学治疗。

10.1.2　翻译过程中的质量控制

翻译，就是将以核苷酸形式编码在mRNA中的信息转变成具有一定氨基酸序列的多肽链。翻译过程是一个非常复杂的生物反应过程，需要200种以上的生物大分子，其中包括核糖体、mRNA、tRNA、氨基酰-tRNA合成酶和各种可溶性的蛋白质因子（蛋白质合成的起始因子、延伸因子、释放因子等）参加协同作用（图10-6）。它是分子生

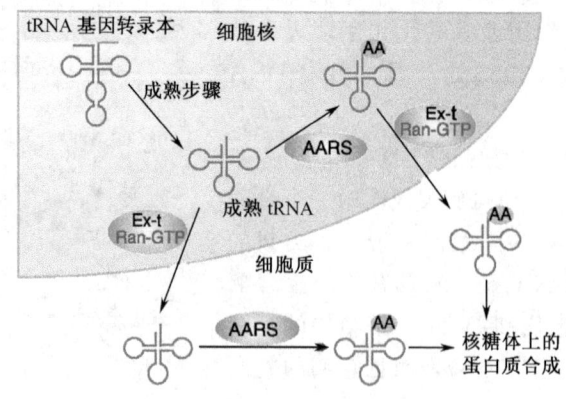

图 10-6　翻译过程中的质量控制
（Ibba M. and Söll D. 1999）

物学中心法则中的核心步骤，必须严格进行，保证不出错。实验结果表明氨基酸导入的错误率是很低的，仅为万分之一。

10.1.3 翻译后的质量控制

翻译过程所产生的多肽链是如何产生具有完全生物活性蛋白质的？多余的蛋白质又是如何被从细胞内清除的？其正常的质量控制包括两方面：通过分子伴侣与错误折叠的蛋白质上暴露的疏水面结合，防止聚合（图10-7），促进蛋白质的折叠和组装；通过能量依赖的蛋白酶，清除被不可逆损伤的蛋白质，来保持细胞的正常功能（图10-8）。

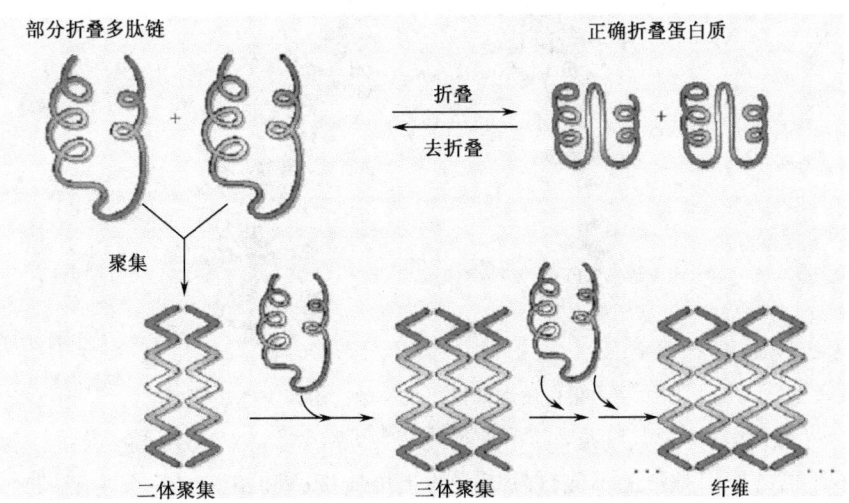

图 10-7 体内存在着蛋白质聚集倾向
(Ellis R. J. and Pinheiro T. J. T. 2002)

接着我们介绍几个与蛋白质错误折叠相关的术语。

Aggregation（聚集，聚合）：Any abnormal association of misfolded proteins (or parts of proteins). Aggregation is a process that begins with the abnormal association of as few as two molecules and that has the potential to form larger structures that are visible by microscopy, which include amorphous aggregate（无定形聚集体）and amyloid fibril（淀粉样纤维）.

Amyloid（淀粉样沉淀）：Insoluble fibrillar aggregates composed of amyloid fibrils, which can be seen using electron microscopy (EM) or highlighted by birefringent staining using Congo Red.

Amyloid fibril（淀粉样纤维）：A thermodynamically stable, structurally organized, highly insoluble, filamentous protein aggregate. The amyloid fibril is composed of repeating units of β-sheets aligned perpendicular to the fibre axis, with a distinctive X-ray fibre diffraction pattern ('cross β') that is similar to crystalline silk and consistent with high β-sheet content.

Protofibril（原纤维）：Soluble, short fibril-shaped aggregated structure, usually thinner or shorter than a mature fibril, which might represent an aggregation intermediate.

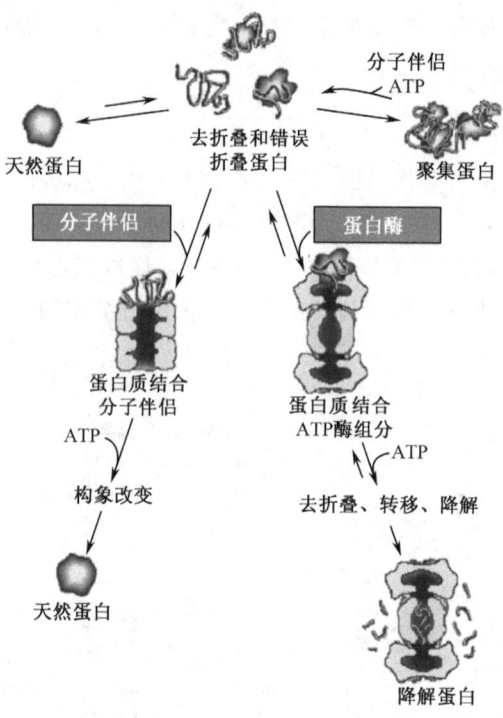

图 10-8 蛋白质翻译后质量控制的治疗类选法模型
(Wickner S. et al. 1999)

分子伴侣的作用是帮助不能自发折叠的蛋白质折叠和组装：几个主要的 ATP 依赖的分子伴侣家族，包括 Hsp60（GroEL）家族、Hsp70（DnaK）家族和 Clp（Hsp100）家族，与大量的非天然蛋白质作用，帮助蛋白质折叠和组装。那些折叠拖延的分泌蛋白或需装配成复合物的大蛋白质，特别需要分子伴侣的帮助。

蛋白酶系的作用是清除错误折叠的蛋白质：错误折叠的蛋白质的另一个命运是被细胞质中 ATP 依赖的蛋白酶体主动降解（图 10-9）。在原核生物中，对 ATP 依赖的 Clp

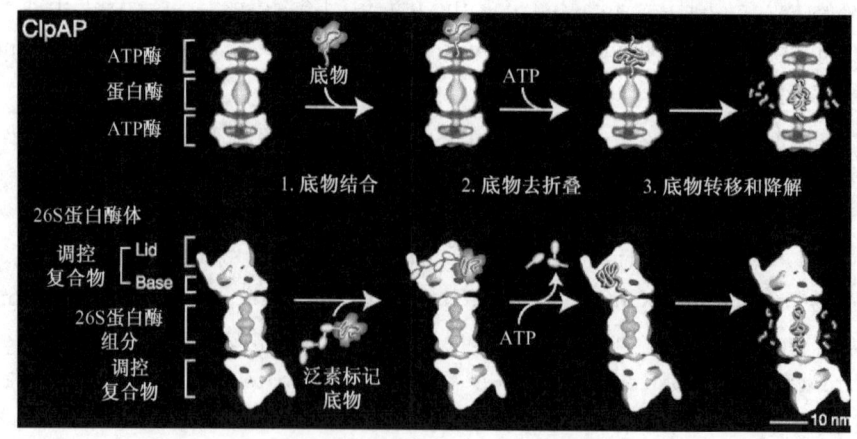

图 10-9 ATP 依赖的蛋白质降解
(Wickner S. et al. 1999)

蛋白酶系中的 ClpAP 和 ClpXP 蛋白酶已经了解得比较清楚。蛋白酶组分以 ClpP 包括 2 个连在一起的由相同亚基组成的七聚体的环，形成含有 14 个蛋白质水解位点的内部小室。ATP 酶的调节组分 ClpA 或 ClpX 在水解组分两端的侧面，是多肽靶物进水解位点的"大门"。ClpA 与多肽靶物结合并使去折叠，在 ATP 的参与下，将去折叠的多肽靶物转移到与它相连的 ClpP 部分。一旦多肽靶物进入水解室，就快速被降解，不再需要 ATP 的参加。在真核生物中，主要是通过依赖于 ATP 的泛素—蛋白酶体降解途径来完成的。泛素是在进化上高度保守的、含有 76 个氨基酸的多肽。错误折叠的蛋白质在一系列酶的作用下被泛素特异性地标记，运送至 26S 的蛋白酶体中降解成为 7~9 个氨基酸的肽段。

10.2 与蛋白质错误折叠有关的疾病

翻译后的质量控制失败可能导致病理性的聚合，到目前已经发现 30 多种蛋白质能形成淀粉样沉淀，与人的纹状体脊髓变性病（Creutzfeldt-Jakob disease，CJD，克雅氏病）、老年痴呆症（Alzheimer disease，AD，阿尔茨海默病）、亨廷顿舞蹈病（Huntington disease，HD）、帕金森病（Parkinson disease，PD）和其他淀粉样蛋白病（systemic amyloidoses）等病相关。

10.2.1 蛋白传染子导致的疾病（prion diseases）

近年来 prion diseases（又称传染性海绵状脑病，transmissible spongiform encephalopathies，TSEs）成为最被关注的疾病之一。prion diseases 包括人的纹状体脊髓变性病（CJD）、疯牛病（mad cow disease，牛海绵状脑病，bovine spongiform encephalopathy，BSE）、羊瘙痒病（scrapie）和其他 spongiform encephalopathies。传染性海绵状脑病是一种能够在人类与许多哺乳动物之间相互感染的致死性人畜共患疾病，其极强的传染性与致死性对社会造成极大危害。尽管人们认识到 TSE 病原体具有感染性已有多年，然而这种蛋白质感染因子具有独特感染能力的具体机制仍是目前困扰科学界的谜题之一。TSE 患者在经历一段相对较长的潜伏期之后，迅速表现出一系列临床症状，导致运动功能障碍、认知损伤及神经共济失调等，患者个体脑部则表现出海绵样退变、胶质细胞反应及大量错误折叠蛋白质的沉积。TSE 患者起始表现的症状为心情压抑、个性改变，难以控制运动。这个不可逆的过程导致严重痴呆，最后死亡。CJD 和 Alzheimer 病、Parkinson 病类似，也是偶发性和遗传性均有。

可传染性、长潜伏期的特点曾经一度让人们以为 TSE 是由一种所谓慢病毒引起，美国加州大学的 Stanley B. Prusiner 教授提出的 protein-only 假说认为，引起 TSE 的关键感染因子是致病型朊蛋白（PrP^{Sc}），它是细胞型朊蛋白（PrP^C）的构象变化形式，而一旦由内源 PrP^C 错误折叠或外源感染引入 PrP^{Sc}，细胞正常的 PrP^C 很可能以 PrP^{Sc} 为模板大量增殖并最终致死。天然型朊蛋白（细胞型朊蛋白）在正常动物体内存在，有其正常的生物学功能，不导致疾病，而感染型的朊蛋白（致病型朊蛋白）则导致传染性海绵状脑病，并导致天然型朊蛋白转变为感染型朊蛋白。Prusiner 教授对天然型和感染型

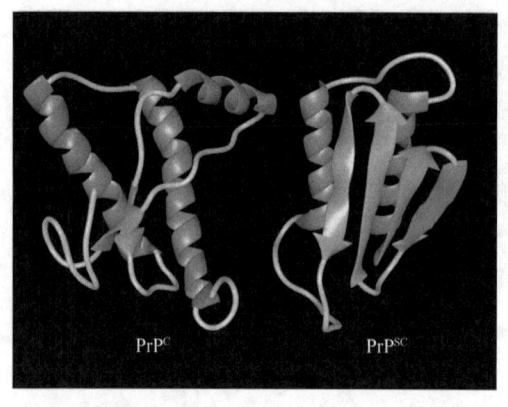

图 10-10　PrP^C 和 PrP^{SC} 的结构

朊蛋白（prion）进行了深入的研究，发现 prion 的传播主要是通过细胞中正常的朊蛋白分子向致病型朊蛋白分子的转化，其核心是朊蛋白内的 α-螺旋结构向 β-折叠结构的转化（图 10-10）。细胞型朊蛋白主要为 α-螺旋结构（42% α-螺旋和 3% β-折叠结构），而致病型的朊蛋白却主要为 β-折叠结构（43% β-折叠结构和 30% α-螺旋）。Stanley B. Prusiner 教授因发现 prions 并对其进行深入研究而获得 1997 年 Nobel 生理学或医学奖。

Prion 疾病起始于正常的 PrP^C 在 PrP^{SC} 的诱导下发生错误折叠，形成富含 β-折叠结构的、抗蛋白酶水解的 PrP^{SC}，错误折叠的 PrP^{SC} 有很强的聚合倾向，先形成淀粉样的小纤维，成为形成淀粉样斑块的前体，进一步聚合形成淀粉样斑块，最后发展为可被临床诊断的传染性海绵状脑病。

尽管人们认识到 PrP^C 向 PrP^{SC} 转化是疾病发生和发展的关键，PrP^{SC} 具有"自我复制"的能力，但机制尚在探索中（图 10-11 至图 10-14）。至今已提出至少 3 种假说来描述 PrP^C 转化为 PrP^{SC} 的机制：①重折叠模型（refolding model）。假设 PrP^C 发生去折叠达到一定程度，然后在 PrP^{SC} 的直接或间接影响下发生重折叠，形成折叠异常的致病结构 PrP^{SC}。②成核—多聚化模型（nucleation-polymerization model）。假设 PrP^C 和 PrP^{SC} 处于热力学平衡，而 PrP^{SC} 单体不稳定，聚集在一起后变得稳定。PrP^{SC} 聚集体通过结合 PrP^{SC} 单体促进 PrP^C 的转化，使平衡向生成致病型构象的方向移动。在成核—多聚化

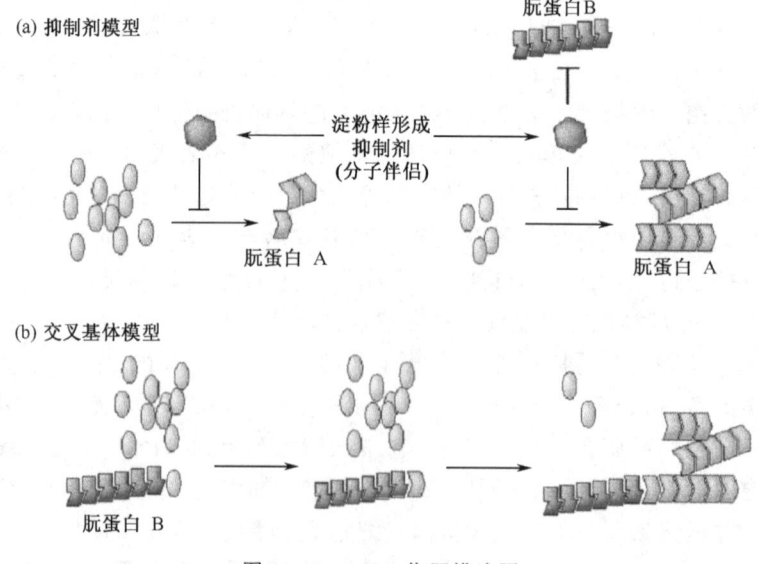

图 10-11　prion 作用模式图
(Wicker R. B. et al. 2001)

10.2 与蛋白质错误折叠有关的疾病

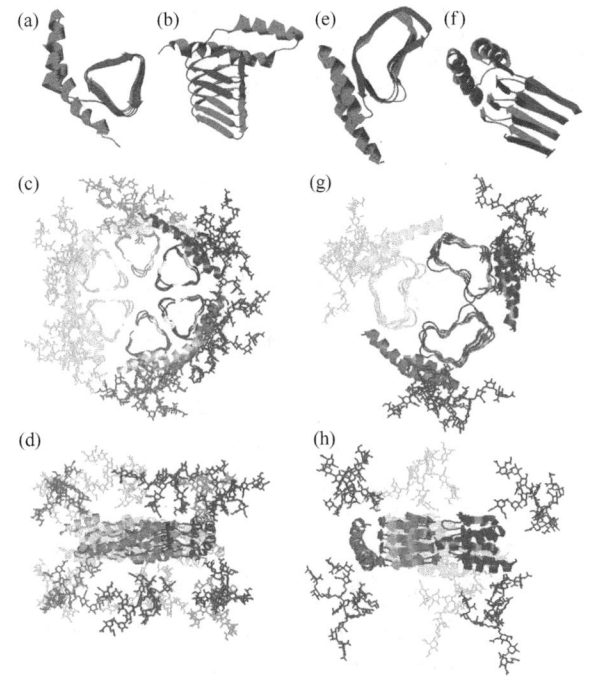

图 10-12 PrP 27-30 β-螺旋模型
(Wille H. et al. 2002)

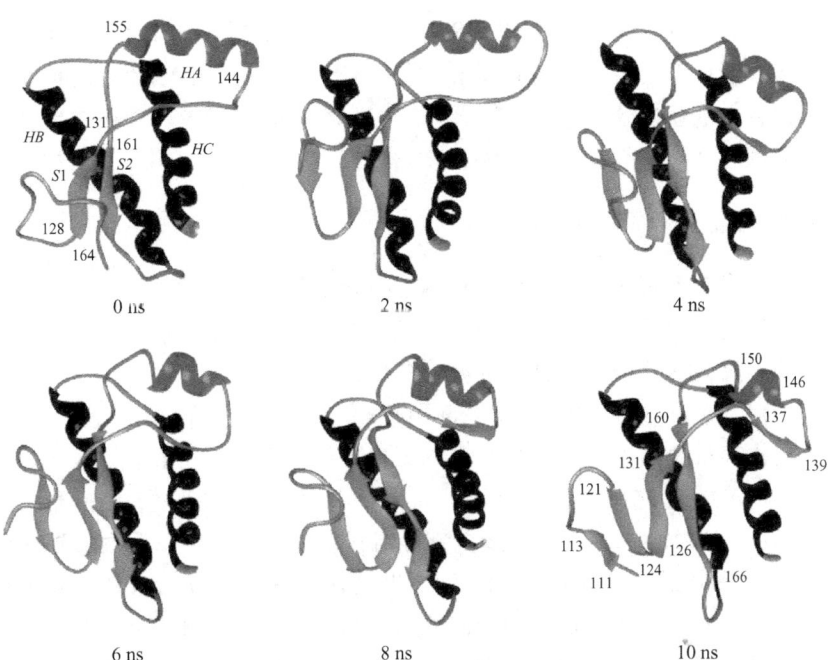

图 10-13 低 pH 条件下 PrP^C 分子动力学模拟的时间变化过程
(Alonso D. O. V. et al. 2001)

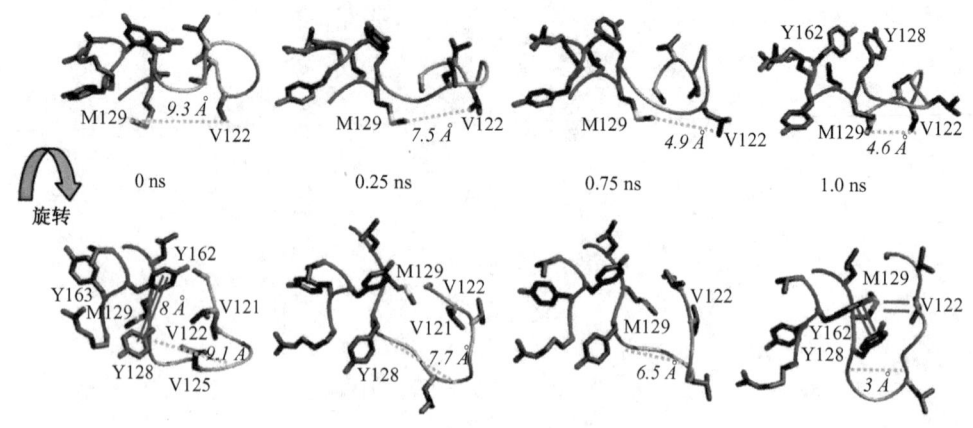

图 10-14 N 端加到折叠片上
(Alonso D. D. V. et al. 2001)

模型中具有传染性的物质是 PrP^{SC} 的多聚体，限速步骤是形成作为种子进一步稳定 PrP^{SC} 的核，因此称为成核—多聚化模型。③模板辅助转化模型 (template-assisted conversion model)。假设 PrP^{SC} 在热力学上比 PrP^C 更稳定，但 PrP^C 转变为 PrP^{SC} 时要克服能垒。在没有 PrP^{SC} 存在时，PrP^C 转变为 PrP^{SC} 的速度很慢；在 PrP^{SC} 存在时，它与 PrP^C 的结合降低了转变所需的活化能，使 PrP^{SC} 迅速增长。有研究结果显示，可能存在一种瞬时的构象中间体 PrP* 于 PrP^C 处于平衡中，与一种未知蛋白 (protein X) 作用后，PrP* 就能够和 PrP^{SC} 形成异源二聚体，这一异源二聚体自发转化形成 PrP^{SC} 同源二聚体，含有一个原来的、作为模板的 PrP^{SC} 分子和一个新形成的 PrP^{SC} 分子。同源二聚体进一步解离，形成两个模板，各自诱导进一步的转化，使 PrP^{SC} 的浓度以指数方式增长。目前，比较多的研究小组认为后两种模型更适合描述 PrP^C 与 PrP^{SC} 之间的转化，但尚不能确定哪一个更符合体内发生的真实情况。

10.2.2 淀粉样蛋白病 (amyloid disease)

这是一类由表观上正常的蛋白质采取琢磨不定的构象而造成的疾病。由于蛋白质聚合成不溶性的聚集体沉积在组织内，称为淀粉样蛋白质变性。还有许多神经退行性疾病，淀粉样纤维聚集在脑中，最常见的是老年痴呆症。

老年痴呆症 (Alzheimer disease, AD, 阿尔茨海默病)：在阿尔茨海默病患者的脑中，塞满了由错误折叠蛋白质形成的杂乱的蛋白质簇。通常有两类蛋白质的沉淀：含有淀粉样 β 蛋白 (Aβ) 的淀粉样斑 (胞外) 和主要由微管结合蛋白 Tau 所形成的神经纤维缠结 (NFT) (胞内)。Aβ 和 Tau 蛋白都是由在脑中正常产生的蛋白质转化而来的。

帕金森病 (Parkinson disease, PD)：最近的研究表明 Parkinson 病源于蛋白质的错误折叠。帕金森病患者随意运动的控制能力逐渐丧失，因为能产生多巴胺的神经细胞逐步被破坏，其原因和发生途径尚不清楚。目前是通过补偿丢失的多巴胺来减轻症状的，但随疾病的发展，作用会逐渐减弱。正在发展的新方法，旨在保护或再生被破坏的神经细胞，但如何将疾病控制在其萌发期尚无有效的方法。

与 Alzheimer 病中的淀粉样斑和神经纤维缠结类似，帕金森病患者的脑中也会有蛋白质沉积物，称为 Lewy 小体。这些沉积物包含由一种蛋白质 α-synuclein（α-突触蛋白）形成的淀粉样纤维。α-synuclein 基因突变影响了它与正常蛋白质伙伴的结合能力，使其处于未被结合的状态，导致其"迷路"，造成错误折叠；也可能突变后使 α-synuclein 具有趋向形成淀粉样纤维的性质。

10.2.3　癌症（cancer）

一些癌症是由蛋白质稳定性改变引起的疾病。细胞的分裂是由抑癌物（tumour repressor）严格控制的。如果由于突变使在某细胞内的 tumour repressor 丧失功能，细胞间进行不能控制的分裂，最后导致癌症。现在发现 50% 以上的癌症是 p53 基因突变引起的，有些是因为降低了 p53 蛋白的稳定性。正常情况下，在细胞被损伤或是显示癌变的倾向时，p53 能使细胞内的自修复系统和谐地工作导致细胞凋亡。而当 p53 非常不稳定，不能行使正常功能时，这个安全保证系统不起作用了，细胞将无限增殖也就导致癌症。

10.3　如何治疗由于蛋白质错误折叠引起的疾病

10.3.1　基因治疗

一些疾病的起因可以追溯到影响蛋白质稳定性或折叠的遗传性或体性突变。因此，发展使蛋白质稳定的方法，具有治愈许多疾病的潜力。基因疗法，将新基因拷贝引入到细胞中以补偿损伤或含量减少的基因；对于降低稳定性的突变，可以制造一个突变蛋白使其具有非常高的稳定性，而抵消降低稳定性突变所导致的结果。例如，研究表明 DNA-PK 含量减少可能导致肺癌的产生，所以可通过基因克隆导入 DNA-PK 基因来医治肺癌。

10.3.2　防止或修复蛋白质错误折叠的药物治疗

蛋白质聚合形成沉淀，通常是使生物化学家头痛的事情，现在认识到它的新意义。因为在试管中蛋白质错误折叠形成聚集体与淀粉样蛋白质在体内形成聚集体的机制是类似的。因此，在试管中研究防止蛋白质聚集的方法，可能有助于治疗这类与蛋白质错误折叠有关的疾病。Alzheimer 病在全世界影响着 1 500 万～2 000 万人。根据寿命统计，在下一个 30 年患者数量要增加 1 倍。英国人也忧虑随疯牛病流行而引发的 CJD 病的增加，迫切需要发展防止和控制这些疾病的药物。至今，尚无有效的治疗这些疾病的药物，但出现了一些有希望的治疗制剂。

Anthracycline（4'-indo-4'-deoxy-doxorubicin，IDX）可以与淀粉样纤维结合，诱导有序淀粉样蛋白病患者的淀粉样蛋白被再吸收。IDX 还可以通过抑制 PrP 淀粉样纤维的积累增加瘙痒病感染鼠的存活时间。一些聚阴离子，特别是硫酸化的糖能抑制动物和培养细胞中 prion 的繁殖，如刚果红（Congo red），但它能抑制纤维形成的机制尚不十分清楚。回收试验表明,此试剂不能通过血脑屏障,因此,必须注射到脑中。

今后生物化学工作者的重要工作是寻找使用比较方便、并可以直接进入到脑的有效药物。

10.3.3 研究进展

新近研究发现,增加 Hsp40 分子伴侣、转录因子和核糖体蛋白 Rpp0 的表达量可以治疗酵母的 prions。Foster 等发现了一些可以恢复已突变的 p53 蛋白正常功能的化合物,这可能是一类新的癌症治疗途径。这些化合物不仅能够稳定 p53 的 DNA 结合域,还能够使突变的 p53 恢复到正确的折叠。有功能的化合物的共性是:化合物的一端是疏水的,可能与 p53 的疏水口袋集合;另一端是带电荷的,很可能是于 p53 上的带负电荷的部分集合;重要的是这两端要有合适的距离。

尽管这些发现还仅仅是制造用于人类药物的漫长路程中的第一步,但是我们看到了希望,我们期待研究获得新的进展。

prion 类与蛋白质错误折叠有关的疾病是继癌症、艾滋病之后对人类提出的又一巨大挑战。目前对这类致命的神经退行性疾病还缺乏有效的诊断和治疗方法。这些疾病均与蛋白质错误折叠紧密相关。认识导致蛋白质错误折叠的原因和途径,发展防止蛋白质错误折叠的方法,是防止和治疗这类疾病的关键。

小 结

蛋白质的错误折叠就是新生肽链的折叠在体内发生了故障,形成错误的三维结构,从而不但使这些蛋白质丧失了生物学功能,而且会引起多种疾病。复制、转录、翻译作为分子生物学中心法则的三个关键步骤,对每一个过程的质量控制都是细胞正常功能的保证。

与蛋白质错误折叠有关的疾病包括神经退行性疾病以及一些癌症等。认识导致蛋白质错误折叠的原因和途径,发展防止蛋白质错误折叠的方法,是防止和治疗这类疾病的关键。

思 考 题

1. 描述细胞内保证蛋白质正常功能的"质量控制"系统。
2. 阐明蛋白质错误折叠的概念。蛋白质的错误折叠会导致哪些疾病?
3. 列举治疗蛋白质错误折叠引起疾病的方法。
4. 简述 Prion 疾病的形成和传染机制。

第 11 章 蛋白质去折叠
(protein unfolding)

70多年前，我国生化界先驱吴宪教授就提出了著名的蛋白质变性学说，即"天然蛋白质之分子，因环境种种之关系，从有次序而坚密之构造，变为无次序散漫之构造，是为变性作用。若数分子相撞而缠结，则为凝固作用（coagulation）。蛋白质变性之种种事实，均可以此说解释之。"

由蛋白质变性学说可知，"无次序散漫之构造"就是蛋白质折叠研究中所说的"去折叠态"（unfolding）。去除变性因素后，自动恢复到"有次序而坚密之构造"称为蛋白质的复性，就是蛋白质折叠研究中的"折叠"（folding）。所以，蛋白质去折叠和蛋白质折叠互为逆过程。蛋白质去折叠研究探讨蛋白质由天然态变为去折叠态的机制，从逆向思维的角度回答一级结构怎样决定高级结构的问题，而吴宪提出的蛋白质变性学说则构成了蛋白质去折叠研究的经典开拓工作。

11.1 主要研究手段

蛋白质去折叠的实验研究手段，主要采用物理学方法配合各种生物化学和分子生物学方法。如X射线晶体衍射分析，多维核磁共振波谱分析，电镜三维重组分析，电子和中子衍射技术，波谱技术（如圆二色谱、红外、拉曼、荧光和紫外等），质谱技术，微量热技术以及近几年发展起来的扫描隧道显微技术（STM）和原子力显微技术（AFM）等。

理论方法在蛋白质去折叠研究中已经占据一定的地位，其发展势头引人注目。实践证明，在一定范围内理论手段（如分子动力学模拟、半经验势能计算和量子力学计算等）确实是有效的。

11.2 促使蛋白质去折叠常用的方法

实验中促使蛋白质去折叠使用的方法主要有：变性剂诱导、温度诱导、压力诱导、pH诱导和蛋白酶诱导。近年来，出现了电荷诱导（charge-induced）及外力诱导（force-induced）这两种新的方法。

11.3 蛋白质去折叠研究进展

2000年，Darwin O. V. Alonso 和 Valerie Daggett 研究了葡萄球菌蛋白A的B、E结构域（图11-1），通过分子动力学模拟实验，阐明了体外B与E去折叠机制并比较

第 11 章 蛋白质去折叠（protein unfolding）

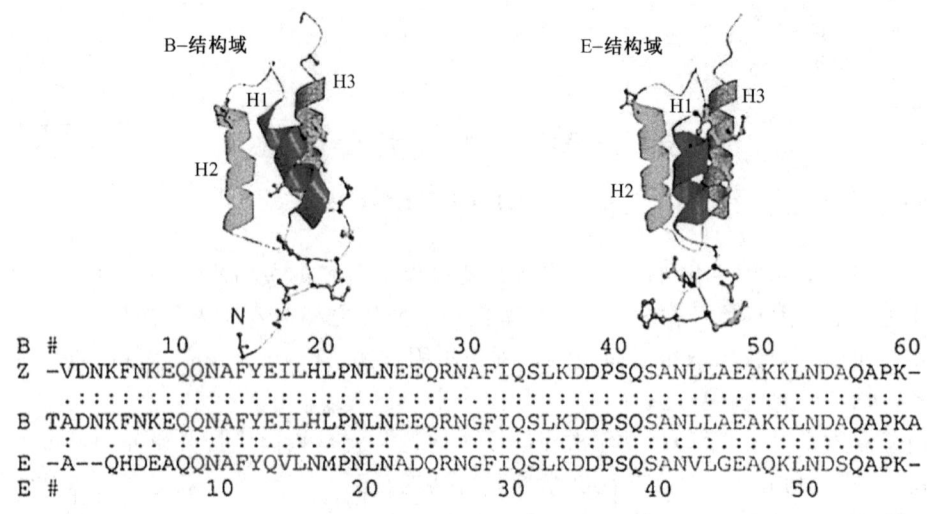

图 11-1　葡萄球菌蛋白 A 的 B 结构域和 E 结构域
(Alonso D. O. V. and Daggett V. 2000)

了两者之间的差异。

葡萄球菌蛋白 A 包含 5 个同源结构域，从 N 端到 C 端依次命名为：E、D、A、B 和 C。每个结构域均是由 57～60 个残基组成的三 α-螺旋串。

Darwin O. V. Alonso 和 Valerie Daggett 对 B 和 E 结构域各进行了 1 个天然态、2 个去折叠态共 6 组模拟。此外，他们还对 B 域 10～55 片段进行了两组去折叠实验以及一组 B 域序列、Z 域核磁共振结构（称为 BZ 域）天然态模拟（表 11-1）。天然螺旋被画成蓝色的条带（沿 y 轴），当螺旋去折叠时，这些条带随时间（x 轴）变为紫红色然后变为白色（书后彩页图 11-2）。

表 11-1　葡萄球菌蛋白 A 结构域在不同条件下的性质

模　拟	$(rmsd)_{3\sim 5ns}$	$(rmsd)_{Final}$	$(R_g)_{3\sim 6ns}$	R_{gmax}	螺旋稳定性
天然态模拟					
E (298)	1.7 (0.3)	1.4 (0.1)	11.2 (0.2)	11.7	均稳定
B (298)	2.5 (0.3)	2.5 (0.2)	12.0 (0.2)	12.6	均稳定
BZ (298)	2.2 (0.2)	2.3 (0.2)	11.3 (0.2)	12.0	均稳定
去折叠态模拟					
E1 (498)	10.1 (1.9)	14.0 (0.8)	15.0 (1.5)	19.7	3≫1>2
E2 (498)	12.1 (1.9)	12.9 (0.8)	15.1 (2.0)	20.7	3≫1>2
B1 (498)	7.7 (1.0)	7.5 (0.6)	12.5 (0.8)	14.7	3≫2>1
B2 (498)	7.2 (0.5)	7.8 (0.4)	12.1 (0.8)	13.9	3>2>1
Bfrag1 (498)	6.5 (0.9)	8.2 (0.4)	10.6 (0.5)	12.2	3≫1>2
Bfrag2 (498)	5.5 (0.8)	4.9 (0.5)	11.5 (0.8)	16.4	3≫1=2

在所有的去折叠模拟中，螺旋的行为有一些共同点，H3 具有引人注目的较高螺旋率，所有的螺旋随时间部分去折叠和重折叠（图 11-3）。

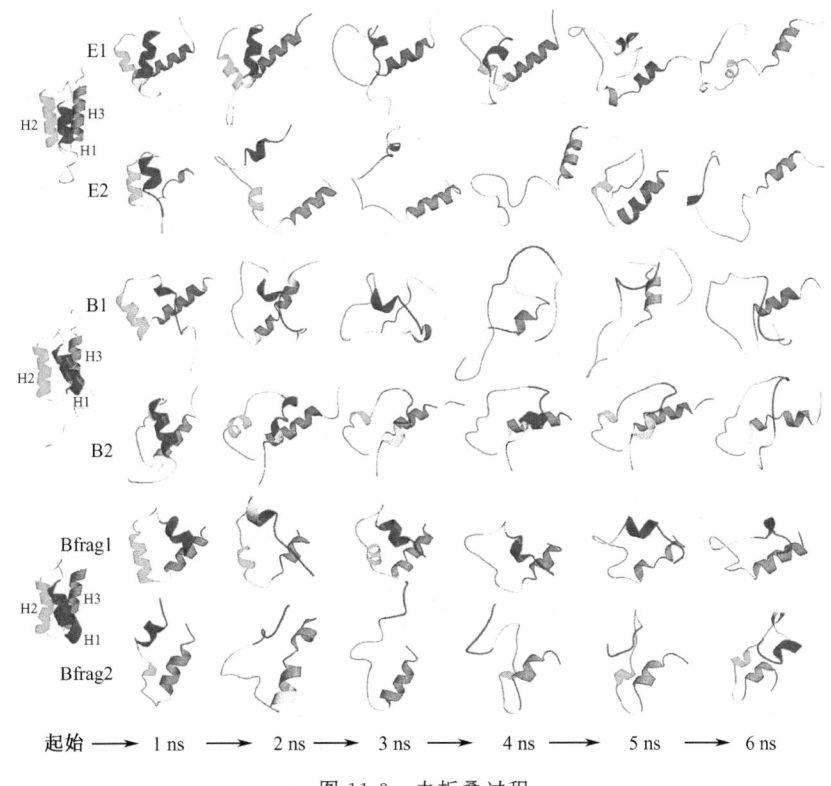

起始 → 1 ns → 2 ns → 3 ns → 4 ns → 5 ns → 6 ns

图 11-3　去折叠过程

(Alonso D. D. V. and Daggett V. 2000)

由实验结果可得到以下 4 个结论：

(1) B、E、BZ 在 298K 的模拟实验中是稳定的；

(2) H3 在去折叠条件下是最专一的螺旋；

(3) H1、H2 的相对稳定性依赖于它们所处的结构域；

(4) B 结构域具有一个比 E 结构域更紧凑的去折叠态。

借助原子力显微镜（atomic force microscopy）或光镊（laser tweezer）产生的外力进行蛋白质去折叠实验，是利用化学变性剂或温度这些较经典实验的有益补充。外力诱导去折叠对于生物功能中受机械张力的蛋白质特别有益。

最近，原子力显微技术及光镊，已被应用于研究外力诱导去折叠的单个蛋白质分子。这种方法提供了以前不曾得到的单一分子的信息。2000 年，Emanuele Paci 和 Martin Karplus 利用原子力显微镜和光镊对两种 β-sandwich 蛋白质（纤连三型蛋白和免疫球蛋白结构域）和两种 α-helical 蛋白质（α-血影蛋白结构域和酰基辅酶 A 结合蛋白）进行了研究（图 7-3），得出了一些有价值的实验结果。实验结果表明，不同拓扑结构的蛋白质的去折叠机制也不同。

11.3.1　Fn3 去折叠模拟

实验中平均去折叠力出现两个峰值，表明纤连蛋白 3 型结构域（Fn3）去折叠过程中存在两个能垒。第一个能垒与两个 β-折叠片的相对滑动及疏水核心的部分瓦解有关。天然二级结构通常保持完好直到 r_{NC} 达到 80Å，是天然长度的 2.5 倍（图 11-4）。在对应于第二个瓶颈区域（r_{NC}=140Å），整个分子伸长到它原长的 4 倍，有两种途径：

其一，N 端的 A 和 B 股完全伸展，而 C 端无变化；

其二，两个末端（A 与 G 股）都伸展，r_{NC} 为 140Å 处的瓶颈与 F、G 及 C、F 间氢键的模拟断裂有关。CC′发卡（hairpin）总是最后消失的二级结构片段。

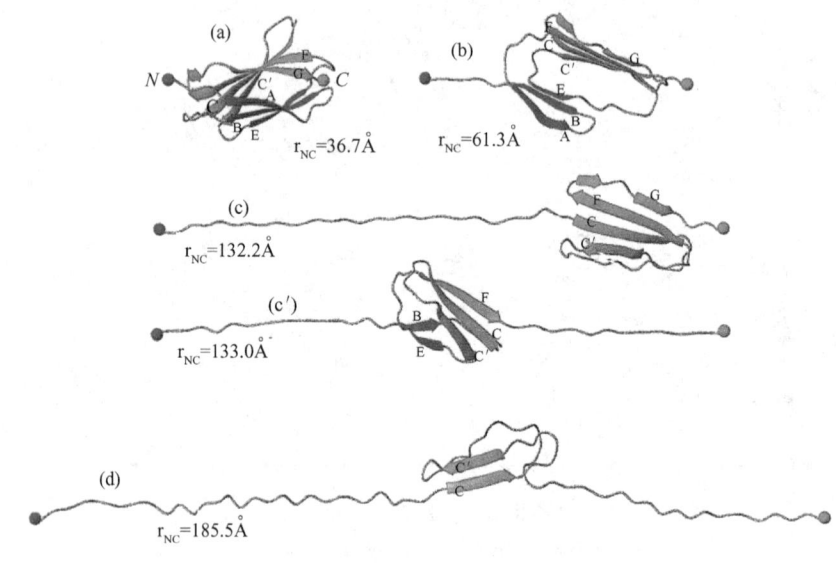

图 11-4　Fn3 去折叠过程

11.3.2　Ig 去折叠模拟

免疫球蛋白结构域（Ig）去折叠过程中仅有一个峰值力，表明只存在一个能垒。该瓶颈出现在 60Å 处的较小范围。关键性事件发生在由两 β-折叠片的 A 与 B 股及 A′与 G 股之间的氢键形成标志的崩塌。此后，该结构沿着无新瓶颈的过程去折叠，两个 β-折叠片此时能彼此相对滑动和分开。在滑动中，B、E、D 持续时间长于 C、F。有趣的是，在去折叠结束阶段，在 C 端 β-折叠片处形成一个非天然的发卡（图 11-5）。

11.3.3　Fn3 与 Ig 去折叠模拟的差异

二者之间存在的去折叠差异可从它们折叠的拓扑结构中理解，即在 Fn3 中，2 个 β 片层的 N 端和 C 端是分开的，而在 Ig 结构中它们是彼此交错的。

11.3.4　α-血影蛋白去折叠模拟

拉长的初始效果对于 A 及 C 螺旋的 N 端和 C 端是有限的，它们趋于成为较长的 3_{10} 螺旋。N 端螺旋首先去折叠，r_{NC} 在 110～150Å 增加时，螺旋间的三维结构开始瓦解，即使 α-螺旋的典型部分仍保留着（图 11-6）。

11.3 蛋白质去折叠研究进展

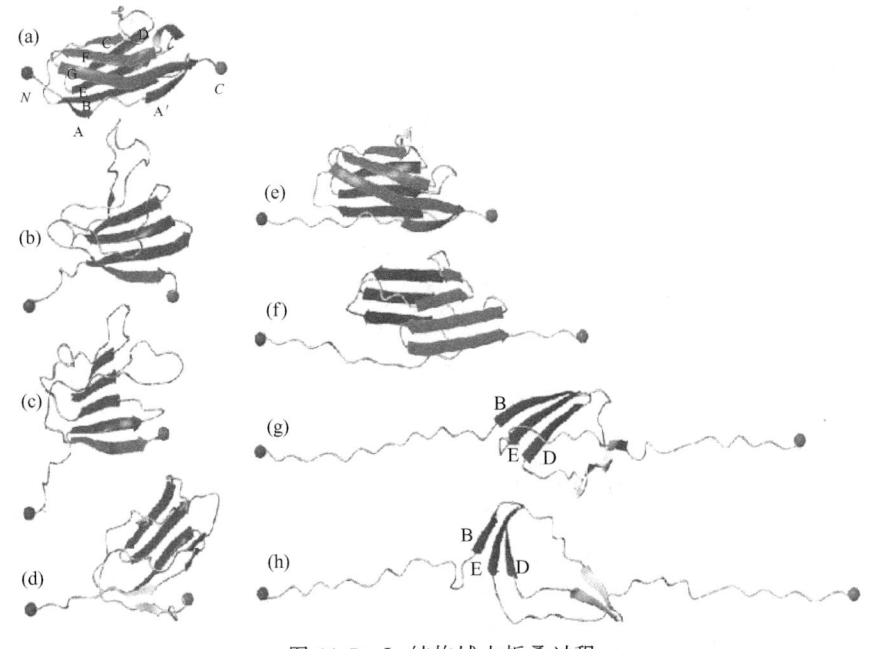

图 11-5　Ig 结构域去折叠过程
(Paci E. and Karplus M. 2000)

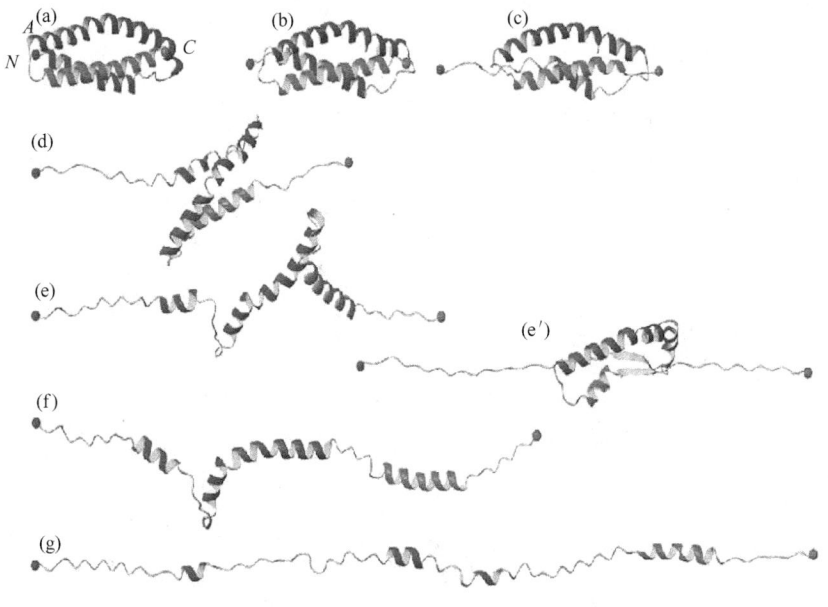

图 11-6　α-血影蛋白结构域去折叠过程
(Paci E. and Karplus M. 2000)

11.3.5　酰基辅酶 A 结合蛋白去折叠模拟

当施加一个较低的外力（150 pN）时，该蛋白在 70~250 的范围内显示出大量的亚稳态，尽管 N 端螺旋有一些去折叠，但初始阶段主要涉及螺旋的三维重排，当 3 个 C

端螺旋分开解聚时，去折叠率增加（$r_{NC} \geqslant 80 \text{Å}$）。B、C 比 A、D 螺旋具有较低的螺旋倾向，天然态中埋得较深，当 $r_{NC} > 200 \text{Å}$ 时，变为与 A 和 D 一样暴露（图 11-7）。

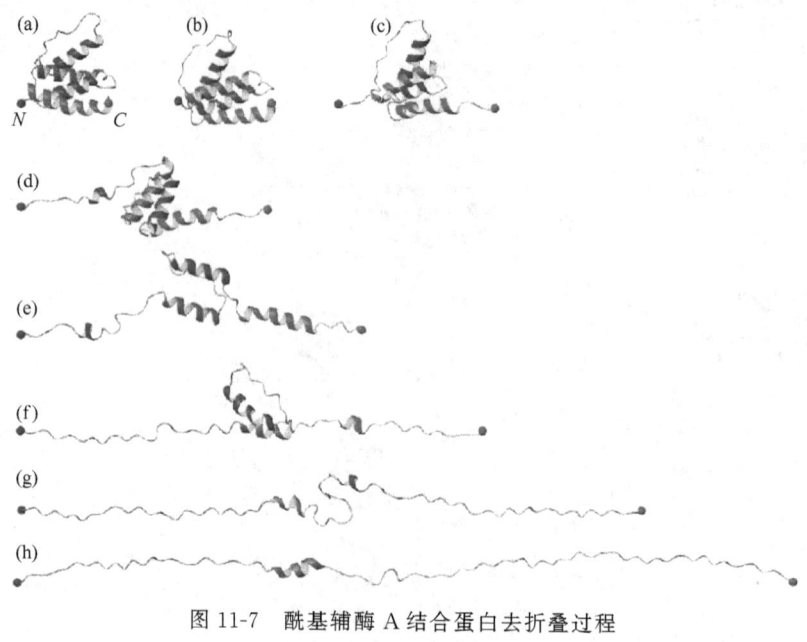

图 11-7　酰基辅酶 A 结合蛋白去折叠过程
(Paci E. and Karplus M. 2000)

11.3.6　二者之间的差异

酰基辅酶 A 结合蛋白的实验结果与 α-血影蛋白的差异在于，前者二级结构的大片段在天然三级作用力破坏后仍然存在。

图 11-8 和图 11-9 分别显示了电荷诱导和蛋白酶诱导的蛋白质去折叠过程。

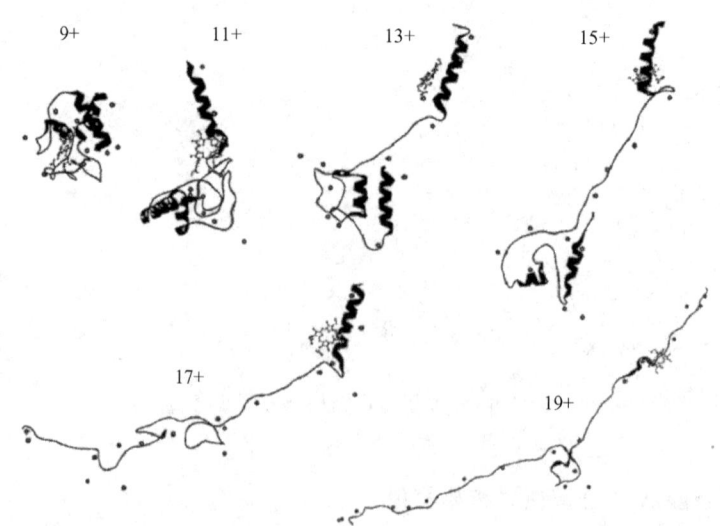

图 11-8　不同电荷（+9，+11，+11，+13，+15，+17 和 +19）诱导的蛋白质去折叠
(Mao Y. et al. 1999)

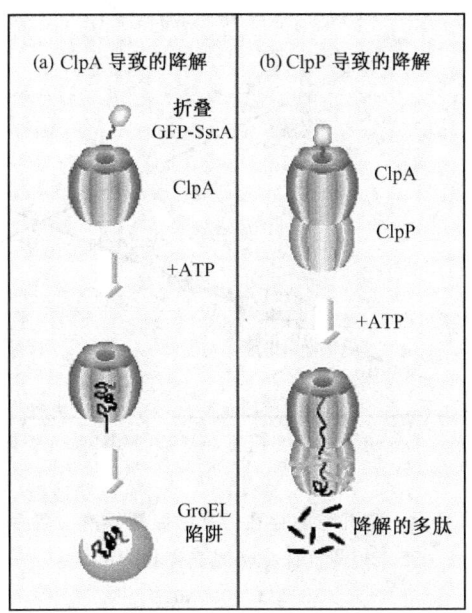

图 11-9 ClpAP 复合物导致的蛋白质去折叠和降解
(Baker T. A. 1999)

11.4 质谱法、荧光相图法在研究蛋白质去折叠中的应用

我们运用质谱法、荧光相图法研究了肌酸激酶（图 11-10）、溶菌酶（图 11-11）和

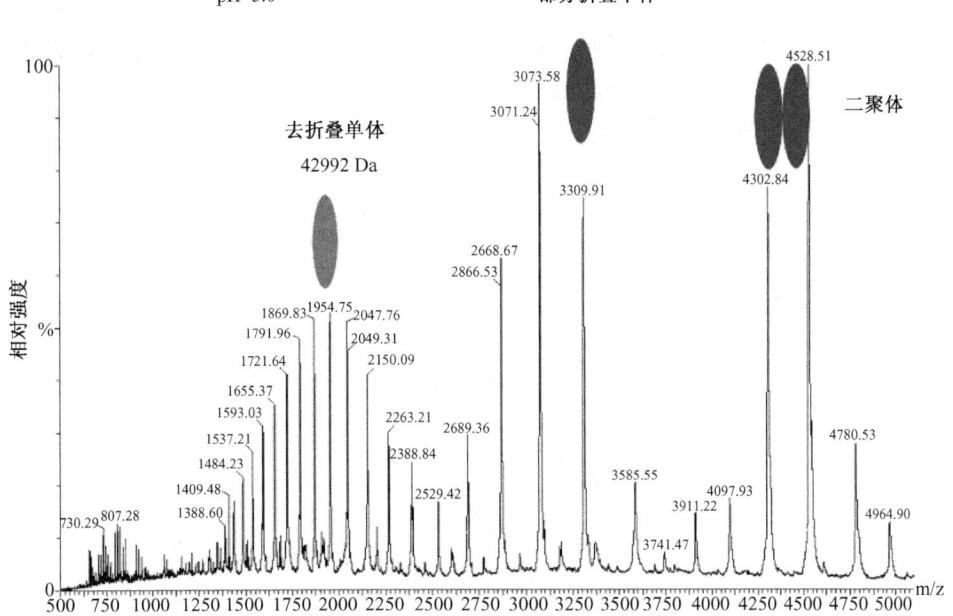

图 11-10 pH = 5.0 时，肌酸激酶的去折叠研究（详见质谱技术一章）
(Liang Y. et al. 2003)

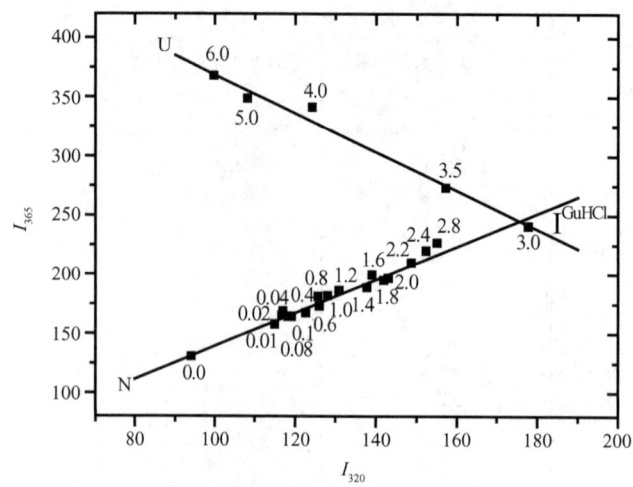

图 11-11 无 2-巯基乙醇存在时盐酸胍诱导溶菌酶去折叠的荧光相图（详见荧光光谱技术一章）

（Liang Y. et al. 2003）

过氧化氢酶等的去折叠过程。具体原理技术参见第 18 章、第 26 章的相关内容。

小　结

蛋白质去折叠研究探讨蛋白质由天然态变为去折叠态的机制，从逆向思维的角度回答一级结构怎样决定高级结构的问题。

蛋白质去折叠的实验研究手段，主要采用物理学方法配合各种生物化学和分子生物学方法，而理论方法在一定范围内是有效的。近年来一些新的研究技术方法如原子力显微技术、光镊实验和分子动力学模拟的采用大大地促进了蛋白质去折叠的研究。另外，质谱法和荧光相图法等在研究中也有广泛的应用。

思　考　题

1. 谈谈你对蛋白质变性学说的看法。
2. 简述蛋白质去折叠研究进展。
3. 列举并简要说明研究蛋白质去折叠的方法。

第12章 蛋白质结构与功能示例
(structures and functions of proteins: some examples)

本章以超氧化物歧化酶（superoxide dismutase，SOD）、ATP 合成酶和 DNA 依赖的蛋白激酶为例，介绍蛋白质结构与功能的关系。

12.1 超氧化物歧化酶

12.1.1 SOD 的背景简介

超氧化物歧化酶（EC 1.15.1.1）于 1938 年由 Mann 等首次从牛红血球中发现，于 1969 年由 McCord 等发现了其生理功能。它是体内歧化超氧阴离子的一个抗氧化应激酶，在生物体内广泛存在。SOD 是一种金属酶，依据金属辅基不同有：

（1）CuZn-SOD，主要存在于真核细胞的细胞质中，呈蓝绿色。
（2）Mn-SOD 存在于真核细胞的线粒体和原核细胞中，呈紫红色。
（3）Fe-SOD 只存在于原核细胞中，呈黄褐色。
（4）Ni-SOD 最近在链球菌中发现。

12.1.2 SOD 的性质

SOD 是一种酸性蛋白质，由于共价连接金属辅基，因此它对热、pH 以及某些理化性质表现出异常的稳定性。

12.1.2.1 SOD 对热稳定

SOD 对热的稳定性与溶液的离子强度有关，如果离子强度非常低，即使加热到 95℃，SOD 活性损失亦很少，构象熔化温度 T_m 的测定表明 SOD 是迄今发现的热稳定最高的球蛋白之一。此高热稳定性应归功于酶分子中的金属辅基，去金属后，热稳定性明显下降。

12.1.2.2 pH 对 SOD 的影响

SOD 在 pH5.3~10.5 范围内其催化速度不受影响。如果 pH 进一步改变，则可能会导致金属辅基的脱落或酶活性的丧失。SOD 对 pH 的稳定性亦归因于金属辅基的存在。不同来源的 SOD，等电点 pI 值不相同。

12.1.2.3 SOD 的紫外吸收

SOD 具有特殊的紫外吸收峰，它在 280 nm 处没有吸收峰，其特征峰出现在 258 nm。

这是因为在 SOD 分子中酪氨酸和色氨酸含量很低。

12.1.2.4 金属辅基与酶活性

SOD 是金属酶，用电子顺核磁共振测得，每 molCuZnSOD 含 1.93 molCu 和 1.80 mol 的 Zn。实验表明，Cu 与 Zn 的作用是不同的，Zn 仅与酶分子结构有关，而与催化活性无关，而 Cu 与催化活性有关，透析去除 Cu 则酶活性全部丧失，一旦重新加入，其活性又可以重新恢复。同样在 Mn 和 FeSOD 中，Mn 和 Fe 与 Cu 一样，对酶活性是必需的。

12.1.3 SOD 的结构

12.1.3.1 晶体结构

CuZn-SOD 的分子质量为 32 kDa，每个酶分子由 2 个亚基通过非共价键的疏水相互作用缔合成二聚体，肽链内部由半胱氨酸 C_{55} 和 C_{144} 的—SH 基构成的二硫键对亚基缔合起重要作用。X 射线衍射晶体结构分析为牛红细胞 CuZn-SOD 的三维结构提供了可靠的信息，其三维结构的最主要特征是八股反平行的 β-折叠股。

Cu 分别与 4 个组氨酸残基配位形成扭曲平面四方形结构，Zn 则与 3 个组氨酸和 1 个天冬氨酸残基配位形成畸变的四面体结构，其中 His-61 的咪唑环氮原子分别与 Cu 和 Zn 配位形成咪唑桥，Cu 和 Zn 之间相距 6.3Å（图 12-1）。

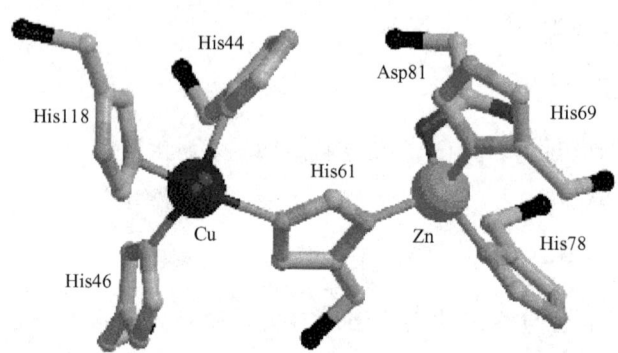

图 12-1 CuZn-SOD 亚基活性部位金属的配位结构

12.1.3.2 溶液结构

NMR 的研究表明，CN^- 和 N_3^- 等负离子能够使腔内 Cu 附近的任何水分子失去，这与氰化物与叠氮化物能使其失活相一致；F^- 则对 Cu 的轴向配位不产生影响，与 F^- 和 4 个组氨酸残基配体一样，还有 1 个水分子作为远离 Cu 的配位区域的配体占据在第 6 个配点位置上（图 12-2）。

通过比较去金属酶与去铜酶的低场 NMR 谱，可得出 Zn 的功能主要是维持活性部位结构域的构象有序性。研究同时表明，CuZn-SOD 活性部位的溶液结构与晶体结构具有相当程度的相似性。

Mn-SOD 的晶体结构与活性部位结构参见图 12-3 和 12-4。

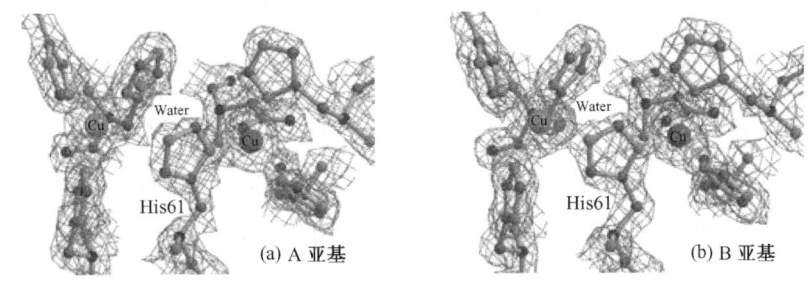

图 12-2　CuZn-SOD A、B 亚基溶液结构

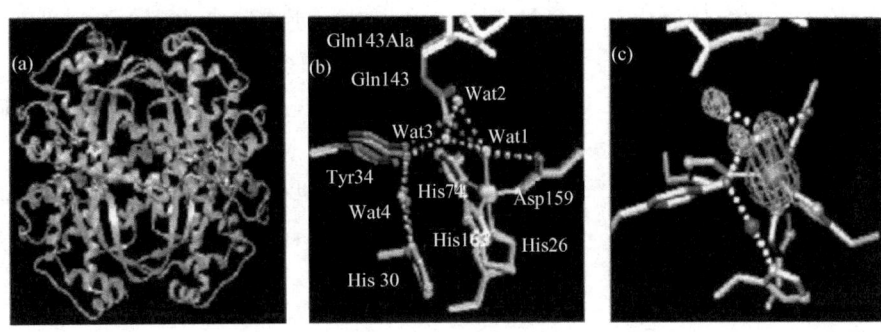

图 12-3　人野生型四体 MnSOD 的晶体结构
(Lévêque V. J-P. et al. 2000)

12.1.4　SOD 的催化机制

由于超氧化物歧化酶催化 O_2^- 歧化速度快，中间过渡态不易检出，因此对其催化机制及反应动力学的研究成为了对 SOD 研究的热点。

铜锌咪唑桥质子化断开和重接循环作用机制认为催化过程中的第一个 O_2^- 将酶中氧化态 Cu(Ⅱ) 还原成 Cu(Ⅰ)，本身被氧化为一分子 O_2，同时 His61 咪唑桥在 Cu 侧断开并质子化；接着另一个 O_2^- 将酶中的还原态 Cu(Ⅰ) 氧化为 Cu(Ⅱ)，本身还原为 O_2^{2-}，并自质子化 His61 的咪唑基获得质子生成 HO_2^-，同时 His61 咪唑桥重新形成。

含 Fe 和 Mn 的超氧化物歧化酶组成一个密切相关的酶系来催化消除超氧阴离子。

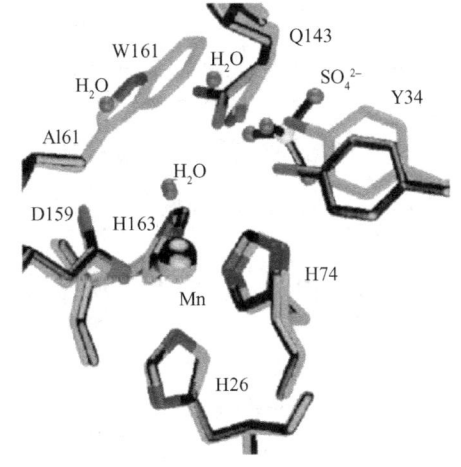

图 12-4　人 W161A MnSOD
活性部位结构（黑色），
叠置于人野生型 MnSOD 上（灰色）
(Hearn A. S. et al. 2001)

$$\text{SOD-Cu}^{2+} + O_2^- \longrightarrow \text{SOD-Cu}^+ + O_2 \tag{12-1}$$

$$\text{SOD-Cu}^+ + O_2^- + 2H^+ \longrightarrow \text{SOD-Cu}^{2+} + H_2O_2 \tag{12-2}$$

$$O_2^{\cdot-} + Fe^{3+}\text{-SOD} \longrightarrow O_2 + Fe^{2+}\text{-SOD} \quad (12\text{-}3a)$$

$$O_2^{\cdot-} + Fe^{2+}\text{-SOD} + 2H^+ \longrightarrow H_2O_2 + Fe^{3+}\text{-SOD} \quad (12\text{-}3b)$$

$$Mn(\text{III})\text{-SOD} + O_2^{\cdot-} \xrightarrow{k_1} Mn(\text{II})\text{-SOD} + O_2 \quad (12\text{-}4)$$

$$Mn(\text{II})\text{-SOD} + O_2^{\cdot-} \xrightarrow{k_2(+2H^+)} Mn(\text{III})\text{-SOD} + H_2O_2 \quad (12\text{-}5)$$

$$Mn(\text{II})\text{-SOD} + O_2^{\cdot-} \xrightarrow{k_3} Mn\text{-X-SOD} \quad (12\text{-}6)$$

$$Mn\text{-X-SOD} \xrightarrow{k_4(+2H^+)} Mn(\text{III})\text{-SOD} + H_2O_2 \quad (12\text{-}7)$$

12.1.5 SOD 的功能

SOD 的主要功能是催化歧化超氧阴离子自由基，使细胞免受 O_2^- 的氧化性损伤，在防御氧的毒性、抗辐射损伤、预防衰老、防治肿瘤和炎症等方面起重要作用。SOD 的临床应用主要集中在患炎症的病人上，特别是以类风湿性关节炎以及放射治疗后引起炎症的病人为主。

此外，SOD 对某些自身免疫性疾病（如红斑狼疮、皮肌炎）、肺气肿和氧中毒有一定疗效。SOD 对心肌缺血再灌注后心肌功能有恢复的作用。SOD 对某些肿瘤有一定的治疗作用。

12.2 ATP 合 成 酶

12.2.1 ATP 合成酶的旋转催化机制

美国科学院院士、加州大学 P. D. Boyer 教授为阐明 ATP 合成酶作用机制所提出的结合变化和旋转催化机制有两个基本要点：一是 ATP 合成所需要的能量原则上是用于促进酶上紧密结合的 ATP 的释放和无机磷、ADP 的结合；二是在净 ATP 形成过程中，酶上的各催化部位是高度协同顺序起作用的（图 12-5）。γ 亚基在 F_1F_0-ATP 酶中的旋

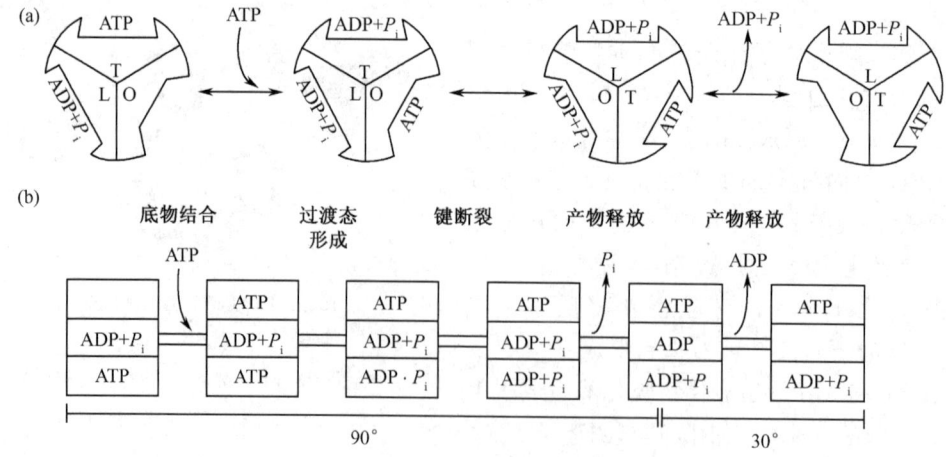

图 12-5 F_1F_0 型 ATP 合成酶的旋转催化机制

(Capaldi R. A. and Aggeler R. 2002)

转运动使 3 个催化部位构象不对称，是实现结合变化的基础。高分辨率牛心线粒体 F_1F_0-ATP 酶的晶体结构发表以后，出现了一些支持旋转催化机制的直接实验证据。Boyer 教授因此而获得 1997 年 Nobel 化学奖。

12.2.2 ATP 合成酶：世界上最小的马达

ATP 合成酶是由多亚基装配形成的，包括膜外可溶性的球形结构域 F_1 和膜内结构域 F_0 通过约 45 nm 细长的颈互相连接。F_1 是直径大约 9~10 nm 的球体，由 $\alpha_3\beta_3\gamma\delta\epsilon$ 5 种肽链 9 个亚基组成，其催化部位在 β 亚基上（书后彩页图 12-6）。

如此复杂的亚基装配在完成从 ADP 转化为 ATP 将能量储存起来的过程中到底起了什么作用？这些亚基又是如何协同作用来完成这一维持生命的最基本却伟大的事件的？这些问题使得 ATP 合成酶一直是最具吸引力的研究课题之一。Noji 教授等的出色工作，将在 F_1F_0-ATP 酶水解 ATP 过程中，γ 亚基的旋转运动展现在我们面前，使我们亲眼目睹这一世界上最小的分子马达的转动，为 Boyer 教授提出的 ATP 合成酶结合变化和旋转催化机制提供了绝妙的实验证据。

Noji 与其合作者利用晶体结构的结果，精心设计了一系列的标记、突变，并采用最新的荧光显微镜摄像技术，将 γ 亚基的转动运动展现在了我们面前。从 F_1F_0-ATP 酶的晶体结构可以看出，γ 亚基的卷曲螺旋是穿过 $\alpha_3\beta_3$ 形成的圆柱体的中心，伸展到颈部与膜内的 F_0 部分连接，而 β 亚基的 N 端是在 γ 亚基的侧面。为了将 $\alpha_3\beta_3\gamma$ 亚复合物固定在一个玻璃板上，他们首先通过基因工程的方法在嗜热菌的亚复合物中 β 亚基的 N 端连上了一个含 10 个组氨酸残基的尾巴，使 F_1 复合物能够通过此组氨酸尾巴立体专一地连接到一个镀 Ni^{2+} 的玻璃表面上。此突变体在 E. coli 中高效表达。将玻璃板用与 Ni^{2+}-nitrilotriacetic acid 连接的辣根过氧化物酶包被，此板与组氨酸的尾巴有很高的亲和力，通过突变体酶上的组氨酸尾巴将亚复合物的 β 亚基固定在玻璃板上，获得了独立于膜一侧的亚复合物（图 12-7）。

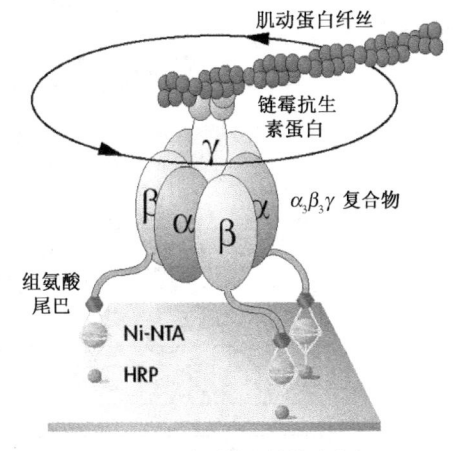

图 12-7 用来观察 F_1-ATPase $\alpha_3\beta_3\gamma$ 亚复合体中 γ 亚基旋转的系统

(Noji H. et al. 1997)

为了观察 γ 亚基的转动，通过定点突变技术将 γ 亚基颈部 107 位的丝氨酸替换成半胱氨酸；将 α 亚基中唯一的 193 位半胱氨酸用丝氨酸取代，使此亚复合物中仅在 γ 亚基有一个半胱氨酸残基能够专一性地与生物素（biotin）结合。为了能观测 γ 亚基的运动，还需制作生物素结合的、荧光标记的肌动蛋白细丝，并将其与 γ 亚基连接起来。因为肌动蛋白与 biotin 有 4 个接合部位，所以可通过肌动蛋白将 γ 亚基与荧光标记的肌动蛋白细丝连接起来。通过这样的处理，获得了在 γ 亚基上连接了荧光标记的肌动蛋白细丝的 $\alpha_3\beta_3\gamma$ 亚复合物。在倒置荧光显微镜连接的摄像系统上观察，当加入 2 mmol/L ATP 时，在荧光屏上显示了转动的亮点，肌动蛋白的细丝像鞭子一样甩动起来。此运动可以持续至少 25 s。

第 12 章 蛋白质结构与功能示例
(structures and functions of proteins: some examples)

由于 $\alpha_3\beta_3$ 亚复合物是通过 3 个 β 亚基固定在玻璃板上的,并且肌动蛋白细丝连接在亚基上,这个结果清楚地表明,γ 亚基是在 $\alpha_3\beta_3$ 形成的圆柱体中转动的。跟踪单个肌动蛋白的细丝转动的时间过程表明运动是单方向和反时针的。此反时针的转动使中心的亚基能够与 3 个 β 亚基按顺序由空部位、ADP 结合形式到 ATP 结合形式接触,这个顺序正好与预言的 ATP 水解反应从 ATP→ADP→空位点(β_{Empty})的转动顺序一致。这个实验让我们清楚地看到 ATP 合成酶确实是一个分子转动马达(图 12-8 至图 12-11)。

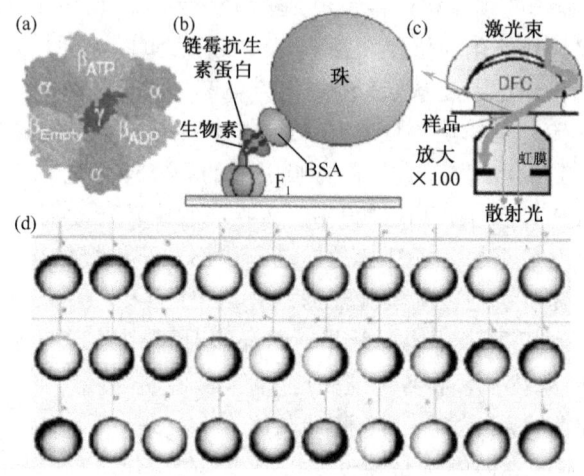

图 12-8 观察 F_1 的旋转
(Yasuda R. 2001)

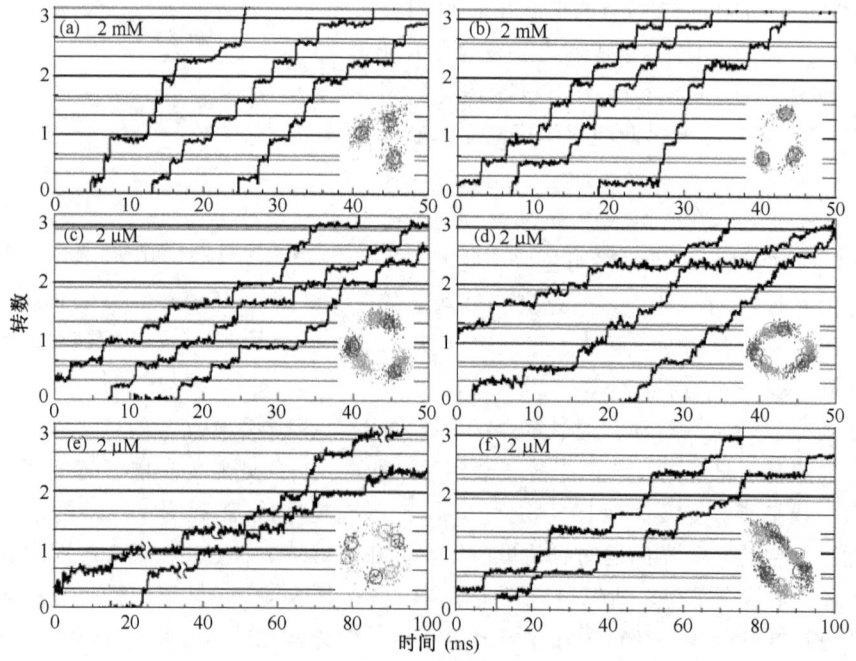

图 12-9 F_1 的旋转(120°的步骤中包含 90°和 30°的亚步骤)
(Yasuda R. 2001)

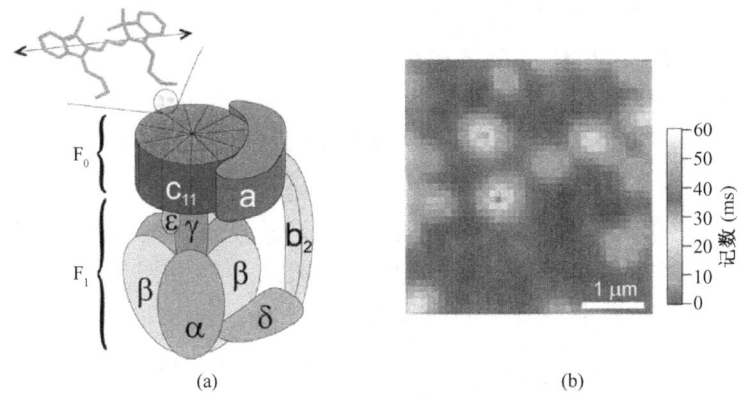

图 12-10　F_0F_1 全酶亚基组成及每个亚基的激光共聚焦显微镜图像

(Kaim G. 2002)

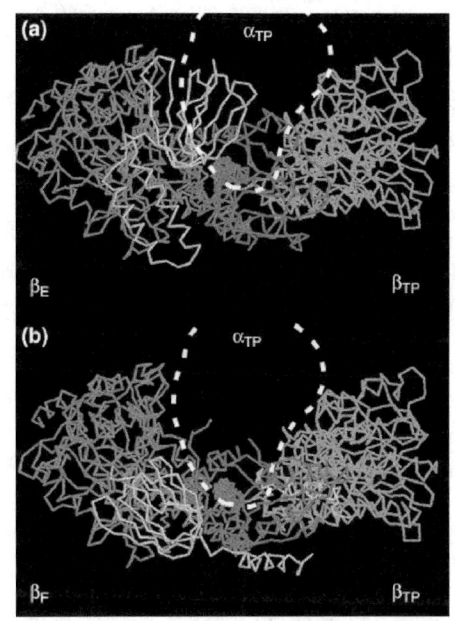

图 12-11　晶体结构中观察到的 γ 亚基旋转

(Capaldi R. A. and Aggeler R. 2002)

12.3　DNA 依赖的蛋白激酶

DNA 依赖的蛋白激酶（DNA-PK）是一种定位于细胞骨架微丝系统的钙调蛋白。10 多年前，第一次发现了 DNA 依赖的蛋白质磷酸化现象，从此 DNA 依赖的蛋白激酶就成为研究的焦点，它的生物化学特性也逐渐被了解。

DNA-PK 由 1 个大的催化单位 DNA-PK$_{CS}$ 和 1 个以 DNA 为靶分子的蛋白 Ku 组成。当这两部分在一个适当的 DNA 分子上组装之后，DNA-PK 就作为丝氨酸、苏氨酸蛋白激酶在体外磷酸化许多修复因子和转录因子。XRCC5 和 XRCC6 基因分别编码 Ku 的 86 和 70 kDa 的亚基，XRCC7 基因则编码 DNA-PK$_{cs}$。

最近的基因研究表明，DNA-PK 在 DNA 双链修复与 V(D)J 重组中有重要作用。DNA-PK 通过蛋白质的相互作用或磷酸化来吸引与修复相关的蛋白到 DNA 损伤位点，并引发 DNA 损伤的信号传递反应。

在 T 淋巴细胞和 B 淋巴细胞的发育过程中，会产生这两种淋巴细胞受体的可变基因区域，它们负责编码多种受体蛋白。连接该区域基因和免疫球蛋白基因片段的过程就称之为 V(D)J 重组。V(D)J 这 3 个字母分别是 variable、diversity、joining 的缩写。

12.3.1　DNA-PK$_{CS}$——催化单位

DNA-PK$_{CS}$ 分子 C 端约 500 个氨基酸序列与磷脂酰肌醇激酶（PI3-kinase，PI3K）家族分子的催化结构域密切相关，因此也将 DNA-PK 归为磷脂酰肌醇激酶家族的蛋白。

DNA-PKcs 分子质量为 460 kDa，与单链 DNA 分子的直接作用可以激活它的催化活性。在低盐浓度缓冲液中，即使没有 Ku 的情况下，DNA-PKcs 也能够结合单链 DNA 片段。但是生理盐浓度却抑制 DNA-PKcs 与 DNA 的结合，此时该蛋白质与 DNA 的稳定结合还需要 Ku 的辅助。

DNA-PK$_{CS}$ 的厚度大约为 39~75Å，是一个相对较平的分子，两端最长距离为 135Å，两条通道的间隔距离最长为 107Å，最短为 25Å。B 通道为 31Å×19A^2，足以容纳一条双链 DNA。A 通道也可以容纳一条双链 DNA，但是它比 B 通道要深得多，它的大小是 48Å×20Å，部分被蛋白臂包围，形状类似"手指—手掌—大拇指"结构，当分子与之结合时，就会发生转动导致通道的容积减少，结合也更加紧密。

DNA-PK$_{CS}$ 的另外一个显著特征是具有一个附加的椭圆洞穴，大约 8×16A^2。这个洞穴穿越整个分子，而且周围有一定的蛋白质密度环绕，虽然双链 DNA 分子不能穿越该洞穴，但是单链 DNA 却可以完全进入洞穴（图 12-12）。

12.3.2　酶活性的调节

DNA-PKcs 的活性可能是通过解螺旋的 DNA 末端决定的。直接的激活就是 1 条单链插入 DNA-PKcs 的附加洞穴中并激活它，间接的激活是通过 Ku 的磷酸化激活 1 个已知的螺旋酶的活性。

当单链 DNA 的长度可以使它穿透到附加洞穴的足够深度时，该酶便失去活性，就在此刻末端连接也顺利完成。这时，2 条互补的单链通过碱基配对重新排列，不能够配对的 DNA 片段被核酸酶转移。在 XRCC4 蛋白和 DNA 连接酶 IV 的参与反应下，断裂末端重新共价结合。

12.3.3　辅助单位 Ku 的结构

Ku 的异源二聚体的结构就像一个有着巨大基部和一个提手的竹篮（图 12-13），被称为桥梁结构。当 DNA 绑缚到 Ku 上时，一个 14 碱基对的片段就会契合到竹篮的基部

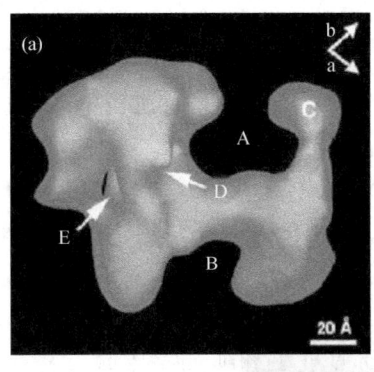
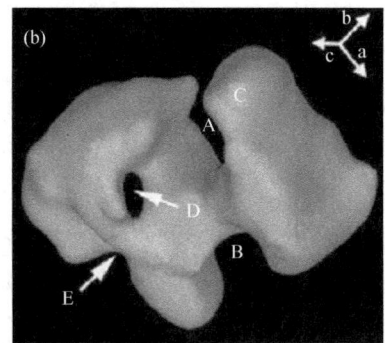
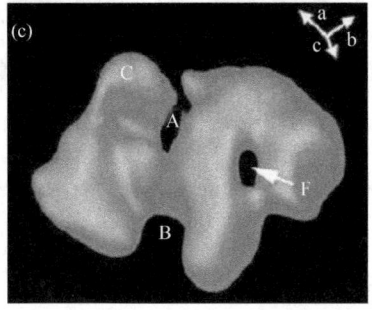

图 12-12 从 3 个不同角度观察到的 DNA-PK$_{CS}$ 三维结构

(a)、(b)、(c) 展示了蛋白分子的两个相对的通道和附加洞穴的三个开口,其中在 A 通道的周围还有一条柔软的蛋白臂
(Leuther K. K. et al. 1999)

和提手之间。异源二聚体的 2 个亚单位之间存在较弱的初级同源序列,但是它们在高级结构上却十分相似。它们都包括 3 个结构域:即 1 个 N 端的带 Rossmann 折叠的球状结构域,1 个位于中央的与 DNA 结合的 β 桶状结构域以及 1 个在 C 端附近的扩展的螺旋结构(书后彩页图 7-9)。

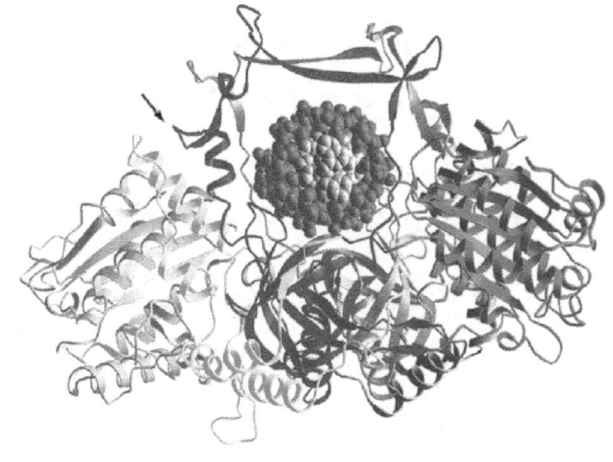

图 12-13 辅助单位 Ku 的结构

箭头表示 Ku70 和 Ku86 之间类似锁与闩的联系。
(Jones J. M. et al. 2001)

第 12 章 蛋白质结构与功能示例
(structures and functions of proteins: some examples)

在异源二聚体中，Ku86 扩展的 C 端螺旋臂紧紧地围绕着 Ku70 的 β 桶状结构域，同样，Ku70 的 C 端 α 螺旋臂也紧紧地围绕着 Ku86 的 β 桶状结构域，看上去就像是由于 β 桶状结构域的相互交换而导致了二聚化作用。β 桶状结构域是与 DNA 作用的中央部分，这个结构域包括 7 个反平行的 β 折叠股。

当细胞暴露于氧化剂和离子辐射中，染色体 DNA 就会产生双链断裂（double-stranded breaks，DSBs）。在正常的细胞活动例如减数分裂重组和免疫球蛋白的基因重排中，也会产生 DSBs。如果不进行修复，DSBs 会杀死细胞或导致潜在的致瘤性染色体易位。

在真核细胞中至少存在两种修复途径：同源重组和非同源连接。在非同源连接（NHEJ）方式中，DNA 断裂末端又重新连接在一起，它被认为是脊椎动物中主要的 DNA 修复方式，特别当细胞处于 G_0 和 G_1 期时。Ku 异源二聚体的 70 和 86 kDa 的亚基与 XRCC4/DNA 连接酶 IV 蛋白复合物（XRCC4/Ligase IV）对于有效而精确的非同源连接中是必不可少的。由于氧化或者辐射造成的断裂引起了化学变化，重接过程不可能立即发生，因而需要其他的辅助蛋白将那些被化学因素破坏的碱基消除并填补遗留的空缺。

小 结

本章以超氧化物歧化酶（SOD）、ATP 合成酶和 DNA 依赖的蛋白激酶（DNA-PK）为例，介绍了蛋白质结构与功能的关系。

CuZn-SOD 的每个酶分子由 2 个亚基通过非共价键的疏水相互作用缔合成二聚体，三维结构的最主要特征是八股反平行的 β-折叠股。SOD 的主要功能是催化歧化超氧阴离子自由基，使细胞免受 O_2^- 的氧化性损伤。

ATP 合成酶是由多亚基装配形成的，包括膜外可溶性的球形结构域 F_1 和膜内结构域 F_0。F_1 是直径大约 9~10 nm 的球体，有 $\alpha_3\beta_3\gamma\delta\epsilon$ 5 种肽链 9 个亚基，其催化部位在 β 亚基上。γ 亚基在 $\alpha_3\beta_3$ 形成的圆柱体中的反时针的转动使中心的亚基能够与 3 个 β 亚基按顺序由空部位、ADP 结合形式到 ATP 结合形式接触。ATP 合成酶是一个分子转动马达。

DNA-PK 由一个大的催化单位 DNA-PK_{CS} 和一个以 DNA 为靶分子的蛋白 Ku 组成。DNA-PK 在 DNA 双链修复与 V(D)J 重组中有重要作用。

思 考 题

1. 试述 SOD 结构与功能的关系。
2. 试述 ATP 合成酶旋转催化机制。
3. 试述 DNA-PK 结构与功能的特点。
4. 英译汉

Well, seeing is believing. Reporting in Cell, Kinosita, Yoshida and colleagues have once again turned molecules of F_1-ATPase on their heads, visualizing rotation of the g-subunit relative to the three alternating sets of a-and b-subunits. As they did last year, the authors have attached a histidine tag to one end of the b-subunits and inverted them over glass (although now elevated by a nickel-coated bead, 0.2 mm in diameter), and attached an actin filament to the g-stalk through biotin-streptavidin-biotin links. This time, however, they have used much lower concentrations of ATP to show that F_1 rotates the actin tag in discrete 120° steps at exponentially distributed intervals. Not only that, but the work done by each step is close to the energy available from the hydrolysis of one molecule of ATP, and this is true for actin filaments of different lengths (over a range of viscous loads). Is the near-100% efficiency with which the F_1-ATPase converts chemical to mechanical energy surprising? Kinosita and colleagues think not, because this accords with the fully reversible nature of the native enzyme, which is composed of two parts, F_1 and F_0. When given ATP, F_1 drives F_0, which pumps protons, establishing an electrochemical gradient across the cytoplasmic membrane (inside negative). When provided with protons energized by an electrochemical gradient, F_0 drives F_1, which synthesizes ATP.

第13章　蛋白质组学
(proteomics)

1990年国际上正式开始了人类基因组的合作研究，人类基因组计划当时被称为"生命科学阿波罗计划"，并预计在15年内完成。由于技术的飞速发展，研究进程不断加快，整个完成的时间提前到了2003年，比原计划提前了2年。人类基因组的"工作草图"（working draft）已完成，并发表在2001年2月的 Nature 和 Science 上。人类基因组的精确图谱已于2003年完成（精确程度达99%以上）。

人类基因组计划的完成是科学发展史上的一个重要里程碑，同时标志着后基因组时代（post-genome era）的到来。后基因组时代学术研究重点是功能基因组学（functional genomics），即揭示基因的生物学功能，在基因组整体水平上阐明基因活动的规律。其最终目的，是阐明基因组所表达的真正执行生命活动的全部蛋白质的表达规律和生物功能，即蛋白质组学研究（图13-1）。

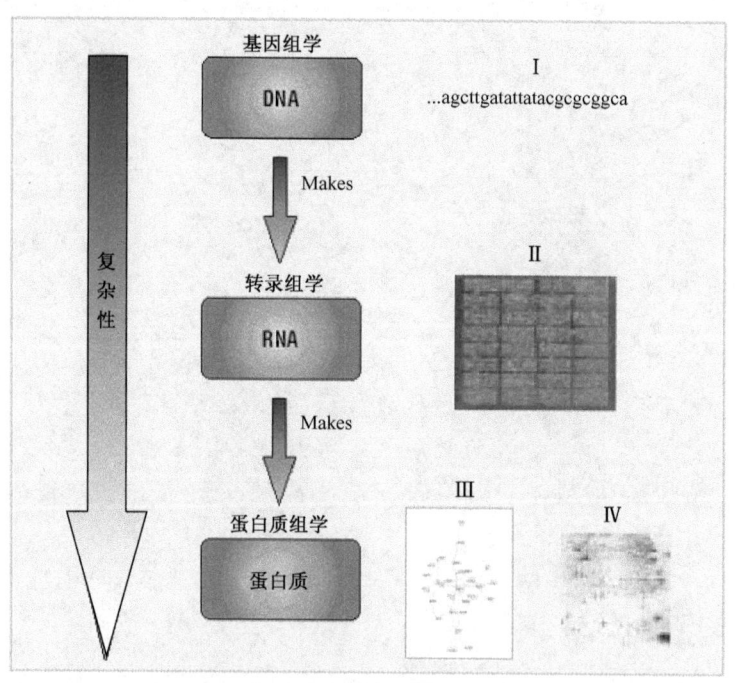

图13-1　从基因组学到蛋白质组学
（Bayat A. 2002）

蛋白质组学（proteomics）是后基因组时代研究的一个新领域，它是通过在蛋白质水平上对细胞或机体基因表达的整体蛋白质的定量研究，来揭示生命的过程和解释基因表达调控的机制。蛋白质组学分为表达蛋白质组学（expression proteomics）和细胞图谱蛋白质组学（cell-map proteomics）。前者指细胞和组织表达的蛋白质的定量图谱，它依赖二维凝胶电泳图谱和图像分析。它能在整体蛋白质水平上研究细胞的通路，以及疾病、药物和其他生物刺激所引起的紊乱，因此它可能发现疾病标志和阐明生物通路。后者系指通过纯化细胞器或蛋白质复合物，用质谱鉴定蛋白质组分，确定蛋白质和蛋白质—蛋白质相互作用的亚细胞位置。蛋白质组学是了解基因功能的最重要途径之一。

当前蛋白质组学主要的研究手段为双向凝胶电泳、"双向"高效柱层析、质谱技术、生物传感芯片质谱和生物信息学。蛋白质组学研究，不仅是 21 世纪整体细胞生物学新的最重要的内容，而且将为医药、农业和工业的革新提供崭新的思路。

13.1 后基因组学——蛋白质组学研究

13.1.1 蛋白质组学研究的目的和任务

生物学在 20 世纪取得了巨大进展，数理科学广泛而又深刻地渗入生物学的结果，全面地改变了现代生物学的面貌。当前人类基因组 DNA 全序列的测定，无疑是整个生物学领域内人力和物力投入最多的所谓"大科学"，这一巨大工程已经完成。

基因是遗传信息的携带者，而生命活动的执行者却是蛋白质，即基因的表达产物。即使把人的约 3 万个基因的 30 亿对碱基的序列全都解析清楚了，解决了基因序列的问题，但也只是解决了遗传信息库的问题，还远远不是基因组研究的终结。人们在获取了基因的全部序列信息后，必须进一步了解所有这些基因的功能是什么，它们是怎样发挥这些功能的，这样基因的遗传信息才能与生命活动之间建立直接的联系。实际上，现在已经解出了一些低等生物的基因组全序列，但大部分基因的功能都还是未知的。

一个有机体只有一个基因组，但同一个有机体的不同细胞中的蛋白质的组成和它们的数量，随细胞的种类和其功能状态而可能很不相同。所以说基因组是唯一的，但这 2 万多个基因并非全部都得到表达，即使全部表达其程度也各不相同，因此基因组所表达的真正执行生命活动的蛋白质是在不断变化的。

基因的"表达"又是有规律的，不同的基因有其各自的表达模式，这也就是我们通常所说的基因调控的结果。

研究基因组的根本目的在于揭示整个生命活动的规律。因此，基因组全序列的测定只是认识生命、改造生命的万里长征的第一步，人们必须继续研究所有这些基因的功能，这就是后基因组学（post-genomics）研究，也称之为功能基因组学（fuctional genomics）研究。

后基因组时代的中心任务是揭示基因组及其包含的全部基因的功能，并查明其全部表达产物即细胞中全套蛋白质的动态分布、精确结构及功能表现，在此基础上阐明遗传、发育、进化以及功能调控等基本生物学问题。

而今人类基因组测序工作已经完成，人们面临的更大的挑战是如何合理地利用这些信息来提高医学水平，研制新型药物。由于 DNA 序列信息主要提供的是细胞中蛋白质被利用的不同途径的静态"快照"，而生命却是一个动态过程，因此对蛋白质组学技术的兴趣在不断增加。在这种情况下，因为大多数药物作用的靶标并不是 DNA 和 RNA，而是蛋白质，所以人们无法直接利用基因序列来清楚地辨明药物作用的靶标。于是功能基因组学亦即蛋白质组学就应运而生。

测定一个有机体的基因组所表达的全部蛋白质的设想，萌发于 1975 年双向凝胶电泳发明之时。1994 年澳大利亚悉尼大学的 Wilkins 和 Williams 正式提出了这个问题，翌年他们创造了"蛋白质组（proteome）"和"蛋白质组学（proteomics）"的名词，并发表在 1995 年 7 月 Electrophoresis 杂志上。

What is proteome & proteomics?

PROTEOME is the PROTEINS expressed by a genome or a tissue.

The proteome has been defined as the entire complement of proteins expressed by a cell, organism, or tissue type, and accordingly, proteomics is the study of this complement expressed at a given time or under certain environmental conditions.

Proteomics represents the genome at work and is a dynamic process.

即，**蛋白质组**就是由一个细胞或一个组织的基因组所表达的全部相应的蛋白质，因而**蛋白质组学**就是对在一定的时间或一定的环境条件下表达的所有蛋白质的研究。

蛋白质组与基因组相对应，也是一个整体的概念，是基因组表达的全部蛋白质。但二者又有根本不同之处：一个有机体只有一个确定的基因组，组成该有机体的所有不同细胞都共享同一个基因组；但基因组内各个基因表达的条件和表达的程度则随时间、地点和环境条件而不同，因而它们表达的模式，即表达产物的种类和数量随时间、地点和环境条件也是不同的。所以，蛋白质组是一个动态的概念。

实际上每一种生命运动形式，都是特定蛋白质群体在不同时间和空间出现并发挥功能的不同组合的结果。基因 DNA 的序列并不能提供这些信息，所以仅用核酸的语言不足以描述整个生命活动。再加上基因剪接、蛋白质翻译后修饰和蛋白质剪接，基因遗传信息的表现规律就更加复杂，不再是经典的一个基因一个蛋白质的对应关系。

一个基因可以表达的蛋白质数目可能远大于 1。对细菌，可能为 1.2~1.3；对酵母则为 3；而对人，这个因子可高达 10。2 万多个基因可以表达的蛋白质可达数十万。可见，既是整体又是动态的蛋白质组学的研究任务有多么繁重了，它是为阐明生命活动本质所不可缺少的基因组研究的后续部分，是远为复杂的后续部分。

围绕组学（-omics）这个后缀，除了基因组学（genomics）和蛋白质组学（proteomics），一批新的研究热点正涌现出来：转录组学（transcriptomics）、生物信息学（bioinformatics）、代谢组学（matabolismics）、细胞组学（cellomics）、蛋白质相互作用组学（protein interactomics）……

13.1.2 蛋白组学和基因组学能告诉我们什么？

可以提供的知识：很快处理大量的基因组和蛋白质组提供的信息，发现重要的新基因和新蛋白质，综合、比较得到一般规律（图 13-2）。

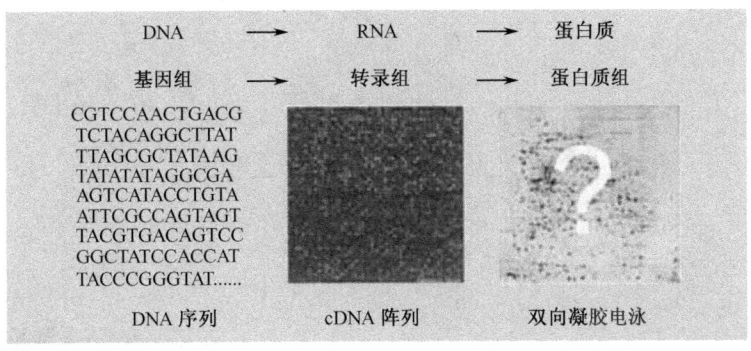

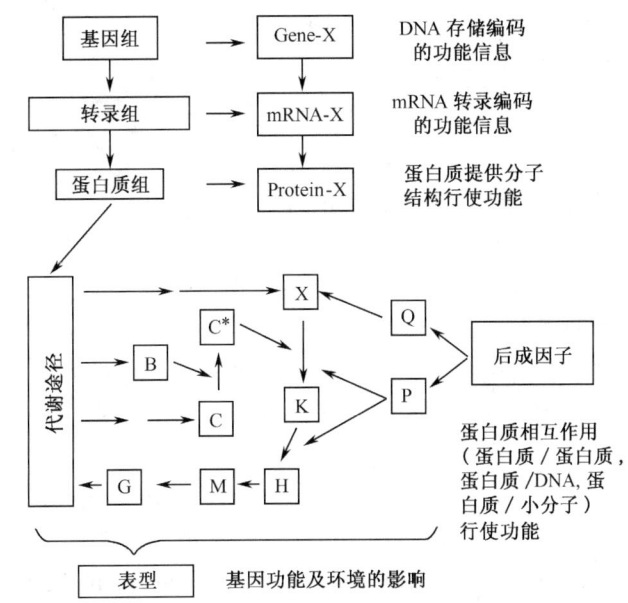

图 13-2 基因组学、蛋白组学能告诉我们什么
(Godovac-Zimmermann J. and Brown L. R. 2001)

不能提供的知识：相关机制（mechanism）和途径（pathways）。

13.2 蛋白质组学研究的主要手段

相对于基因组研究的进展速度，蛋白质组的研究就显得滞后，主要原因是研究手段中众多技术问题尚未很好解决。分析全部 2 万多个基因的功能，最直接的是蛋白质组研究。而从这几年中对基因组全序列分析已经完成的一些低等生物蛋白质组的研究看来，目前最现实、最有效的技术是先用双向凝胶电泳分离纯化蛋白质，结合计算机定量分析电泳图谱，进一步用质谱对分离到的蛋白质进行鉴定，或用多维蛋白质鉴定技术结合串联质谱对分离到的多肽进行鉴定，并运用现代生物信息学的知识和技术对所得到的天文数字的数据进行处理，对蛋白质以及它们执行的生命活动作出尽可能最精细、最准确、

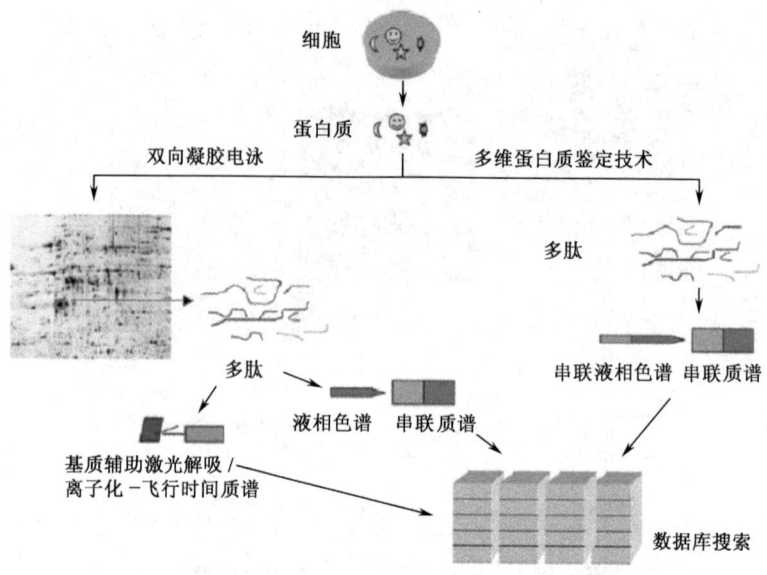

图 13-3 蛋白质组学研究的流程图
(Lin D. et al. 2003)

最本质的阐述（图 13-3）。

There are three main steps in proteome research:
Separation of individual proteins by 2-D polyacrylamide gel electrophoresis (2-D PAGE).
Identification by mass spectrometry or N-terminal sequencing of individual proteins recovered from the gel.
Storage, manipulation, and comparison of the data using bioinformatics.

即，当前蛋白质组研究可分为两个阶段：第一阶段是建立一个细胞或一个组织或一个机体在"正常"条件下的蛋白质双向凝胶电泳图谱，或称参考胶图谱，即所谓组成蛋白质组。

第二阶段则研究在各种条件下的蛋白质组的变化，从中总结出生命活动的规律，可以称为功能蛋白质组。

MudPIT (Multidimensional Protein Identification Technology, 多维蛋白质鉴定技术) is a technique for the separation and identification of complex protein and peptide mixtures. Rather than use traditional 2D gel electrophoresis, MudPIT separates peptides in 2D liquid chromatography （二维液相色谱）. In this way, the separation can be interfaced directly with the ion source of a mass spectrometer.

13.2.1 双向凝胶电泳 (2D-PAGE, 2-DE)

双向凝胶电泳在 1975 年由 O'Farrell、Klose 和 Scheele 等发明，其原理是第一向基于蛋白质的等电点不同用等电聚焦分离，第二向则按分子质量的不同用 SDS-PAGE 分离，把复杂蛋白质混合物中的蛋白质在二维平面上分开。近年来经过多方面改进已成为研究蛋白质组的最有实用价值的核心技术之一。

对分离蛋白质组所有蛋白质的 2 个关键参数是高分辨率和可重复性。高分辨率使更多的不同种类的蛋白质得以分开；而可重复性才能使一个操作者不同批的实验数据之间，以及不同实验室在相同条件下得到的数据可以相互比较。在目前情况下，双向凝胶电泳的一块胶板（16 cm×20 cm）可分出 3 000~4 000 个（图 13-4，图 13-6，书后彩页图 13-5），甚至 1 万个可检测的蛋白质斑点，但与 2 万多个基因可以表达的蛋白质数目相比还是太少了。

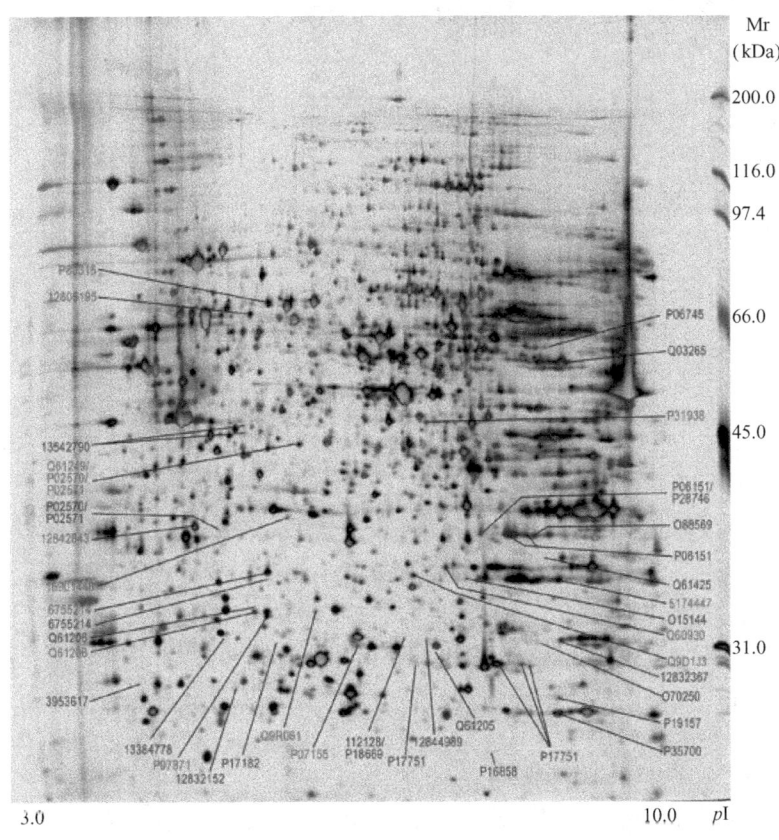

图 13-4　双向凝胶电泳鉴定代谢状态下杂交瘤细胞蛋白的差异表达
(Korke R. et al. 2004)

如何检测在电泳中分离的蛋白质斑点，有许多经典的灵敏度不同的方法，包括考马斯亮蓝染色、银染、荧光染色或放射性标记等方法。其中灵敏度较高的银染法可检测到 4 ng 蛋白，最灵敏的还是用同位素标记，20 ppm 的标记蛋白就可通过其荧光或磷光的强度而测定。用激光/荧光图像扫描仪、莱塞密度仪、电荷组合装置可把用上述方法看到的蛋白质图谱数字化，再经过计算机处理，去除纵向和横向的曳尾以及背景底色，就可以给出所有蛋白质斑点的准确位置和强度，得到参考胶图谱，但还要进一步进行蛋白质的鉴定，确定每一个电泳斑点是什么蛋白质。蛋白质的鉴定不能在胶中进行，必须把蛋白质从胶中分离出来。

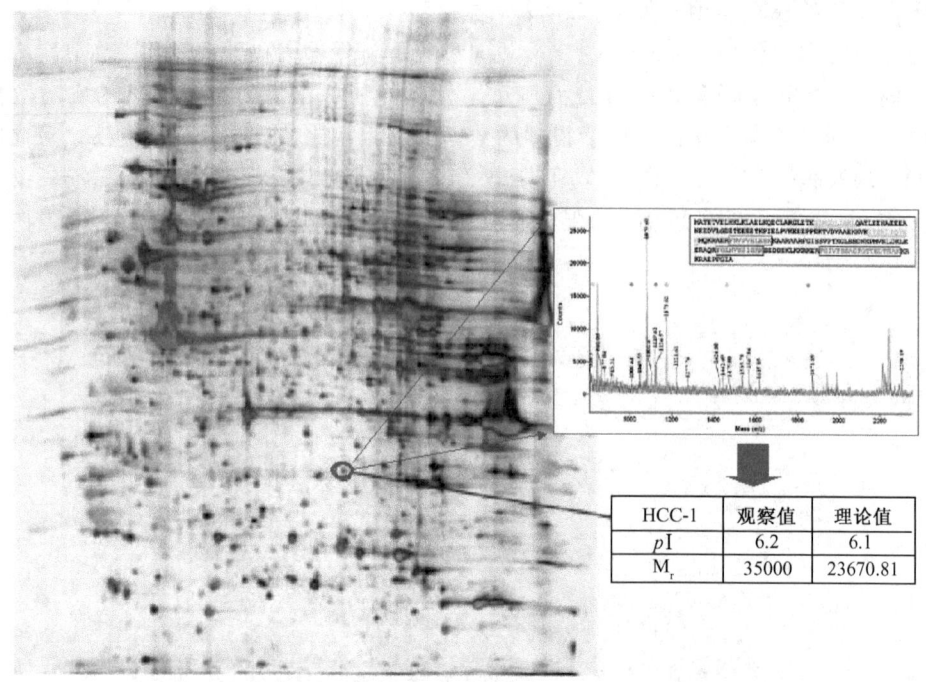

图 13-6　2-DE 结合质谱等分析手段发现新的 HCC-1 蛋白质
(Seow T. K. et al. 2002)

蛋白质组研究的主要困难就是对用双向凝胶电泳分离出来的蛋白质，进行定性和定量的分析。最常用的方法是先要把胶上的蛋白质印迹到 PVDF (polyvinylidene difluoride) 膜上后再进行分析，确定它们是已知蛋白质还是未知蛋白质。现在的分级分析法是先做快速的氨基酸组成分析，也可先做 4～5 个循环的 N 端微量测序；再做氨基酸组成分析；结合在双向电泳凝胶板上估计的等电点和分子质量，查对数据库中已知蛋白质的数据，如果该蛋白质斑点是一个已知蛋白质，通常就可以做出初步判断了。

双向凝胶电泳技术当前面临的挑战是：

(1) 低拷贝蛋白的检定。人体的微量蛋白往往还是重要的调节蛋白。

(2) 极酸或极碱蛋白的分离。

(3) 极大（>200 kDa）或极小（<10 kDa）蛋白的分离。

(4) 难溶蛋白的检测，这类蛋白中包括一些重要的膜蛋白。

(5) 为得到高质量的双向凝胶电泳需要精湛的技术，因此迫切需要能自动进行二维电泳的"机器"。

13.2.2　"双向"高效柱层析

"双向"高效柱层析（二维液相色谱）是先进行一次分子筛柱层析，从柱上流出的蛋白峰自动进入第二向层析，通常是利用蛋白质表面疏水性质进行分离的反向柱层析。这里第二次分离的原理与双向电泳中利用蛋白质等电点分离完全不同，两种方法起到互相补充的作用。

和双向电泳相比,"双向"高效柱层析的优点是可以适当放大,分离得到较多的蛋白量以供鉴定。

另一个优点是流出的蛋白峰可以直接连通进入质谱进行鉴定,避免了"印迹"的步骤和因此引起的缺点。

13.2.3 质谱技术

上面所说的两种技术都是分离技术,而质谱（mass spectrometry）则是鉴定技术。质谱技术的原理并不新鲜,但是在 20 世纪 80 年代早期出现的两种新的离子化技术,使质谱从仅能分析小分子挥发物质到可以研究生物大分子。

20 世纪 80 年代末美国科学家 J. B. Fenn 和日本科学家 K. Tanaka 又发明了两种更新的离子化技术。一种是基质辅助的激光解吸/离子化（matrix assisted laser desorption/ionization，MALDI），另一种是电喷雾离子化（electrospray ionization，ESI）。这些技术能快速而极为准确地测定生物大分子的分子质量;再结合新的质谱分析技术,如飞行时间（time-of-flight，TOF）,便可在各种水平上研究蛋白质等生物大分子。其中电喷雾离子化-飞行时间质谱技术由于其超微量、快速和灵敏等特点已在蛋白质及多肽非共价相互作用的研究中获得了极大的成功,而基质辅助的激光解吸/离子化—飞行时间质谱技术则在蛋白质组学的研究中获得了广泛的应用。

J. B. Fenn 教授和 K. Tanaka 为蛋白质和其他生物大分子结构的研究开辟了新的道路,使蛋白质组学研究从蛋白质鉴定深入到高级结构研究及各种蛋白质之间的相互作用研究,由于他们在用质谱鉴定和分析生物大分子结构方面的贡献而获得 2002 年度 Nobel 化学奖。可以预见,未来的质谱技术必将是从基因组到其功能的各级水平的蛋白质研究的主要工具（表 13-1）。

表 13-1 用质谱技术可以进行的从基因组到其功能的蛋白质研究

问题/任务	有关的质谱技术
在基因组、蛋白质序列库和 EST 序列库用 MALDI 或 ESI-MS，ESI-MS/MS 中筛到的蛋白质是已知蛋白质吗？	MALDI-PSD 做肽谱，或做全蛋白的 ESI-MS/MS
如未知，提供足够的序列信息做克隆蛋白鉴定、二级修饰、二硫键、异构体（序列错误）	ESI-MS/MS、分子质量测定，再用 MALDI 或 ESI-MS 或 MS/MS 做肽谱
高级结构：折叠、稳定性、单体或多聚体	用 ESI-MS 监测重氢交换，MALDI-或 ESI-MS 监测表面标记，非变性条件下 ESI-MS，MALDI-MS 监测交联
蛋白质何时，和什么分子，怎样相互作用	亲和技术与 MALDI-或 ESI-MS 结合，MALDI-或 ESI-MS 监测表面标记和有限水解

质谱技术的基本原理是样品分子离子化后,根据不同离子间的质荷比（m/z）的差异来分离样品分子并鉴定其分子量。质谱仪一般由进样装置（气相色谱 GC、液相色谱 LC、毛细管电泳 CE 等）、离子化源（电喷雾离子化 ESI、基质辅助激光解析离子化

MALDI 等）、质量分析器（飞行时间 TOF、四级杆、离子阱）、离子检测器和数据分析系统 5 个部分组成。

质谱由于其极高的灵敏度成为当今蛋白质组研究中当之无愧的核心工具，其发展也相当迅速，近 10 年来灵敏度提高了 1 000 多倍。目前，大部分的质谱仪能够鉴定 1 pmol 水平的胶上蛋白质（约 50~100 ng），有些实验室已经达到低 ng 级的灵敏度（相当于银染中的微弱蛋白点）。

质谱技术的发展方向是小型化、自动化、精确化和高通量。应用质谱技术鉴定蛋白质，主要是根据蛋白质酶解后的肽质量指纹谱（peptide mass fingerprint）（图 13-7）和肽序列信息去搜索蛋白质数据库（图 13-8）。

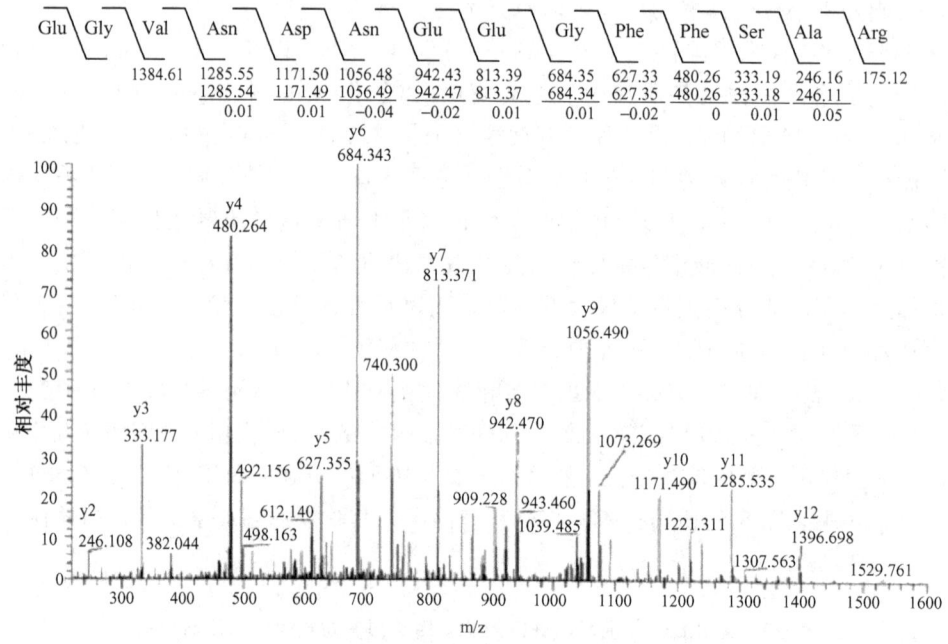

图 13-7 肽质量指纹谱
(Yates J. R. 1998)

13.2.3.1 肽质量指纹谱

蛋白质直接从双向电泳凝胶上切下或印迹到 PVDF 膜上并切下，经过原位酶解得到酶解肽段，然后用质谱得到这些肽段的精确质量，即获得了肽质量指纹谱。

由于每种蛋白质氨基酸序列都不同，当蛋白质被酶解后，产生的肽片段序列也不同，其肽混合物质量数即具一定特征性。用实测的肽段质量去查找蛋白质数据库，结合适当的计算机算法，可鉴定蛋白质。此外，根据肽段质量数变化，可对基因产生的插入、缺失、突变进行对比分析。

当前，蛋白质的肽质量指纹谱测定常用 MALDI-TOF-MS 技术，精度可达 0.1 个质量单位，灵敏度可以达到分析亚皮摩尔量的蛋白质，并且分析时间短，只需几分钟。

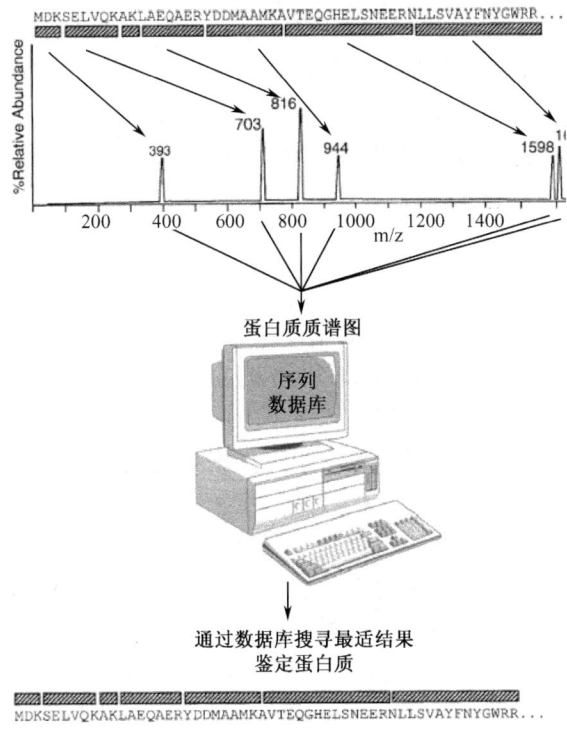

图 13-8　蛋白质质谱示意图
（Yates J. R. et al. 1998）

13.2.3.2　质谱测肽序列信息鉴定蛋白质

肽序列信息一般用串联质谱（tandem MS，MS/MS）测得。液相分离的肽段经在线连接的电喷雾质谱仪检测，质谱仪可选取肽段母离子打碎并形成碎片离子，质量分析器测得碎片离子的质量，即得 MS/MS 质谱图，根据 MS/MS 图谱中不同碎片的质量差，可推测被测肽段的序列，然后利用一些相应的软件和算法（表 13-2）去序列信息库查找并鉴定蛋白质（图 13-8）。

表 13-2　目前通用的蛋白质鉴定质谱数据的算法

Peptide mass mapping database matching tools	
Mascot	http：//www.matrixscience.com
Mowse	http：//www.hgmp.mrc.ac.uk/bioinformatics/webapp/mowse
MS-Fit	http：//www.prospector.ucsf.edu
Pepsea	http：//www.pepsea.protana.com
Profound	http：//www.proteomitrics.com
Tandem mass spectrum database matching tools	
Mascot	http：//www.matrixscience.com
MS-Tag	http：//prospector.ucsf.edu
Pepsea	http：//www.pepsea.protana.com
SEQUEST	http：//www.fields.scripps.edu/sequest

13.2.3.3 LC-MS/MS（液相色谱—串联质谱联用仪）

液相色谱可以起到脱盐和浓缩样品的作用，减少盐或其他小分子对样品离子化的影响而降低样品的损耗和污染。蛋白质混合物直接通过液相色谱分离，然后进入 MS 系统获得肽段分子量，再通过串联 MS 技术，得到部分序列信息，最后通过计算机联网查询，就可以对该蛋白质进行鉴定。

13.2.4 蛋白质芯片

蛋白质芯片（protein chip）是高通量、微型化和自动化的蛋白质分析技术。它是指在硅物质如玻璃等固相支持物表面高密度排列的探针蛋白点阵，通过如抗原—抗体专一性结合等各种相互作用可特异地捕获样品中的靶蛋白，然后通过检测器对靶蛋白进行定性或定量分析。蛋白质芯片上的探针蛋白可根据研究的目的不同，选用抗体、抗原、受体、酶等具有生物活性、高度特异性和亲和性的蛋白质。与 DNA 芯片一样，蛋白质芯片同样蕴涵着丰富的信息量，必须利用专门的计算机软件包进行图像分析、结果定量和解释。它能够同时分析上千种蛋白质的变化情况，可用于疾病诊断、蛋白质相互作用等研究，是蛋白质组学研究比较有发展潜力的技术工具。

13.2.5 生物信息学

生物信息学（bioinformatics）是生物学与计算机科学以及应用数学等学科相互交叉而形成的一门新兴学科，它通过对生物大分子信息的获得、加工、存储、分类、检索与分析，以达到理解这些生物大分子信息的生物学意义，可用于寻找蛋白质家族保守序列和对蛋白质高级结构进行预测。

生物信息学在蛋白质组学的研究中起特殊的重要作用。因为蛋白质组学研究提供的数据的数量之巨大在生物学上是史无前例的，必须要有高度自动化的处理，包括数据的输入、储存、加工、索取以及数据库之间的联系。输入和输出数据必须非常迅速并有质量控制，数据处理需要设计各种特殊软件，对各种不同的分析方法得到的数据进行综合分析，不同的数据库之间要有高效自动的应答。庞大的数据库要有严密的管理，包括定期检查以保证提供最新和最准确的数据。要完成这些繁重而复杂的任务，没有生物信息学的鼎立相助是不可想像的。

基因组学和蛋白组学的发展促使生物信息学迅速发展。当前生物信息学已经不仅能高效地分析基因组/蛋白质组数据，而且可对已知的或新的基因产物进行全面的功能分析（图 13-9）。例如用生物信息学对用质谱得到的肽指纹图谱数据分析出了一个新的在进化过程中保守的模序（motif），它对蛋白质的结构和功能具有重要意义。用分子模建（molecular modelling）揭示了在耐热菌 *Thermus aquaticus* 的肽延伸因子 EF2Tu 中的一个模序（340～345）对维持 3 个结构域之间的整体构象的完整性有重要意义。

蛋白质组数据库是蛋白质组研究水平的标志和基础。瑞士的 SWISS-PORT 拥有目前世界上最大、种类最多的蛋白质组数据库，丹麦、英国、美国等也都建立了各具特色

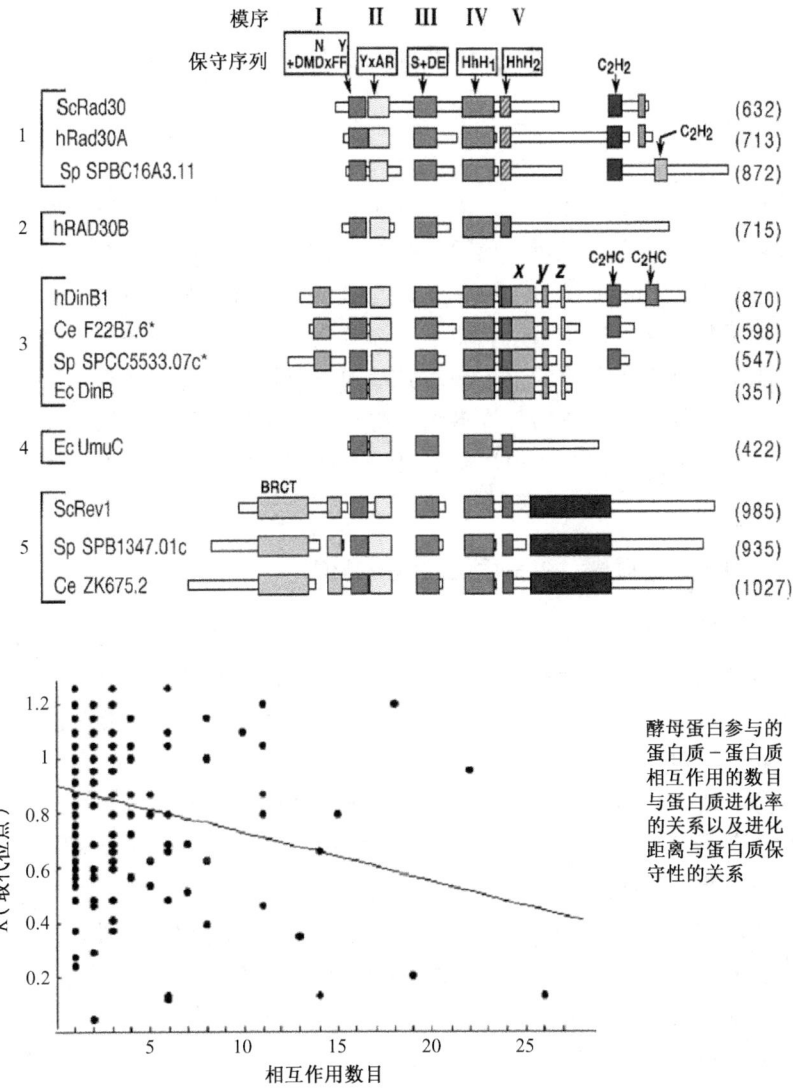

图 13-9 作用越多的蛋白质进化越缓慢,这不是因为它们对器官越重要,而是因为
在它们执行功能的过程中需要更多的蛋白质
(Fraser H. B. et al. 2002)

的蛋白质组数据库。生物信息学的发展已给蛋白质组研究提供了更方便、有效的计算机分析软件。

蛋白质质谱鉴定软件和算法发展迅速,如 SWISS-PORT、Rockefeller、UCSF 等都有自主的搜索软件和数据管理系统。最近发展的质谱数据直接搜寻基因组数据库,使得质谱数据可直接进行基因注释、判断复杂的拼接方式。随着基因组学的迅速推进,会给蛋白质组研究提供更多更全的数据库。同时,研究蛋白质差异表达的 ICAT (isotope-coded affinity tag) 软件和用于肽序列标记的从头 (de novo) 测序软件也十分引人瞩目。

13.3 自动化蛋白质组分析的完整途径

13.3.1 引言

蛋白质组分析是一个正在迅速发展的领域，已经成为致力于药物开发的制药公司和生物技术公司关注的焦点，与蛋白质组学相关的出版物数量以指数级数增长，可以反映出其受关注的程度。Anderson 和 Gygi 等最近的研究表明，细胞中实际蛋白质水平与转录水平之间缺乏相关性，这一结论刺激了大部分蛋白质组领域内的研究兴趣。这些研究使人们清楚了对细胞中蛋白质的分析是对其基因组分析的补充，如果不结合蛋白质组学平台，药物开发计划就不会成功。许多疾病都与蛋白质的翻译后修饰（如糖基化）功能障碍有关，这是促使人们监测蛋白质组的另一个原因，这些生物学上的错误发生在代谢水平上，在基因组水平上找不到线索。

13.3.2 双向电泳结合质谱：蛋白质组的典型范例

全面的蛋白质组分析可以用各种方法来进行。但是，目前人们更喜欢的手段包括了以下这些技术的结合：双向凝胶电泳，随后进行谱图比较和消减分析，鉴别可能的药物或诊断靶标，将目标蛋白质从胶上切下，水解，提取肽片断用质谱测定肽质量指纹谱鉴定，或用串联质谱对单个肽段测序。

不幸的是，由于蛋白质固有的复杂性，使蛋白质的分析不能像核酸那样易于高通量分析，研究复杂蛋白质混合物的方法，例如 2-DE，很难或不可能成功地实现自动化。人们曾经满怀热情地寻找蛋白质组研究中双向电泳技术的替代技术，但是都没有获得成功。最主要的问题是 2-DE 凝胶分离具有出色的并行（parallel）特性，用大的 2-DE 配合灵敏的染色方法，一块 2-DE 凝胶能很容易地同时分辨 1 000 个，多至 10 000 个不同的蛋白质。目前发展的技术中没有别的技术或技术的结合能够在相同的时间段内用同样量的起始物质传达出如此详细的内容。

13.3.3 自动化概念

蛋白质组学理想的高通量全系统方法应该包括以下部分：样品收集技术、高分辨电泳装置、自动化凝胶染色仪、半自动化图像分析软件、机器人模式的蛋白质斑点处理过程、MALDI-TOF 和串联质谱仪，并且具有整合的生物信息学软件，可以链接到单个模块并进行畅通的样品处理，追踪，数据分析和数据归档。在理想状态下，每一个部件都应该与其他部件相配合，以在开发路径中实现有效的数据和样品信息传递。理论上，各个部件都应该能与一个相关数据库链接，以整合过程中每一步的追踪信息（例如用条形码）。以这种方式，每一个样品获得的所有信息最终都会链接到最初胶上的蛋白斑点。

在下面的部分将大概描述一些系统部件各自的特性，这些特性都是为满足高通量蛋白质组分析而设计的。

13.3.4 双向凝胶电泳的显色

13.3.4.1 双向凝胶

完美的双向电泳系统将会产生出大型、高重复性的凝胶。Lopez、Patton 和 Walsh 等都曾经指出,等电聚焦对离子和其他污染物极度灵敏,所以要使用高质量的试剂和预制胶将变异减小到最小程度。大型胶系统是一个典型的 2-DE 胶专用系统,并可被调整为高通量。每一个单元都应具有同时运行 10~12 块大型胶的能力,多系统模式的加入可适应更高通量的实验。Harry 的工作组在 2000 年证实迷你胶同样可成功用于 2-DE 分离,只要在 2-DE 运行之前对样品预先分离收集以减少样品的复杂性。由于迷你胶电泳时操作更方便,所以比大型胶更适合于自动化操作。

第一向和第二向电泳都使用预制胶会提高分离的一致性。选择固定化或载体两性电解质作为一维化学物质使等电聚焦过程更具灵活性。Lopez 和 Patton 都证明了载体两性电解质管胶更适用与疏水性或膜蛋白的分离,而固定化梯度胶条更方便,常规使用更容易。所有这些参数结合起来使胶与胶之间的斑点位置相关性很好,不管是在等电聚焦还是分子质量分离,变异都小于 1%。

13.3.4.2 富集和分部收集技术

尽管 2-DE 是目前分离蛋白质混合物的具有最高分辨率的技术,它仍然不能分辨在任一细胞中所有表达的蛋白质（>10 万个）,Harry、Lopez 等大多数研究者用富集或分部收集技术来寻求解决这一问题的办法,如亲和色谱,溶液中分部收集或在 2-DE 前进行亚细胞分部收集。Harry 等开发出的另一种分部收集手段是在一维等电聚焦分离中使用窄范围的固定化 pH 梯度胶（1~2 个 pH 单位）。

13.3.4.3 染色技术

最常用的染色方法是考马斯亮蓝染色和银染。考马斯亮蓝的灵敏度很低,使其仅限于研究丰度最高的看家蛋白。尽管 1999 年 Gharahdagh 等发现银染蛋白的胶上酶切肽质量指纹谱的肽序列覆盖率要相对低一些,但因为其非常灵敏（定量到 ng 级）,在一些例子中可定量,并能与质谱和测序技术相配合,因此银染通常是最好的选择。不幸的是,银染也有一些非常严重的缺点。通常银染定量的动力学范围不大,较高表达的丰度蛋白质非常容易达到饱和。银染不是一个终点染色方法,这一事实说明其定量是不准确的。另一种染色方法是荧光染色。市场上有许多非常好的荧光染色剂,灵敏度与银染相当,但还没有被广泛接受。最近,一种新的荧光染色剂,SYPRO^R Ruby Protein Gel Stain（molecular probes）被引入蛋白质组分析应用。Berggren、Lopez 和 Patton 的研究组都发表过论文说明该染色剂的灵敏度有所提高,有更广泛的动力学（线性）范围,用于质谱分析的胶上肽段的回收率比银染高。

13.3.4.4 自动染色

不管选用什么染色方法,使用自动化的染色系统将会减少人工劳动,并提高实验的一致性。目前有少量商业化的 2-DE 胶自动染色系统可供选择，如 APB、GSI。适用于高通量蛋白质组分析的系统应该能够按照不同使用者设定的步骤，同时染多块电泳胶。

13.3.5　图像分析

Wirth 和 Romano 在 1995 年指出图像分析或许是高通量蛋白质组分析程序中最重要的元素，因为它决定了从 2-DE 胶的谱图数据库中提取的数据的质量，并指导着疾病特异蛋白标志物搜寻的路径。在蛋白质组学开发路径中，图像分析似乎越来越成为了重要的瓶颈步骤。第一步是用数字的形式获取凝胶图像。市场上有许多可用于获取凝胶图像的高分辨 CCD 照相系统（Perkin Elmer，Fuji，APB，BioRad，Boehringer Mannheim）。Patton 早就指出 CCD 照相系统方便、灵活，与包括荧光染色在内的许多染色步骤相适用。激光扫描仪同样能成功用于从白光可见染色（white light visible stains）的凝胶中获取图像。

在 UNIX 基础上的软件通常更适用，因为 2-DE 胶的模式分析是计算性很强的工作。软件必须能够分析复杂的包含 1 500～10 000 个蛋白质斑点的凝胶，同时也能够处理包含几百凝胶数据的数据库。强大的数据库查询系统应该能够筛选出已有斑点的信息，已匹配斑点的定量比、已整合的斑点强度、分子质量、等电点、面积以及用户限定的斑点或图像的特性。UNIX 平台的多线程（multithreading）功能使其能够迅速处理复杂的、多水平的查询和非常大的凝胶数据库。在对每一个新加入数据库的凝胶谱图之间判定差异点的配比编辑处理中加入决定点（decision point），是可以提高分析效率和速度的一个策略。有许多商业化的高级的 2-DE 凝胶图像分析软件包，例如，Imagemaster，APB；Advanced 2-D Software，Phoretix；MELANIE II，Swiss Institute of Bioinformatics，GenBio；PDQUEST，BioRad；HT Investigator，GSI。图像分析软件必备的一个特性是与完整蛋白质组系统中其他部件整合，精确切下并处理指定的蛋白质斑点。

13.3.6　自动化机器人

13.3.6.1　斑点切取

一旦图像分析鉴别出了 2-DE 胶上有潜在研究价值的蛋白质斑点，那么它们必须被鉴定。通常，斑点从凝胶上被切下，并进行胶上蛋白质酶切。很明显，这一过程是非常费事的，如果完全由手工处理大量样品，则非常有可能从皮肤上污染角蛋白。现在已经开发出了多种能从 2-DE 胶上自动切点的机器人，并且已经商品化（BioRad、APB、GSI Proteome Systems）。有些公司正在开发多项合一（all-in-one）的平台，将斑点切取、酶切和 MALDI-TOF 点靶整合为一体（proteome systems）。一个完全自动化的斑点切取系统要包括一个 CCD 照相机，用于从 2-DE 胶上检测和切取斑点。切点机器人应该与 2-DE 分析软件整合，以指导其从 2-DE 胶上切取目标斑点或全部斑点。机器人应该有最大程度的灵活性，能够适用于银染，考马斯亮蓝染色或荧光染色的胶。目前最高通量的系统大约每小时可以切下 200 个斑点。应该使用没有反应活性的塑料或不锈钢的采集头来切取斑点,并将切下的斑点放入微升板内传送到酶切机器人处。

13.3.6.2 斑点酶切和肽提取

蛋白质斑点从 2-DE 凝胶上切下来后,用蛋白酶水解,产生的肽混合物从凝胶中提取出来。同样,对这一过程也进行了自动化处理的努力。一个完全自动化的酶切机器人应该自动进行从酶切到肽提取过程中的所有步骤,使用高通量的胶上蛋白膜蛋白酶酶切,最多需要 8h。所有样品的清洗和提取步骤都应该在微升板中自动进行,以易于处理并减少样品的交叉污染。并且全过程结束后,提取的肽段应该很容易传送到下一步的 MALDI-TOF 自动点靶机器人处,或传送到串联质谱仪的自动进样器上。

13.3.6.3 肽脱盐、纯化,在 MALDI 靶上点样

肽段从凝胶中提取出来后,必须除去盐和去污剂这样的污染物,在进行质谱分析前,肽还要被浓缩。如果用 MALDI-TOF-MS 分析肽段,则需与基质混合后在 MALDI 靶上点样。有多种商业化的机器人可以完成这一过程中的部分或全部任务(PE Biosystems、GSI、BioRad、Tecan、Proteome Systems),其中一些机器人平台可以使用装有疏水性树脂填料的 ZipTip(Millipore)来纯化肽段。很重要的一点是机器人要将 $0.5 \sim 1 \mu l$ 或更少体积的样品排列精确地点在 MALDI 靶上,而且此机器人平台还要能与大多数制造商生产的 MALDI-TOF 样品靶相适用。

13.3.7 质谱的接口策略

目前有两种将质谱整合入蛋白质组研究程序的方法。为了鉴定那些在各种基因组和蛋白质组数据库中不存在的蛋白质,必须要确定其氨基酸序列。以往是用蛋白质序列仪通过 Edman 化学降解方法来实现的。Tempst 指出这一步骤耗时长,且需要相当大量的蛋白质。最近 Yates 等多数研究者已经采用四极杆或电喷雾串联质谱仪(Micromass,SxiEX/Perkin Elmer,Finnigan,Bruker)来确定单个肽段的氨基酸序列,并用这些短的序列标签在公共或私营 EST 库和序列数据库中检索。这些测序技术很准确,但是仍然需要相对大量的样品(picomole),并且速度慢,限制了其高通量。为了高通量鉴定 2-DE 胶上的蛋白质,Henzel、James 及 Pappin 都证明,用 MALDI-TOF 质谱仪测肽质量指纹谱是更适合的技术。尽管 MALDI-TOF 不能定量,但它是一个非常灵敏、具高分辨力的技术,灵敏度达到 fmol~amol,同时也非常适合于自动化和高通量操作。这些技术在有效的自动化系统控制下,可以每天迅速鉴定几十到几百个蛋白质斑点。

13.3.8 机器人模块,图像分析软件和信息数据库之间的链接

用上面几段所述的一整套系统处理大量的样品将会产生大量的数据,这对样品的追踪是一个挑战。因此,自动化蛋白质组分析程序中最重要的是对软件的整合,过程中各种仪器使用的软件及样品信息和数据管理所用软件的整合。开发满足这一需求的生物信息学系统是高通量蛋白质组研究计划首先要考虑的问题。一个生物信息学解决方案应该建立在相关数据库的基础上,以进行各系统部件间样品追踪和信息数据的交换。样品追

踪应该使用条形码淘汰人工追踪，因为人工追踪常常会引入误差。中央数据库是核心部分，应该能使其他系统部件，如图像分析软件、斑点切取机器人、酶切器、质谱仪等存储和读取信息。数据库还应该能使用户在查询和报告时方便地读取数据。此外，样品制备信息和 2-DE 凝胶运行参数都应该有记录。最后，从质谱仪得到的数据信息应该再链接回到凝胶图像，这样，只要鼠标一点击，就能得到每一个斑点的制备、处理及鉴定数据。网络浏览器应该是这种类型的生物信息学软件包理想的使用界面。目前有许多公司正在开发用于蛋白质组分析的生物信息学软件包。

13.4 蛋白质组学研究的现状和前景

蛋白质组学研究仍需用经典的蛋白质研究方法，但准确度、灵敏度、可重复性已有数量级的提高；同时也采用了崭新的质谱技术。这些技术为蛋白质组学研究提供了现实的可能性，但是仍然存在许多关键性的困难需要克服，更有待建立和发展新的技术才能满足蛋白质组学研究的需要。

蛋白质组学的研究虽然也是研究蛋白质，但已不是常规的蛋白质研究，而是要研究一个细胞中由基因组的表达决定的全部蛋白质或蛋白质的总体。

可把在蛋白组学水平上对基因调控的研究分成 4 个方面：分子解剖学（细胞和组织的蛋白质组的总体组成）、分子生理学（在不同生理条件下，由于细胞所处宏观或微观环境变化所引起的蛋白质组的变化）、分子病理学（用蛋白质表达和修饰的变化分析疾病）和分子药理学/毒理学（药物或异体物质对蛋白质表达和修饰的作用）。

13.4.1 结构基因组学

蛋白质组学研究最核心的问题无疑还是细胞所有蛋白质结构的测定，Rost 称之为结构基因组学（structural genomics），即测定所有蛋白质的天然结构，并阐明所有蛋白质在代谢途径和机制中的功能问题，进而展现生命活动和生物进化的全景。Rost 强调结构测定是了解蛋白质功能的必要前提。所以，他的结构基因组学的实质和内容都是蛋白质结构的问题。

结构基因组学主要研究内容包括：获取细胞中的蛋白质全谱，并在已知蛋白质和基因组中编码基因相关联中，辨识蛋白质谱中所有蛋白质。利用蛋白质组总体序列知识，系统测定蛋白质谱中各成员的三维结构。在系统结构测定后，结构基因组学的另一重大任务是发现生命活动中所有尚不知晓的功能联系与进化关系。其他具体内容参见第 6 章第 5 节。

13.4.2 蛋白质组学研究的应用

蛋白质组学研究在学术上的重大意义已如前述，同时其研究成果还将在医药和工业上得到广泛应用。目前蛋白质组学研究虽然刚刚开始，世界上已经有许多公司看准了它的巨大的潜力，争先恐后地投入大量人力、物力到这个新兴的领域中来。

对人类基因组在不同病理条件下所表达的蛋白质组的比较研究，和对一些致病细菌蛋白质组的研究，将对了解疾病的原因和进行防治起到决定性的作用。现在肺病杆菌的基因全序列已经测定，蛋白质组的研究也已开始进行。心肌肥大症的蛋白质组研究也已经启动，发现了与肌肉收缩密切有关的一种肌球蛋白的过度表达。除人基因组外，有数百种生物的基因组分析已经完成或即将完成。

一种在 90℃生长的单细胞生物 *Aquifex* 的基因组的信息显然将对新的工业用酶的开发做出贡献，而病原体 *Staohy lococusaureus* 和最近在 *Nature* 上发表的人类疟原虫 *Plasmodium falciparum* 基因组和蛋白质组的研究将发展新的抗菌素和新的抗疟疾药物和疫苗。可以预期蛋白质组学研究必将对人类生活质量的提高和人寿命的延长起巨大的作用。

在 Anderson 等的论文"The Human Protein Index"发表近 30 年的今天，我们已进入后基因组时代。21 世纪将是一个整体细胞生物学（holistic cellular biology）的时代，DNA 和 RNA 的信息必须加上相应的蛋白质水平上的信息的补充和提高，才是完全的细胞分子生物学的研究，所以蛋白质组学研究将成为整体细胞生物学的新的最重要的内容。

小　　结

后基因组时代的中心任务是揭示基因组及其包含的全部基因的功能，并查明其全部表达产物即细胞中全套蛋白质的动态分布、精确结构及功能表现，在此基础上阐明遗传、发育、进化以及功能调控等基本生物学问题。

蛋白质组是指一个细胞或组织的基因组所表达的所有蛋白质。它的概念与基因组相对应，但二者又有根本不同之处，因为蛋白质组是一个动态的概念。

蛋白质组学是通过在蛋白质水平上对细胞或机体基因表达的整体蛋白质的定量研究，来揭示生命的过程和解释基因表达调控的机制。它分为表达蛋白质组学和细胞图谱蛋白质组学。当前主要的研究手段有双向凝胶电泳、"双向"高效柱层析、质谱技术、生物传感芯片质谱和生物信息学等。

通过基因组和蛋白质组学的研究，我们可以很快处理大量的基因组和蛋白质组提供的信息，发现重要的新基因和新蛋白质，综合、比较得到一般规律。其研究成果还将在医药和工业上得到广泛应用。

思　考　题

1. 试述你对蛋白质组学的认识。
2. 试述蛋白质组学和基因组学的相关性。
3. 比较蛋白质组学和基因组学研究的目的和任务。
4. 试述蛋白质组学研究的主要手段。
5. 试述蛋白质组学研究的现状和前景，并对此发表自己的看法。
6. 什么是结构基因组学，试述它的研究内容及前景。
7. 试举例说明近 10 年蛋白质组学研究的应用（举本书以外的应用的例子）。

第 14 章 蛋白质结构预测和分子动力学模拟 (protein structure prediction and molecular dynamics simulations)

14.1 蛋白质分子结构的预测

Anfinsen 等根据变性的核糖核酸酶 A 在一定条件下可以自发地再折叠形成天然酶分子的实验，提出蛋白质分子的一级序列完全决定其三维结构的著名论断，此后根据蛋白质的氨基酸序列，从理论上预测其相应三维结构就成为蛋白质研究领域内科学家们的奋斗目标。

除了蛋白质折叠问题本身的理论意义外，这一问题的解决也具有极其重要的实际意义。由于蛋白质的功能与其三维结构密切相关，对蛋白质分子三维结构的认识就成为深入了解该蛋白质如何行使其生物学功能的先决条件。如果彻底了解了蛋白质折叠的规律，我们就可根据实际的需要设计出新型的蛋白质分子，例如具有较高热稳定性或较高催化活性的酶分子等。另外，酶和其他蛋白质分子三维结构的知识也是合理的药物设计的基础。

目前已知氨基酸序列的蛋白质分子已超过 40 万个，而已知三维结构的蛋白质仅仅为 6 万个左右。随着结构生物学技术的飞速发展，蛋白质氨基酸序列的测定速度也大大加快了。但现在用 X 射线晶体衍射的方法测定蛋白质分子的晶体结构不仅需要首先得到高质量的单晶，还要花相当长的时间，在技术上也受到一定的限制。

虽然多维核磁共振技术的出现提供了另一个测定蛋白质三维结构的强有力的手段，但这一方法目前还只限于较小的蛋白质的结构测定，因而蛋白质分子三维结构测定的速度仍远远落后于其氨基酸序列测定的速度。近年来，随着蛋白质工程和计算机技术的发展以及人类基因组计划的完成，蛋白质折叠的理论研究已经成为结构生物学中最活跃的领域之一。

14.2 蛋白质二级结构的预测

通过对已知三维结构的蛋白质分子的研究和分析，人们发现尽管一条多肽链可能采取的构象的数目是相当大的，但在蛋白质分子中，由二级结构组装而形成一定的三维结构的方式却是有限的。因此，蛋白质的二级结构预测就成为解决由蛋白质的一级序列预测其三维结构这一问题的最关键的步骤。现在一般认为，如果二级结构的预测成功率可以达到 80% 的话，我们就可以基本准确地预测一个蛋白质分子的三维结构。

在过去的 30 多年中，科学家们已经提出了几十种预测蛋白质二级结构的方法。几乎所有这些方法都假定蛋白质的二级结构主要是由邻近残基间的短程相互作用所决定的（这一假定可称为定域假定），然后通过对一些已知三维结构的蛋白质分子进行分析、归纳，制定出一套预测规则，并根据这些规则对其他已知或未知结构的蛋白质分子的二级结构进行预测。因此，所有这些方法都可归类为基于已有知识的预测方法。

目前，3 种最常用的方法是 20 世纪 70 年代分别由 Chou、Fasman、Gamier（GOR 法）以及 Lim 提出的方法。

14.2.1 Chou-Fasman 方法

Chou-Fasman 方法是统计学的方法，他们首先统计出 20 种氨基酸出现在 α-螺旋、β-折叠以及无规卷曲 3 种构象中的频率，然后计算出每一种氨基酸出现在上述 3 种构象中的构象参数 P_x。

某个残基 A 的构象参数定义为：

$$P_x = f(X_i)/f(X) \quad (X = \alpha\text{-螺旋、}\beta\text{-折叠、无规卷曲})$$

其中，$f(X)$ 为整个数据库中构象 X 出现的频率；$f(X_i)$ 为残基 i 中构象 X 出现的频率。因此，构象参数值的大小反映了该种残基出现在某一构象倾向性的大小。

例如，对 α-螺旋而言，某个残基的构象参数 P_α 大，则说明该残基形成螺旋的能力强；相反，构象参数 P_α 小，则表明其形成 α-螺旋的能力弱。按照构象参数值的大小可以把 20 种氨基酸分成 6 组：H_α 表示强 α-螺旋形成残基；h_α 表示 α-螺旋形成残基；I_α 为弱 α-螺旋生成残基；i_α 为非 α-螺旋生成残基；b_α 为 α-螺旋破坏残基；B_α 为强 α-螺旋破坏残基。

Chou 和 Fasman 制定出一套 α-螺旋的成核、延伸和中止规则，用于对一个已知序列的多肽链进行二级结构预测。例如，在一条多肽链中若连续出现 4 个 α-螺旋形成残基，那么这 4 个残基可以看成一个形成 α-螺旋的核。一旦 α-螺旋形成核确定了，α-螺旋的长度就可以沿着多肽链向两个方向延伸，直到遇到连续几个 α-螺旋破坏残基时才中止 α-螺旋的延伸。用类似的方法，Chou-Fasman 方法也可以对 β-折叠进行预测。

Chou-Fasman 方法的优点：构象参数的物理意义明确，方法中二级结构的成核、延伸和中止规则可能正确地反映了真实蛋白质中二级结构形成的过程，并且可以较简便地用手工完成一个蛋白质分子的二级结构预测。缺点是预测成功率为 50% 左右，是上述三个预测方法中最低的。

14.2.2 GOR 方法

GOR 方法是以信息论为基础的，因而本质上仍属于统计学的方法。GOR 方法不仅考虑了被预测位置本身氨基酸残基种类的影响，而且考虑了相邻残基种类对该位置构象的影响。例如，如果以 X_i 表示 α-螺旋，R 表示甘氨酸，则 $f(X_i, R_{i+m})$ 表示第 $i+m$ 位为甘氨酸残基时，第 i 位残基出现在 α-螺旋构象中的频率。

以 $f(X)$ 表示 α-螺旋出现的频率。根据信息论可知，$\log[f(X_i, R_{i+m})/f(X)]$ 表示当第 $i+m$ 位为甘氨酸时，给出的关于第 i 位残基为 α-螺旋构象的信息；而 $\log[f(X'_i,$

$R_{i+m})/f(X')$] 则表示当第 $i+m$ 位为甘氨酸时给出的关于第 i 位残基为非 α-螺旋构象的信息。

GOR 方法称这两者之差为直接的信息量。GOR 方法给出了 20 种氨基酸残基出现在不同位置时的直接信息量表。假定相邻片段所含的信息可以近似表示为若干个直接信息量的简单加和，根据加和公式和相应的直接信息量表，就可以对一条肽链中任一位置残基的构象进行预测。

最初的 GOR 方法只考虑了单个残基的影响，假设各残基是相互独立的，而忽略了各个残基之间的相互作用，预测成功率仅为 56% 左右。最近，GOR 方法得到进一步改进，考虑了残基对的相互作用，预测成功率提高到 63% 左右。

GOR 方法的优点是物理意义清楚明确，数学上比较严格，而且可以很容易地写出相应的计算机程序。缺点是表达式复杂。

14.2.3 Lim 方法

Lim 方法是物理化学的方法，这一方法考虑了氨基酸残基的物理和化学性质，如残基的亲水性、疏水性、带电性以及体积的大小等，同时考虑了邻近残基间的相互作用，从而制定出一套预测规则。Lim 的方法是 3 个方法中预测成功率最高的，可达 59%。它对无规卷曲的预测过多，而对 β-折叠的预测不足。对于序列长度小于 50 个氨基酸残基的多肽链，其预测准确率高达 73%。

近年来，人们将神经网络方法应用到蛋白质二级结构预测的研究中，使二级结构的预测成功率达到 64% 左右。目前用于二级结构预测的网络模型大多为 BP 网络（back-propagation net-work），即反向传播学习算法。它通常是由 3 层相同的一系列神经元构成的层状网络，底层为输入层，中间为隐含层，顶层是输出层，信号在相邻各层间逐层传递，不相邻的各层间无联系。

神经网络方法的优点是应用方便，获得结果较快、较好。主要的缺点是利用了大量的可调参数，使结果不易解释和理解。例如，利用不同的蛋白质作为训练组，所得的参数可能不同，而且这些参数的物理意义也不十分清楚。

目前蛋白质二级结构预测中亟待解决的理论问题是：

(1) 蛋白质分子的二级结构是否主要取决于邻近氨基酸残基间的短程相互作用？
(2) 目前的蛋白质数据库是否可以提供足够的、有关定域结构的信息？
(3) 目前的预测方法是否已成功地提取了现有的所有信息？
(4) 根据现有的条件，如何进一步提高预测成功率？
(5) 随着已知三维结构的蛋白质的数目的增加，是否可能进一步提高二级结构的预测成功率？

14.3 蛋白质三维结构的预测

蛋白质三维结构的预测方法大致可分为三类：

(1) 根据基本物理原理，用分子动力学（MD）模拟预测蛋白质的三维结构。

(2) 根据蛋白质同源性预测。
(3) 根据结构类型预测。

分子动力学模拟预测蛋白质结构方法，现在主要是作为其他预测方法的补充手段和应用于结构优化（refinement）。X 射线晶体衍射法测定蛋白质结构时，当分辨率在 0.2~0.25 nm 以上时，则要用分子动力学模拟帮助求出蛋白质结构。

14.4 蛋白质分子动力学

在蛋白质结构和功能研究中，经常使用分子动力学计算。分子动力学是一种计算机模拟技术，它的主要部分是求解与体系中每个原子相关的牛顿（Newton）运动方程或薛定谔（Schrodinger）方程。蛋白质分子动力学是以蛋白质为研究体系的分子动力学。

按照量子力学理论，一个分子体系及其动力学特征可以用时间依赖的薛定谔方程表示：

$$\widehat{H}\psi(\boldsymbol{R},\boldsymbol{r},t)=-i\frac{h}{2\pi}\frac{\partial}{\partial t}\psi(\boldsymbol{R},\boldsymbol{r},t) \tag{14-1}$$

这里 $\widehat{H}$ 是哈密顿算子，它是由每个粒子的动能项及各粒子之间相互作用的位能项组成。ψ 是体系波函数，ψ 通常是 $\boldsymbol{R}$、$\boldsymbol{r}$ 和 t 的函数。其中，$\boldsymbol{R}$ 为核坐标，$\boldsymbol{r}$ 是电子坐标，t 表示时间。

通过使用计算机数值求解（14-1）式来模拟分子体系的动力学行为称为量子分子动力学。由于电子质量比核的质量小几千倍，因而运动速度要快得多，所以在实际应用中往往采用 Born·Oppenheimer 近似把电子的运动与核的运动分开，这样就使得研究体系得到了简化。但是对于含有成百上千个原子的生物大分子，用上述方法处理，目前还是很困难。更进一步的简化是把复杂的分子体系看做是在有效势场［也称作势能面（potential energy surface）］中质点的运动，这样就可以用经典力学来描述。蛋白质分子动力学研究基本上是采取这种方式。下一节将给出这方面详细的说明。

现在分子动力学不仅用于分子模型的动力学变化研究，也用于依赖 X 射线晶体衍射数据及 NMR 数据的结构优化，药物（或配体）设计及蛋白质工程。它的主要优点是可以利用有限的实验数据构造分子的结构模拟并研究它的能量与结构的动态变化，而这些数据对于用实验方法来确定结构是远远不够的。

14.4.1 分子动力学模拟方法

在分子动力学模拟中，我们把每个原子作为一个粒子。对一个含有 N 个粒子的体系，我们把第 i 个粒子的质量记做 m_i，它的空间位置计作 r_i，而空间坐标对数据的导数则用在该矢量上边加黑点来表示，如：$\dot{r}_i$, $\ddot{r}_i$。根据牛顿第二定律，我们有：

$$F_i = m_i \ddot{r}_i \tag{14-2}$$

这里 F_i 是所有其他粒子作用到粒子 i 上的合力，它可以由 N 个粒子的位能函数 V 的负梯度来计算：

第 14 章 蛋白质结构预测和分子动力学模拟（protein structure prediction and molecular dynamics simulations）

$$F_i = -\frac{\partial V}{\partial r_i} \tag{14-3}$$

在笛卡尔坐标系中，可用它的 3 个分量来表示。若 $X_i(t)$ 是时刻 t 粒子 i 在 x 方向的坐标，使用 Taylor 展开，我们可以得到：

$$X_i(t+\Delta t) = X_i(t) + \dot{X}_i(t)\Delta t + \ddot{X}_i(t)\Delta t^2/2 + \cdots\cdots \tag{14-4}$$

和

$$X_i(t-\Delta t) = X_i(t) - \dot{X}_i(t)\Delta t + \ddot{X}_i(t)\Delta t^2/2 + \cdots\cdots \tag{14-5}$$

这里 $\dot{X}_i(t)$ 和 $\ddot{X}_i(t)$ 是时刻 t 粒子 i 在方向的速度和加速度。

方程（14-4）是精确的，但它是无限项的。如何更好地近似求解这一方程对于进行快速、准确的分子动力学模拟是非常重要的。Verlet 方法是最常用的节省机时的方法。现概述如下：

将公式（14-4）与（14-5）分别相加与相减可得到：

$$X_i(t+\Delta t) = 2X_i(t) - X_i(t-\Delta t) + \ddot{X}_i(t)\Delta t^2 \tag{14-6}$$

其中

$$\ddot{X}_i = fx_i/m_i \dot{X}_i(t) = [X_i(t+\Delta t) - X_i(t-\Delta t)]/2\Delta t \tag{14-7}$$

由于在 t 和 $t-\Delta t$ 时刻第 i 个粒子的位置是知道的，加速度可以从位能函数的负梯度求出，所以，以后任何时刻粒子的位置、速度和加速度都可叠代求解。这就是计算牛顿运动方程的 Verlet 方法。这一方法是简单的，但它存在两个缺点。第一个缺点是速度 $\dot{X}(t)$ 是由两个大数相减得出，因而会导致动能与温度计算的较大误差。第二个缺点是粒子的位置 X_i 不是从速度计算出来的，因此体系就不能通过速度的重新标度来控制温度和能量。Verlet 蛙跳法（Verlet leapfrog method）就是克服了上述缺点而发展起来的一种方法。

如果 V_i 是时间 t 和 $t+\Delta t$ 间粒子 i 的平均速度，则在时刻 $t+\Delta t$ 时粒子 I 在 x 方向的位置可表示为：

$$X_i(t+\Delta t) = X_i(t) + V_{x_i}\Delta t \tag{14-8}$$

再如果假设平均速度 V_{x_i} 非常接近粒子 i 在时间间隔 $(t, t+\Delta t)$ 中点的速度，即：

$$V_{x_i} = \dot{X}_i(t+\Delta t/2) \tag{14-9}$$

则可有：

$$\dot{X}_i(t+\Delta t/2) = \dot{X}_i(t-\Delta t/2) + a_{x_i}\Delta t \tag{14-10}$$

这里 a_{x_i} 是粒子 i 在时刻 t 时的加速度，所以：

$$a_{x_i} = \ddot{X}_i(t) = f_{x_i}(t)/m_i \tag{14-11}$$

此时（14-10）式和（14-8）式可重写为：

$$\ddot{X}_i(t+\Delta t/2) = \dot{X}_i(t-\Delta t/2) + \ddot{X}_i(t)\Delta t \tag{14-12}$$

和

$$X_i(t+\Delta t) = X_i(t) + \dot{X}_i(t+\Delta t/2)\Delta t \tag{14-13}$$

式（14-12）和（14-13）则为求解牛顿运动方程 Verlet 蛙跳法，这是在分子动力学模拟中目前最广泛使用的方法。将（14-12）、（14-13）与（14-6）、（14-7）式相比较，可发现 Verlet 原始方法的缺点已得到克服。

除 Verlet 方法外，自 20 世纪 60 年代中期以来，还发展了很多方法，用于积分求解牛顿运动方程，其中重要的有 Runge-Kutta 方法，Beeman 方法和 Gear 方法。

积分的时间步长 Δt 是分子动力学积分过程的一个关键参数。为了加快计算速度往往希望采用大的时间步长，但太长的时间步长会引起积分过程失稳和积分值不准确。选择积分步长的主要限制是体系的高频运动。为了保证运算的正确，一个振动周期应当分成若干个时间步长来完成，比如 C—H 键的伸缩，其周期为 10^{-14} s，若分为 10 步来计算，则积分的时间步长应为 10^{-15} s，即为飞秒（fs）数量级。使用不同的积分方法所应选用的积分步长是不同的。Verlet 方法可用 1 fs（0.001 ps）作为积分时间步长。Adams-Bashforth-Moulton 方法应当用 0.5 fs 作积分步长，而 Runge-Kutta-4 方法只可用 0.05 fs 作为积分时间步长。

如果能够冻结不太感兴趣的分子内部高频运动，像键的伸缩、键角的张合等，那么我们在进行分子动力学模拟时就能选择较大的时间步长。如何冻结？冻结的办法就是限制距离。比如原子 i、j、k 形成了两个键 i-j 和 j-k 及一个键角 $\angle ijk$，那么当我们把原子 i、j 及原子 j、k 之间的距离限定在一个期望值时，这两个键长的高频运动就被冻结了，同时如果我们限制了 i、k 原子间的距离，那么键角 $\angle ijk$ 的高频张合也就被冻结了。下一步的问题是如何把距离限制应用到运动方程的求解过程中去。为了解决这个问题曾提出多种方法，但当前广泛被采用的是 SHAKE 方法。SHAKE 方法的使用可以使积分的时间步长提高 2～3 倍。

14.4.2 经验力场和位能函数

分子动力学模拟方法是把分子体系看做在势能面中质点的运动。由于每个分子体系的势能面是高度复杂的，难于精确描述，为了实用，往往选用某些与原子坐标相关的函数对势能面进行拟合，得到势能面的近似解析表示。这种势能面的表示方法称为力场（force field），而这组与坐标相关的函数称为位能函数。在此基础上（14-3）式中的函数 V 就有了解析表达，而整个运动方程就可以求解了。

近十年来已发展了多种力场，它们的基本形式是相似的，只是在能量函数各项的选取和参量化上有些差别，其中最著名的，也是被广泛使用的有：AMBER，CHARMM，GROMOS 和 CVFF 等力场。在这些经验力场所采用的位能函数中有很多项是原子对位能函数，也就是相互作用位能用组成该体系的两原子间相互作用能的加合来表示。对一个典型的位能函数来说，它所包含的项经常有：键长畸变能、键角畸变能、二面角畸变能、静电能、Vander Waals 能和氢键能等，它一般表示为：

$$V(r) = \sum_{\text{bonds}} \frac{1}{2} k_b (b-b_0)^2 + \sum_{\text{angles}} \frac{1}{2} k_\theta (\theta - \theta_0)^2 + \sum_{\text{dihedrals}} \frac{1}{2} k_\phi (1+\cos(n\psi - \delta))^2 +$$

第14章 蛋白质结构预测和分子动力学模拟（protein structure prediction and molecular dynamics simulations）

$$\sum_{\text{torsions}} \frac{1}{2} k\zeta(\zeta-\zeta_0)^2 + \sum_{\text{pairs}(i,j)} \left(\frac{C_{12}}{r_{ij}^{12}} - \frac{C_6}{r_{ij}^6}\right) + \sum_{\text{pairs}(i,j)} \frac{q_i q_j}{4\pi\varepsilon_0 \varepsilon_r r_{ij}} \quad (14\text{-}14)$$

（14-14）式右边的第1项是键长畸变能，它用简单的弹簧来模拟，这里 k_b 是弹性强度常数，b_0 是成键原子间的平衡距离。这一项的求合遍历所有共价键。（14-14）式的第二项是键角畸变能，它采用了与第一项类似的形式。k_θ 是键角畸变的强度常数，是 θ_0 平衡键角。求合遍历所有实在键角。第3项和第4项均与扭角有类。第3项代表沿着一个给定的键旋转时引起二面角畸变的能量，它在本质上是周期的。这里 k_φ 是力常数，n 是周期，δ 为一参考角。第4项代表公平面原子偏离平面水平的程度，这里 k_ζ 是力常数，ζ_0 是平衡位置。第5项反映了体系的范德华力相互作用。它通常用Lennard-Jones位能表示，r_{ij}^6 项代表亲和力，而 r_{ij}^{12} 项代表近程排斥。C_{12}，C_6 为常数。（14-14）式的最后一项是体系中的库仑相互作用。这里 q_i，q_j 分别为原子 i，j 的电荷。ε_0 和 ε_r 是真空介电常数。在实际使用时 ε_r 往往取作与距离成正比。

对不同的氢键有不同的处理方式。有的采用包含了 r^{-1}，r^{-12} 及 r^{-6} 项的表示方式，有的采用包含 r^{-10} 和 r^{-12} 项的表示方式，而有的则不对氢键单独列项。

在整个位能函数中反映非键相互作用的范德华项和静电项对维持蛋白质的构象上是很重要的。为了节省计算机时，在实际的运行程序中往往总是指定一个距离，只计算距离小于这一指定值的非键相互作用。

上述这种位能函数也被称为分子类型的位能函数。

随着计算机技术的发展和计算机能力的提高，发展更精确位能函数的必要性和可能性也越来越明显。精确位能函数发展的目标就是使用量子力学的位能函数，像abinitio水平的能量函数。限于计算能力，目前对生物大分子体系使用这种类型的位能函数还有困难。因此作为一个中间阶段，不少研究组提出发展第二代力场，它具有比经验力场（像AMBER等）更好的精确度。另外将量子力学力场与分子力学力场（QM/MM）相结合也是一种趋势，即对某些关键部位使用精确的量子力学能量函数，而其他部位使用分子力学的位能函数。

14.4.3 能量优化

分子动力学模拟与能量优化是紧密相关，但又存在明显差别的两种方法。两者紧密的联系是都使用相同的力场和位能函数，因而在程序化时，它们有大量的子程序是共同的。两者的最大差别是与时间的关联上：分子动力考虑体系结构与能量的时间演化；而能量优化则只是发现构象空间的某个静态点，在这点上作用在每个原子上的力都达到平衡，因而体系是稳定的。能量优化所得到的构象仅是体系的局域极小构象。

尽管能量优化不能给出构象演化的信息和体系的总体能量极小构象，但这种方法依然存在着重要的实用价值。首先它可以用于优化X射线晶体学、多维NMR波谱学方法所测定的实验结构；它还可以用于研究生物大分子的局域构象（如loop区等）；它可以分析配体与受体的对接（docking）过程；它可以为分子动力学模拟准备初始构象等。

概括说来，当使用分子力学类型的能量函数时，优化方法与优化过程一般都是对多变量的非线性目标函数进行非限制性极小化，而计算过程都是通过迭代来实现。经常使用的能量优化方法有：最速下降法、共轭梯度法和 Newton-Raphson 方法。

14.4.3.1 最速下降法

最速下降法是历史悠久的优化方法，早在 1847 年 Cauchy 就提出了这一方法，下面给出这一方法的简单数学表述。

若经 k 次迭代分子体系的构象可用 r_k 表示，这里 r 是一个 $3N$ 维的矢量，那么对第 $k+1$ 迭代我们有：

$$r_{k+1} = r_k + a_k P_k \tag{14-15}$$

其中 P_k 为一个待选择移动方向上的单位矢量，a_k 是一个标度值，代表移动步长。根据 (14-3) 式可知，力是能量函数的负梯度。

$$F = -\nabla V(r)$$

若将力 F_{k+1} 在 a_k 附近做 Taylor 展开，并忽略高次项，可得：

$$F_{k+1} = F(r_k + a_k P_k) \approx F_k + a_k g_k \cdot P_k \tag{14-16}$$

这里 g_k 是能量函数的梯度。为了实现目标函数的极小化，总是期望 $F_{k+1} < F_k$，也就是 $g_k \cdot P_k < 0$。将 (14-16) 式改写：

$$F_{k+1} - F_k \approx a_k |g_k| |P_k| \cos\theta \tag{14-17}$$

这里 θ 是矢量 g_k 和 P_k 间的夹角。为了使目标函数通过迭代尽快地减小，期望 $\cos\theta$ 取最小值，当 θ 取值为 π 时，满足这一条件，此时：

$$P_k = -g_k \tag{14-18}$$

(14-18) 式说明能量函数的负梯度方向是目标函数最速下降的方向，因此称该方法为最速下降法。该方法虽然计算简单，但收敛特性不够好，往往两个相继的移动方向是正交的。

14.4.3.2 共轭梯度法

最速下降法收敛慢的缺点可以用如下的办法加以改善：目标函数的下降方向不是仅选取能量函数的负梯度方向，而是选取本次迭代时的能量函数负梯度方向与前次迭代时的能量函数负梯度方向的线性组合。这样的两个梯度称为共轭梯度，这样的优化方法称为共轭梯度法（conjugate gradients method）。与 (14-18) 式比较，可有：

$$P_k = -g_k + \beta_k P_{k-1} \tag{14-19}$$

这里 β_k 是权重因子，目前有两种不同的取值方法。在 Polak-Ribiere 方法中，β_k 定义为：

$$\beta_k = \frac{g_k \cdot g_k}{g_{k-1} \cdot g_{k-1}} \tag{14-20}$$

在 Fletcher-Reeves 方法中，β_k 定义为：

$$\beta_k = \frac{(g_k - g_{k-1}) \cdot g_k}{g_{k-1} \cdot g_{k-1}} \tag{14-21}$$

这两种方法是非常相似的，在某些情况下（14-21）式的方法会稍微好些。

14.4.3.3 Newton-Raphson 方法

它是一种二级导数方法，其原理是基于能量与其自变量之间满足二次型这样的关系。为了说明这一方法，先介绍一个简单的一维例子：

设能量函数 $V(x)$ 在其极小值临域内满足

$$V(x) = a + bx + cx^2 \tag{14-22}$$

这里 a, b, c 为常数。式（14-22）对自变量的一级、二级导数分别为：

$$V(x)' = b + 2cx \tag{14-22a}$$

$$V(x)'' = 2c \tag{14-22b}$$

在极小值时，有 $V'(x^*) = 0$，此时的 x^* 可以从（14-22a）式计算出来，为：

$$x^* = -b/2c \tag{14-22c}$$

将（14-22a）、（14-22b）、代入（14-22c）并整理，得：

$$x^* = x - V'/V''(x) \tag{14-22d}$$

（14-22d）式说明只要有了能量函数的一级和二级导数，就可以求得极值位置。将这一思想推广到高维的情况，就是 Newton-Raphson 方法。参照（14-22d）式，对高维情况我们可以写出：

$$r_{\min} = r_0 - A^{-1}(r_0) \cdot \nabla V(r_0) \tag{14-23}$$

这里 $r_{\min}$ 为预测的极小构型，r_0 为任意起始构型。$A(r_0)$ 是与坐标相关的能量函数的二级偏导数矩阵，Hessian 矩阵 ∇V_r 是能量函数在 r_0 点的梯度。由于真实的分子位能面不是二次型，所以不能通过（14-23）式一步就得到最低能量结构，必须得到求解。即：

$$r_i = r_{i-1} - A^{-1}(r_{i-1}) \cdot \nabla V(r_{i-1}) \tag{14-24}$$

为了使这一方法更加有效，人们做了不少改进，比如：像以前在共轭梯度法中介绍的一样，把求能量梯度改为求其共轭梯度等。

在什么时候应当用哪种能量优化方法呢？当能量表面远离二次型时，共轭梯度法和 Newton-Raphson 方法容易失稳，而 Newton-Raphson 方法对这一点尤其敏感，因为它要对 Hessian 矩阵求逆。一般说来，最速下降法总是用来进行能量优化的最初几百步，接着用共轭梯度法或 Newton-Raphson 方法使之收敛。

14.4.4 自由能计算

使用分子动力学方法可以得到体系的各种构象，进而根据统计力学可求得体系的各种热力学性质，如焓、熵、热容等。其中最重要的是自由能（Helm-holtz 自由能或 Gibbs 自由能）。因为从自由能数据可以判断体系不同状态的稳定性，因而这一指标当前已被用于蛋白质模拟研究的很多方面。如：蛋白质与其配体的相互作用，蛋白质的定点突变，核酸结构及小分子的溶剂化等。它是一个非常有价值的技术。

14.4.4.1 自由能微扰

在自由能计算中重要的是得到两个态 a,b 之间的自由能差。使用微扰论的方法可以实现这一点。根据这一理论，两个态 a,b 间的自由能差，可以从这两个态位能差的系综平均得到，而位能差的系综平均又可以从分子动力学模拟资料来计算。这种应用统计微扰论计算自由能的方法称为自由能微扰方法。很多情况不能只通过与始态和终态相关的一次计算取得结果。此时总是把两个不同的态看做是有一个小的耦联参数 λ 相联系的互变体。其中一个态相应于 $\lambda=0$，另一个态相应于 $\lambda=1$，两个态的过渡是通过不断在 0 与 1 之间微小改变 λ 的值来实现。当用数字表示两态之间的自由能差 ΔA 时，有：

$$\Delta A = -k_B T \ln \left(\exp \left[-\frac{V_b - V_a}{k_B T} \right] \right)_a \tag{14-25}$$

这里 V_a, V_b 是两个紧密相关态的位能，[ ] 括号表示对系统求平均，下角标 a 表示 a 态为参数态。(14-25)式成立的最重要条件就是 a,b 两态要非常相近。很多真实体系，两态之间的差别需要通过一系列连续渐变的中间态来耦联。此时两态之间的自由能差可以通过计算热力学积分来实现：

$$\Delta A = A(1) - A(0) = \int_0^1 \frac{\partial A(\lambda)}{\partial \lambda} \tag{14-26}$$

这里 λ 是耦联参数。(14-26)式可用微扰方式将连续的 λ 近似为若干个 λ_i 点，再数值求解。设 ΔA_i 为第 i 个 A 点与其邻域的 $\lambda_i \pm \delta\lambda$ 点间的自由能差，从(14-26)式有：

$$\Delta A_i = A(\lambda_i \pm \delta\lambda) - A(\lambda_i)$$
$$= -k_B T \ln \left(\exp \left[-\frac{(V(\lambda_i + \delta\lambda) - V(\lambda_i))}{k_B T} \right] \right)_i \tag{14-27}$$

此时 a,b 两态间的自由能差则有

$$\Delta A = -k_B T \sum_{i=1}^{l} \frac{\left(\exp \left[-\frac{(V(\lambda_i + \delta\lambda) - V(\lambda_i))}{k_B T} \right] \right)_i}{\delta\lambda} \Delta\lambda_i \tag{14-28}$$

这里，l 是 λ 值被分割的点数。式中的正、负号表示微扰可以正向或逆向进行。

一般说来，若两态间的自由能差大于 2kJ 时，就可以把 A 分为适当的若干 λ_i 点。

14.4.4.2 热力学循环

由于自由能是热力学的态函数，这就意味着在平衡态，两态间的自由能差仅与这两态有关，而与达到这两态的途径无关。若体系从一个态出发，经过一个封闭的途径又回到这个态，则体系自由能变化为零。利用这一性质可以构造热力学循环，通过人为设计非化学途径的自由能差计算，来确定真实过程的自由能变化。下面举例说明。

考虑两个抑制剂 I_a 和 I_b 与酶 E 的结合。为了得到 I_a 和 I_b 的相对结合常数，可以构造如下的热力学循环：

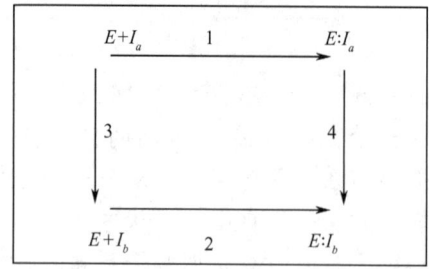

这里 ":" 代表复合物，过程 1，2 是真实的酶与抑制剂结合的途径，ΔF_1 和 ΔF_2 是相应的自由能变化；过程 3，4 是构造的途径，其相应自由能差为 ΔF_3，ΔF_4 根据化热力学理论，相对结合常数可表示为：

$$\frac{K_2}{K_1} = \exp\left[-\frac{\Delta F_2 - \Delta F_1}{RT}\right] \tag{14-29}$$

这里 R 为气体常数。由于酶与抑制剂反应时有大量溶剂分子存在，所以从理论上计算 ΔF_1 和 ΔF_2 非常困难。但从 (14-29) 式的热力学循环中可以看出：

$$\Delta F_1 - \Delta F_2 = \Delta F_4 - \Delta F_3 \tag{14-30}$$

而 ΔF_3，ΔF_4 可以用自由能微扰方法计算，这样使用 (14-29)，(14-30) 两式就可以得到 I_a，I_b 与 E 的相对结合常数了。

14.4.5 模拟退火技术

无论是使用分子动力学方法或 Monte Carlo 方法进行生物大分子结构模拟时都会遇到多机制问题即：如何在众多的局域极小中寻找相应于整体能量极小的构象。要实现这一点，首先体系要能够克服局域高能势垒，这样搜寻就可以在更广泛的构象空间进行，然后再引导搜寻向总体极小演化。

模拟退火技术为完成上述设想提供了有用的工具。这一技术来源于凝聚态物理中的自旋玻璃理论 (spin glass theory)，它是退火技术与大尺度组合的结合。使用这一技术，首先在热浴中将体系加热到足够的高温，使体系重新安排构象，然后缓慢降温，这样体系就能达到构象低能状态。这个技术的关键要求是，在降温过程中对每一个温度 T，体系都要首先热平衡，即：体系满足 Boltzmann 分布

$$Pr\{\boldsymbol{E} = E\} = \frac{1}{Z(T)} \cdot \exp\left(-\frac{E}{k_B T}\right) \tag{14-31}$$

这里 $Z(T)$ 归一化因子。由 (14-31) 式可以看出，只要体系维持在热平衡状态，随着温度降低，体系将趋向低能态，最终当 $T=0$ 时，只有最低能量态才有非零出现几率。使用模拟退火技术，必须避免降温过快，使体系尚未达到热平衡就过渡到另一温度，这样会出现低温冻结现象，使体系构象冻结到一个态，而不能达到总体能量极小态。

当前模拟退火技术已广泛应用于生物大分子模拟和使用 X 射线晶体衍射、NMR 的生物大分子结构测定的优化技术中。

14.5 蛋白质结构预测实例

葡萄球菌蛋白 A 包含 5 个同源结构域，从 N 端到 C 端依次命名为 E、D、A、B 和 C。每个结构域均是由 57~60 个残基组成的三 α-螺旋串。

Darwin O. V. Alonso 和 Valerie Daggett 对 B 和 E 结构域各进行了 1 个天然态、2 个去折叠态共 6 组分子动力学模拟（图 14-1 和表 14-1）。

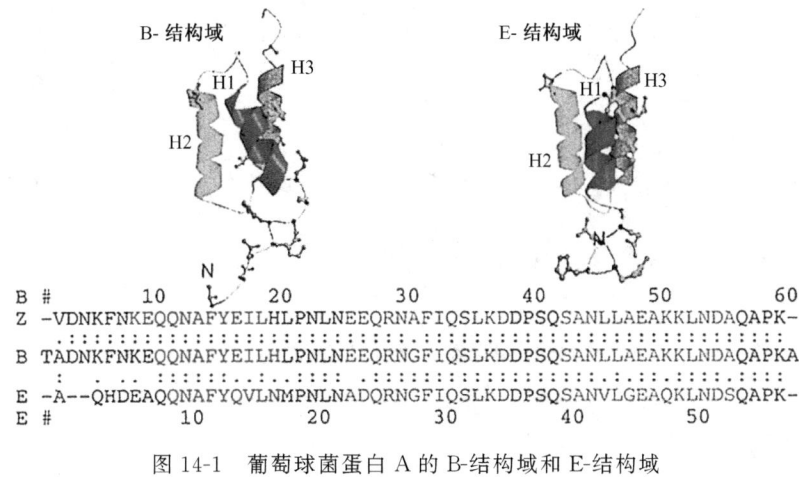

图 14-1 葡萄球菌蛋白 A 的 B-结构域和 E-结构域

（Alonso D. O. V. and Daggett V. 2000）

表 14-1 在不同条件下不同蛋白质 A 结构域的性质

模 拟	$(rmsd)_{3\sim 6\ ns}$	$(rmsd)_{Final}$	$(R_9)_{3\sim 6\ ns}$	R_{9max}	螺旋稳定性
天然态模拟					
E（298）	1.7 (0.3)	1.4 (0.1)	11.2 (0.2)	11.7	全部稳定
B（298）	2.5 (0.3)	2.5 (0.2)	12.0 (0.2)	12.6	全部稳定
BZ（298）	2.2 (0.2)	2.3 (0.2)	11.3 (0.2)	12.0	全部稳定
去折叠态模拟					
E1（498）	10.1 (1.9)	14.0 (0.8)	15.0 (1.5)	19.7	3≫1>2
E2（498）	12.1 (1.9)	12.9 (0.8)	15.1 (2.0)	20.7	3≫1>2
B1（498）	7.7 (1.0)	7.5 (0.6)	12.5 (0.8)	14.7	3≫2>1
B2（498）	7.2 (0.5)	7.8 (0.4)	12.1 (0.2)	13.9	3≫2>1
Bfrag1（498）	6.5 (0.9)	8.2 (0.4)	10.6 (0.5)	12.2	3≫1>2
Bfrag2（498）	5.5 (0.8)	4.9 (0.5)	11.5 (0.8)	16.4	3≫1=2

第 14 章 蛋白质结构预测和分子动力学模拟（protein structure prediction and molecular dynamics simulations）

天然螺旋被画成蓝色的条带（沿 Y 轴），当螺旋去折叠时，这些条带随时间（X 轴）先变为紫红色然后变为白色（书后彩页图 11-2）。在所有的去折叠模拟中，螺旋的行为有一些共同点，H3 具有一个引人注目的较高螺旋率，所有的螺旋随时间部分去折叠和重折叠。图 14-2 至图 14-4 均为蛋白质结构预测的实例。

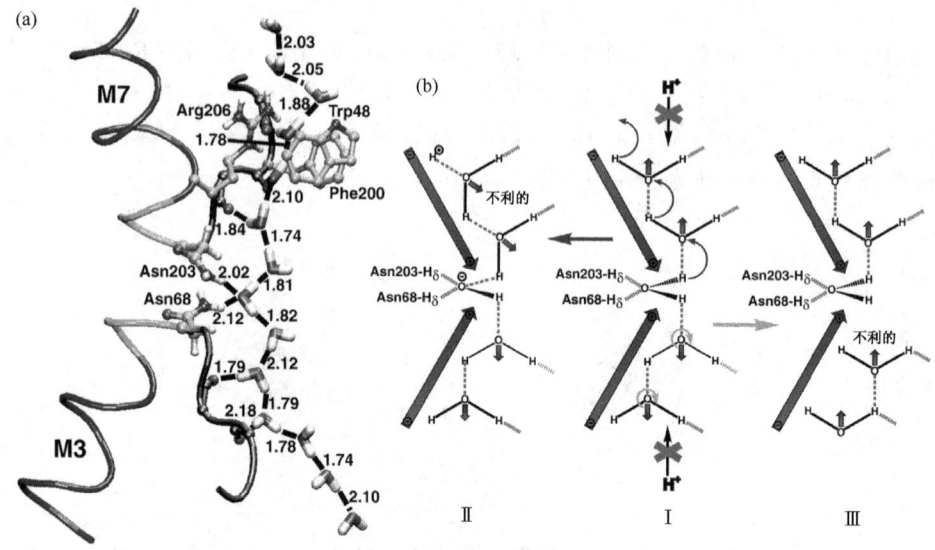

图 14-2 分子动力学模拟过程中的快照
（Tajkhorshid E. et al. 2002）

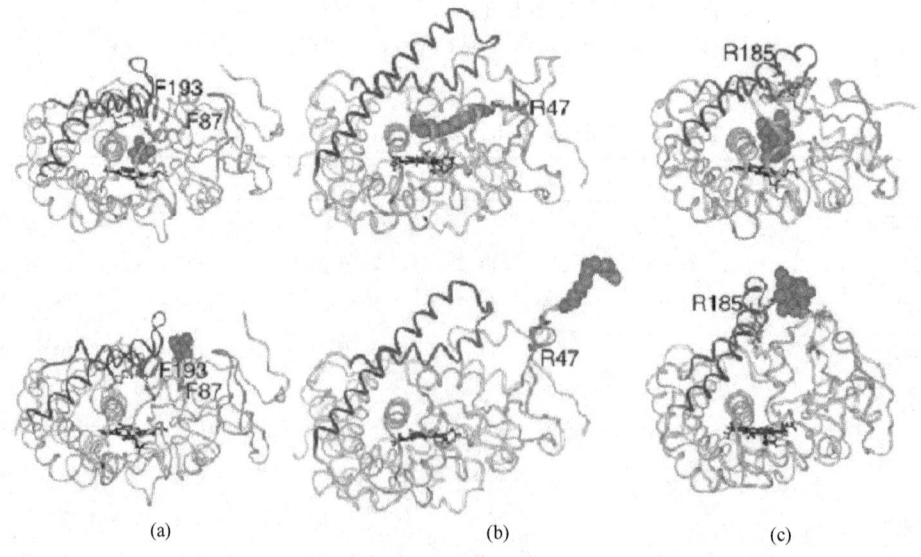

图 14-3 底物沿 pw2a 退出机制（此处展示的是晶体结构及配体退出 REMD 模拟后的快照）
（Winn P. J. 2002）

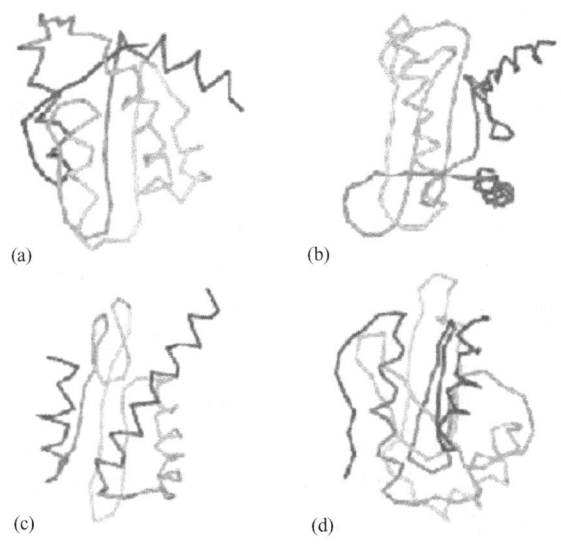

图 14-4 MG129 (a)、MG132 (b)、MG353 (c) 和
MG449 (d) 的结构预测

(Kihara D. et al. 2002)

14.6 蛋白质结构预测的展望

蛋白质根据其一级序列的同源性可以分成不同的家族。一般将序列同源性大于30％的蛋白质分子归属为同一家族。每一族的成员是由一个共同的祖先进化而来的，这些成员具有相同的折叠类型，有时还具有相近的功能。通过对已知的蛋白质三维结构和氨基酸序列进行分析可以发现，蛋白质的三级结构比一级结构更保守，氨基酸残基序列有50％相同的蛋白质，约有90％的α碳原子偏差不超过0.3 nm。

同源蛋白质中氨基酸残基的替换通常发生在表面回折区，内核变化较小。因此，未知蛋白质的结构可首先在已知同源蛋白质的结构基础上作出初步预测，然后用MD对结构进行优化。这种预测方法可靠性很高。同源蛋白质结构预测中通常包括：结构保守性分析，序列对比，主链和侧链结构预测。

蛋白质的疏水内核保守性比亲水表面高，内核通常由有序的二级结构单元，即α-螺旋和β-折叠构成，表面主要为转角和无规部分，因此，有规律的二级结构和内埋部分可作为保守性的判据。主链保守区和非保守区的结构分别预测，保守区片段的结构用已知同源蛋白质片段代替，非保守区的结构预测较难，通常使用数据库查询或计算法。侧链的结构保守性比主链差，侧链结构的预测，可从已知结构蛋白质侧链与主链的对应关系，作出二面角分布的统计结果，将最可能的二面角赋予待预测结构。预测的最后一步是结构的调整和优化，通常用MD对不合理的原子接触作优化处理。

用同源性预测蛋白质的结构，要求每一个蛋白质家族中至少有一个成员的结构为已知。根据目前的估计，自然界中存在的蛋白质家族的数目大约为23 100个，如果每一个蛋白质家族都具有一个特定的折叠类型的话，那么自然界中蛋白质折叠类型的总数将为

第14章 蛋白质结构预测和分子动力学模拟（protein structure prediction and molecular dynamics simulations）

23 100种。按现在的蛋白质结构测定速度，如要完成每个家族中至少一个成员的结构被测定的工作，也还需要一段相当长的时间。

自然界存在的蛋白质总数虽然很大，但根据它们在序列上的相似性以及进化上的同源性，可以归并为总数并不很大的蛋白质家族；并从它们所含二级结构在拓扑学上的关系又可以归并为有限数目的折叠类型。

对于自然界存在的蛋白质折叠类型总数，近年来倾向于大约有 1 000～2 000 种，这就使认识全部蛋白质三维结构的任务大大简化。蛋白质三维结构预测的目的在于认识氨基酸序列和蛋白质三维结构的对应关系，也就是确立第二遗传密码。

由于蛋白质的结构类型是有限的，因此可根据结构类型来预测蛋白质三维结构。其优点是结构类型远小于蛋白质家族数，而缺点是蛋白质结构分类比同源性判断要困难。蛋白质的同源性，可方便地根据氨基酸序列的同源性对比得出；而结构的分类则需要对氨基酸序列作远程对比，对比工作同样需要大量的计算机时间。此外，如何将已知结构对应于待测蛋白质的氨基酸序列，也较同源性预测困难。

小 结

根据蛋白质的氨基酸序列，从理论上预测其相应三维结构对于研究蛋白质折叠和设计出新型的蛋白质分子具有极其重要的理论和实际意义。

蛋白质的二级结构预测是解决由蛋白质的一级序列预测其三维结构这一问题的最关键的步骤。目前，3种最常用的方法分别是由 Chou、Fasman、Garnier（GOR法）以及 Lim 提出的方法。

蛋白质分子动力学是以蛋白质为研究体系的分子动力学。使用分子动力学方法可以得到体系的各种构象，进而根据统计力学可求得体系的各种热力学性质，如焓、熵、热容等，并等从自由能数据判断体系不同状态的稳定性。在运用分子动力学模拟预测蛋白质结构时如何在众多的局域极小中寻找相应于整体能量极小的构象是一个重要的多机制问题，模拟退火技术则为克服这一问题提供了有用的工具。

思 考 题

1. 试述蛋白质结构预测的研究意义。
2. 试述蛋白质二级结构预测的研究方法。
3. 试述能量优化几种方法的重要公式及优点。
4. 试举例蛋白质结构预测的研究成果，并简要说明（本书以外的应用举例）。
5. 试述你对蛋白质结构预测的展望。

第15章 X射线晶体衍射分析
(protein crystallography, X-ray diffraction methods)

15.1 X射线晶体衍射分析概述

15.1.1 测定生物大分子三维结构的主要方法

完整、精确、实时（动态）地测定生物大分子三维结构的主要研究对象包括核酸、蛋白质、寡糖、脂以及它们之间的复合物。直接测定生物大分子三维结构的主要实验方法有X射线晶体衍射分析（亦称X射线结晶学或晶体结构分析）、多维核磁共振（NMR）技术、电子晶体学（电镜三维重组）、扫描隧道显微技术（STM）和原子力显微技术（AFM）。

15.1.2 X射线晶体衍射分析简介

X射线晶体衍射分析迄今仍然是蛋白质和核酸三维结构测定的最主要的方法。美国蛋白质数据库（PDB）三维结构数据，至1993年6月为止总共存入1 110套（其中982套蛋白质、酶与病毒，107套DNA，2套RNA，9套tRNA和10套糖类），而截止目前，已经存入国际蛋白质三维结构数据库的蛋白质、核酸和糖类的三维结构已超过60 000套。

结构生物学的基石是生物大分子的三维结构，结构乃功能之基础，因而在原子水平上测定更多的生物大分子及其复合体的三维结构就成为当前结构生物学的紧迫任务。以X射线晶体衍射分析为主要手段，加以NMR方法的不断突破，生物大分子三维结构测定在高速发展，1997～1998年平均每日2个结构，而当前已达平均每日10个结构。可是，这样的速度仍远未能达到人们的需求。

生物大分子晶体学是从20世纪50年代至60年代发展起来的，迄今为止已经有50年的历史。那时科学家们对蛋白质等生物大分子结构测定的效率是不乐观的。这是因为使用X射线衍射方法测定结构的步骤繁多，数据量大，而且有些步骤无理论根据可循，晶体生长被戏称为类似于杂技团的绝技。

伦琴（Røntgen）发现X射线（1895）及其后劳埃（Laue）发现晶体的X射线衍射（1912），从而开创了晶态物质结构研究的新纪元。1953年Perutz在当时的同晶置换原理上，发现了重原子同晶置换法可以解决生物大分子晶体结构测定中衍射的相位问题，从而X射线晶体衍射分析开始踏上发展的伟大历程。

在1957年和1959年Kendrew和Perutz分别获得了肌红蛋白和血红蛋白的低分辨率（6Å和5Å）结构，在此期间Watson和Crick共同建立了DNA双螺旋的结构模型。

第 15 章　X 射线晶体衍射分析（protein crystallography, X-ray diffraction methods）

他们的伟大成就为分子生物学奠定了基础。上述 4 位科学家分别获得 1962 年度 Nobel 化学奖和生理或医学奖

从 1957～1967 年的 10 年里，在溶菌酶结构之后，胰凝乳蛋白酶 A、核糖核酸酶、核糖核酸酶 S 和羧肽酶等也分别获得了高分辨率的晶体结构，表明 X 射线晶体衍射分析已经成为一门成熟的学科。

从 20 世纪 60 年代末进入 70 年代，X 射线晶体衍射分析从对生物大分子三维结构测定进入生物大分子三维结构及其生物学功能之间关系的研究，从此它既是分子生物学研究的重要手段，同时也开始为结构生物学的建立和发展创造着条件。

今天的生物大分子晶体学已经完全超越单纯晶体结构测定的本身，而是直接瞄准待测结构的生物大分子的功能，瞄准那些与功能紧密联系在一起的生物大分子复合物的晶体结构，如酶与底物（DNA 聚合酶-DNA）、酶与抑制剂（溶菌酶-$(NAG)_3$）、激素与受体（人生长激素与其受体）、抗原与抗体（流感病毒神经氨酶-单克隆抗体）、DNA 与其结合蛋白（TATA box 与其结合蛋白）等。

现在，生物大分子晶体学已被应用到测定由许多生物大分子组成的极其复杂的大分子组装体（macromolecular assembly）的晶体结构，如组成细胞骨架的微管系统（microtubules）、由 200 多种不同的蛋白质组成的细菌鞭毛（flagella）和由 60 个不同的蛋白质分子和 3 条 RNA 链组成的分子质量高达 230 万道尔顿的核糖体等。其中核糖体大亚基的分析已达 2.9Å 分辨率，是当前 X 射线晶体结构分析的一个突破。

现在 DNA 聚合酶-DNA、人生长激素与其受体、TATA box 与其结合蛋白、核小体、核糖体等复合物晶体结构的阐明为 DNA 复制、激素作用、基因调控、遗传信息转录翻译和光合作用等重要生命活动的分子机制提供了关键的信息。那么，今后对生物大分子发挥生物功能认识上的突破还要依赖于这些相互作用的大分子复合物的晶体结构细节的阐明。

现在，生物大分子晶体学已不再满足于静态晶体结构的测定，而追求与生物大分子发挥生物功能相伴随的动态晶体结构的测定。生物大分子及其复合体的结构不是刚性的，而是有柔性的，存在着在不同层次的不同自由度的运动，它们是生物大分子发挥生物功能的基础和条件。另一方面，生物大分子发挥功能的过程就是和其分子相互作用的过程，也是构象变化的过程。因此生命的结构必然是运动的结构，晶体结构分析也必须分析晶体结构的运动。

X 射线晶体结构分析正努力在第四维时间坐标上跟踪、分辨和描述生物大分子的结构变化，即所谓四维晶体结构测定。由于同步辐射所提供的 X 射线光源可以达到很高强度，因而可以在以秒计的时间范围收集一套完整的衍射数据，使得在以秒计的时间范围内的结构动态测定成为可能。

那么，生物大分子在晶体状态下的结构是否反映了在有机体内的真实结构？回答是肯定的。实验结果表明，绝大多数情况下，大部分生物大分子的晶体结构（crystal structure）与其用核磁共振技术测得的溶液结构（solution structure）是一致的。

生物大分子晶体学最有希望的发展趋势之一是同步辐射的应用，由于其波长连续可变，故可以利用晶体内金属原子吸收边两侧反常散射数据差别大这一特点解决相位问

题。利用它的强光源性质,可在一个小时以内收集到一套中等大小的蛋白质分子的高分辨率数据。

在低温情况下,酶反应的过渡态中间物有可能在这个时间内存活,它为研究原子分辨率水平的蛋白质分子结构变化的动力学打下了基础,再配以电子面探测器或图像平板仪,使"X射线低温酶学"的研究范围不断扩大和深入。利用同步辐射的时间结构性质,甚至可进行纳秒数量级的快速动力学研究。这些新技术都将在未来几十年开花结果。

综上所述,X射线晶体学可在原子或接近原子的水平上分析蛋白质的精细三维结构,并适用于研究各种大小蛋白质的结构,甚至可以测定全病毒和核糖体的结构。晶体结构提供的是静态(在一定程度上也表现出动态),但是极为精确的一个个蛋白质分子堆积于晶体中的画面。X射线晶体衍射曾经是蛋白质结构测定的唯一手段,并且在现在和可见的将来仍将是原子水平上解析蛋白质结构的最主要和最有效的手段。最近一些年,蛋白质X射线晶体学无论从结构测定的方法还是从结构测定所用的仪器上都有了飞跃的发展。可变波长的同步辐射加速器的应用使高分辨率、高质量的衍射数据变得较为容易获得。低温技术的广泛应用使冷冻后的蛋白质晶体在衍射过程中所受的辐射损害大为减小,从而降低了对晶体的要求并提高了数据质量。各种形式的面探测器和CCD的出现大幅度提高了数据收集速度及精度。而各种计算机硬件和软件的发展更为晶体学发展提供了强有力的计算工具。如今,在相当程度上,蛋白质晶体学已成为一种常规的技术手段,它可在原子或接近原子的水平上分析蛋白质的精细三维结构。3Å以上分辨率的蛋白质精细结构可提供丰富的信息,如特定原子的位置,它们之间的相互关系(如氢键等),溶剂的亲和性及分子内柔性的变化等。

下面主要讨论蛋白质结晶和晶体结构相位确定的原理和方法。

15.1.3 生物大分子晶体结构分析步骤

蛋白质结构测定主要包括以下几个过程。

第一步克隆、表达、纯化:解析蛋白质晶体结构的前提是制备均一的蛋白质样品并获得晶体。因此获得表达量高、纯化效果好的蛋白质对后续步骤,特别是结晶起到及其重要的作用。

第二步结晶:在大多数情况下,蛋白质结晶是工作的瓶颈,需要通过大量的条件筛选和优化以使蛋白质分子间的弱相互作用促使蛋白质分子形成高度有序的晶体而不是随机聚合形成沉淀。尽管已有相当数量的论文和专著在研究这个问题,但采用一定的标准方案并不能保证长出所需的单晶。蛋白质晶体作为一种有序的分子聚集,受到诸如pH、温度、沉淀剂、缓冲液类型、添加剂及本身分子结构等众多因素的影响。在一定程度上,蛋白质结晶仍是一门艺术。

第三步数据收集及处理:通常利用(单波长)X射线光束照射在一定角度范围内旋转的蛋白质晶体,同时记录晶体对X光散射的强度。这些强度可转换为结构测定中的结构因子的振幅($|F(hkl)|$)。此外,在Laue法中,晶体通常保持静止而使用连续X光波长(白光)收集数据。

第 15 章 X射线晶体衍射分析 (protein crystallography, X-ray diffraction methods)

第四步相角的测定：结构因子的振幅（$|F(hkl)|$）及相角（$\alpha(hkl)$）是物理上相对独立的量。由于结构因子相角的全部信息在收集数据时丢失，因此必须通过其他途径来得到它们的信息。除结晶外，相角的测定在结构分析中仍然是一个问题最多的部分。

第五步相角的改进（优化）：电子密度图的质量及其后的可解释性主要决定于相角的准确性。有的情况下采用晶胞中不对称单位中的等同部分（例如，一个以上的等同分子）的电子密度平均，有可能大大地改善误差较大的起始相角。

第六步电子密度图的解释：相位确定后，可开始计算电子密度图。若从电子密度图能跟踪出肽链走向和分辨出二级结构（如基于高分辨率的数据，通常这意味着衍射数据的分辨率至少达到 3.5Å），则可能推出多肽链的三维折叠方式。进而根据氨基酸序列，就可能构建出原子坐标形式的蛋白质结构模型。

第七步修正：考虑到已建立的立体化学资料（如键长，键角等）的限制，根据 X 射线衍射数据对初始的蛋白质分子模型进行修正。

第八步：结构的描述和与功能关系的研究。

15.2 晶体生长和 X 射线衍射数据收集

15.2.1 晶体生长

要解析蛋白质的结构，首先要得到高分辨率的蛋白质晶体。与小分子结晶一样，蛋白质在溶液中达到过饱和状态时，分子之间可以以规则的方式堆积起来形成晶体析出，也可以以无规则堆积方式形成沉淀。蛋白质结晶学研究，简而言之，就是寻找合适的溶液条件和合适的方法，使蛋白质在过饱和溶液中以晶体形式析出，而不是形成沉淀（图 15-1）。因为不同的蛋白质具有不同的性质，蛋白质结晶没有一成不变的规律可言。要得到蛋白质的结晶，需要解决从蛋白质克隆、表达、纯化，到结晶条件筛选、条件优化等环节中可能出现的一系列问题。

15.2.1.1 蛋白质结晶的原理

得到具有高质量衍射的单晶是解析蛋白质晶体结构的前提，在大多数情况下，蛋白质结晶是晶体结构测定工作的瓶颈。结晶过程是一个有序化的过程，即在溶液中处于随机状态的分子转变成有序聚集的状态。只有在溶液达到过饱和状态时，蛋白质才可能开始结晶。

晶体生长过程可以看做两个阶段：首先是形成晶核，然后是周围的分子向晶核聚集，即晶体长大的过程。根据对小分子物质结晶的研究，晶体的形成取决于一个一定大小的晶核的形成，如果形成的晶核太小就可能溶解。一定大小的晶核可能包含 10~200 个分子，晶核形成的时间随条件而变化，成核速度明显随过饱和度而变化，溶液达到某一过饱和度时，成核速度就迅速增加。为了减少成核数量，从而控制晶体的数量，必须尽可能使溶液缓慢地达到过饱和度，并且使过饱和度尽量低。这个过程受到诸多因素的影响，表 15-1 列出了影响蛋白质结晶的各种物理、化学和生物化学因素。

表 15-1 影响结晶的因素

物理因素	化学因素	生物化学因素
温度/温度变量	pH	大分子纯度
表面	沉淀剂类型	配体，抑制剂，效应分子
平衡方法	沉淀剂浓度	大分子聚集状态
重力	离子强度	翻译后修饰
压力	特殊离子	大分子来源
时间	过饱和度	蛋白酶解/水解
振动/声/机械扰动	还原/氧化环境	化学修饰
静电/磁场	大分子浓度	基因修饰
介质偶电性	金属离子	大分子固有对称性
介质粘度	交联剂	大分子稳定性
平衡速率	去垢剂	等电点
单核/多核	非大分子不纯度	样品历史

15.2.1.2 结晶方法和技术

要使生物大分子结晶和生长出大的晶体，关键在于控制过饱和度的量和达到过饱和度的速度，过饱和度量要低，同时达到过饱和度的速度要适宜，蛋白质结晶过程的三相图如图 15-1 所示。

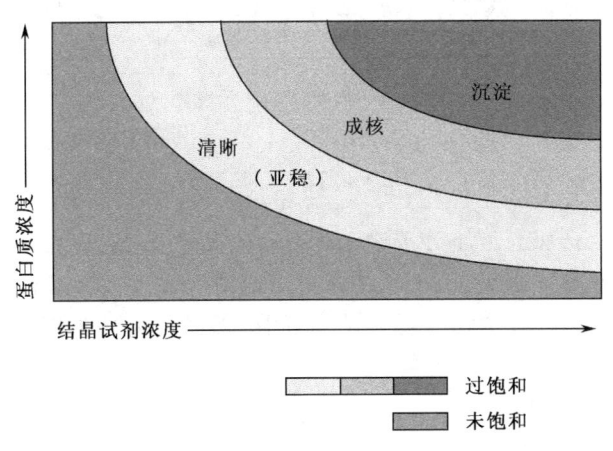

图 15-1 蛋白质结晶过程的相位图

至今，已经形成了多种在实践中成功应用的结晶方法，现简单介绍如下。

1. 汽相扩散法（Vapour diffusion）

微量蒸汽扩散法主要是通过在一个封闭体系内，在能使某种蛋白质结晶的较高沉淀剂浓度的溶液与含有较低沉淀剂浓度的蛋白质溶液之间发生蒸汽扩散，最后两者达到平衡，蛋白质溶液内沉淀剂浓度逐渐增加使得蛋白质的溶解性降低，达到过饱和析出而结晶。这种方法现在使用最为广泛，可以分为悬滴法，坐滴法和三明治法（图 15-2）。具体的实验装置示意图如下：

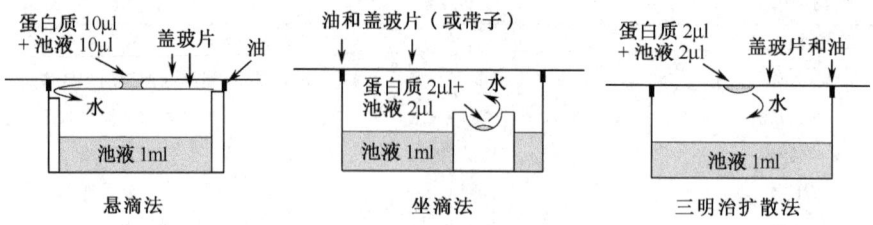

图 15-2 汽相扩散结晶法示意图

2. 批量结晶法（Batch crystallization）

直接将未饱和的蛋白质溶液和沉淀剂混合，依靠体系内部的能量驱动成核直至结晶。这种方法的要点是控制所加沉淀剂的量而使蛋白质溶液逐步达到低过饱和度。这是最古老的一种结晶方法，曾经主要用于研究和监控晶体生长过程，现在已经被用于大规模结晶条件的筛选。图 15-3 是用油做密封剂的批量结晶法示意图：

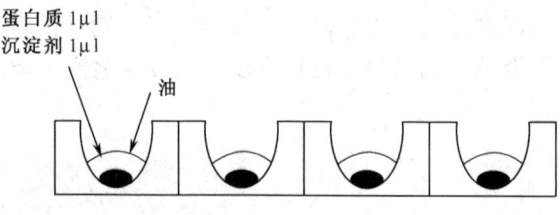

图 15-3 批量结晶法示意图

3. 透析法（Crystallization by dialysis）

透析法是利用半透膜允许小分子透过而不允许大分子透过的性质，来调节蛋白质溶液中的沉淀剂浓度，离子强度或 pH，使蛋白质溶液缓慢地到达晶核形成点。对一些很容易结晶的蛋白质可以用此方法获得大量的晶体。操作示意图如图 15-4。

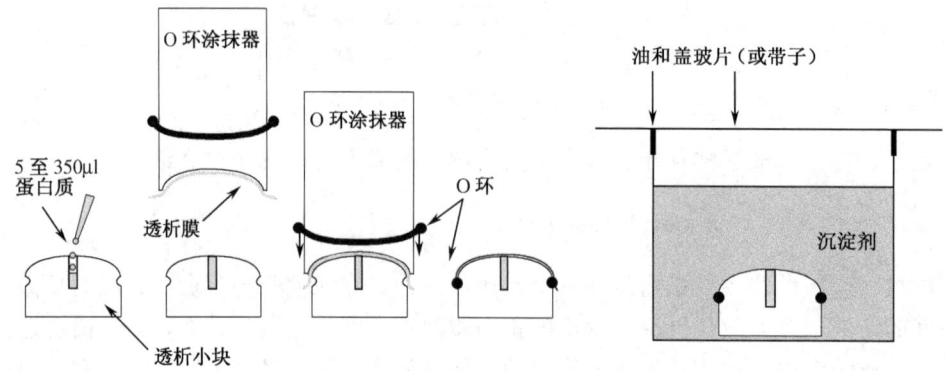

图 15-4 透析法示意图

4. 大量结晶法（Bulk Crystallization）

在这种方法中，直接在蛋白质溶液中加入固体盐或饱和盐溶液，直至溶液变成乳色，然后离心去掉沉淀，将上清放置一段时间后，可以取出液滴在显微镜下观察，看有无晶体产生，这是一种早期应用较多的方法。

5. 液-液扩散法（Liquid-liquid diffusion）

在这种方法中，沉淀剂直接通过液液界面扩散到蛋白质溶液中，在界面处形成沉淀剂浓度梯度，并在局部形成过饱和，促使晶核形成，进而长大成可用的晶体。相比之下，这种方法在实验室中的应用不如其方法普遍，但在微重力环境下，这种方法更适合使用。

15.2.1.3 蛋白质结晶条件的筛选

蛋白质结晶条件的筛选是一个非常耗时，耗力的工作。因为蛋白质的结晶条件的选择没有什么规律可言。蛋白质的一个点突变，就有可能使结晶条件有很大的变化。要想找到蛋白质的结晶条件，只能使用各种沉淀剂、pH、添加剂去摸索和尝试。为了简化蛋白质结晶条件的筛选过程。很多公司用一些常用的沉淀剂，添加剂和不同pH的缓冲溶液，以一定的组合方式组合，生产出了一系列的结晶试剂盒。目前，已经得到晶体的很多蛋白质都是用这些试剂盒筛选到最初的结晶条件，并在此基础上优化得到高质量的晶体。

目前最常用的结晶试剂盒是Hampton Research公司的Crystallization Screening Kit。总共有98个筛选条件。除了这套Kit之外，Hampton Research公司还有一些其他的沉淀剂筛选Kit，添加剂筛选Kit，防冻液筛选Kit等。

Molecular Dimensions Limited、Emerald Biostructures、Jena Bioscience等公司也都生产相应的结晶条件筛选试剂盒。

结晶条件的初筛一般用汽相扩散法中的悬滴法。

15.2.1.4 蛋白质结晶条件的优化

当初筛的液滴中出现晶体时，我们应该首先确定晶体是蛋白质晶体，还是盐晶。要知道这点，可以在X光机上收集几幅衍射图，如果在低分辨率有衍射点，就是蛋白质晶体；如果只在高分辨率有衍射点，就是盐晶。另外，捞取晶体制备电泳样品，如果电泳结果显示目的蛋白带，应该是蛋白质晶体，否则就是盐晶；用Hampton公司的IZIT染料或甲基绿染色，蛋白质晶体可以被染色，盐晶不能染色。结晶时做不含蛋白质的空白对照也是确定蛋白质晶体的一个好办法。

一旦确定了蛋白质晶体，就可以在此条件周围建立更为精细的筛选条件，进行结晶条件优化。可优化的参数主要有以下几点：

（1）沉淀剂浓度。

(2) pH：有些情况下，pH 值变化 0.1 个单位就可以阻止蛋白质晶体的产生。Hampton Screens 的 pH 只是缓冲液的 pH，并不是结晶母液的最终 pH。

(3) 蛋白质浓度：一般情况下，增加蛋白质浓度，同时降低沉淀剂浓度，晶体质量会好一些。通过结晶液滴中蛋白质和沉淀剂的比例，也可以达到改变蛋白质浓度的目的。

(4) 温度：温度可以影响气相扩散的速度。也会影响到晶体的质量。一般来说，蛋白质生长的速度太快的话，会影响晶体质量，蛋白质晶体的生长速度，也可以通过控制生长温度来调节。但如果晶体在 4℃生长，转移晶体需要在冰上，以防晶体损坏。

(5) 添加剂：有时使用一些添加剂可以改善晶体质量。甘油可以阻止晶核的生成，有利于得到少而大的单晶，用量一般在 1‰～25％。乙醇和二氧六环对蛋白质晶体有毒性，可以防止产生太多的晶核。二价金属离子和去垢剂等有时对提高晶体质量也有好处。

(6) 结晶方法：可以通过调节结晶母液的用量，使用大液滴，用坐滴法或三明治法等不同的结晶方法来提高晶体质量。

(7) 改善孪晶，或晶体不易长大时，可以考虑用接种的方法来得到大的蛋白质单晶。接种可以分为 microseeding 和 Macroseeding。前者是把晶体研碎，制备成细小的晶核作为晶种。这种方法中，晶种的稀释倍数是关键，最理想的结果是一个液滴中只接进一个晶种；后者是把小晶体完整的接入新液滴中使其进一步生长得到大晶体。用来做晶种的蛋白质晶体不一定要用同一蛋白质，也可以用其他蛋白质的晶种来使我们的目标蛋白产生晶核，生长出晶体。

(8) 蛋白质：蛋白质的性质是影响晶体质量的最主要的因素。有时，不同批次的蛋白质样品，其晶体质量会差很多。因此，改进蛋白质纯化条件，提高蛋白质的纯度和均一度非常关键。

如果我们在最初的筛选中得不到蛋白质晶体，可以考虑选择其他的结晶试剂盒再进行筛选。但最好的解决办法可能是以下几点：

(1) 做蛋白质和其配体的复合物的结晶。蛋白质和配体结合后，可以稳定结合区域的蛋白质构象，减少蛋白质的柔性，有利与蛋白质结晶。

(2) 构建不同的 construct。如果蛋白质降解，可以构建稳定的蛋白质核心部分。也可以构建蛋白质结构域的 construct。

(3) 使用不同种属来源的蛋白质。有时蛋白质的一个点突变也会阻止蛋白质结晶，因此，尝试不同种属来源的蛋白质，有时也是一个行之有效的途径。

(4) 脱糖基。有些蛋白质，尤其是真核表达系统表达的蛋白质，糖基化程度比较高，糖基链的柔性很大，均一性也很差，会严重影响结晶。因此可以用一些脱糖基酶对蛋白质脱糖基，有助于得到蛋白质晶体。

15.2.2 晶体的结构特点

晶体是原子或分子在三维空间中周期性重复排列形成的结构。下面介绍一下与此相关的一些概念。

15.2.2.1 几何晶体学

1. 点阵结构及晶胞

（1）点阵结构：任何能为平移复原的结构称为点阵结构。能使一点阵结构复原的全部平移形成一个平移群 $ua+vb+wc$，称为该结构的平移群。u，v，w 为整数，a，b，c 为 3 个非共面的向量。点阵结构与其相应的平移群必存在下列关系：①从点阵结构中某一点指向点阵结构中的每一点的向量都在平移群中。②以点阵结构中任一点为起点时，平移群中每一个向量都指向结构中一个点。

（2）晶胞：从一个空间点阵结构中一定可以画出一个平行六面体，这一平行六面体称晶胞，每一晶胞可用 a，b，c，α，β，γ 6 个参数来描述，这 6 个参数称晶胞参数。

点阵结构是很有规律的结构，除了上述的平移群能使它复原外，还存在另外一些能使其复原的对称元素，如对称中心（倒反），镜面，旋转轴，旋转反轴，空间点阵结构中只能容纳有限的几种旋转轴，即二重轴、三重轴、四重轴及六重轴，所以其最基本的对称元素只有七种。

根据晶胞形状，也就是六个晶胞参数，以及晶胞中所容纳的特征对称元素，可以把不同的晶胞分成 7 个类型，即 7 个晶系（如表 15-2）。晶胞参数的特征是各个晶系的宏观表现，是区分 7 个不同晶系的必要条件但不是充分的条件，只有特征对称元素是区分晶系的关键所在。

表 15-2　7 个晶系

晶　系	特征对称元素	晶胞参数	对称元素方向
立方	4 个按立方体的对角线取向的三重轴	$a=b=c$ $\alpha=\beta=\gamma=90°$	a，$a+b+c$，$a+b$
六方	六重轴（平行于 C 轴）或六重反轴	$a=b\neq c$ $\alpha=\beta=90°$ $\gamma=120°$	c，a，$2a+b$
四方	四重轴（平行于 C 轴）或四重反轴	$a=b\neq c$ $\alpha=\beta=\gamma=90°$	c，a，$a+b$
三方	三重轴（平行于 C 轴，按六方取）或三重反轴	$a=b\neq c$ $\alpha=\beta=90°$ $\gamma=120°$	c，a，—
正交	2 个互相垂直的对称面或 3 个互相垂直的二重轴	$a\neq b\neq c$ $\alpha=\beta=\gamma=90°$	a，b，c
单斜	1 个二重轴或对称面	$a\neq b\neq c$ $\alpha=\gamma=90°$	b，—，—
三斜	无或仅有一个对称中心	$a\neq b\neq c$ $\alpha\neq\beta\neq\gamma\neq 90°$	

2. 点群、布拉菲格子及空间群

2 个对称元素的结合就会产生新的对称元素，在 7 个晶系中把特征对称元素与基本对称元素进行组合，就会产生 32 种不同的对称元素组合，这就是 32 个点群。

有时为了获得较高的对称性，把原有晶胞扩大，使成为带心的晶胞，由此在 7 个晶系中可以得到 14 种不同的布拉菲格子（Bravais lattices），不带心的晶胞称为素晶胞（P），带心的称为复晶胞（I，F，C）。

对称元素和平移向量相结合，可以得到一类含有平移的新的对称元素，即螺旋轴和滑移面。

旋转轴和平移向量结合得到螺旋轴。

对称面与平移向量结合得到滑移面。

把所有类型的对称元素与 32 个点群、14 个布拉菲格子，按照一定规则的组合就可得到 230 个空间群。

15.2.2.2　X 射线晶体学

1. 倒易点阵

倒易点阵简便而又形象地说就是衍射照片上的一组点，晶胞（又称正空间）中的点用 XYZ 来表示，倒易点阵（又称倒易空间）中的点用 HKL 来表示。

X 射线晶体学处理倒易点阵的对称性。

2. 11 个劳埃群

几何晶体学中的 7 个晶系和基本对称元素都不变，但晶体衍射对称性均较原晶体的几何晶体学对称性多一个对称中心，这样使几何晶体学中的 32 个点群变成 X 射线晶体学中的 11 个 Laue 群。

几何晶体学中带有平移向量的对称元素即螺旋轴、滑移面，会使衍射照片中的特定的点的强度为 0，也就是说这些衍射点，在照片中消失了，称为系统消光。

复晶胞也就是带心的 Bravais 格子，也会使一些特定的点强度为零，产生系统消光。

通过系统消光规律的辨识，就可知道几何晶体学中的 230 个空间群。遗憾的是，不是所有的空间群都能通过系统消光规律的辨识来唯一确定，通过衍射试验只能把 230 个空间群分成 120 个不同的衍射群，也就是说同一个衍射群有可能对应于几个空间群。

3. 蛋白质晶体可能具有的对称性

并不是所有的 230 种空间群均适用于蛋白质晶体，组成蛋白质大分子的单个氨基酸有不对称碳原子，而蛋白质分子中又只有 L 型氨基酸，因此蛋白质晶体的对称元素只有对称轴（旋转轴和旋转反轴），而没有镜面及对称中心（倒反）。这样在蛋白质晶体中只有 65 种仅含对称轴的空间群。

15.2.3　X 射线衍射数据收集和处理

15.2.3.1　X 射线衍射数据收集

当前的结构生物学研究中，获得足够的蛋白质已不再是一个难题，同时蛋白质结晶技术的发展以及蛋白质结晶经验的积累使结构生物学家们能获得越来越多用于结构研究的样品。晶体结构测定所依赖的是物理学上最基本的衍射现象，一套好的衍射数据是晶体结构分析的基础。目前，用于 X 射线衍射实验的相关仪器也发生了巨大的革命，使得收集高质量的 X 射线衍射实验数据得以实现，进一步解析高分辨率的三维结构成为可能。

X 射线光源用于产生高强度的 X 射线。目前使用较多的是旋转阳极 Cu 靶，产生波长为 1.541 8Å 的 X 射线。但是快速发展的第三代同步辐射光源，如法国的 ESRF，美国的 Argonne 以及日本的 Spring 等改变了蛋白质晶体学的面貌。首先同步辐射光源强度高，往往要比普通的 X 射线光源高两个数量级以上。其次，同步辐射光源准直性好，使得晶体衍射点相对收敛，收集高质量的衍射数据成为可能。同步辐射光源的应用大大降低了对晶体线度大小的要求，如一些很难得到大晶体的膜蛋白（往往是几十微米的线度）可以进行 X 射线衍射数据的收集和结构测定；此外一些晶胞线度达到 1 000Å 以上的庞大复合物体系的晶体，如免疫复合物、病毒以及核糖体晶体等，获得很大的机遇。这些晶体在普通的 X 射线光源下衍射往往不好，但是在同步辐射光源上可能收集到高质量的衍射数据，进而使结构测定成为可能。同步辐射光源的第 3 个优点就是波长连续可调，这是同步辐射 X 射线源有别于普通 X 射线源的重要特点，这使得利用硒原子反常散射效应的多波长反常散射法测定相角成为可能，加快了蛋白质三维结构解析的速度。

低温液氮气流冷却技术取得很大的发展，自 20 世纪 90 年代以后，它逐渐用于 X 射线蛋白质晶体学的研究中，用于解决高强度 X 射线对蛋白质晶体的辐射损伤问题，延长晶体的寿命。这个技术的广泛使用大大有利于蛋白质晶体的储存和运输，促进了完整的 X 射线衍射数据的收集。采用低温冷冻技术需要添加防冻剂以保护晶体免受"冻伤"，并避免产生"冰环"，首先要尽可能去干净长晶体的母液，同时摸索最适宜的防冻剂条件以及最优的操作方法。目前，常用防冻剂包括甘油、PEG400、MPD 以及葡萄糖等，Hampton 公司已有商业化的试剂盒出现。在适宜的防冻剂下，一颗好晶体在液氮低温气流下就已经足够收集一套或多套完整的 X 射线衍射数据。

在蛋白质晶体学中扮演重要角色的面探测仪也大大地发展起来了，使得在较短的晶体曝光时间和更低的 X 射线剂量下快速准确地记录蛋白质晶体的 X 射线衍射信息成为可能。目前常用的面探测仪主要有 IP（imagine plate）和 CCD（charged coupled device）。IP 面探测仪实际组成是在一块支持层平板上附着一薄层光敏磷化物感光物质，上面再覆盖一个保护层。这个 IP 面探测仪经曝光消除数据后可重复使用。CCD 是目前在同步辐射光源上使用的更多的面探测仪，它的基本原理就是通过电子探头将每个衍射点记录下来，并将所收集到的光信号转为电信号送入计算机处理，从而获得晶体衍射的数据信息。这种 CCD 面探测仪使得数据的精度和信号处理的速度都大大提高。

总而言之，X 射线衍射实验的新技术和新产品的革新和联合应用使蛋白质晶体学研究水平上了新台阶。如第三代同步辐射光源，低温液氮气流冷却技术以及 CCD 面探测仪等的联用，既保证了高分辨率和高质量的晶体衍射数据收集，为进一步高分辨率的结构解析打下重要基础。此外，加上劳埃法的发展应用大大推进"时间分辨率"水平的结构测定，并为在此基础上动态地研究酶的作用机理提供了可能性。

15.2.3.2　X射线衍射数据处理

整个晶体衍射数据收集和处理的流程见图 15-5 所示，在实际中，每曝光一次只能收集晶体一个方向的衍射信息，而通过连续变换晶体的取向，可以收集到完整的晶体空间衍射信息，这些衍射点信息需要进一步指标化和积分处理。目前已经开发出成熟的数据处理程序，如 Denzo 和 Scalepack 程序。Denzo 程序用于对衍射点进行自动指标化，以求出每个衍射点的 (h, k, l) 指标。作为生物大分子的晶体，共有 14 种可能布拉菲格子类型以及 11 种可能的衍射点群。通过 Denzo 程序对衍射点分布信息的处理可以分析出晶体内蛋白质分子堆积的信息，即初步的晶体学参数，包括晶胞大小和布拉菲格子类型等。从布拉菲格子类型中无法精确地确定出该晶体的空间群，因此完整的数据收集往往需要按低对称性的空间群进行。在对每个衍射点的 (h, k, l) 进行指标化和积分后，以进一步用 Scalepack 程序并选择合适的空间群对这些衍射点的强度进行归并。

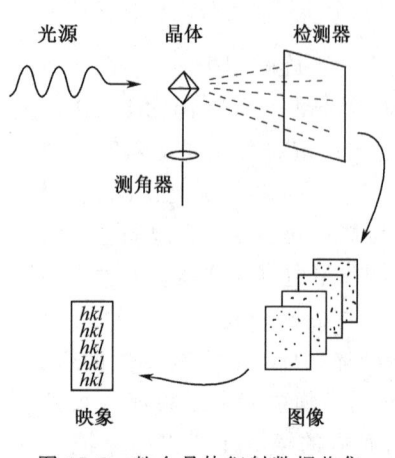

图 15-5　整个晶体衍射数据收集和处理流程图

Scalepack 程序处理结果中的完整度（Completeness），冗余度（Redundancy）以及衍射强度 R 因子（R_{merge}）等参数可以初步判断该套数据的质量。

$$R_{merge} = \sum_h \sum_j |I_{h,j} - \langle I \rangle_h| \Big/ \sum_h \sum_j I_{h,j}$$

$I_{h,j}$ 指某衍射点的衍射强度，$\langle I \rangle_h$ 指某衍射点的等效点的平均衍射强度。

对于一套完整的数据，往往要求完整度大于 80%，而且缺失数据在倒易空间中应随机分布；冗余度达到 2~3 以上，衍射强度 R 因子最好处于 3%（良好的衍射数据）~11%（较弱的衍射数据）之间。高质量的衍射数据是取得精确结构的重要因素，因此衍射数据的收集量越大，即数据的冗余度越高，此时 R_{merge} 可能会有所升高，但并不是坏事，因为具有统计学意义的测量信息都将表现在最终的电子密度图中，越多的数据平均中将有助于降低噪音，提高准确度。衍射数据中所能使用的最高分辨率往往采用 R_{merge} 作为指标来监测，很多人认为衍射数据的最高分辨率壳层的 R_{merge} 不应超过 25%。

对衍射数据的消光规律可分析晶体中可能存在的螺旋轴。Matthews 常数计算可初步判断在特定空间群下晶体中不对称单位存在的分子数以及晶体的溶剂含量。如果一个不对称单位内有几个分子，还可通过进一步计算自身旋转函数来判断它们之间的是否存在非晶体学对称关系。

晶体的质量有赖于晶胞中分子的有序性。由于原子的热运动及统计无序性，原子位置不是严格固定的。通常在高衍射角处，X 射线的反射强度会下降。发生衍射的 X 射线束可视为被晶格平面反射形成。晶格面间距离 d 及衍射角 θ 的关系式为：$2d\sin\theta = n \cdot \lambda$（布拉格定律）。当衍射图案的最高分辨率相当于 5Å 晶格间距时，分辨率较低，当为 2.0~2.5Å 时分辨率一般，当为 1.0~1.5Å 分辨率很高。

因为晶胞的有序重复会被晶格缺陷破坏，所以绝大多数晶体都不能看做理想的单晶。这些非理想晶体的衍射图案可视为方向略有不同的嵌合块产生的衍射图案的叠加，高质量的蛋白质晶体的嵌合度适中，为 0.2~0.5 度。

15.3 X 射线衍射分析

15.3.1 X 射线晶体衍射分析的基本原理

衍射现象是由于光的干涉而形成的。当入射波与狭缝相遇后，狭缝上的每一点都是一点光源，它们向四面八方发出散射波。由于这些波传播速度相同，它们能产生干涉，因而在空间任一点的振幅，将是由各个散射波到达这一点时相互间的波程差叠加的结果。X 射线衍射也正源于上述衍射现象。一个晶体包括上亿个有序排列的基本单元（如一个蛋白质分子）；在晶体的所有重复单元中，每个原子的核外电子对 X 射线散射的波形是可以叠加的。散射可通过傅里叶综合计算重复单元（蛋白质等）的电子密度图。然而电子密度图的计算必须得到散射光束的振幅（可直接测量）和它们的相位（不能直接测量），因而在结构解析中存在着相位问题。

X 射线衍射结构分析主要基于两方面原理：

第一是衍射线的方向，即衍射图上斑点的位置，用它可以确定晶胞的大小和形状。衍射线的方向与晶胞大小的关系用劳厄（Laue）方程和布拉格（Bragg）方程描述。

第二是衍射线的强度，即衍射图上斑点的亮度或黑度，用它可以确定晶胞中原子的空间排布。衍射线的强度与晶胞中原子排布的关系用布拉格（Bragg）方程确定。

15.3.2 相位问题

所谓一个分子结构，就是根据蛋白质电子云密度图构建的一个分子模型。X 射线被晶胞内的原子散射到特定的方向 (hkl)，其散射波可用结构因子来表示（包括振幅和相位）。而电子密度可以表达为结构因子的傅里叶变换：

$$\rho(xyz) = \frac{1}{V} \sum_h \sum_k \sum_l |F(hkl)| \cos[2\pi(hx+ky+lz) - \alpha(hkl)]$$

其中，(x, y, z) 为晶胞中某一点的坐标，V 为晶胞体积，(h, k, l) 为衍射指标，$|F(hkl)|$ 和 $\alpha(hkl)$ 分别是指标为 (h, k, l) 的衍射的结构振幅和相角。显然，结构因子的两个部分——振幅和相角对计算电子密度来说都是必需的。

在衍射实验中，每一衍射点的实验强度信息可以记录，结构振幅可以从衍射强度 $I(hkl)$ 中得到，二者存在以下关系：

$$I(hkl) = I_0/\omega \cdot K \cdot L \cdot P \cdot A \cdot e \cdot |F(hkl)_T|^2 \cdot V$$

其中，I_0 为入射 X 射线强度，ω 为角速度，其倒数表示一个倒易点位于衍射位置经历的时间，K 为比例因子，L 为 Lorentz 因子，P 为偏振因子，A 为吸收和次级消光的校正因子，e 为初级消光校正因子，$F(hkl)_T$ 为经温度校正的相对结构因子振幅，V 为晶胞的体积。

但关于相角的信息都在数据收集中丢失了。因此确定相位就成了 X 射线晶体结构分析的中心问题。

15.3.2.1 确定相位的主要方法

目前，在蛋白质晶体学中确定相位主要有 3 种实验方法，即多对同晶置换法（multiple isomorphous replacement，MIR）、多波长反常散射法（multiwavelength anomalous dispersion，MAD）和分子置换法（molecular replacement，MR）。此外还有单对同晶置换法（single isomorphous replacement，SIR）、单波长反常散射法（single-wavelength anomalous dispersion，SAD）等方法。不同的方法可以联合使用。对于分子质量较小，分辨率相当高的蛋白质晶体还可尝试用直接法。

15.3.2.2 多对同晶置换法（MIR）

多对同晶置换法（包括单对同晶置换加反常散射法）是蛋白质晶体学领域用于相位确定的经典方法。在 MAD 进入实际运用以前，它也曾是解析新蛋白结构的唯一手段。同晶置换法的基本思想是把散射能力强的重金属原子，如 Hg、Pb 等，引进到蛋白质晶体中作为标志原子，然后设法解出这些数量较少的重原子在晶胞中的坐标，由这些坐标计算出重原子散射波在各衍射点的相角，再推引出蛋白质分子在各衍射中的相位。

运用 MIR 方法确定相位，首先要得到与母体同晶型（空间群相同，晶胞参数基本相同）的衍生物晶体，得到衍生物晶体最常用的方法是将母体晶体浸泡在含有重原子化合物的合适溶液体系中，使得重原子能够在整个晶体范围内有序地结合到蛋白质分子上。要求母体和衍生物的晶体同晶型，这表明重原子结合到蛋白质分子上后没有引起蛋白质结构的较大变化。这样，母体晶体和衍生物晶体之间的衍射强度差别就可以确定是由于所结合的重原子引起的。然后以母体晶体和重原子衍生物晶体的衍射强度差计算同晶差值 Patterson 函数。Patterson 图上主要的峰就对应于晶体衍生物中重原子之间的向量。通过检查 Patterson 峰，就可以确定重原子的位置，进而就可以推引出母体的相位。

根据重原子的位置推引出母体相位的简要步骤如下：

设定 F_P，F_{PH} 分别代表母体和衍生物晶体的结构因子，F_H 是衍生物晶体中重原子部分的结构因子，如图 15-6 所示，有如下关系：

$$F_{PH} = F_P + F_H$$

在得到重原子位置后，就得到了 α_H，F_H 也就可以计算出来。而振幅的绝对值 $|F_{PH}|$ 和 $|F_P|$ 可由实验测得的衍生物晶体和母体晶体的衍射强度得到，母体晶

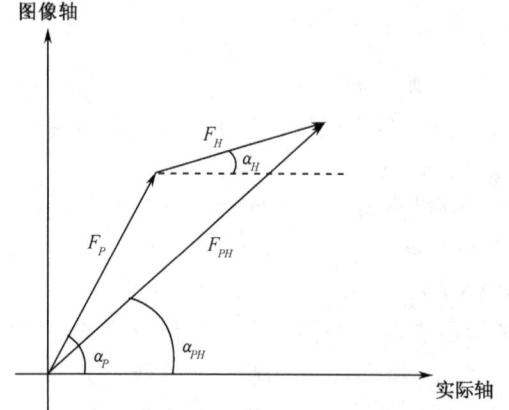

图 15-6　同晶置换法结构因子图

体的相位 α_P 就可由以上方程推导出：
$$\alpha_P = \alpha_H + \cos^{-1}[(|F_{PH}|^2 - |F_P|^2 - |F_H|^2)/2|F_P||F_H|]$$

等式中余弦项表明如果只用一个衍生物晶体，α_P 有两个可能解。为解决相位的不确定性，就必须采用至少两个在晶胞中结合位置不同的重原子衍生物与母体配合。这样至少可得出两套可能的相位，其共同解就是正确的相角。

还有一种方法可以消除双解，就是利用重原子的反常散射效应。对大多数轻原子（C，H，O，N）来说，反常散射效应不显著，当加入重原子后，Friedel 定律就不适用了。此时，$F_{PH}(+)$ 和 $F_{PH}(-)$ 不相等，可以将 $F_{PH}(+)$ 和 $F_{PH}(-)$ 看做 2 个衍生物的结构振幅，相当于有 2 个重原子衍生物，按照多对同晶的方法得到正确的相角，这就是单对同晶置换加反常散射法。

15.3.2.3 多波长反常散射法（MAD）

在"正常"Thomson 散射中，由于入射线的频率远远大于原子的固有频率，而且原子中电子的束缚能量较小，原子中的电子近似于自由电子，电子对入射 X 射线进行弹性散射。在一般情况下，这种近似对于大多数轻原子来说是正确的。正常散射因子（F）代表了原子的散射能力，具有实数值。在正常散射条件下，衍射图谱是中心对称的，遵从 Friedel 定律：

对于重原子，当 X 射线的能量达到电子从被束缚的原子轨道发生跃迁的能量时（入射线的波长靠近重原子的吸收边），共振使得电子加速增强，电子对 X 射线的吸收增强并扰乱了正常散射，这种情况下产生的散射称为反常散射（anomalous dispersion）。在这种情况下，原子的散射因子应表示为：

$$I(hkl) = I(\overline{hkl})$$

反常散射的出现导致了 (h, k, l) 和 $(-h, -k, -l)$ 两个衍射的强度变化并不相等，这就破坏了 Friedel 定律。

生物大分子晶体大多是由 C，H，O，N 等轻原子组成的，它们的反常散射非常弱，当蛋白质中存在重原子或加入重原子以后，就能观测到较强的反常散射。散射性质上的这种差别使得反常散射对于相角确定很有用处：即通过适当的衍射测量分离反常散射，由此确定反常散射原子的位置；得到这种亚结构之后，计算其散射模式并以此为参考确定整体散射模式的相角。这样，相角问题就可以较为容易地通过分析单个晶体的衍射数据而解决。

X 射线散射波的可叠加性是从多波长反常散射实验中获取相角信息的基础。像同晶置换法中母体和衍生物晶体的强度差别一样，利用 Friedel 点对之间衍射强度的差别也可以求出相位信息。它可以用于确定反常散射源的位置，从而提供额外的相位信息，帮助确定分子的确定构象。

每一个反常散射原子的原子散射因子可以表示为：
$$f = f_0 + f' + if''$$

其中，f_0 是正常散射部分，是一个实数，与波长无关，随着散射角 2θ 的增加而减小，对应外层电子的散射性质。而反常散射部分是一个复数，这是因为它包括了一个额外的相位变化，由于共振的存在，它随入射光波长 λ 的变化而产生急剧变化，但是由于源于内层电子散射的原因，其基本与衍射角无关。f' 和 f'' 分别表示反常散射的实数部和虚数部，它们随着波长的变化而变化。

如图 15-7，F_{BA} 是结构因子中非反常散射原子的贡献，F_A 是反常散射原子的非反常散射部分，因此，散射 (hkl) 的结构因子可以表示为：

$$^\lambda F(hkl) = {^\circ}F_{BA} + {^\lambda}F'_A + {^\lambda}F''_A = {^\circ}F_B + {^\circ}F_A + {^\lambda}F'_A + {^\lambda}F''_A$$

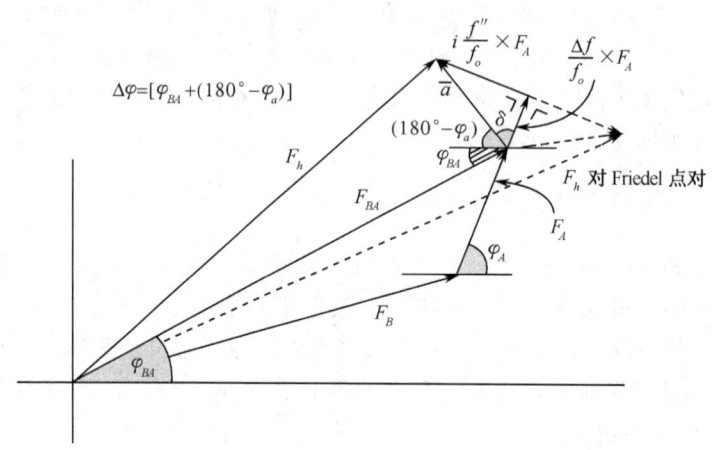

图 15-7　含有反常散射原子的大分子对 X 射线的散射

$^\circ F_{BA}$ 是所求的全部正常散射的结构因子，它是非反常散射原子的散射 ($^\circ F_B$) 和反常散射原子的正常散射部分 ($^\circ F_A$) 的贡献之和。F'_A 和 F''_A 分别是反常散射的实数项和虚数项，随波长变化而变化。将正常散射相关的量与波长依赖的部分分离，则得：

$$|F|^2 = |{^\circ}F_{BA}|^2 + a|{^\circ}F_A|^2 + b|{^\circ}F_{BA}| \cdot |{^\circ}F_A| \cos({^\circ}\varphi_{BA} - {^\circ}\varphi_A)$$
$$\pm c|{^\circ}F_{BA}| \cdot |{^\circ}F_A| \sin({^\circ}\varphi_{BA} - {^\circ}\varphi_A)$$

a、b、c 是 λ 的函数，可以由原子吸收系数得到。对于 Friedel 点对来说，$|F|^2$ 值不同，但是它们可以通过实验测量。未知量为 $|F_{BA}|$，$|F_A|$ 和 ($\varphi_{BA} - \varphi_A$)，它们与 λ 无关，而且除了 ($\varphi_{BA} - \varphi_A$) 的符号以外，其他值对于 Friedel 点对是相等的。因此，相对一个 λ 值的一套数据可以给出关于这 3 个未知量的两个方程，即从理论上说，在两个不同波长所收的数据就足够给出 $|F_{BA}|$，$|F_A|$ 和 ($\varphi_{BA} - \varphi_A$) 的值。对于蛋白质电子密度图的计算来说，φ_{BA} 是需要的，它可以通过反常散射原子得出：即用反常差值 Patterson 函数或直接法定位反常散射原子，然后计算出 φ_A，再根据已计算出的 ($\varphi_{BA} - \varphi_A$) 就可得到 φ_{BA}。

反常散射效应最为显著的体现是某些散射强度的差别，而这些在正常的散射中是等值的。差别之一为，Friedel 对（h 和 $-h$）或者其旋转对称等效点的结构振幅之间的 Bijvoet 差，

$$\Delta F_{\pm h} \equiv |{^\lambda}F(h)| - |{^\lambda}F(-h)|$$

另外一个为不同波长下结构振幅的色散差（dispersive difference），

$$\Delta F_{\Delta\lambda} \equiv |{^{\lambda_i}}F(h)| - |{^{\lambda_j}}F(h)|$$

图 15-8 给出了硒原子反常散射曲线与光源能量范围选择的关系图。其中 λ2 是使 f' 取得最小值的波长，λ3 是使 f'' 取得最大值的波长，一般 λ2 和 λ3 相距很近，λ1 和 λ4 分别取远离 λ2 和 λ3 的波长，λ1 大于 λ2，λ4 小于 λ3。收集数据时，波长最少取 2 个：λ2 和 λ3，一般取 3 个。

对于通常的衍射实验正常散射的假设是成立的，因为蛋白质分子中的 C、H、O、N、S、P 等轻原子反常散射非常弱。而重原子则因通常能观测到强烈的反常散射，而长期以来在相位确定中作为同晶置换法的补充。

反常散射原子可能是附着于蛋白质上的附加重原子，也可能是母体蛋白质结构内原有的铜、铁、硫等原子（硫原子的反常散射较弱，只能用于相当小的蛋白质分子），因而此法在金属蛋白中广泛使

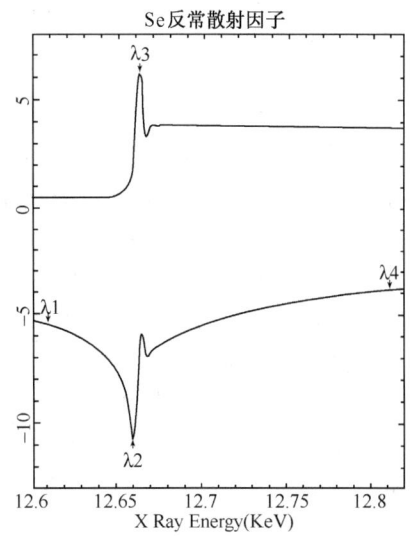

图 15-8 Se 原子反常散射因子

用。对无金属的蛋白质进行标记的一个途径是掺入硒代甲硫氨酸代替甲硫氨酸培养细菌以产生含硒代甲硫氨酸的蛋白质，达到用硒取代硫的目的，这要求蛋白质在细菌中能够表达。当然，也可将重原子衍生物作为母体处理。目前采用含硒代甲硫氨酸的蛋白质晶体，或采用汞或铂家族的化合物作为衍生物的晶体进行 MAD 方法测定结构已经成为蛋白质晶体学最为常规的方法之一。它最大的优点在于所有测量可以仅在一个晶体上进行，可以达到完全同晶的要求。

15.3.2.4　分子置换法（MR）

也称帕特逊（Patterson）搜索法。采用这种方法的前提是存在与待解析蛋白质在结构上类似的已知分子模型。这个模型可以作为相位计算的初始模型。目标蛋白和已知模型之间结构上的相似性通常依据氨基酸序列的相似性来判定，在大多数情况下，30%～40%的序列相似性是最低要求。

已知的结构模型必须正确放置在未知结构的晶胞中，如果两个结构相似，它们的 Patterson 函数也应相似。分子置换法中旋转函数计算的 Patterson 函数是晶胞中分子内向量在原点周围的分布。因此，在原点周围的 Patterson 函数分析可以决定模型的取向（采用旋转函数）。考虑分子间向量后可以决定分子在晶胞中的位置（采用平移函数）。

为确定模型的取向，定义交叉旋转函数为：

$$R = \int_V P_{cryst}(u) P_{model}(Cu) du$$

其中，$P_{cryst}(u)$ 是目标晶体的 Patterson 函数；$P_{model}(Cu)$ 是根据模型分子旋转后计算的模型 Patterson 函数，即将一个旋转矩阵 C 作用于模型分子使其旋转至 $P_{model}(Cu)$。当 2 个 Patterson 图的自向量峰最佳叠合，交叉旋转函数具有最大相关系数时，即可得到搜索模型的正确取向。

当模型被调整到正确取向后，再执行平移搜索以得到模型在晶胞中的正确定位。平移函数定义为：

$$T = \int_V P_{cryst}(u) P_{model}(u,t) du$$

其中，$P_{cryst}(u)$ 是待解晶体 Patterson 函数，而 $P_{model}(u, t)$ 是模型分子在晶胞中相对原点平移一个向量 T 后计算的晶体 Patterson 函数。与旋转函数不同，平移函数搜索的是两个 Patterson 图的交叉向量峰之间的相关性。这是因为不对称单位之间是晶体学对称元素联系的，因而交叉向量对平移敏感。一旦模型放在了单位晶胞内正确的位置，平移函数会产生最大的相关系数。经过成功的旋转和平移搜索后，就可以得到模型分子在待解晶体中的正确位置。

分子置换法通常用于与某一已知结构属于同一家族的同源蛋白质的结构解析，也可以用于同一蛋白质不同晶型的晶体结构解析。作为分子置换法的模型分子，既可是同源蛋白质的晶体结构或 NMR 结构，也可以是从同一家族的同源结构构建出来的"平均"结构，但大多数情况下要求初始模型与待测结构具有 30%～40% 以上的序列同源性。如果模型分子和未知分子间 Cα 的 r.m.s. 的平均标准偏差不大于 1Å，那么通过分子置换法求解出正确初相位的成功率相对较高。分子置换法的成功与否主要取决于所选用的模型，有时候对模型进行一些"必要"的加工往往会取得意想不到的结果：①如删除多余的结构域，插入部分或差别很大的部分；②对一些残基进行突变，尤其是一些差别较大的区域，往往将其残基突变为 Ala 等；③只采用 Cα 坐标进行旋转函数和平移函数的搜索。在实际中，对于一个不对称单位内存在多个分子的计算往往难度会增大，如果能在研究模型中加入分子间的相对位置信息则有助于得到正确的解。此外，如果蛋白质分子存在与 Fab 类似的情况，两个结构域经柔性的铰链相连，构象变化很大，因此可作为两个独立的模型处理。

判断分子置换法的结果是否正确的标准如下：

（1）最常用而又简单的方法是考察晶胞中堆积的合理性。

（2）比较不同分辨率范围内旋转函数和平移函数解的一致性。

（3）在多个亚基（分子）的情况下，则考察亚基之间的关系是否与自身旋转函数中的结果吻合。

（4）如有重原子衍生物数据的话，用 MR 法取得的模型相位计算差值傅里叶图，图上应能揭示出重原子位点。

（5）将该模型在较低分辨率范围内进行刚体修正时，其起始 R 因子应小于随机的 59%（通常 50%），且在修正过程中，R 因子应显著下降。f 作 $2|Fo|-|Fc|$ 图分析模型与电子云的匹配程度。

此外，当初始模型与待测结构的序列相同和极为相似，晶胞基本相同时，可以将模型直接放到晶胞中，即通常所说的差值傅里叶法。在研究蛋白质晶体结构已知的同晶型突变体或者包含有小分子的复合物的结构时可采用该方法。

15.3.3 结构修正

结构修正实质上就是使模型向实际结构不断接近的过程，既可以在实空间中对电子密度图进行直接的修正，如 O 程序；也可以在倒易空间中对能量函数进行最小二乘法极小化的间接修正，如 CNS 程序。倒易空间修正方法主要是先将衍射数据拟合为目标函数，然后对目标函数进行极小化修正。实际中主要是调整模型的参数，即每个非氢原子的原子坐标（X, Y, Z）以及一个各向同性温度因子（B），使得蛋白质晶体的结构振幅的计算值 Fc 越来越接近与观测值 Fo。Fo 与 Fc 的差异用晶体学 R_{work} 因子表示

$$R_{work} = \sum \| Fo \| - \| Fc \| / \sum \| Fo \|$$

同时为了监测修正过程，程序随机抽取 5%～10% 的衍射点不参与修正过程，它们的 Fo 与 Fc 的差异用晶体学自由 R 因子 R_{free} 表示，

$$R_{free} = \sum_{test} \| Fo \| - \| Fc \| / \sum_{test} \| Fo \|$$

一般说来，R_{work} 与 R_{free} 差值不应该太大，否则存在过度修正的可能。结构修正中最常见的方法是最小二乘法。在蛋白质晶体学研究中，由于蛋白质的原子个数多，衍射分辨率低，因此衍射点数目与修正参数之比较小，因而不能像小分子晶体修正那样采用一般的最小二乘法进行修正。1985 年，Hendrickson 等提出了约束参数的最小二乘法。该方法在修正过程中加入一些来自小分子结构研究得来的立体化学制约因素，如键长，键角，平面性以及手性等制约因素。立体化学制约有两种不同的方式：①Constrained 修正：肽平面的原子是刚性的，只有肽平面间的二面角可以变动。这种处理有效地减少需要修正参数的数量，但对于肽平面中原子进行局部调整显得很困难。②Restrained 修正：允许立体化学参数在一个固定范围内变动，通过对其能量函数的计算来控制修正过程。这种处理方法可使得结构中原子坐标可在限定的键长、键角、扭角以及范德华接触距离等范围内变动，也就是说这是一个局部的微调过程。这就使得结构中的一小部分的能较为容易地移动，但要想移动像整个分子或结构域这样的大块结构是困难的。

在修正过程中，主要采取的方法是刚体修正法，立体化学制约和能量最小化的最小二乘法，分子动力学或者称模拟退火法。模拟退火是一种最近的优化技术，它迅速地获得了普及。在需极小化的函数中，它把能量项与计算结构因子振幅和观察结构因子振幅的差结合。它的优点是大的收敛半径。

用于结构修正的程序很多，常用的 CNS 程序采用了倒易空间修正方法，主要包括：能量制约的最小二乘修正和动力学模拟退火修正等。修正过程中可通过调节权重因子来使立体化学制约放松或收紧。除此，修正过程还包括在 O 程序中对模型进行手工调整，使之尽可能地与电子密度相匹配。在结构修正过程中，手工调整与程序修正往往是交互进行的。

15.3.4　模型质量分析结构修正

对模型修正的本质就是使之与真实结构更加接近。模型质量进行最直接、最可靠的分析就是在程序 O 中观察模型与电子密度匹配程度的好坏。模型质量的相关参数包括：晶体学 R 因子，自由 R 因子以及立体化学参数，如二面角构象分布，键长和键角与理想值的偏差以及原子间距离是否合理等。模型质量的分析可通过程序进行。如 PROCHECK3.0 可分析二面角构象分布，CNS1.0 和 CCP4 相关程序可分析原子间距

离。模型质量参数的一些标准如下：

（1）晶体学 R 因子和自由 R 因子：蛋白质晶体的晶体学 R 因子虽不可能像小分子那样低，但往往要求在 20% 以下。自由 R 因子在修正过程中要求与 R 相近（两者相差 <6%）。

（2）二面角构象分布：在蛋白质结构中，除了甘氨酸的二面角构象可以是随机的以外，其他残基的二面角构象的分布是受立体化学限制的（脯氨酸的二面角仅能采取顺式或反式的构象）。在反映二面角构象分布的 Ramachandran 图中，包括最适区（A，B，L 区），额外允许区（a，b，l，p 区），勉强允许区（~a，~b，~l，~p 区），不允许区（无色区）。一个正确而且精确的蛋白质结构的二面角构象一般有 90% 以上的残基落在最适区内。

（3）温度因子：温度因子在一定程度上反映结构模型的质量，Loop 区的温度因子往往高于 α 螺旋和 β 折叠的温度因子，侧链的温度因子往往高于主链的温度因子，表面残基的温度因子高于内部残基的温度因子。

（4）原子间距离：一个正确而且精确的结构模型中应该没有过近的接触。

15.4　X 射线衍射结构分析举例

15.4.1　蛋白质晶体的 X 射线衍射结构分析举例

下面几个例子为用 X 射线衍射法得到的蛋白质晶体及其配体的结构。

1. 几个较经典的蛋白质晶体结构（图 15-9，15-11，书后彩页图 15-10）

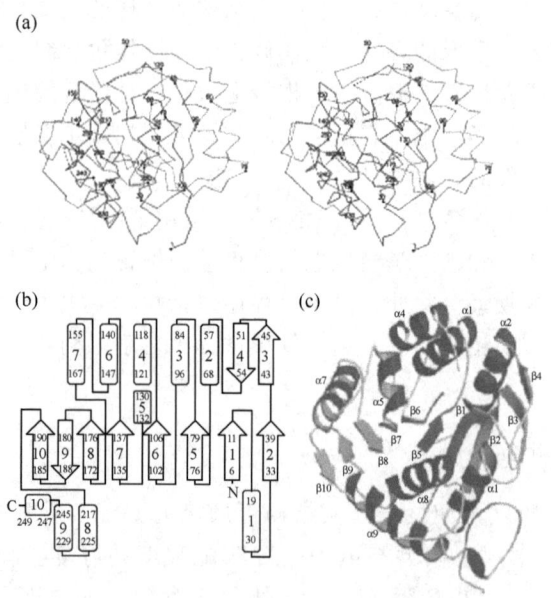

图 15-9　X 射线衍射法获得的 HMPP 激酶单体的结构
(Cheng G. et al. 2002)

15.4 X射线衍射结构分析举例

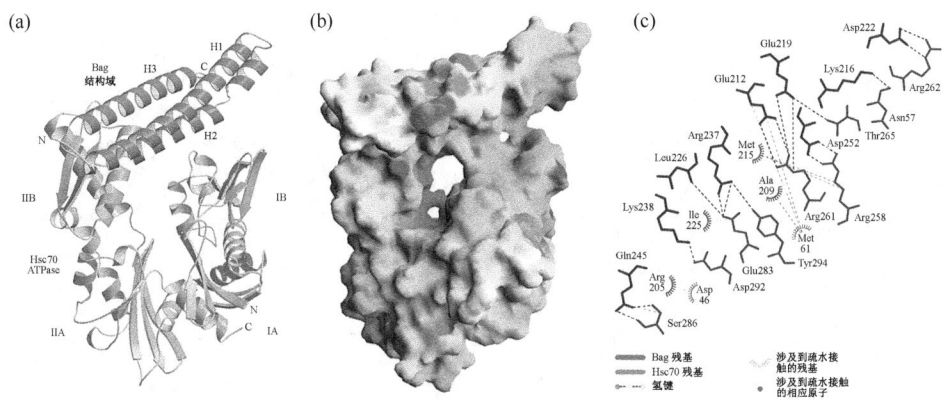

图 15-11 Bag 结构域/Hsc70 复合物

(a) 飘带结构图；(b) 用 GRASP 方法得到的填充图；(c) Hsc70 和 Bag 结构域相互作用示意图。
(Sondermann H. et al. 2001)

2. 清华大学结构生物学实验室近年所解析的部分结构（图 15-12，图 15-13）

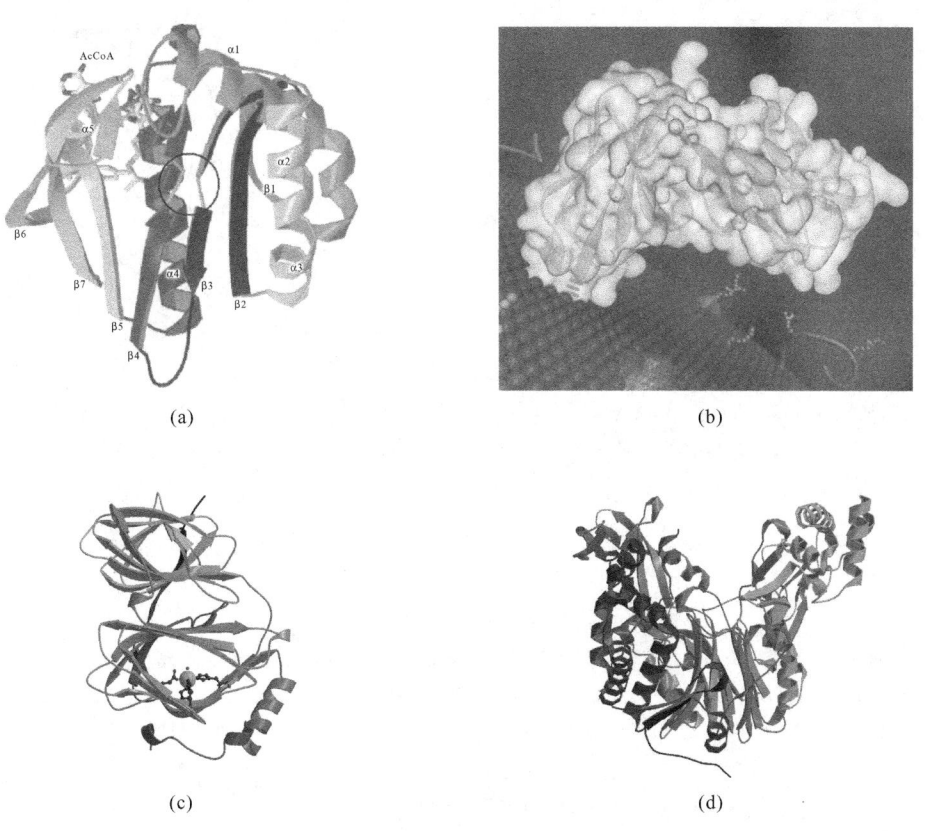

图 15-12 应用多波长反常散射法解析的部分结构

(a) 抗烟毒素蛋白的飘带结构图；(b) 人源免疫球蛋白 IgA 的 Fc 受体的胞外区的飘带及表面示意图；
(c) 头孢菌素酰化酶的飘带结构图；(d) 人源 Pirin 蛋白的飘带结构图。

第15章 X射线晶体衍射分析（protein crystallography, X-ray diffraction methods）

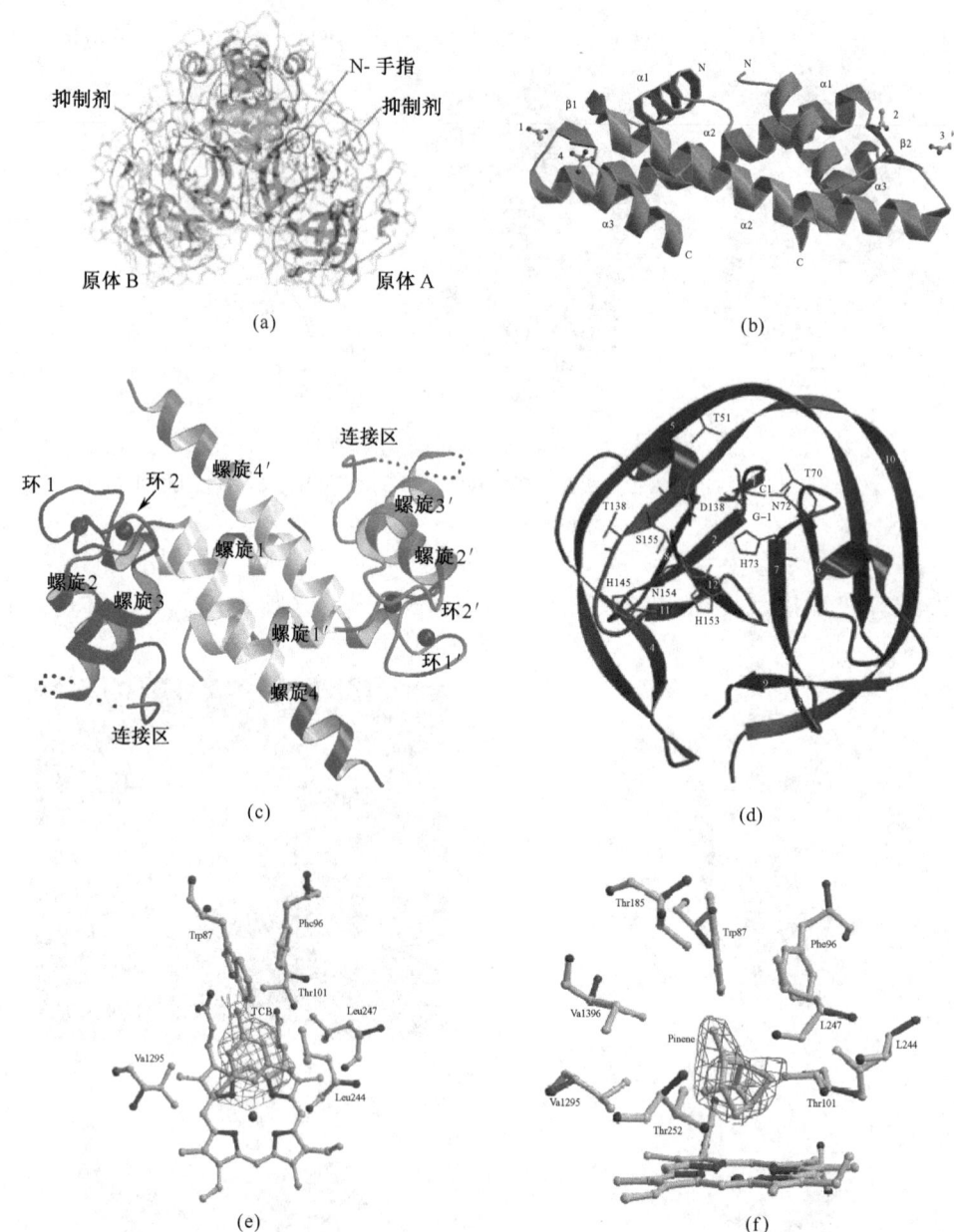

图 15-13 应用分子置换法解析的部分结构

(a) SARS 冠状病毒主蛋白酶的飘带及表面示意图；(b) 耐热古菌中的组蛋白的飘带结构图；(c) Ca^{2+} 结合蛋白 S100P 的飘带结构图；(d) DnaB 小内含肽的飘带结构图；(e) 细胞色素 P450 及其配体 1, 3, 5-TCB 的局部球棍示意图；(f) 细胞色素 P450 及其配体（+）-R-pinene 的局部球棍示意图。

(1) 应用多波长反常散射法解析的部分结构
(2) 应用分子置换法解析的部分结构

以上所举实例相关文章均发表在 *PNAS*、*JBC*、*JMB* 和 *JACS* 等期刊上，具体信息可在清华大学结构生物学实验室主页(www.xtal.tsinghua.edu.cn)上查到。

15.4.2 核酸晶体的 X 射线衍射结构分析举例

用 X 射线结构分析法研究核酸的三维结构，在原理和方法上类同于蛋白质的晶体分析。

早在 1953 年，Watson 和 Crick 提出的 DNA 右手双螺旋结构模型，就是根据对 DNA 纤维的 X 射线衍射图谱的分析而建立的。这是在十分黏稠的 DNA 溶液中加入乙醇，使它成纤维沉淀，然后挑出纤维作为 X 射线衍射分析的样品。在纤维中，沿纤维轴和纤维轴周围的 DNA 链是无序的，所以从纤维衍射图能够引出的信息量是有限的，确立的结构也是按整个螺旋的平均量分析而得到的，因而某些特定的碱基顺序可能引起的结构上的任何局部变化无法检测出来。

随着有机合成和结晶学技术的发展，到 20 世纪 70 年代后期，DNA 合成的进展使人们可以任意选择碱基排列顺序，大量制造寡核苷酸，纯化到足以形成晶体并适合于常规的单晶 X 射线衍射分析。

十二聚体 CGCGAATTCGCG 可以自成互补而组合成双螺旋，经分析它是典型的 B-DNA 螺旋结构，而四聚体 CCGG 则是 A-DNA 片段。单晶分析也揭示了一些结构参数与平均值有较大的局部偏差。例如，从单晶分析测出 A-DNA 和 B-DNA 都是右旋，碱基对间的平均螺旋扭转角相应是 33.1°和 35.9°，每 360°一圈相应有 10.9 和 10.0 个碱基对，与纤维研究结果一致。但同时发现螺旋扭转角偏离平均值程度甚大：A-DNA 标准偏差是±6°，B-DNA 是±4°。A-DNA 中每个扭转角可以小至 16°，大至 44°；B-DNA 中扭转角可以从 28°到 42°不等。

图 15-16，书后彩页图 15-14，图 15-15 为用 X 射线衍射法得到的 DNA-蛋白质复合物的结构。

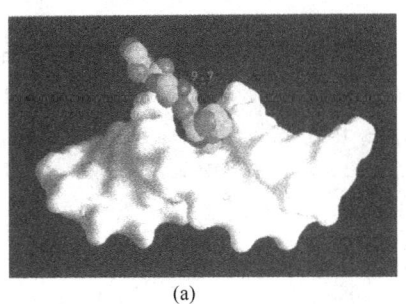
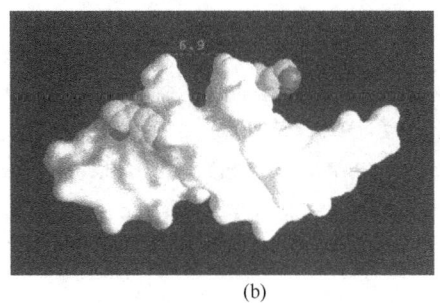

(a)　　　　　　　　　　　　　　　　(b)

图 15-16　NF-κB 结合 INFβ-κB 中 DNA 小沟与 HMG-I 结合
IFNβ-κB DNA 中小沟的比较

(a) HMG-I (Y) 与富含 AT 的 DNA 结合的复合物结构图。HMG-I (Y) DNA 结合位点（HMG box 2）就在小沟中。(b) 图中 IFNβ-κB DNA 的方向与 (a) 中 HMG-I (Y) 结合的 DNA 相似。

(Berkowitz B. et al. 2002)

15.5 晶体结构的表达

从结构生物学的角度，当生物大分子晶胞中原子的坐标参数测定之后，还需要计算这些分子中原子之间的距离，特别是成键原子间的键长和键角，了解原子间的联系，了解分子的结构、形状和堆积方式，了解晶体中离子的配位及配位多面体的联结方式等。

通过键长和键角的计算，把由晶体学表达的形式——原子在晶胞中的坐标参数，转变为化学的内容。把晶体结构和原子间的相互作用、化学键的性质、分子的结构、分子间的作用力性质等问题联系起来。

小 结

X 射线晶体衍射分析迄今仍然是蛋白质和核酸三维结构测定的主要方法。现在，生物大分子晶体学已被应用到测定由许多生物大分子组成的极其复杂的大分子组装体的晶体结构。

生物大分子晶体结构分析步骤：首先必须有相应的生物大分子晶体，第二步收集和处理衍射数据，第三步确定相位，最后进行结构修正。

得到具有高质量衍射的单晶是解析蛋白质晶体结构的前提，在大多数情况下，蛋白质结晶是晶体结构测定工作的瓶颈。

晶体是原子或分子在三维空间中周期性重复排列形成的结构。X 射线晶体结构分析主要基于衍射线的方向和衍射线的强度两方面原理。确定相位是 X 射线晶体结构分析的中心问题。目前，在蛋白质晶体学中确定相位主要有 3 种实验方法，即多对同晶置换法、多波长反常散射法和分子置换法。此外还有单对同晶置换法、单波长反常散射法等方法。不同的方法可以联合使用。对于分子质量较小、分辨率相当高的蛋白质晶体还可尝试用直接法。

用 X 射线结构分析法研究核酸的三维结构，在原理和方法上类同于蛋白质的晶体分析。

注：本章作者丁怡博士为清华大学结构生物学实验室（www.xtal.tsinghua.edu.cn）饶子和院士的博士生，于 1998 年 9 月至 2003 年 7 月就读于清华大学并获博士学位。在 5 年博士学习期间，共发表了 31 篇学术论文（SCI 收录 30 篇，EI 收录 1 篇），其中以第一作者和并列第一作者身份在包括 *PNAS*、*JBC*、*JMB* 等在国际上具有相当影响力的期刊上发表文章 8 篇，第二作者身份发表文章 5 篇。

思 考 题

1. 简述测定生物大分子三维结构的主要方法。
2. 当前 X 射线晶体衍射分析的新目标是什么？
3. 什么是晶体，说明其结构特点。
4. 试述 X 射线晶体衍射分析的基本原理及步骤。
5. 试述在蛋白质晶体学中确定相位的主要方法和原理。
6. 试举例说明 X 射线晶体衍射分析在蛋白质及核酸研究中的应用。

第 16 章 核磁共振技术
(nuclear magnetic resonance，NMR)

1945 年 F. Bloch 和 E. Purcell 两个小组独立地发现了核磁共振（nuclear magnetic resonance，NMR）现象，并于 1952 年共同获得了 Nobel 物理学奖。由于 NMR 的特性，它随即迅速发展成为化学结构分析的一个有力手段。1991 年瑞士科学家 R. Ernst 教授由于在二维 NMR 谱方面的贡献获得 Nobel 化学奖。2002 年瑞士科学家 K. Wüthrich 教授由于在用二维 NMR 测定生物大分子在溶液中的三维结构的贡献获得 Nobel 化学奖。

目前，NMR 技术已成为结构生物学研究中非常重要的分析手段，并在生物大分子、生物膜等基础研究和医学、药学等应用基础研究方面日显其重要作用。用现代 NMR 实验技术，如多维谱和固体高分辨谱方法测量溶液中和生物膜的生物分子结构参数，从而建立这些分子的三维结构是当前 NMR 谱学技术发展的热点。自 1957 年 Jardetzky 首先用 NMR 技术研究氨基酸，同年 Saunders 等人发表了蛋白质的第一篇 NMR 论文以来，随着 NMR 的一整套新技术，如超导磁体、快速傅里叶（Fourier）变换等的不断发展和完善，NMR 已能在溶液或非晶态中测定生物大分子三维结构及其动态变化。自 20 世纪 80 年代初 Wüthrich 等人用二维 NMR 测定蛋白质完整的三维结构获得成功，开辟了一条测定蛋白质溶液中结构的新途径至今，NMR 已与 X 射线晶体结构分析，电镜三维重构成为测定蛋白质和核酸等生物大分子结构的 3 种最重要和应用最广泛的方法。

近年来，溶液中生物大分子的结构测定大致上可以达到这样的水平：核磁共振测定蛋白质三维结构的精度取决于实验数据的质量。高质量的核磁结构其精度相当于 2.0～2.5Å 的 X 射线晶体结构。固体中的分子核偶极—偶极相互作用得不到平均，这给用固体高分辨核磁谱解生物大分子结构带来困难。

最近，由于先进的固体高分辨 NMR 技术结合多维谱技术的发展，固体样品，如生物膜中的分子结构的固体高分辨研究也取得了一些重要的结果。

NMR 共振方法除了可以解结构外，还可以研究生物大分子动力学性质，生物大分子的柔性与运动性。在蛋白质折叠的研究中，NMR 可以捕捉和鉴定折叠中间物的产生、结构和演变。

目前核磁共振波谱测定蛋白质结构大部分分子质量是 1 万～3 万 Da。TROSY 方法出现使得核磁共振波谱测定蛋白质结构原则上不受分子质量的限制，尽管实际工作仍然有很大困难。

16.1 原子核自旋与核磁共振

核磁共振（nuclear magnetic resonance，NMR），是指核磁矩不为 0 的核，在外磁场的作用下，核自旋能级发生塞曼分裂，共振吸收某一特定频率的射频辐射的物理过程。量子数（I）为 0 的原子核，如^{12}C、^{16}O 等没有自旋现象。而那些自旋量子数不为 0 的核，具有磁矩（μ），这样的核在外磁场下，发生能级裂分，占有（$2I+1$）个不同的能级，每个能级的位能为：

$$E = -\frac{m\mu}{I}\beta H_0 \qquad (16\text{-}1)$$

在射频场的作用下，核自旋会在上下能级间跃迁。受激辐射和受激吸收的几率相同，在射频场作用下的净跃迁由上下能级的布居数之差决定。发生核磁共振的条件是：照射到自旋核上的射频场的频率（ν）应等于核磁矩绕外磁场的进动频率（ν_0），它不仅与核的特性（磁旋比 γ）有关，也与外磁场强度（H_0）有关。

$$h\nu = \Delta E = h\nu_0 \qquad (16\text{-}2)$$

$$\nu = \nu_0 = \frac{\gamma H_0}{2\pi} \qquad (16\text{-}3)$$

16.1.1 弛豫（relaxation）

如果由于某种原因系统已经偏离平衡态，那么经过足够长时间系统总能恢复到平衡态。在物理学中，人们常常把这种恢复平衡的过程称为弛豫过程。核磁共振信号，依靠部分稍过量的低能态核。如果在电磁波照射下，自旋核吸收能量发生跃迁，使低能态核的微弱多数趋于消失，共振信号跟着逐渐变弱，甚至消失，即发生了"饱和"现象。

高能态核及时地回到低能态，一种途径是经过辐射而降低能量，但这种过程的概率很低；另一种途径是非辐射能量转换机制，被称为弛豫。

弛豫过程有 2 种——自旋晶格弛豫和自旋—自旋弛豫（图 16-1）。

16.1.1.1 自旋晶格弛豫

高能态自旋核将能量转移给周围核，这种弛豫过程使吸收核的总能量降低，被称为自旋晶格弛豫或纵向弛豫，用自旋晶格弛豫时间 T_1 表征。

T_1 是与处于高能态核的平均寿命有关的一个量，与吸收核的磁旋比有关，并强烈地受体系运动性影响，对于固体和高黏度液体的 T_1 较大，可达数小时，而对于气体和流动性能好的液体的 T_1 为 1s 左右。

16.1.1.2 自旋—自旋弛豫

这种弛豫过程是高能态核将能量转移给低能态的同类核，使后者跃迁到高能态，结果使高能态核的寿命减小、谱线变宽，但自旋核的总能量不变，又称为横向弛豫，用自旋—自旋弛豫时间 T_2 来描述，这种弛豫效应随作用核之间距离的 6 次方而衰减。

对于气体、液体的 T_2 为 1s 左右，而固体和黏滞性液体的 T_2 极小，可低至 10^{-4} s。

16.1.2 化学位移（chemical shift）

原子核处于分子内部，分子中运动的电子受到外磁场的作用，产生感生电流。这一感生电流在核上产生感生磁场，感生磁场与外磁场相互叠加，使核上受到的有效场发生

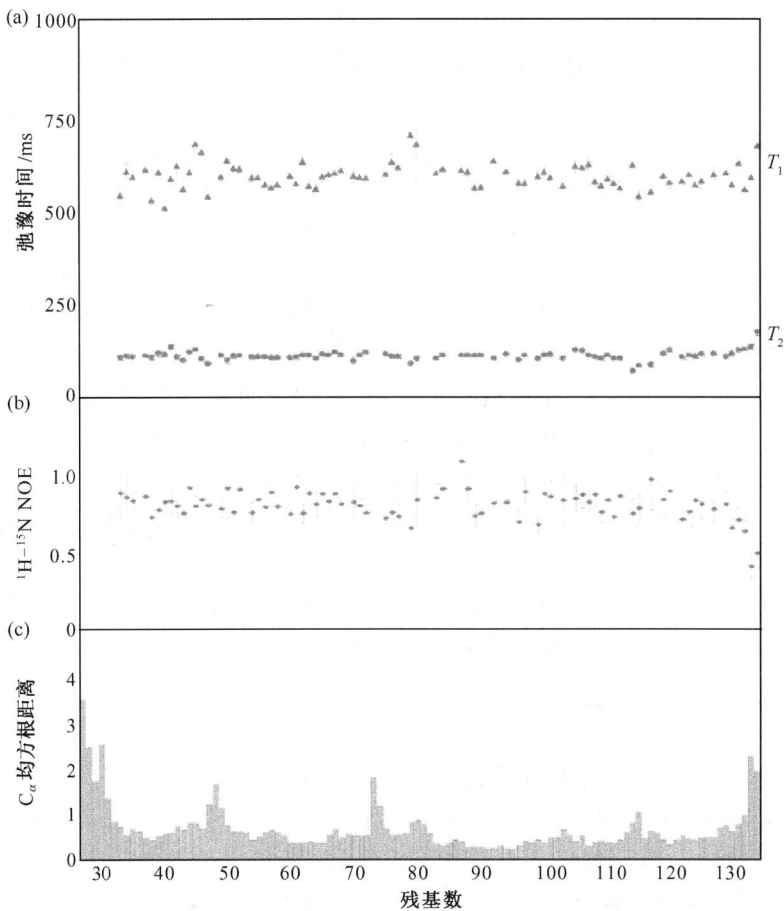

图 16-1　钙调理蛋白 CH 结构域的 NMR 弛豫数据

(a) 钙调理蛋白 CH 结构域中氨酰基化合物骨架以 [15]N 测定的 T_1 和 T_2 弛豫时间图（分别用三角，圆圈表示）；(b) 氨酰基化合物骨架的 [1]H-[15]N 异核糖核酸 NOEs 图（误差由计算核磁谱的信噪值得到）；(c) 全部 20 种结构的 C_α 的 Rmsd 图。

(Bramham J. et al. 2002)

变化。我们把这一现象称为核受到了屏蔽。由于这种屏蔽作用使得同一种核由于所处化学环境不同，核磁共振频率略有不同，这被称为化学位移。屏蔽作用的大小与核外电子云密度有关，后者又与原子核的化学环境有关，因此可根据化学位移的大小，来考察原子核所处的化学环境，从而对化合物进行结构分析。

化学位移常以 δ 表示，为了确定 δ 大小，选一个参比核，规定其化学位移为 0。对于 [1]H 谱常以四甲基硅烷（TMS）为参比。[13]C 谱、[31]P 谱、[19]F 谱的参比物分别是 CS_2、正磷酸和三氟乙酸，δ 大小为：

$$\delta = \frac{H_{参} - H_{样}}{H_{参}} \times 10^6 = \frac{\nu_{样} - \nu_{参}}{\nu_{参}} \times 10^6 \tag{16-4}$$

式中，$\nu_{样}$ 和 $\nu_{参}$ 分别为测定核、参比核共振时的频率。由于其比值在 10^{-6} 水平，为便于

表达乘以 10^6。δ 的单位为 ppm（无因次量），即 10^{-6}，大多数质子的 δ 在 1~12 之间。

分子中电子对核的屏蔽作用是化学位移形成的原因。屏蔽的大小和外加磁场的大小、核的种类、核所处化学键的类型、核周围邻近的化学基团以及其他分子的相互作用都有关系。具体来说受到局部逆磁作用、局部顺磁作用、邻近基团的磁各向异性、范德华效应、溶剂作用、氢键效应和 pH 的影响。

例如磁各向异性效应：由于苯环 π 电子云的影响，使处于环上方和四周的氢核的化学位移有极大差别。如苯的质子的 δ 为 7.3，比乙烷质子的化学位移（0.9）大得多。

在生物大分子中，常有含大 π 电子云的多元环，如蛋白质中的 Phe、His、Tyr、Trp 等，核酸中的碱基、血红素的卟啉环、一些辅酶的烟酰胺环、异咯嗪环等，因此这种磁各向异性效应，在生物分子的核磁共振研究中极其重要，常可探知被观察核与环的相对位置，从而了解生物分子在溶液中的构象。

又如顺磁效应，Mn^{2+}、Mg^{2+}、Zn^{2+}、Fe^{2+} 及自由基等都具有不成对电子，有顺磁性，它们的存在对周围核的化学位移影响很大。这种影响的大小与作用核和顺磁离子距离的 6 次方成反比。

不少生物分子的活性中心有顺磁离子存在，也可以进行自旋标记，在生物分子中引进顺磁中心，用 NMR 研究生物大分子的活性部位或结构与功能的关系。

16.1.3 化学交换（chemical exchange）

与 O、N、S 等原子相连的氢原子，在溶液中常常发生质子交换。如氨水中质子交换，当 pH 值低时，这种化学交换进行得非常慢，每一个不同化学环境的氢核，都可观察到单独的共振峰；当 pH≥3 时，这种交换进行得非常快，仅能在几种环境间的加权平均处观察到单一的共振峰；在 pH≥6 时，由于这种交换进行得特别快，仅能观察到一条窄线。如此，向体系中加入酸、碱或加热（图 16-2），使这种化学交换加快，就可以观察到单峰；如果向体系中加入重水（D_2O），使可交换氢全部与氘交换，从而使相应峰消失，这样就可识别这类共振峰。

pH 值变化时，这类可交换氢的化学位移变化非常大，以 δ 对 pH 值做图，可得到滴定曲线，用这一方法可测知大分子中同一残基的不同解离状态，从而知道它们的化学环境，得到结构与功能的信息。氢键的形成，不仅使这种交换变慢，而且其化学位移也向低场变化，因而核磁共振技术是研究氢键的有力工具。

16.1.4 自旋耦合与自旋裂分

核与核以价电子为媒介相互耦合，引起其谱峰裂分，这种现象被称为自旋裂分，而这种耦合被称为自旋耦合或自旋—自旋耦合（spin-spin coupling）。自旋—自旋耦合使核磁共振的谱线发生分裂，分裂所产生的裂距反映了耦合作用的大小，该共振谱线能量差称为自旋耦合常数，以 J 表示，单位是 Hz，即周/s。

J 是 NMR 的极重要参数，如果是一维 NMR 谱，J 可由谱线分裂峰距直接测量。J 与 H_0 无关，与分子结构有关，与键数、键的性质、成键核的数目和分子构象等都有关系。自旋耦合的两核之间相隔键数越多，其耦合作用越弱，J 值越小，一般相隔 3 个键

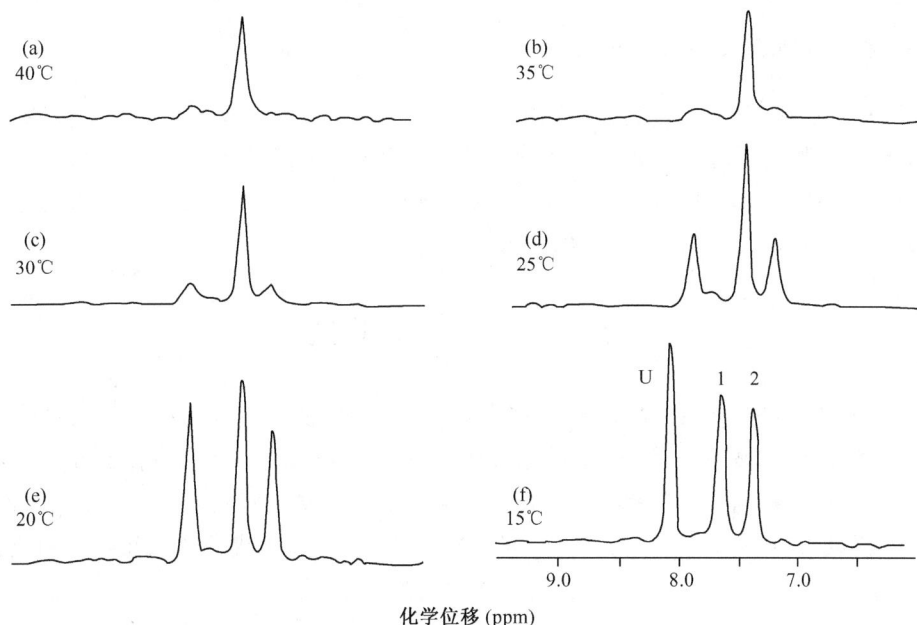

图 16-2 依赖于温度的胆酸氨基化合物 ^{1}H 共振谱

(Tochtrop G. P. et al. 2002)

以上,其耦合作用就可忽略不计(图 16-3)。自旋耦合与自旋裂分,可提供相互作用磁核的数目、类型及相对位置等结构方面的信息。

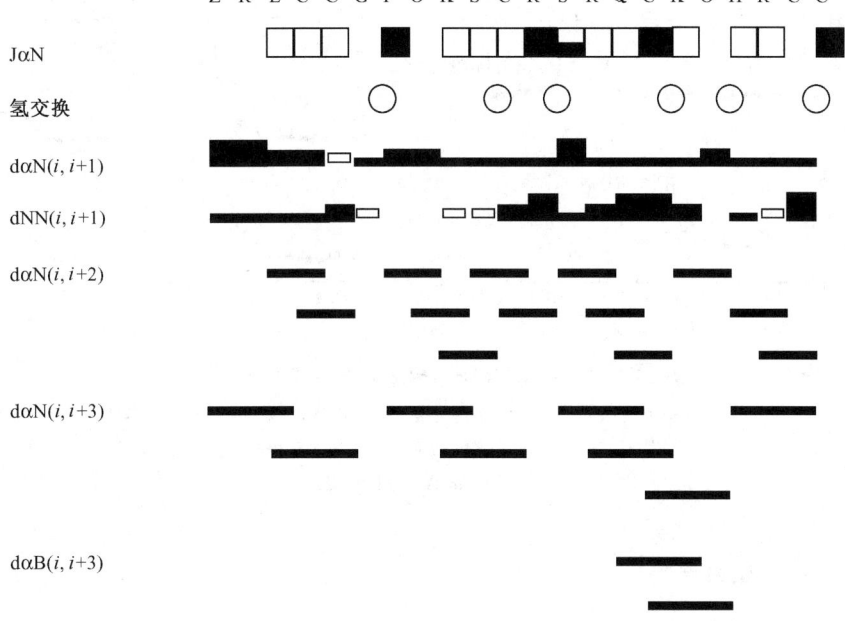

图 16-3 PIIIA 局部和中距离的 NOE 数据,$^3J_{NH-H^α}$ 耦合常数以及慢交换数据

(Nielsen K. J. et al. 2002)

16.1.5 核 Overhauser 效应（NOE）

Overhauser 发现，当核外电子自旋或相邻磁性核的核自旋发生共振并达到饱和时，偶极-偶极相互作用引起核自旋态分布变化，使得待观察的核的信号强度增加。这一效应称为核 Overhauser 效应（nuclear Overhauser enhancement，NOE）。NOE 与空间作用距离的 6 次方成反比，其空间作用距离 $<5\sim 6$Å。

16.2 多维核磁共振

一维 NMR 谱是吸收峰强度对一个频率变量作图，是一个频率变量的函数 $S(\omega)$，被称作一维 NMR（图 16-4）。二维核磁共振波谱（2D-NMR）是 2 个频率变量的函数 $S(\omega_1,\omega_2)$，吸收峰对 2 个频率变量作图。常有一类图，是吸收峰强度对 2 个变量作图，其中一个变量是频率，另一个变量是时间、温度或浓度等，看起来像二维谱，但仍是一维 NMR 谱。

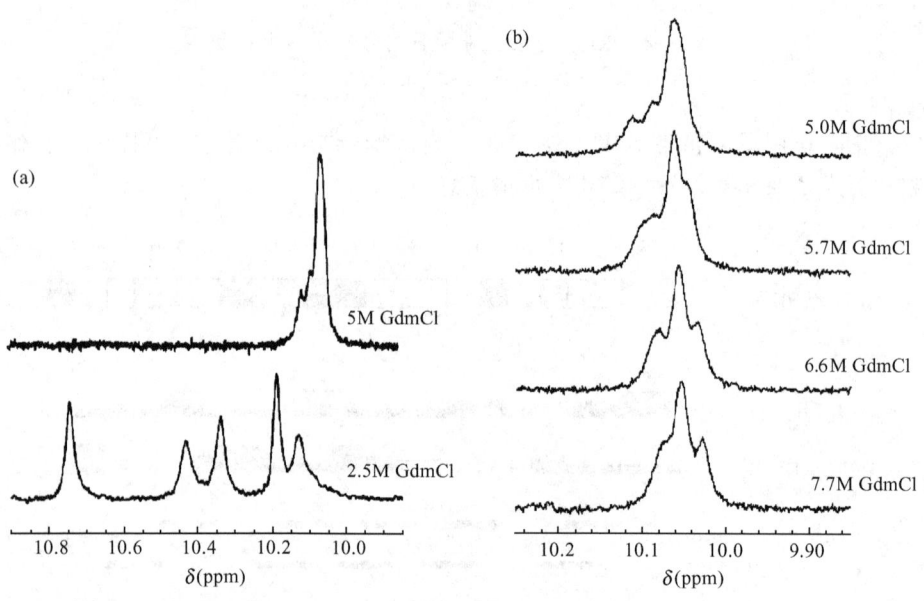

图 16-4　一维 NMR 研究盐酸胍诱导溶菌酶去折叠

(a) 2.5 mol/L 盐酸胍溶液中的天然溶菌酶和 5.0 mol/L 盐酸胍溶液中的去折叠溶菌酶在色氨酸 NH 部位 ^{1}H-NMR 光谱的比较；(b) 盐酸胍浓度增加对去折叠溶菌酶 ^{1}H 色氨酸 NH 共振的影响。

(Bachmann A. et al. 2002)

16.2.1 二维核磁共振

一维 NMR 谱中存在的严重问题是各种质子共振谱线相互重叠，致使它们的化学位移和耦合常数的指定产生困难。二维 NMR 谱的想法首先是 Jeener 于 1971 年提出的。

1974—1975 年间瑞士苏黎士物理化学家 Ernst 从理论到实验进行了仔细的研究，于 1976 年发表了二维核磁共振波谱理论与实验的论文。

1979 年瑞士苏黎士生物物理学家 Wüthrich 首先用 2D-NMR 研究蛋白质，此后又发展了将 2D-NMR 与距离几何学相结合的方法，得到在溶液中蛋白质的三维结构。

16.2.2 二维核磁共振谱的基本思想

现代核磁共振谱仪都是脉冲傅里叶变换核磁共振谱仪（PFT-NMR），即将矩形脉冲去激发在外磁场下的核自旋系统，得到在时间域上的自由感应衰减信号 $S(t)$，再经过傅里叶变换后得到频率域上的核磁共振波谱 $S(\omega)$，它包含了分子结构的信息。

$S(t)$ 的相位及振幅与 $t=0$ 时刻之前核自旋系统的状态有关。若将前述 t 时间间隔改称为 t_2，在此之前再加上适当脉冲及 t_1 时间间隔，使核自旋系统在 t_1 时间内进行适当的演化，并在适当范围内改变 t_1 的数值，则时间域上的自由感应衰减信号 $S(t_1, t_2)$ 是 t_1、t_2 的函数。在 2 次傅里叶变换之后，即得二维核磁共振波谱 $S(\omega_1, \omega_2)$。

二维核磁共振波谱通常有 4 种表示方法：即堆积图（stacked plot）(图 16-5)，等高线图（contour plot）(图 16-5, 图 16-6)，投影图和交叉截面图。2D-NMR 可分为二维分解谱（2D-resolved spectroscopy）、二维相关谱（2D-correlated spectroscopy, COSY）、二维自旋回波相关谱（2D-spinecho correlated spectroscopy, SECSY）、二维 NOE 谱（2D-nuclear Overhauser enhancement spectroscopy, NOESY）等（图 16-7, 图 16-8, 书后彩页图 16-9）。

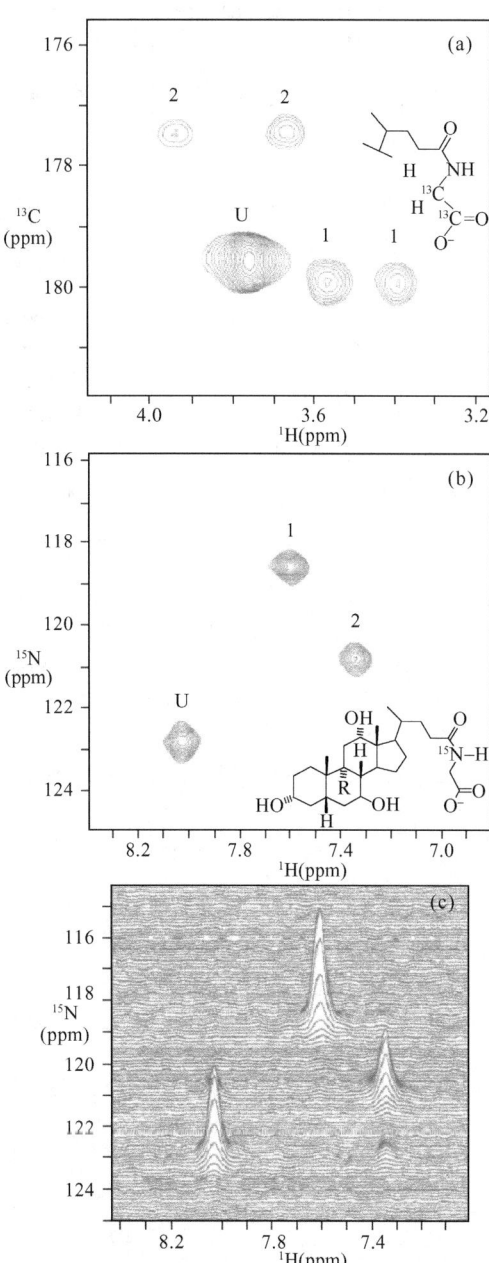

图 16-5 甘氨胆酸与人 I-BABP 蛋白结合的 NMR 谱和部位特异性结合等温线

(a) 二维梯度增强 HCACO 谱（样品中 [1′, 2′-^{13}C] 甘胆酸盐与 I-BABP 的摩尔比为 3∶1）；(b) 梯度和灵敏性增强 ^{1}H/^{15}N HSQC 谱（等高线图）（样品中 [^{15}N] 甘胆酸盐与 I-BABP 的摩尔比为 3∶1）；(c) B 的堆积图。

(Toch trop G. P. et al. 2002)

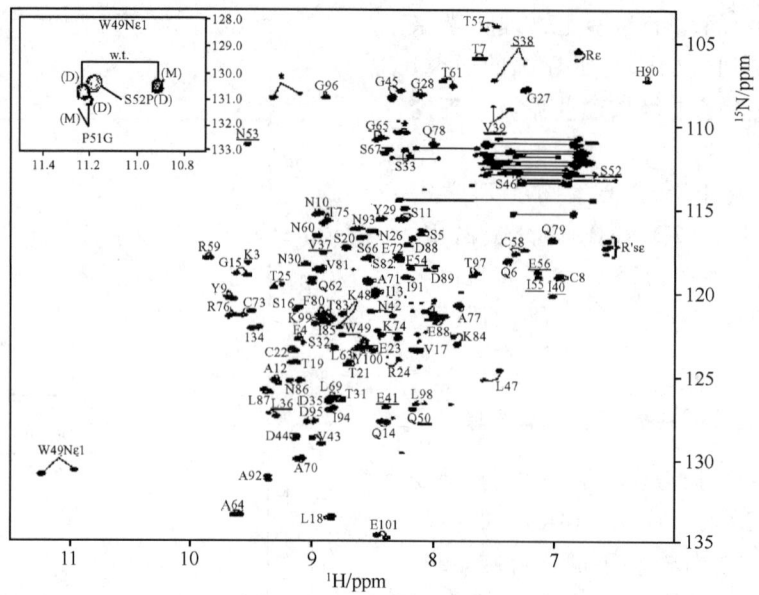

图 16-6 CV-N 单体和二体 600 MHz ^{1}H-^{15}N HSQC 谱（等高线图）的重叠图
（20 mmol/L 磷酸钠缓冲液，pH 6.0，20℃）

其中 CV-N 单体用黑色等高线表示；二体用浅黑色等高线表示。交叉峰旁标记的是氨基酸的类型及在有活力的 CV-N 序列中的位置。星号标记的交叉峰来源于 N-端附加的氨基酸。单体谱中加下划线的残基在二体谱中显示了异常的谱线加宽。小图详细地显示了在单体、二体的野生型 CV-N、P51G 突变体及 S52P 突变体中第 49 位色氨酸残基 Nε1H 特征性共振的重叠。

(Barrientos L. G. et al. 2002)

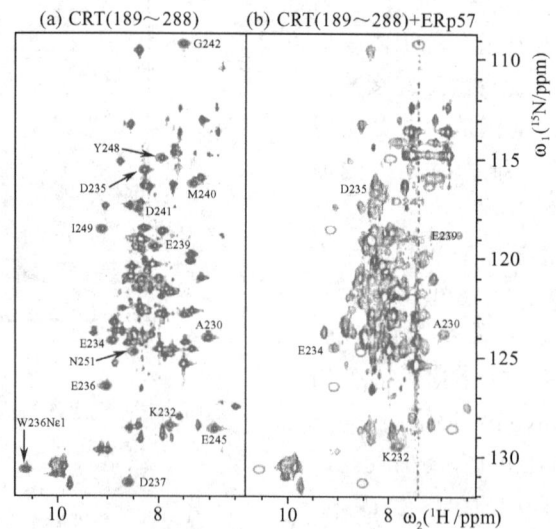

图 16-7 CRT (189~288) 和 Erp57 相互作用表面的 ^{15}N-^{1}H 二维相关 NMR 谱
(a) ^{15}N-^{1}H 标记的 CRT (189~288) 的 [^{15}N,^{1}H] TROSY 谱；(b) ^{15}N,^{1}H 标记的 CRT (189-288) 和未标记的 Erp57 溶液的 [^{15}N,^{1}H] ROSY 谱。

(Frickel E. M. 2002)

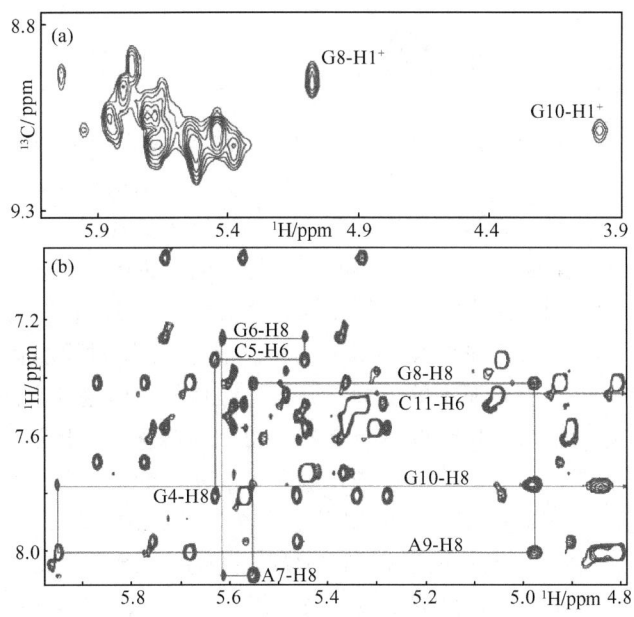

图 16-8 SL4-4 二维 NMR 谱

(a) ^{15}N,^{13}C-标记的 SL4-4 ^{1}H-^{13}C HMQC 谱；
(b) 未标记的 SL4-4 2D NOESY 光谱。

16.2.3 三维核磁共振

3D-NMR 是在二维谱的原理基础上，直接由二维谱扩展产生的。为了得到 3D-NMR，需要进行时间域的三维实验。在检测期记录时间 t_3 函数的各种核横向矢量 FID 的变化，其初始相和振幅与 t_1、t_2 有关，逐渐改变 t_1、t_2，就可得到三维时间域信号 $S(t_1、t_2、t_3)$，经过 3 次傅里叶变换，得到三维频率域信号 $S(\omega_1、\omega_2、\omega_3)$，即得到 3D-NMR 谱。

3D-NMR 谱中有 3 类峰：处于 $\omega_1=\omega_2=\omega_3$ 的峰称为对角线峰；2 个坐标相等（即 $\omega_1=\omega_2$，$\omega_2=\omega_3$，$\omega_3=\omega_1$）的峰，称为交叉对角线峰；第 3 类峰是 3 个坐标都不相等的那些峰，这种峰被称为交叉峰。

16.2.4 多维核磁共振谱的特点

（1）多维谱可以把一维谱中的重叠峰在二维或三维方向展开，便于 NMR 谱的解析。
（2）多维谱并不是一维谱的简单叠加，它比低维谱有丰富得多的信息。
（3）实验方法灵活多样。
（4）可以利用多维谱，间接地检测到在普通 NMR 方法中得不到的跃迁，如多量子跃迁。

正由于多维谱具有上述特点，使这一技术成为单独用来研究蛋白质在溶液中三维结构的唯一方法。随着这一方法的完善与发展，会对生物大分子结构与功能研究做出更多贡献。

16.3 核磁共振测定生物大分子的三维结构

自从 Jadetzky 和 Saunders 开始将 NMR 引进结构生物学研究以来，该领域获得蓬勃发展，涉及物质代谢、动力学、热力学、生物大分子的结构与功能、生物分子相互作用等各个方面。由于 NMR 的非破坏性，用 NMR 研究完整生物大分子受到广泛重视，可根据 NMR 谱图确定某成分的存在和浓度，这是其他方法难以胜任的。

研究生物大分子特别是蛋白质的三维结构，对探索生命现象的本质有着重要意义。到目前为止，分析蛋白质的三维结构的最有力方法仍然是 X 射线晶体衍射方法，它能够精确地确定生物大分子中各原子的坐标、键长、键角等。但这种方法有其固有的局限性，它只能测定单晶的结构，反映的主要是静态的结构信息，而且获得好的晶体比较困难。由于生命现象的复杂多变的功能，是在溶液状态完成的，并与生物大分子在溶液状态的多变结构达到高度完善的统一。因此蛋白质在溶液中的三维结构非常重要。自从 Wüthrith 及其同事们第一次成功地用 2D-NMR 技术测定了溶液中蛋白质结构至今，应用 NMR 和计算机模拟相结合，可测定蛋白质分子和核酸片段在溶液中的三维结构，它与 X 射线晶体衍射法、电镜三维重构方法一起，成为测定蛋白质等生物大分子结构的 3 种极其重要的互补手段。

研究生物大分子的结构需要先进的 NMR 谱仪，其质子共振频率多在 500 MHz 以上，目前商品谱仪已高达 900 MHz。我国现已有 800 MHz 的 NMR 谱仪数台（北京大学等）和 600 MHz 的 NMR 谱仪多台。这些谱仪功能齐全，能完成二维和三维甚至于四维谱的实验，还备有快速处理的三维图形工作站。

16.3.1 NMR 法测定蛋白质三维结构的特点

测定蛋白质三维结构，到目前为止 NMR 法在精度上还不如 X 射线衍射法，但它的若干优点却是 X 射线衍射法难以比拟的。这些优点如下。

16.3.1.1 NMR 法可以在水溶液或有机相中研究生物大分子结构

许多生物大分子至今不能得到单晶，因此不能用 X 射线衍射法研究其结构，但 NMR 法可对这类分子进行三维结构研究。若得到单晶的大分子，则可以用 NMR 技术与 X 射线衍射法相结合，获得晶体结构和溶液结构有意义的比较信息，以探索生物大分子结构与功能的关系（图 16-12 至图 16-13，书后彩页图 16-10，16-11）。

16.3.1.2 溶液条件的改变对生物大分子三维结构的影响

溶液的条件可在很大范围内变化，如 pH 值、温度、离子强度、缓冲液种类、加入各种配基和其他效应物（如底物、产物、激活剂、抑制剂、变性剂）等，这样可用来研究溶液条件对生物大分子三维结构的影响，观察生物大分子变性过程与三维结构的关系，研究配基、效应物与生物大分子间的相互作用，也可研究生物大分子间相互作用与三维结构间的关系（如蛋白质的解离和聚合作用，蛋白质与核酸间的相互作用等）。

16.3 核磁共振测定生物大分子的三维结构

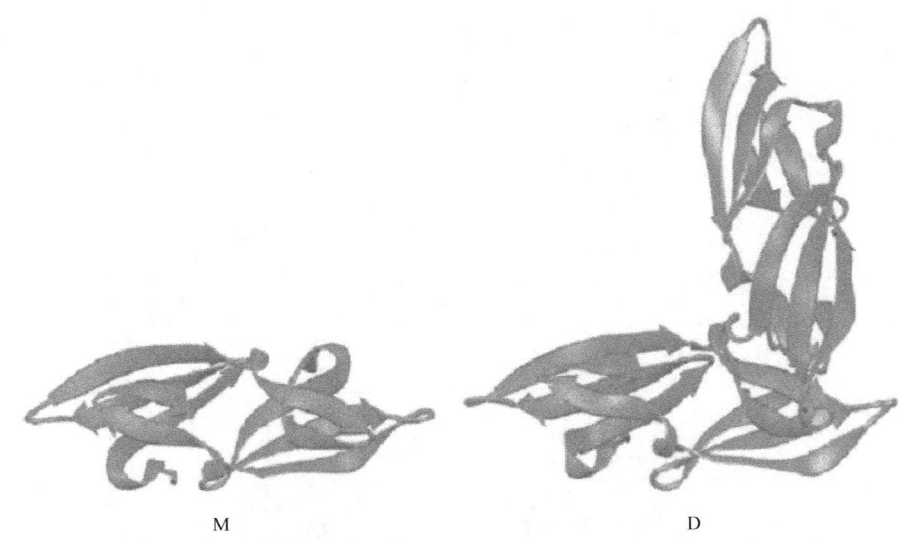

图 16-12 野生型 CV-N 单体溶液结构（飘带图）和结构域交换二聚体的三方晶系 X 射线结构图
(Barrientos L. G. et al. 2002)

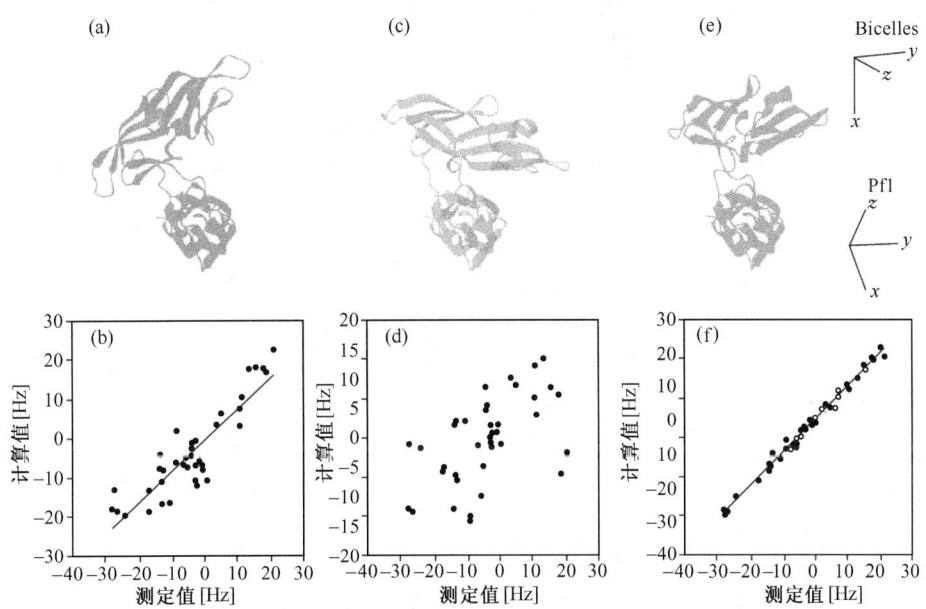

图 16-13 三方晶系 X 射线结构图（a）和（b），四方晶系 X 射线结构图（c）
和（d）及 NMR 溶液结构图（e）和（f）
(Barrientos L. G. et al. 2002)

16.3.1.3 生物大分子内部动态学的特点

用 NMR 技术可以测定生物大分子的动态结构。现在，用 NMR 技术对生物大分子动态结构的研究，越来越受到各国学者的重视。

16.3.2 NMR 法测定蛋白质三维结构的步骤

用多维核磁共振波谱结合计算机模拟测定蛋白质在溶液中的三维结构（图 16-14，图 16-15），一般按下述步骤进行：

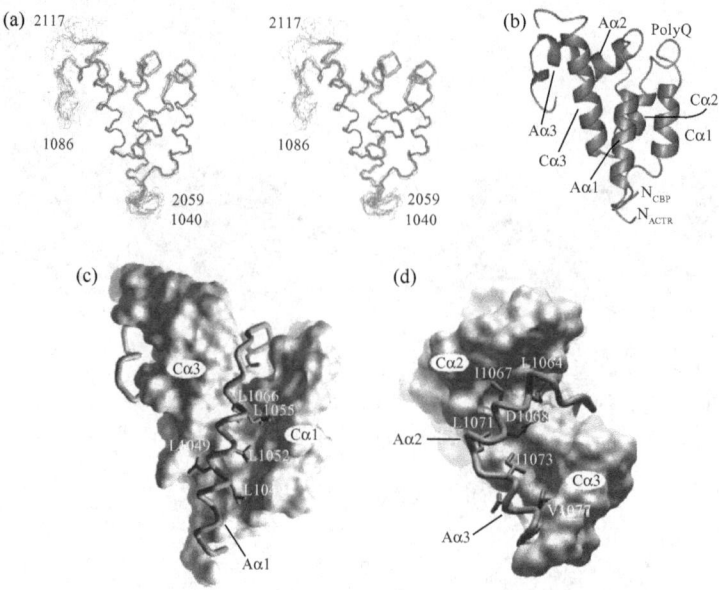

图 16-14 ACTR-CBP 复合物的溶液结构
（Barrientos L. G. et al. 2002）

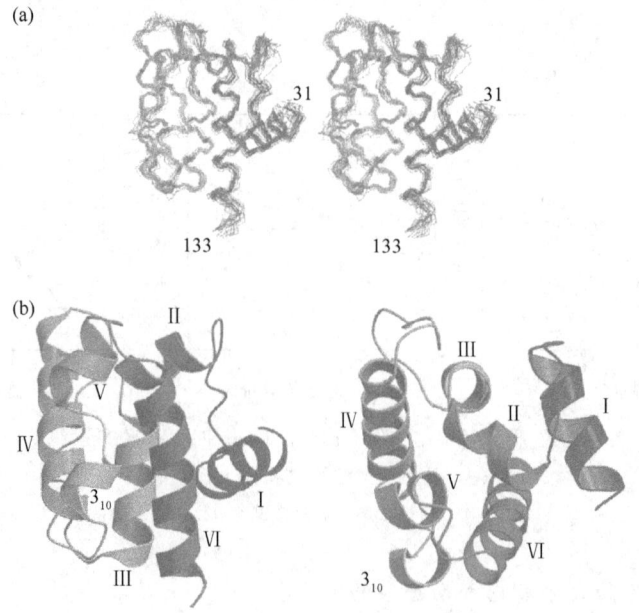

图 16-15 鸡钙调理蛋白 CH 结构域的溶液结构
（Bramham J. et al. 2002）

（1）选择最适的温度、pH 值及溶剂条件，在 D_2O 和 H_2O 中分别作一系列异核三共振核磁共振波谱实验。

（2）根据蛋白质的一级结构进行主链与侧链认证。

（3）根据核 Overhauser 效应关系，得到核与核之间距离的信息。

（4）确定二级结构单元。

（5）根据 NOE 关系中反映出的质子对距离的信息，用计算机图像系统或距离几何法搭出模型。

（6）用能量优化法或分子动力学（MD）模拟进行结构修正（refinement）。

小　　结

核磁共振（nuclear magnetic resonance，NMR），是指核磁矩不为零的核，在外磁场的作用下，核自旋能级发生塞曼分裂，共振吸收某一特定频率的射频辐射的物理过程。高能态核及时地回到低能态，一种途径是经过辐射而降低能量，但这种过程的概率很低；另一种途径是非辐射能量转换机制，被称为弛豫。弛豫过程有 2 种——自旋晶格弛豫和自旋—自旋弛豫。

由屏蔽作用所引起的共振时磁场共振频率的移动，被称为化学位移。核与核以价电子为媒介相互耦合，引起其谱峰裂分，这种现象被称为自旋裂分，而这种耦合被称为自旋耦合或自旋—自旋耦合。

一维 NMR 谱是吸收峰强度对一个频率变量作图，是一个频率变量的函数 $S(\omega)$。二维核磁共振波谱（2D-NMR）是 2 个频率变量的函数 $S(\omega_1, \omega_2)$，吸收峰对 2 个频率变量作图，通常有 4 种表示方法：堆积图、等高线图、投影图和交叉截面图。3D-NMR 是在二维谱的原理基础上，直接由二维谱扩展产生的。

NMR 法在精度上不如 X 射线衍射法，但由于 X 射线分析只能测定晶体结构，因而NMR 已发展成为目前测定生物大分子在溶液或非晶态中动态结构的最佳手段。

思　考　题

1. 与 X 射线晶体衍射分析相比，核磁共振技术具有哪些优点？目前这两种生物大分子结构测定方法的局限分别是什么？
2. 什么是弛豫、化学位移、自旋耦合与自旋裂分？试述核磁共振技术的基本原理。
3. 简述多维核磁共振的原理及特点。
4. 试述核磁共振测定生物大分子的三维结构的特点和步骤。
5. 列举核磁共振技术在生物大分子研究中的应用。

第 17 章 电镜三维重构
(electron microscopy three-dimensional structure rebuilding)

电镜用于生物样品的结构研究是众所周知的，目前高分辨率的电镜可以达到 0.1 nm 乃至 8Å 水平，这是指在特定条件下可分辨的两点的距离。虽然这已达到原子分辨水平，但由于种种原因要看到构成生物大分子的碳、氢、氧原子的三维排布仍是非常困难的。首先，构成生物物质的碳、氢、氧等元素对电子的散射能力较弱；其次高速电子的轰击会对生物样品造成辐射损伤，后者在生物样品的高分辨率结构分析中是最严重的问题。损伤机制包括非弹性散射引起的化学键断裂，也包括电子轰击引起离子、自由基和分子碎片扩散，从而造成生物样品的质量损失。因此利用电子显微镜对生物大分子进行研究必须首先把观察对象制备成特殊的样品。电镜的样品制备方法有许多种，在有关生物大分子结构研究中，负染、葡萄糖包埋以及冰冻含水等方法是常用的。

17.1 电 镜 载 网

电镜观察的样品需要在特制的金属载网上才能送入电镜镜筒中进行观察。载网的直径通常为 4 mm，可以用铜、银、铂、镍等金属或铜镍、银镍合金等制成。最常用的载网为铜制的，所以电镜载网一般又称作电镜铜网。铜网网孔的形状多样，有圆形的、方形的、单孔形和狭缝形；网孔的数目有 50 目、100 目、200 目、300 目和 400 目等多种规格。网孔越大，观察的有效面积越大，但同时对样品的支持稳定性也越差。在电子晶体学电镜观察中最常用的是 200 目和 400 目的铜网。铜网在使用前要经过预处理，先用丙酮，后用无水乙醇清洗，以除去铜网上的油污。清洁后的铜网要真空干燥后才能制备覆盖的支撑膜。

铜网表面要预先覆盖一层支撑膜才能制备样品。观察生物大分子样品，特别是蛋白质的二维晶体时，由于样品自身厚度很薄，所以要求支撑膜不能太厚。通常用来观察细胞超薄切片使用的支撑膜，如聚乙烯醇缩甲醛（Formvar）和火棉胶都不适用，因为这两种支撑膜做得太薄时容易破裂，做得太厚时又会降低样品反差以及结构分辨率。最一般的是使用碳膜，它的优点是噪声低、易被电子穿透、机械强度较高经得起电子轰击，而且有较好的化学稳定性。碳膜可以减小样品的热漂移，增强样品的稳定性。

膜的制作一般是使用真空喷镀仪。在高真空下，碳棒在加有电流的时候会产生弧光放电，碳即蒸发成极细的颗粒，碳膜喷镀在云母片或带膜的玻璃载片上，然后再将碳膜剥离转移到铜网上，制成纯碳膜。纯碳膜的观察效果很好但制作成功率较低，除了制作纯碳膜，通常的电镜观察是在覆盖有 10～20 nm 厚的 Formvar 或火棉胶膜上再喷镀 5～10 nm 的碳膜，这样不仅可以使碳膜得到加固，而且效果与纯碳膜基本一样。

新鲜制备的碳膜表面是亲水的，但在空气中放置一段时间后就变成疏水的，而且放置的时间越长，碳膜的疏水性越强。制备用脂单层方法结晶的水溶性蛋白样品时，要使用疏水性的碳膜铜网。制备重组脂双层结晶的膜蛋白样品时，要使用亲水性的碳膜铜网。疏水的碳膜可以通过辉光放电处理使其具有高度的亲水性。

17.2 负　　染

理想中我们希望能够获得一个生物大分子完整的、具有尽可能高分辨率的三维结构，而样品制备技术就是开始的第一步。生物大分子大都含水，要将水化的大分子尽可能地稳定保持使它可以在电子显微镜高真空的镜筒中保持原有结构。同时，生物大分子样品主要是由碳、氢、氧、氮等轻元素原子组成，对电子散射能力很弱，因此样品本身可以提供的衬度很低，一般很难直接观察到，于是人们发展了一些衬度增强技术来加强样品的衬度。

负染法是最常用的衬度增强技术。负染技术最早是由 Brenner 和 Horne 于 1959 年使用的。负染技术就是用一些重金属盐，如醋酸铀来加强样品的衬度，保护分子结构不被电子束损伤。当用重金属盐溶液染色生物样品时，重金属盐沉淀在样品四周，如果样品本身表面有凹凸，溶液还能积存在凹陷的部分。在重金属盐沉淀的区域，电子的散射能力强，使样品四周出现暗环，而在有样品的区域，电子的散射能力弱，表现为亮区。这样就把样品的外形及表面结构衬托出来。

一般负染剂要满足以下几个条件：要能提供足够高的反差，要求染料本身具有较高的电子密度和较高的电子散射能力；要有较高的熔点，在强烈电子束的辐照下，染料本身不升华；要有较高的溶解度，不易析出沉淀；化学性质稳定，不与样品发生反应，具有保护样品结构的特性；染料颗粒本身要细小，在电镜下本身不呈现可见的结构，容易在不规则样品表面渗透。通常能够作为负染剂的重金属盐有多种，铀盐（醋酸双氧铀、甲酸铀）、钨盐（磷钨酸、硅钨酸）、钼盐（钼酸镀）等，其中醋酸铀的使用最为普遍。实际操作中将醋酸铀配成 1%~2% 的溶液（调节 pH4.0），滴负染液于样品表面，大约 30~60 s 后用滤纸条吸干，必要时可以用蒸馏水洗去多余的染料。影响负染效果的因素有很多，如负染剂种类的选择、负染液的浓度及 pH 值、染色时间的长短等等，掌握最佳的负染条件需要通过一系列对比实验来确定。

但是负染技术的高衬度是以牺牲分辨率来获得的。由于负染染料一般只沉积在样品的四周，因此只能获得样品的外形以及一些表面凸起的结构，而分子内部的精细结构却不能得到。只是对于某些形状特殊的，如内部有一些裂隙的样品分子，染料可能进入这些裂隙使得某些特殊形貌也可以观察到。通常负染方法分析结构的分辨率极限是 1.5 nm。

目前虽然低温电镜技术和冰冻含水样品制备技术在电子晶体学中被广泛采用，但是负染方法作为高分辨工作的初始步骤依旧是必不可少的环节。非负染方法由于样品衬度较差造成电镜观察十分不便，因此在初始阶段摸索结晶条件、判断晶体质量时都需要用到负染法。通常在负染法取得低分辨结果后，由于高分辨数据的获得极为困难，往往要滞后几年甚至十几年后才会有高分辨的结果发表（如 LHC-II, Kühlbrandt, 1984；

Kühlbrandt et al. 1994；乙酰胆碱受体，Brisson and Unwin，1985；Unwin，1996)。

17.3 葡萄糖包埋

随着高分辨电镜技术的发展，人们可以从衬度很弱的图像中读出分子本身的信息。但是这种生物学意义上的信息都必需在使用一些特殊的样品支持介质后才能获取。这些样品支持介质是一些和生物大分子自身水化环境十分接近的包埋物质，如葡萄糖、单宁酸和无序冰。

应用葡萄糖包埋技术制备非负染样品的方法是1975年由Unwin和Henderson发明的。葡萄糖包埋方法的过程与负染方法十分近似，生物大分子样品包埋在1%的葡萄糖溶液中蒸发。葡萄糖分子中的羟基可以取代水分子与蛋白质分子形成氢键而保持生物大分子的结构。除了葡萄糖外，其他的碳水化合物如蔗糖、核糖、环己六醇也具有同样的效应。X射线衍射表明这些包埋介质可以稳定生物样品的结构使分辨率达到0.3~0.4 nm。Henderson等对细菌视紫红质的研究就是采用葡萄糖包埋的，1975年Henderson和Unwin采用葡萄糖作为包埋介质，在非低温就获得了0.7 nm分辨率的细菌视紫红质结构，到1990年采用低温电镜技术后，分辨率又进一步提高到0.35 nm，并且建立了原子模型。

葡萄糖包埋技术并不是通用的包埋技术，除了细菌视紫红质外，尚未有其他蛋白质采用葡萄糖包埋来进行结构研究。这主要是由于葡萄糖也是由氢原子组成，它与蛋白质对电子散射的能力基本相同，在分辨率0.7~1 nm左右，图像的衬度很低，一般是通过欠焦的方法来增加衬度。另外随着80年代低温电镜技术出现之后，冰冻含水技术以其独特的优点取代了葡萄糖包埋技术。

17.4 单宁酸包埋

单宁酸最早是在1983年被一些学者采用作为包埋介质来稳定和保护生物样品。Kühlbrandt将单宁酸包埋技术应用于LHC-II的高分辨电子晶体学研究。与负染和葡萄糖包埋相近似，单宁酸包埋是用0.5%的单宁酸水溶液（用KOH调节pH 6.0）来漂洗样品铜网。实际上，Wang和Kühlbrandt发现采用单宁酸、葡萄糖或无序冰作为支持介质，在保护样品结构的高分辨率方面并没有太大差别，但是单宁酸对于样品晶格稳定性的保持要优于其他两种介质，他们讨论认为是单宁酸减缓了去垢剂从重组脂双层膜中流失的速度。

17.5 冷冻含水方法

水是所有生物大分子的重要组成，生物大分子都是高度水化的，蛋白质体积的50%是水。当蛋白质脱水时，分子会变性而失去活性，结构也会被破坏。20世纪80年代出现的低温电镜技术，使保持生物大分子在含水状态进行电镜观察成为可能，用冷冻含水方法制备样品进行低温电镜观察代表了电子晶体学的最新潮流。

生物样品中通常含有生物大分子、水分子以及缓冲溶液中的其他溶质分子。当水分子低速冷冻时，缓慢结冰形成有序结晶态冰，在结晶冰形成的过程中，溶质会从水中析出而成为悬浮颗粒，溶质的析出导致溶液浓度的改变会严重影响生物大分子的结构。而当水分子被快速冷冻时，会形成无序态冰，避免溶质析出的方法就是快速冷冻使得水保持在无序状态结冰。与葡萄糖相比，水分子对电子散射能力和蛋白质有较大差别，这样在低分辨情况下，样品图像也有较好的衬度。冷冻含水是一种最佳的样品包埋方法。

在实际操作中，溶液状态的样品加到电镜铜网上，用滤纸条吸取多余溶液后立即降低温度，一般是采用自由落体方式使样品浸入液态已烷（在液氮中）中，这样样品中的水分子迅速冷冻成为无序冰。然后将样品从液态已烷转入液氮中，这以后的样品要始终保持在低温状态并最终转移到电镜的低温冷台中。

17.6　低剂量电镜术

电镜镜筒中电子束对生物样品的辐照损伤是相当严重的，早在 20 世纪 70 年代人们就对电镜样品的辐照损伤进行了系统研究，结果表明对辐照敏感的样品如 Valine 晶体在曝光 $6\ e^-/Å^2$ 时就完全破坏，即使是对辐照最不敏感的腺苷其耐受剂量也不过 $6\ e^-/Å^2$，远远超出普通剂量的透射电子束（一般为几千 $e^-/Å^2$）。低温有利于样品对辐照的耐受，在液氮温度下（$-120℃$），紫膜 BR 晶体对辐照的耐受前的低剂量是指辐照剂量在 $10\ e^-/Å^2$ 以下，为减小辐照剂量，所采用的方法是先对样品的某个区域聚焦，再对感兴趣的区域照相记录。这种低剂量照相对样品曝光时，电子束对该区域的辐射才刚刚开始。

低剂量照片的获取相对困难，只有在计算机引入电子显微镜之后其操作才被广为使用，PHILIPS CM12、CM120、FEG200 等电镜中都有 "Low Dose" 的操作模式，其下拉菜单中有 Search Mode（搜索）、Focus Mode（聚焦）和 Exposure Mode（曝光）。在实际操作中，先要将搜索区与曝光区重叠，然后调节放大倍数，搜索在低放大倍数下进行（2 000~4 000×），曝光的放大倍数一般为(40 000~60 000)×，聚焦的放大倍数为 100 000×。调节聚焦区域与搜索区域间距大约 1~1.5 μm 左右，在聚焦模式下对样品聚焦，如果样品很平整的话，在高倍数下聚焦好后在低倍数下就无需再调节；最后调节曝光照相条件，用自动曝光表调节曝光时间为 2.0 s，但实际记录为手动控制 1.0 s。观察时先将感兴趣的样品区域置于搜索区下，对旁边聚焦区域聚焦后直接按下曝光按钮照相记录，这样记录的区域只是在低倍数下受电子束照剂量相对较小。拍摄低剂量电镜照片要选用特殊的感光胶片，一般为 KODAK S0163，底片冲洗使用 KODAK D-19 显影剂，不加稀释（full strength）显影 12 min。

减小辐照损伤，人们曾想利用图像增强器来弥补，即使用低电子束斑强度通过图像增强器来观察和记录，但实验结果表明图像增强器并不能降低辐照损伤，因为影响辐照损伤的参数是辐照总剂量而不是辐照电子束的强度，虽然电子束强度减弱但照相记录时间却相对延长。尽管如此图像增强器仍旧被广泛使用在搜索观察和聚焦中，以降低搜索

第17章 电镜三维重构 (electron microscopy three-dimensional structure rebuilding)

时对样品的辐照强度，但照相记录并不是通过图像增强器而是直接进行的。

17.7 三维结构重建的梗概

入射电子束对晶格的原子势场是极其敏感的。当电子束通过样品时，便携带上晶格中原子势场分布的信息，即在原子核存在的地方出现峰值。因此，晶体中原子位置（坐标）的确定可以等价为晶格中原子势场的分布的确定。

电子束与样品的相互作用是十分复杂的。为了通过高分辨电子显微图像获得样品的三维结构信息，首先要求样品必须满足弱相位近似（weak-phase-object approximation）的条件。所谓弱相位近似是指入射电子穿过样品后电子只发生相位的移动而振幅不变。事实上，只要样品足够薄，如其厚度在电镜的景深之内，弱相位近似条件才是可以达到的。其次，在成像时还要求适当的欠焦量，从而使图像的强度与样品中原子势场的投影成正比。这样，高分辨电子显微图像可以直接地表示原子势场分布的投影，进而可用于样品结构的三维重构。

所谓电镜图像的三维重构是指由样品的一个或多个投影图得到样品中各组成部分之间的三维关系。利用电子显微图像进行三维结构重建有若干种不同的计算方法，其中傅里叶变换方法是目前国际上使用最广泛的一种。这种方法的理论依据是中心截面定理，即由实空间的投影像的变换逐个平面地得到物体在倒易空间的频率分布，并由反变换来重构物体的实空间三维结构。

中心截面定理是：实空间三维密度分布在一个平面上的投影的傅里叶变换等于垂直于观察方向的三维傅里叶变换的中心截面，截面和投影的关系遵守傅里叶变换。

物体密度分布和傅里叶变换之间的关系是：

$$F(X,Y,Z) = \iiint f(x,y,z) \cdot \exp[-2\pi i(Xx+Yy+Zz)]dxdydz \qquad (17\text{-}1)$$

其中 $f(x, y, z)$ 为物体的质量密度分布，$F(X, Y, Z)$ 为其傅里叶变换，积分区间均为 $-\infty$ 到 $+\infty$。物体在某一方向上的投影是物体密度 $f(x, y, z)$ 沿改投影方向的线积分。若投影方向沿 z 轴，则物体沿 z 方向的投影为：

$$P_z(x,y) = \int f(x,y,z)dz \qquad (17\text{-}2)$$

对投影 $P_z(x, y)$ 作二维傅里叶变换：

$$P_z(X,Y) = \iint P_z(X,Y) \cdot \exp[-2\pi i(Xx+Yy)]dxdy \qquad (17\text{-}3)$$

因此，

$$P_z(X,Y) = \iiint f(x,y,z) \cdot \exp[-2\pi i(Xx+Yy)]dxdydz \qquad (17\text{-}4)$$

由式 (17-1) 若 $Z=0$，则

$$F(X,Y,Z)|_{Z=0} = \iiint f(x,y,z) \cdot \exp[-2\pi i(Xx+Yy)]dxdydz \qquad (17\text{-}5)$$

可以看出式 (17-4) 和式 (17-5) 完全相同，所以，

17.7 三维结构重建的梗概

$$P_z(X,Y) = F(X,Y,Z)|_{Z=0} = F(X,Y,0) \tag{17-6}$$

式（17-6）说明，在三维傅里叶空间中，物体沿 Z 方向投影的傅里叶变换结果是该物体三维傅里叶变换的一个中心截面，而且，中心截面垂直于投影方向。

应用这一定理，如果获得各个中心截面的 $F(X, Y, Z)$，将它们对所有 (X, Y, Z) 进行积分，进行傅里叶反变换，即能重构出物体的三维结构：

$$f(x,y,z) = \iiint F(X,Y,Z) \cdot \exp[-2\pi i(Xx+Yy+Zz)]\mathrm{d}X\mathrm{d}Y\mathrm{d}Z \tag{17-7}$$

从式（17-7）可见，与 X 射线衍射不同之处在于，由电子显微镜进行傅里叶变换时得到的复数形式 $F(X，Y，Z)$ 含有相位信息。这是一个很大的优点，不需要像 X 射线衍射那样要靠制备重原子衍生物提取相位信息。

上述过程可概括如下：将电子显微图像进行傅里叶变换，一张显微图像的傅里叶变换相应于成像物体的三维傅里叶变换的一个中心截面，通过改变生物样品在电镜下的倾斜角度，就可以得到相当于傅里叶变换的其他中心截面像。收集在不同倾斜角度下样品的显微图像，就可以获得一套完整的三维倒易空间数据。利用这套数据进行傅里叶反变换运算就可以获得样品结构的三维图像。对于具有螺旋对称性的生物大分子复合体系，一个图像就代表各个方向的投影，所以理论上由一个图像的傅里叶变换可以提供三维重构的全部信息。对于非螺旋对称性的粒子，必须由不同的投影图获得足够多的数据，而且还要对数据进行差值处理。结合上面的原理，生物大分子的三维重构过程目前已有比较成熟的流程：

电镜照片的数字化
⇩
傅里叶变换
⇩
谱峰的指认、晶格参数的优化
⇩
振幅和相位信息的提取
⇩
相位原点的确定
⇩
判定晶体的空间群特征
⇩
按对称性进行平均
⇩
傅里叶逆变换
⇩
重构的大分子电子密度投影结构

与三维晶体的 X 射线衍射晶体学比较，生物大分子的二维结晶及电镜重构技术有

第17章 电镜三维重构（electron microscopy three-dimensional structure rebuilding）

几个显著优点：①实践表明许多蛋白质（特别是膜蛋白）可能更容易形成二维晶体。对于蛋白质难于长出适合于X射线晶体分析的三维晶体的情况，二维晶体及电镜的三维重构无疑是对生物大分子结构的重要补充。②由电子显微图像的傅里叶变换可以直接测定结构因子的相位，所以不需要制备蛋白质的重原子衍生物。而且，由电镜显微图像得到的相位质量高于由同晶置换法得到的X射线晶体学中的相位。③蛋白质二维晶体的组装是一个比三维晶体更便于人工控制的进程。二维晶体的形成过程甚至于可以原位监测。对于二维晶体形成过程涉及的大量的脂类—蛋白质，蛋白质—蛋白质相互作用的问题的研究本身，就可能获得阶段性成果。④二维结晶化技术可能更适合于生物大分子复合体系的结构研究。

小　结

电镜观察在生物样品的结构研究中起着重要的作用。为了避免生物样品的质量损失等影响，必须首先应用负染、葡萄糖包埋以及冷冻含水等方法制备电镜样品，或者使用低剂量电镜术进行观察。

电镜图像的三维重构是指由样品的一个或多个投影图得到样品中各组成部分之间的三维关系。傅里叶变换方法是目前国际上使用最广泛的一种利用电子显微图像进行三维结构重建的计算方法。与三维晶体的X射线衍射晶体学比较，生物大分子的二维结晶及电镜重构技术有着显著优点，具有广泛的应用前景。

思　考　题

1. 试述负染技术的原理。
2. 列举并简要说明电镜观察中生物样品制备技术的原理。
3. 简述生物大分子的三维重构过程。

第18章 质谱技术
(mass spectrometry)

质谱技术的基本原理是样品分子电离汽化后,根据不同离子质荷比的差异来分离并确定其分子质量。早在1912年Thompson就阐述了基于分子大小及电荷多少来分离分子的潜力。但经过70多年的努力,生物大分子的质谱分析仍然令人难以捉摸。其主要难点在于生物大分子极性大,热不稳定,难以用常规的方法电离汽化。快原子轰击(fast atom bombardment, FAB)测定小肽分子质量有很多成功的例子,但随着分子质量增大,灵敏度下降,其分子质量限制在10 kDa以下。

18.1 生物质谱技术

20世纪80年代末和90年代初出现了2种新的离子化技术和1种新的质谱分析技术,使质谱(mass spectrometry)从仅能分析小分子挥发物质到可以研究生物大分子。一种是电喷雾离子化(electrospray ionization, ESI),另一种是基质辅助的激光解吸/离子化(matrix assisted laser desorption/ionization, MALDI)。这些技术能快速而极为准确地测定生物大分子的分子质量,再结合新的质谱分析技术(如飞行时间,time-of-flight, TOF),便可在各种水平上研究蛋白质,为蛋白质研究开辟了新的道路。其中电喷雾离子化—飞行时间质谱技术由于其超微量、快速和灵敏等特点已在蛋白质及多肽非共价相互作用的研究中获得了极大的成功。而基质辅助的激光解吸/离子化—飞行时间质谱技术则在蛋白质组学的研究中获得了广泛的应用。因此,发明了对生物大分子的质谱分析法的美国科学家John B. Fenn和日本科学家Koichi Tanaka获得了2002年的Nobel化学奖。

质谱由于其极高的灵敏度成为当今蛋白质组研究中当之无愧的核心工具,其发展也相当迅速,近10年来灵敏度提高了1 000多倍。目前,大部分的质谱仪能够鉴定1 pmol水平的胶上蛋白质(约50~100 ng),有些实验室已经达到低ng级的灵敏度(相当于银染中的微弱蛋白点)。

质谱技术的发展方向是小型化、自动化、精确化和高通量。应用质谱技术鉴定蛋白质主要是根据蛋白质酶解后的肽质量指纹谱(peptide mass fingerprint)和肽序列信息去搜索蛋白质数据库。

18.1.1 电喷雾电离

1968年Dole首次描述了电喷雾电离原理,主要包括电荷残余模型(charge residue model, CRM)。按这种模型,带电液滴因挥发而使液滴表面的电荷密度增大,静电斥力增大到一极限值,液滴即发生爆炸(Rayleigh爆炸),形成更小的带电液滴,这些小液滴进一步挥发,会进一步爆炸,直到液滴变得极小,使液滴表面电荷密度极大,导致液滴中解析出质子化和去质子化的大分子粒子并释放到周围气体中。

Dole 早期的实验中使用了惰性气体来帮助去溶剂化过程,但真正的突破是 Fenn 完成的。Fenn 改善了 Dole 的方法,采用逆流的气体实现去离子化,这样消除了已经离子化的大分子重新溶剂化过程,使电喷雾技术与质谱技术第一次完美结合在一起(图 18-1,图 18-2)。此外 ESI 形成的离子呈复杂的多电荷状态,电荷数从 +2 到 +40 甚至更高,这极大地增加了质谱结果分析的难度,当时许多科学家对此感到十分迷惑,而 Fenn 认识到这种复杂的多电荷离子信息正好可以用来改善分子质量测定精确度,Fenn 提出多电荷理论揭示了这一秘密。他认为,每一种电荷状态离子质荷比(m/z)的测量都可用来独立计算目的分子分子质量的值,其质量测量精度就得到了极大的提高。同时,分子电离气化后以多电荷态存在也极大地提高了分子质量测量的范围。应用这种方法,Fenn 于 1988 年第一次成功地测量了分子质量达 40 kDa 的蛋白质,精确度达 0.01%。

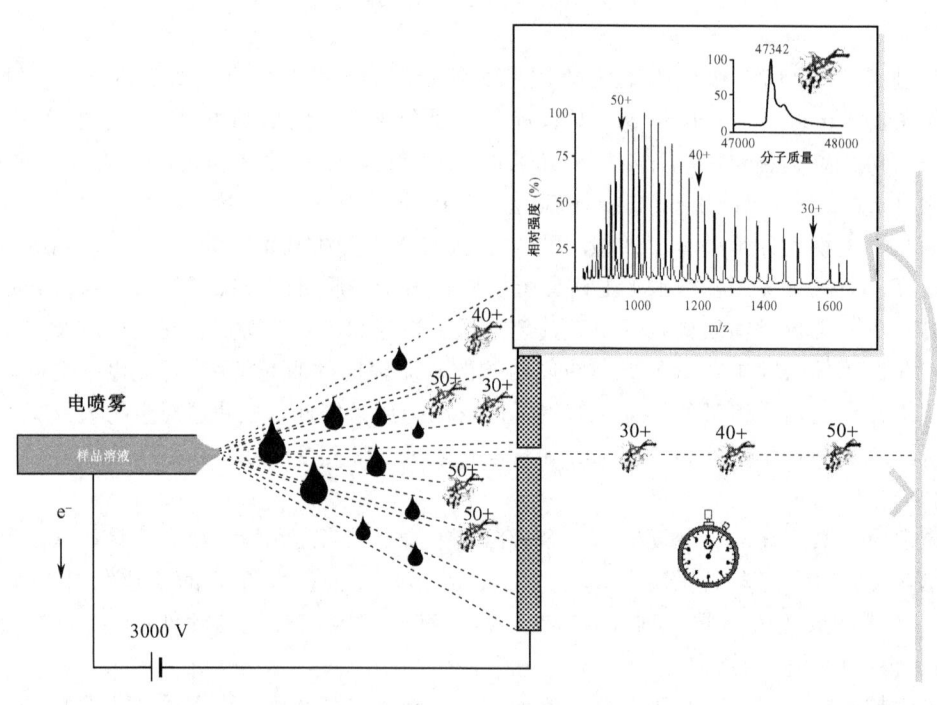

图 18-1　电喷雾电离质谱分析原理

18.1.2　软激光解吸

20 世纪 80 年代,科学家就开始探索用激光作为能源来解决分子的电离汽化问题。他们把一束光聚焦到固体或液体样品希望以此激发少量样品电离汽化而同时避免分子内部的化学断裂。前苏联科学家 Letokhov 首先用这种方法对极性小分子如氨基酸获得成功。随后由 Karas 和 Hillenkamp 进一步发展了这一方法,研究证实使用一种吸收基质

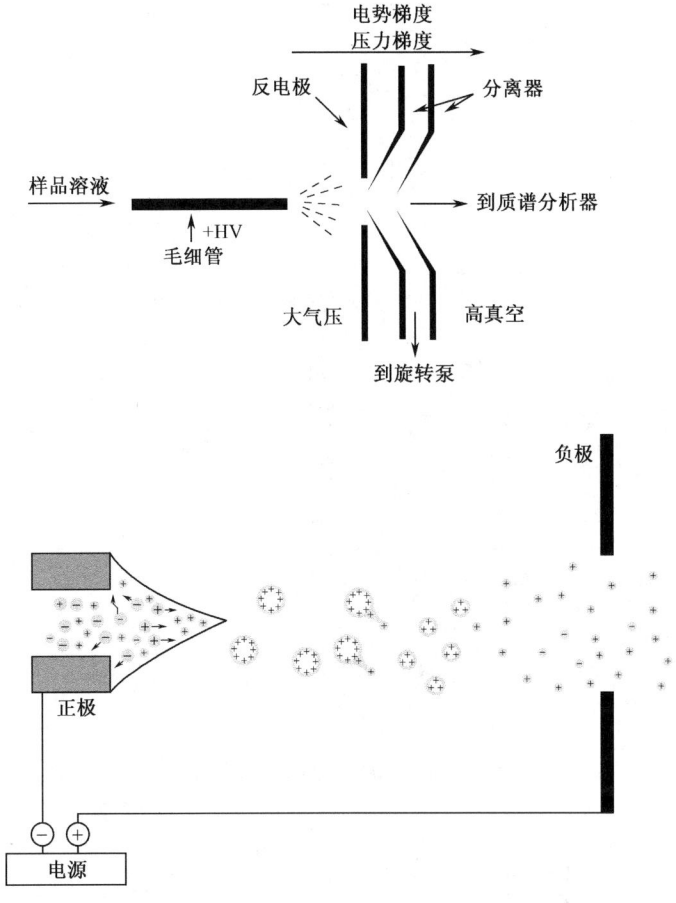

图 18-2　ES 界面的特点（上图）和 ES 工作的原理图
(Griffiths W. J. et al. 2001)

能辅助小分子的电离，但对大分子的尝试没有成功。

1987 年日本科学家 Tanaka 获得突破，利用激光通过一种雾化基质的辅助实现了大分子电离汽化。其独到之处在于选用了合适的激光能量与波长，以配合特定的雾化基质与基质中分析物分子结构间的吸收和热迁移性质（图 18-3）。Tanaka 发现低能（氮原子）激光比较理想，氮原子激光束波长为 330 nm，不会被蛋白质的芳香环吸收，有效地避免了汽化过程中分子的片段化。Tanaka 应用这种方法成功地测量了糜蛋白酶原（25 717 Da），羧肽酶-A（34 472 Da）及细胞色素 c（12 384 Da）的准确分子质量。

Tanaka 的雾化基质（一种含胶状颗粒的甘油）已不再使用，但由于他在技术上的突破，软激光解吸技术得到快速发展，其中基质辅助的激光解吸/离子化（MALDI）技术最为成功，也是目前使用的主要方法。该方法把待测量的大分子样品掺入一种低分子质量晶形基质中，基质的最大吸收波长与激光脉冲波长匹配，其主要优点是分子电离汽化后仍保持完整且所带电荷低，一般只带 1~2 个电荷，所以谱图简单，可以分析不纯样品及混合样品。MALDI 与飞行时间（TOF 原理见图 18-4）质量分析器结合已经成为生物大分子分子质量测定的重要工具。

• 230 •　　第 18 章　质谱技术（mass spectrometry）

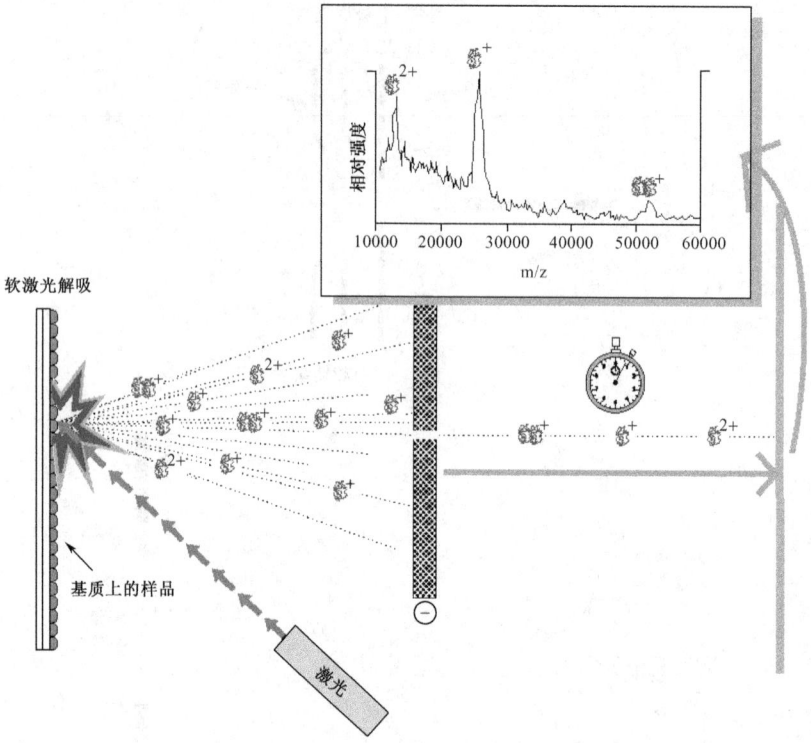

图 18-3　软激光解吸电离质谱分析原理

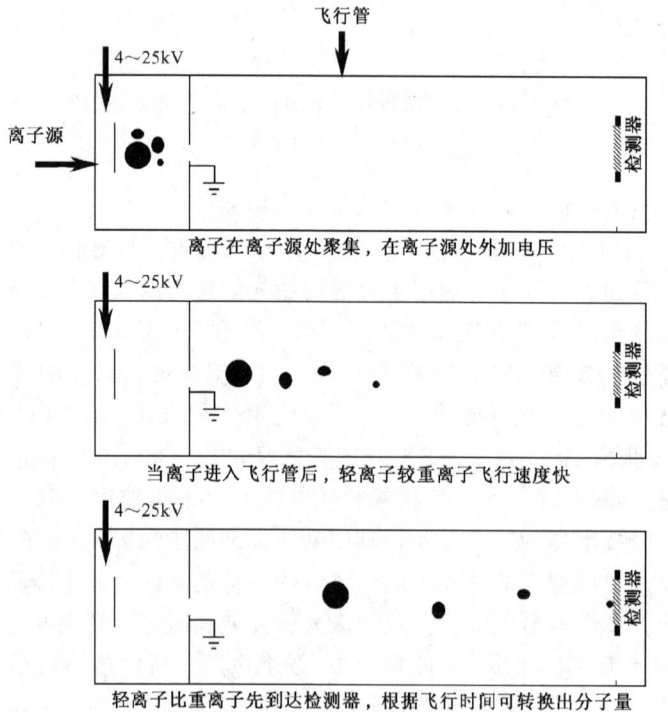

图 18-4　飞行时间（TOF）质量分析器原理图

这两种电离技术的发展促使质谱在生物大分子研究中得到广泛应用，而且由于质谱测量精度高、样品耗量极少，它已成为生物大分子尤其是蛋白质研究的重要手段。它不仅可以测定生物大分子的准确分子质量（图 18-5），研究生物大分子相互作用，而且可以与串联质谱（MS/MS）联用测定生物大分子结构，提供翻译后修饰的信息等。图 18-6 给出了这两种电离技术与飞行时间质量分析器结合的原理示意图。

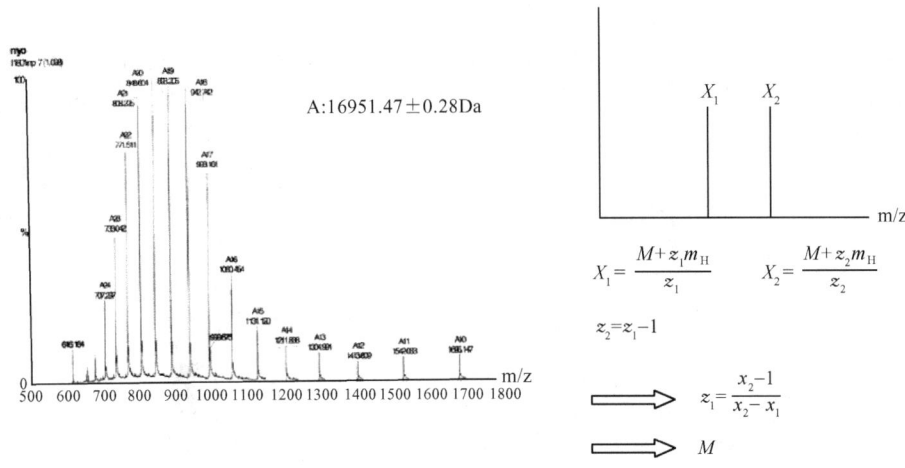

图 18-5　利用质谱计算分子质量

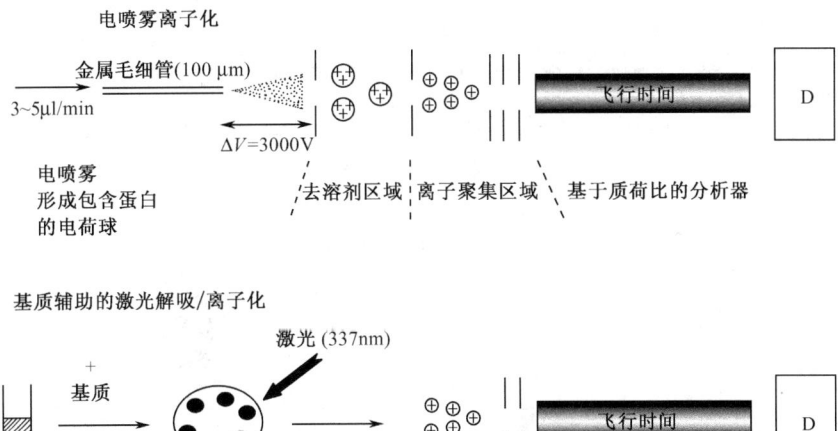

图 18-6　ESI-TOF-MS 和 MALDI-TOF-MS 原理示意图

18.1.3　各自的特点

- ESI-TOF-MS：非常适用于非共价相互作用和蛋白质折叠/去折叠研究。
- ESI-TOF-MS/MS：非常适用于非共价相互作用和蛋白质折叠/去折叠研究，也适用于蛋白质组学研究。

- MALDI-TOF-MS：非常适用于蛋白质组学研究。
- MALDI-TOF-MS/MS：非常适用于蛋白质组学研究，也适用于蛋白质折叠研究。

18.2 生物质谱技术应用示例

18.2.1 应用生物质谱研究蛋白质折叠

蛋白质去折叠的质谱学能为探索蛋白质的结构与稳定性关系和去折叠机制提供丰富而有用的线索。运用质谱、ITC 和荧光光谱等方法研究了肌酸激酶去折叠的过程（图 18-7 至图 18-10）。

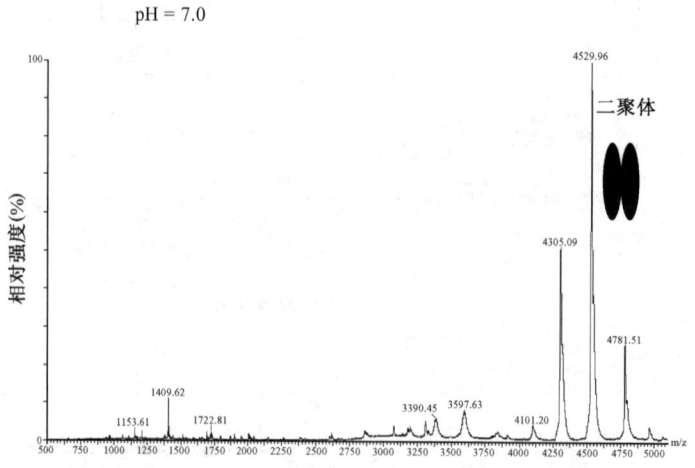

图 18-7　pH＝7.0，MM-CK 处于天然的二聚体构象
（Liang Y. et al. 2003）

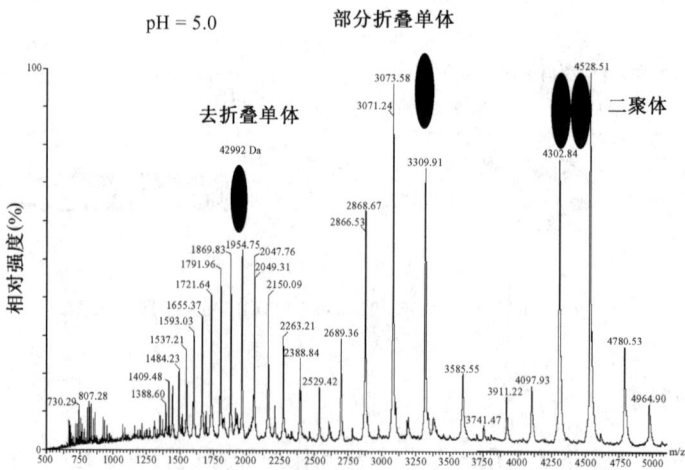

图 18-8　pH＝5.0，MM-CK 部分去折叠，天然态、中间态和去折叠态三相共存
（Liang Y. et al. 2003）

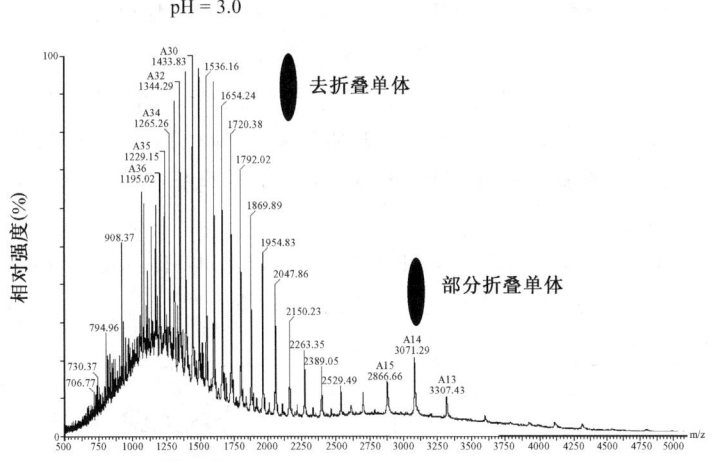

图 18-9　pH=3.0，MM-CK 几乎完全去折叠为单体
(Liang Y. et al. 2003)

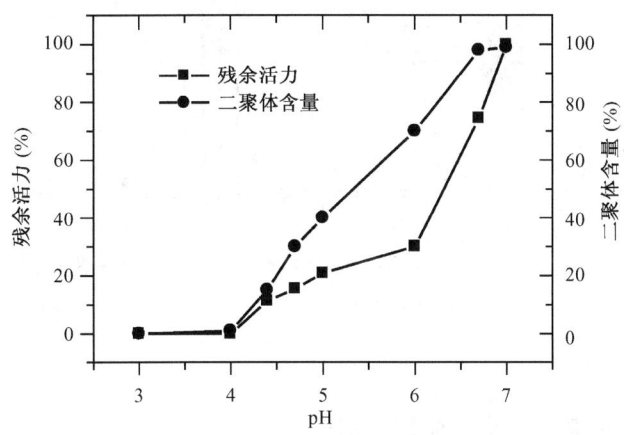

图 18-10　MM-CK 残余活力与构象随 pH 值变化的比较
(Liang Y. et al. 2003)

肌酸激酶（creatine kinase，CK，EC 2.7.2.3）是细胞能量代谢过程中的一个重要的酶，在生物体内肌肉收缩的磷酸肌酸循环中发挥着关键的作用。兔肌细胞质的肌酸激酶（MM-CK）是由 2 条相同的、已知一级序列的多肽链组成的二聚体酶，亚基分子质量为 43 kDa。1998 年 Rao 等人报道了该酶的 2.35 Å 分辨率晶体结构，并指出其二聚体界面仅由 8 个氢键所维系。

pH 为 7.0（图 18-7）和 6.7 时，MM-CK 几乎完全为二聚体（天然态）。pH 为 6.0 时，该酶有小部分解聚为部分折叠的单体（中间态）和去折叠的单体（去折叠态），pH 为 5.0（图 18-8）和 4.7 时，酸诱导该酶继续部分解聚，部分折叠的单体和去折叠单体的含量随着 pH 值的降低而增大。pH 为 4.4 和 4.0 时，该二体酶几乎完全解聚为部分折叠的单体和去折叠的单体。当 pH 降至 3.0（图 18-9）时，MM-CK 几乎完全解聚为去折叠的单体，此时该酶接近完全去折叠状态。这表明 MM-CK 的酸变性过程符合"三态模型"，而且其去折叠中间态为部分折叠的单体。

质谱和紫外测活的实验结果清楚表明，MM-CK 的失活先于酶分子四级结构的变化，从而为酶活性部位柔性理论提供了新的质谱学实验证据。只有 MM-CK 的二聚体具有酶的活性，其部分折叠的单体（中间态）完全不具有酶的活性，这表明酶的活性部位位于 2 个亚基接触的部位。

法国 Ramström H. 等运用质谱技术研究了 pH 值对 HPr 激酶（一个六聚体蛋白质）稳定性的影响（图 18-11，图 18-12，图 18-13）。

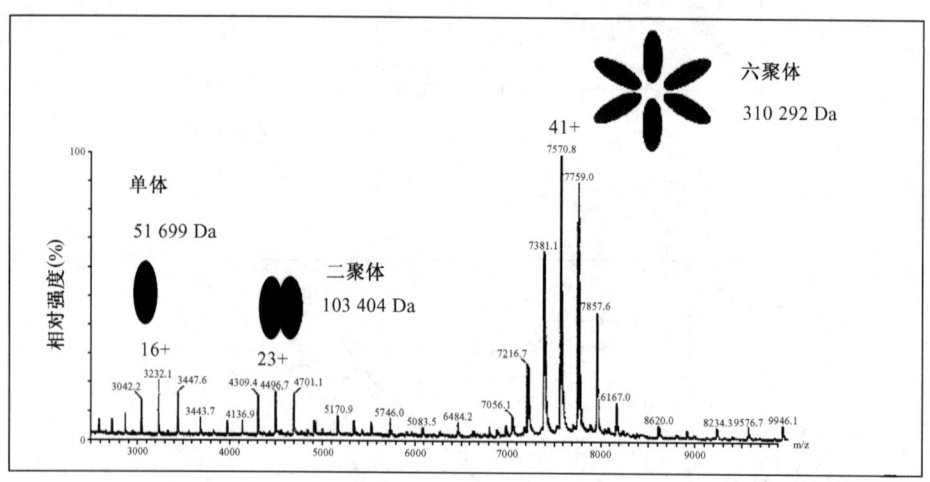

图 18-11　一定条件下 HPr 激酶由单体、二聚体和六聚体组成
在 10mMAcONH$_4$ 中稀释到 20pmol/μl；Pi＝6.5mbars，V$_c$＝200Volts
(Ramström H. et al. 2003)

18.2.2　质谱技术在蛋白质组研究中的应用

这部分内容在蛋白质组学相关章节已有详细介绍。应用质谱技术鉴定蛋白质组中的未知蛋白质的示例见图 18-14。

18.2.3　质谱技术在磷酸化蛋白质组研究中的应用

蛋白质磷酸化是生物体内存在的一种普遍的调节方式，在细胞信号传导中占有极其重要的地位。近年来，随着科学技术的飞速发展，质谱已逐渐被人们认为是挑战这一领域的有力工具，多种质谱方法被用于检测样品中的磷酸化肽并进一步确定磷酸化位点。

18.2.3.1　MALDI-TOF MS 检测磷酸化肽

以 MALDI-TOF-MS 分析蛋白质磷酸化状态并不像鉴定蛋白质那么容易。为了解

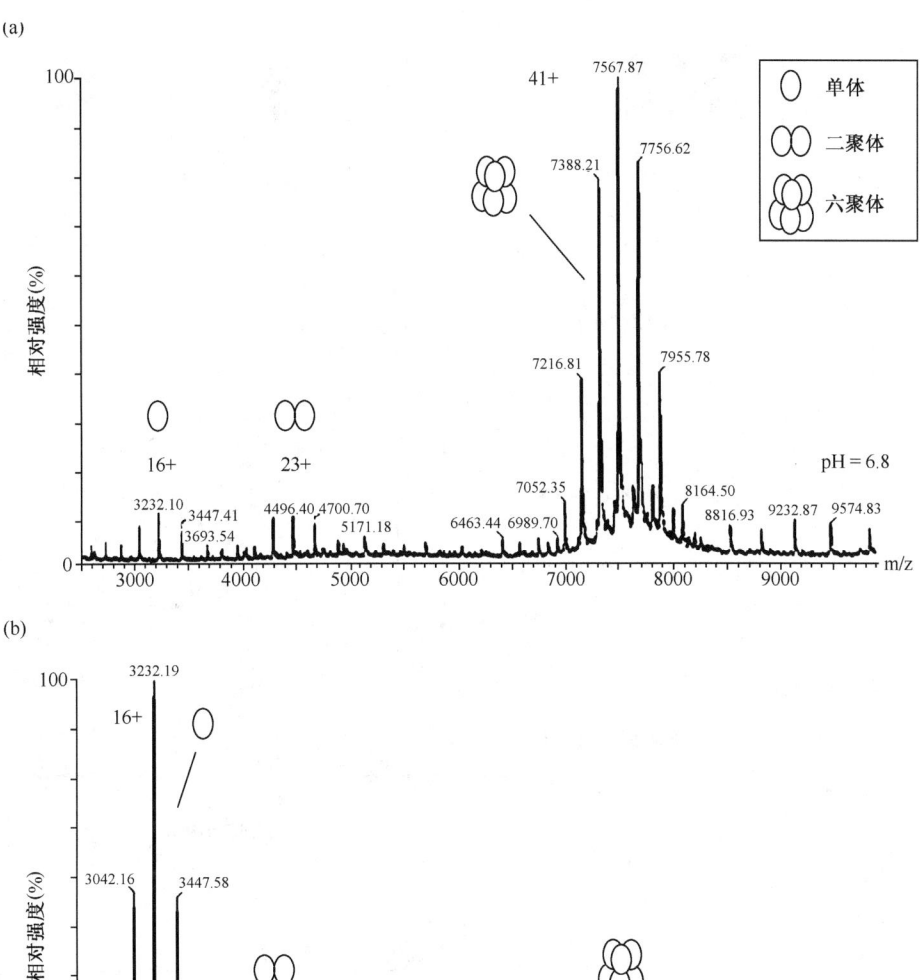

图 18-12 pH 值对六聚体稳定性影响的质谱分析
(Ramström H. et al. 2003)

决这个问题,人们将 MALDI-TOF-MS 与磷酸酯酶处理相结合。其原理是磷酸酯酶处理后,磷酸化的肽会丢失磷酸基团而产生特定质量数的变化,MALDI-TOF-MS 通过检测这种质量数的变化而确定磷酸化位点。阳离子模式下,含有磷酸化丝氨酸或磷酸化苏氨酸的肽片段会丢失一个中性的磷酸,产生 98 Da 质量数的变化,而酪氨酸通常产生 80 Da 质量数的变化。因此我们可以用 MALDI-TOF-MS 确定磷酸化到底发生在酪氨酸还是丝氨酸或苏氨酸残基上。

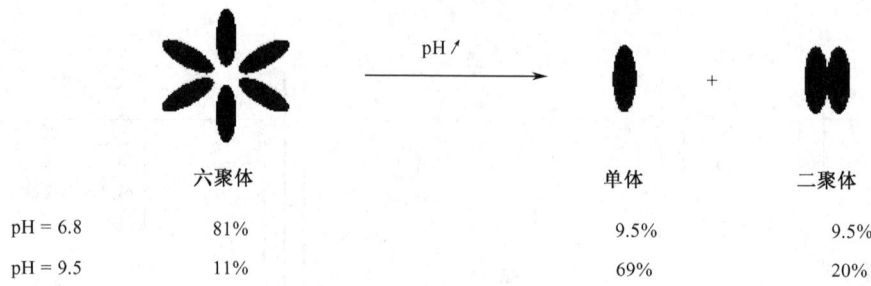

图 18-13 不同 pH 值对六聚体稳定性影响的比较

pH↗：pH 升高导致六聚体解离

(Ramström H. et al. 2003)

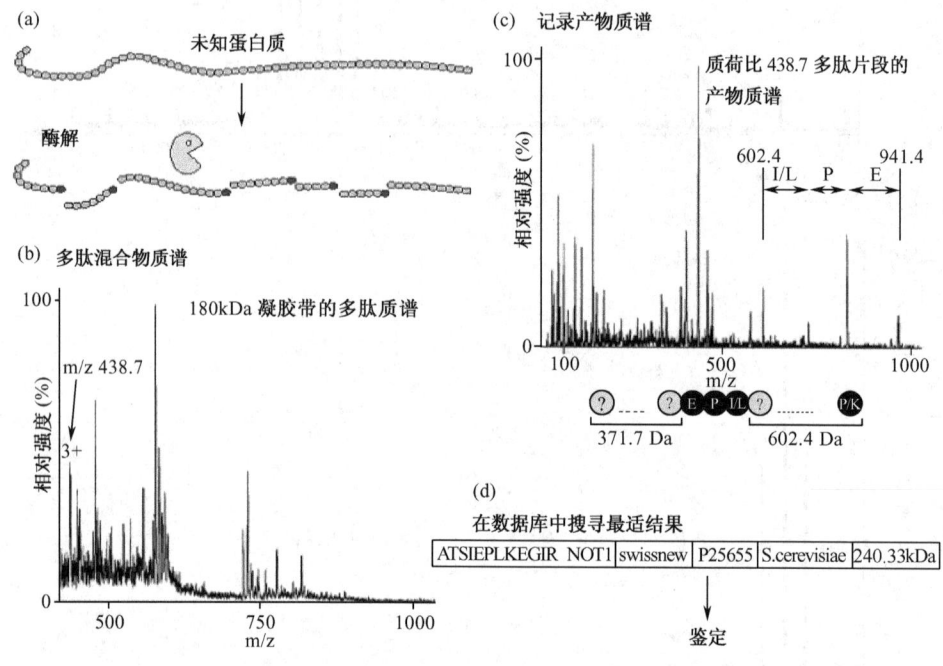

图 18-14 质谱法鉴定一个蛋白质的过程

(Rappsilber J. and Mann M. 2002)

18.2.3.2 串联质谱（MS/MS）检测磷酸化肽

1）串联质谱进行前体离子扫描

这一方法是通过检测磷酸基团产生的特定片段来报告磷酸肽的存在。蛋白质水解产物经碰撞诱导解离（collision-induced dissociation，CID）后会产生许多肽片段。磷酸化肽经 CID 后则会产生磷酸基团的特异性片段。这些特异性的片段在用串联质谱进行前体离子扫描时可作为磷酸肽的"报告离子"。

2）串联质谱进行中性丢失扫描

这种方法是用 MS/MS 检测经 CID 后发生中性丢失 H_3PO_4（98 Da）的肽段。含有磷酸化丝氨酸或苏氨酸残基的肽经过 CID 后，通常会经过一个气相 β 消减反应，导致

中性丢失 H_3PO_4（98 Da）或 HPO_3（80 Da）。由于 MS 测量的是质荷比，所以带有 2 个和 3 个电荷的离子会分别丢失 49Th 和 32.66Th（Thompson）。而磷酸化的酪氨酸通常不会发生中性丢失。理想的设备配置是，用三级四级质谱进行前体离子扫描检测产生中性丢失的磷酸肽。这一方法的缺点在于有时会产生假阳性信号，而且中性丢失扫描目前还没有用来检测未知样品。

3) LC-MS/MS

用液相色谱分离水解后的肽是一种降低样品复杂性的好方法。用这种方法，肽首先上样于一个填有 C_{18} 材料的微孔柱（nanocolumn，通常内径为 75 μm），很低的速率进行洗脱（100～200 nl/min），洗脱后直接上样于串联质谱，这种方法可以分离并鉴定成百上千个肽。将 LC-MS/MS 用于分析磷酸肽很有好处，因为用 LC 分离肽降低了离子抑制效应，现已有人用这种方法成功地分析了磷酸化位点。

18.2.3.3 傅里叶变换质谱进行电子捕获解离

电子捕获解离（electron capture dissociation，ECD）与傅里叶变换离子回旋加速共振（Fourier transform ion cyclotron resonance，FTICR）质谱联用是蛋白质、肽测序和研究蛋白质翻译后修饰的一个有力方法。近来，它已被成功地用于鉴定肽片段上发生磷酸化的残基。ECD 与 CID 相比，对肽的解离能力更强，覆盖的序列范围更广。ECD 的优点之一就是鉴定磷酸化残基的能力比较强，可以直接确定磷酸化发生的位点。但由于 FTMS 的高分辨率（比其他 MS 高 10 倍），一些大片段的肽或蛋白质的分析结果与常用的 MS 结果并不吻合。有人对此现象进行了研究，认为这种差异在于 FTICR 不像其他的 MS 只对水解后的肽进行分析，而是直接对整个蛋白质进行研究。这就意味着，用 FTICR 研究磷酸化蛋白质组将会提供一张更加复杂的蛋白质磷酸化状况的图谱。这项技术最大的缺点在于，必须较纯的样品才能用于 ECD 分析，而且仪器的价格较为昂贵，对操作人员的要求也较高。

18.2.4 生物传感芯片质谱

MALDI-TOF-MS 通过肽质量指纹谱结合数据库搜寻以分析蛋白质序列而进行蛋白质鉴定，但是它在蛋白质间相互作用（图 18-15）及结构与功能的相互关系分析方面显得无能为力。

利用生物传感技术发展起来的生物分子相互作用分析技术（biomolecular interaction analysis，BIA），又称表面等离子体共振技术（SPR），是进行蛋白质相互作用分析的较好技术。将两者有机结合起来便形成了生物传感芯片质谱。它的核心是一块小的生物传感芯片，由金黄色的玻璃底物构成，此芯片在 BIA 和 MALDI-TOF-MS 中均可发挥作用。在 BIA 中，所需分析的可溶性蛋白质各自与结合在芯片表面的固定生物分子（受体）相互作用，滞留在芯片上的蛋白质通过与基质结合而从与受体分子的相互作用中解离出来，便可直接进行 MALDI-TOF-MS。该法可用于筛选功能性蛋白质，并可在蛋白质水平筛选基因的多态性，从而能有效地将基因与蛋白质结合在一起。

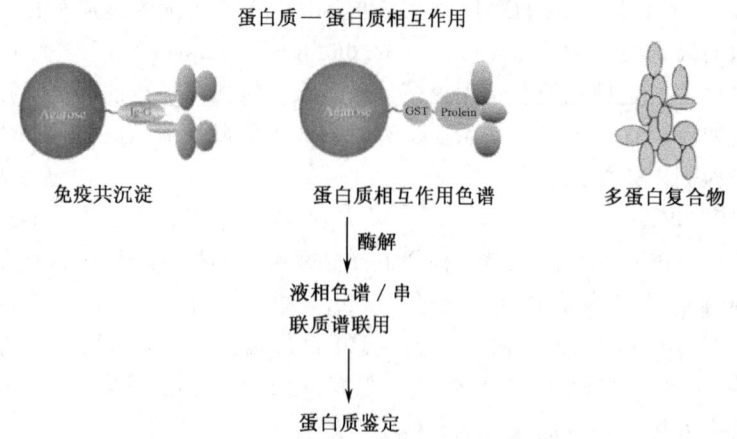

图 18-15　运用三种方法研究蛋白质-蛋白质相互作用

小　结

质谱技术的基本原理是样品分子电离汽化后，根据不同离子质荷比的差异来分离并确定其分子质量。

20 世纪 80 年代末和 90 年代初出现了两种新的离子化技术和一种新的质谱分析技术，使质谱从仅能分析小分子挥发物质到可以研究生物大分子。一种是电喷雾离子化（ESI），另一种是基质辅助的激光解吸/离子化（MALDI）。这些技术能快速而极为准确地测定生物大分子的分子质量，再结合新的质谱分析技术（如飞行时间 TOF），便可在各种水平上研究蛋白质，为蛋白质研究开辟了新的道路。

生物质谱技术应用广泛，可以用于研究蛋白质折叠过程、蛋白质组、磷酸化蛋白质组等，同时还可以与生物传感芯片技术结合应用。

思　考　题

1. 简述两种生物质谱技术并比较其优缺点。
2. 试述生物质谱技术的应用范围，并举例说明（举本书以外的应用例子）。

第 19 章 微量热技术
(microcalorimetry)

微量热法（包括等温滴定量热和差示扫描量热）是近年来发展起来的一种研究生物热力学与生物动力学的重要结构生物学方法，它通过高灵敏度、高自动化的微量量热仪连续和准确地监测和记录一个变化过程的量热曲线，原位（in situ）、在线（on-line）和无损伤地同时提供热力学和动力学信息。

微量热法具有以下特点：

- 它不干扰蛋白质和核酸的生理功能，具有非特异性的独特优势，即对被研究蛋白质和核酸体系的溶剂性质、光谱性质和电学性质等没有任何限制条件。
- 样品用量较小，方法灵敏度较高，测量时不需要制成透明清澈的溶液。
- 量热实验完毕的样品未遭破坏，还可以进行后续生化分析。
- 微量热法缺乏特异性。但由于蛋白质和核酸本身具有特异性，因此这种非特异性方法有时可以得到用特异方法得不到的结果，这有助于发现新现象和新规律。

19.1 等温滴定量热法 (isothermal titration calorimetry，ITC)

实验是通过滴定反应物到含有反应所必须的另一反应物的样品溶液中。每次滴定后，反应热放出或吸收，这些都可以被 ITC 所检测到。检测到的热效应的热力学分析提供了结合反应相关的能量过程的定量特征，可以直接测量与常温下发生的反应过程相关的热力学参数。ITC 结构原理如图 19-1 所示。

19.1.1 ITC 的特点

ITC 能测量到的热效应最低可达 125 nJ，最小可检测热功率 2 nW，生物样品最小用量 0.4 μg，而且这些年来 ITC 的灵敏度得到了提高，降低了响应时间（小于 10 s）。ITC 不需要固定或修饰反应物，因为结合热的产生是自发的。可获得生物分子相互作用完整的热力学数据包括结合常数（Ka）、结合位点数（n）、结合焓（ΔH）、恒压热容（ΔCp）和动力学数据（如酶促反应的 K_m 和 k_{cat}）。如图 19-2 所示。

ITC 也比一些生物物理方法（如分析型超速离心法，AU）快，一次 AU 实验需要几个小时甚至几天去完成，而典型的 ITC 实验只需 30～60 min。整个 ITC 实验由计算机控制，使用者只需输入实验参数（温度、滴定次数、滴定量等）计算机就可以完成整个实验，再由 Origin 软件分析 ITC 得到的数据，其精确度高而且操作简单。

19.1.2 ITC 的应用

（1）蛋白质—小分子和酶—抑制物相互作用。

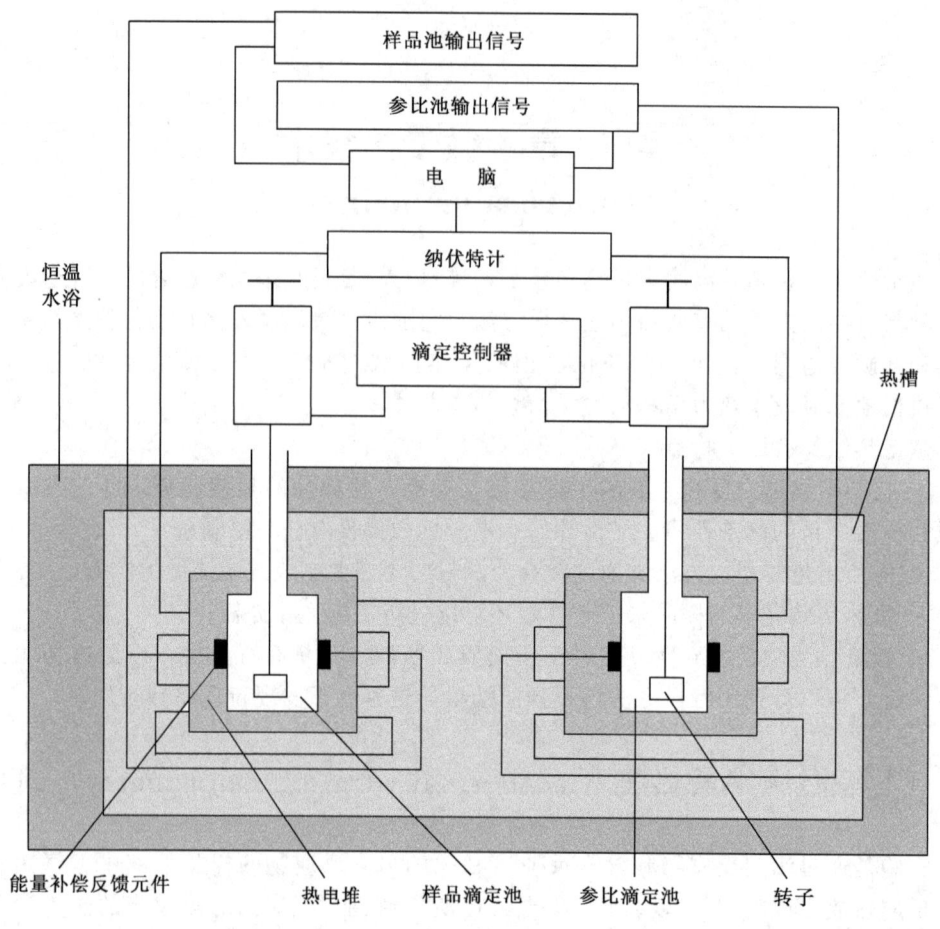

图 19-1 ITC 结构原理示意图

（2）蛋白质—糖类相互作用。

（3）蛋白质—蛋白质相互作用：如 Jacobson 等用 ITC 研究了人细胞 RNA 聚合酶 Ⅱ 转录因子 TFIID 的最大亚单位 TAFII250 的组蛋白乙酰基转移酶活性（Jacobson et al. 2000）。日本 Kanagawa 科学技术研究所的 Tahirov 等利用 ITC、CD 和 UV 研究了 AML1/Runx-1 小结构域识别的 DNA 结构及 CBFβ 控制的构象调整，阐明了 CBFβ 与 CBFα 间的相互作用模式及前者调控后者结合到 DNA 上的机制（Tahirov, et al. 2001）。

（4）蛋白质—脂质相互作用。

（5）脂质间以及脂质—小分子相互作用。

（6）核酸—小分子相互作用。

（7）蛋白质—核酸相互作用。

（8）核酸—核酸相互作用。

（9）抗体研究：美国 Johns Hopkins 大学生物系的生物量热学中心是目前世界上从事生物量热学最活跃和处于领先水平的实验室，该中心的 Freire 小组应用高灵敏度 ITC 分别研究了血管紧张素与其单克隆抗体和酸诱导去折叠细胞色素 c 与其单克隆抗体的结

19.1 等温滴定量热法 (isothermal titration calorimetry, ITC)

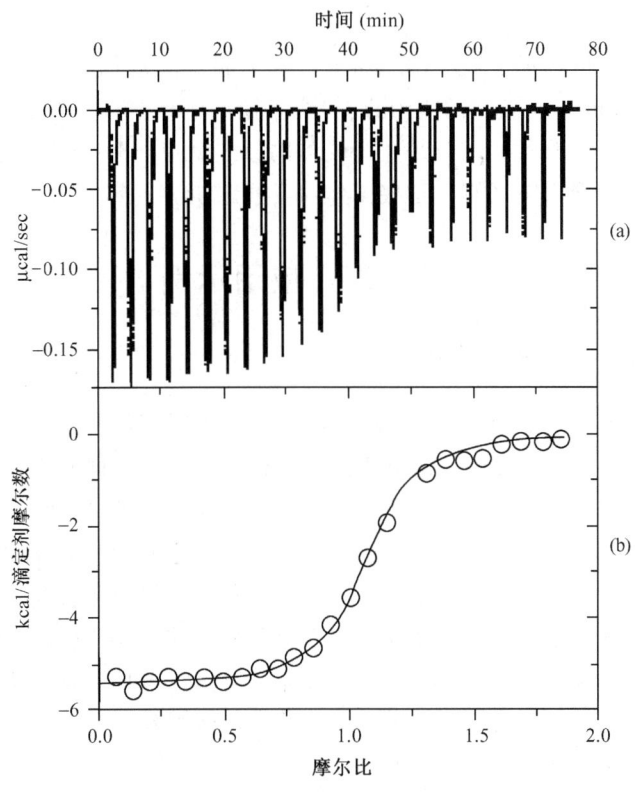

图 19-2　ITC 实验结果示意图

(a) 峰底与峰尖之间的峰面积为每次滴定时释放或吸收的热量。(b) 以释放或吸收的热量为纵坐标，以加入样品滴定池中的两反应物之摩尔比为横坐标作图，可得整个反应过程的结合等温曲线

合，发现上述结合过程均为焓和熵同时驱动的反应，实验结果表明，这些过程中溶剂释放所导致的熵增过量补偿了因结合而引起的构象熵的损失。

(10) 供体—受体相互作用。

(11) 蛋白质折叠和稳定性：如美国的 Wright 小组 (Demarests, T. et al. 2002) 应用 ITC 和核磁共振 (NMR) 等技术研究了核激素受体蛋白的一个结构域与甲状腺素及类纤维素 A 受体相互作用的热力学，发现虽然分开的结构域本身很凌乱，但是它们之间有高的亲和力而且是焓驱动的，并以一种独特的协同折叠的机制形成螺旋异二聚体。

(12) 酶分析：如 Freire 小组应用 ITC 结合高灵敏度差示扫描量热法 (DSC) 和分光光度法研究了酵母细胞色素 c 氧化酶催化氧化其生理底物—亚铁细胞色素 c 的热力学和动力学，并分析了原盐效应对该酶活性的影响。我们应用等温微量热法研究了超氧化物歧化酶催化歧化超氧阴离子等反应体系，获得了这些酶促反应的各种热力学和动力学信息，探讨了相关催化机制，同时用该法研究了博莱霉素催化切割 DNA 的反应，从热力学和动力学的角度严格地证明了博莱霉素在催化机制上类似于 DNA 切割酶，但其催化效率低于 DNA 切割酶，并用等温滴定微量热法研究了不同浓度盐酸胍存在时肌酸激酶催化 ATP 与肌酸间转磷酸化反应的热力学，从热力学的观点确定了该酶促反应为快速平衡的随机顺序反应，还建立了新的肌酸激酶和超氧化物歧化酶活力测定方法——微量热测活法。

值得指出的是，ITC 不仅被应用于研究蛋白质折叠/去折叠，而且被应用于核酸折叠，例如英国的 Hammann 等人利用 ITC 研究了镁离子诱导锤头状核酶折叠的热力学，发现镁离子与天然序列核酶的结合是一个强烈的放热反应，和镁离子与锤头状核酶不同序列变异体的结合有很大的区别，这些工作对于核酸折叠的热力学研究是良好的开端。

19.2 ITC 应用示例

19.2.1 ITC 法测量结合/解离常数

Christian Herrmann 等运用 ITC 研究了 Ras 与效应物和 Cdc42 与效应物的相互作用。

Ras 是一种在信号转导过程中起重要作用的蛋白质，可以向其下游的许多信号转导途径输送细胞内调控信号。Ras 在非激活态与 GDP 结合，当 GDP 被 GTP 取代时被激活，与其效应物（Raf，RalGDS，3-磷脂酰肌醇激酶）呈现更紧密的结合。Cdc42 是一种 GTPase，也是信号转导相关的蛋白，它参与细胞增殖调控和肌动蛋白细胞骨架的调控。Cdc42 在参与细胞骨架调控的过程中，很重要的一步是与 WASP 蛋白的相互作用。Ras 及其效应物（Raf，RalGDS）的结合方式都很类似，包括富含亲水氨基酸侧链的反平行 β-折叠片。Cdc42 及其效应物（WASP）的结合区则富含疏水氨基酸，其复合物也比 Ras/效应物复合物大得多。

与荧光法相比，ITC 可以直接测量上述结合过程的焓变 ΔH 和结合常数 K_b，而不对反应体系产生影响，也不引入修饰基团，因此测得的结果更加可信（图 19-3 和图 19-4）。

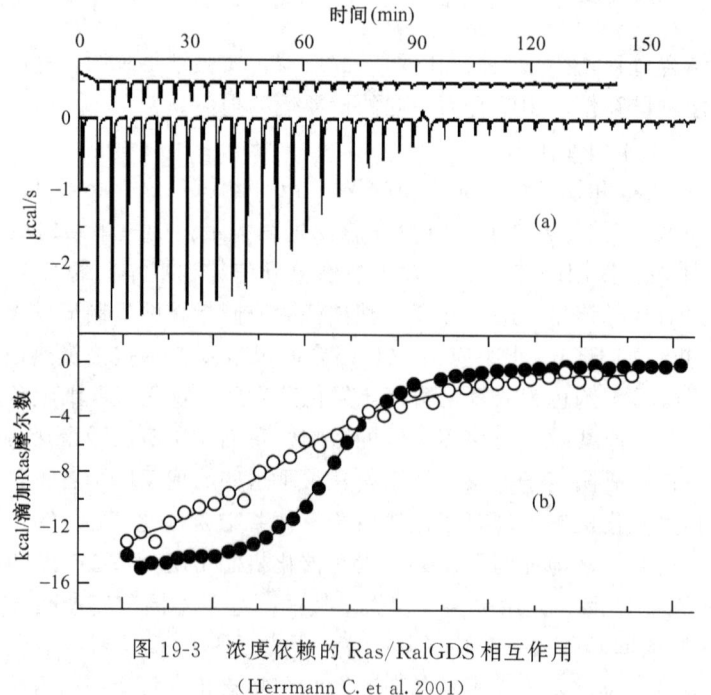

图 19-3　浓度依赖的 Ras/RalGDS 相互作用
(Herrmann C. et al. 2001)

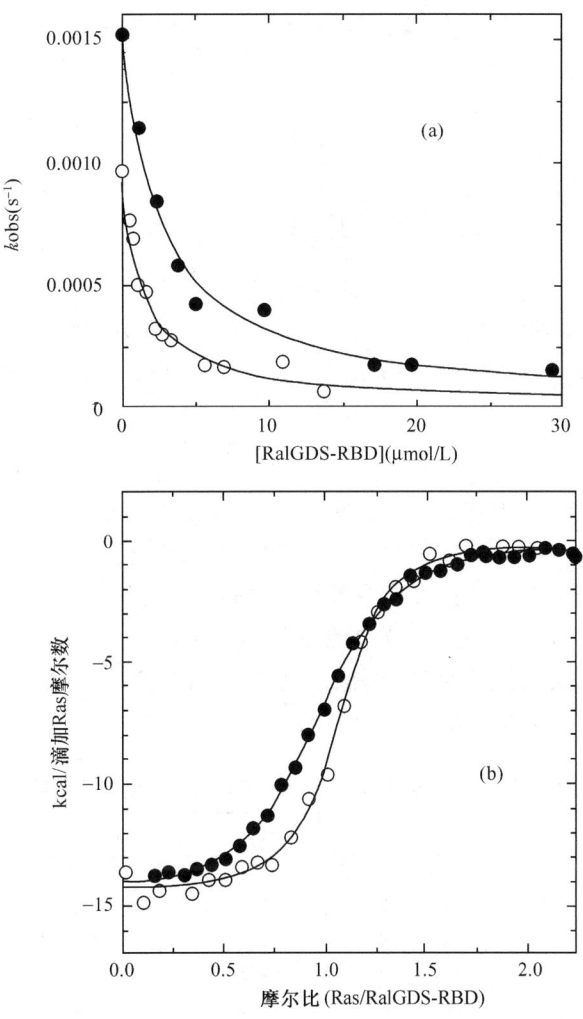

图 19-4 浓度依赖的 Ras/RalGDS 相互作用

(a) 利用基于荧光的 GDI 法测得 $K_D = 2.4\ \mu mol/L$（●）和 $1.2\ \mu mol/L$（○）；
(b) 利用 ITC 测得 $K_D = 1.73\ \mu mol/L$（●）和 $0.83\ \mu mol/L$（○）。

(Herrmann C. et al. 2001)

19.2.2 ITC 探测生物分子结构信息

来鲁华小组运用 ITC 研究了 DNA 结合蛋白的分子识别（图 19-5）。

一般认为，形成二聚体是酵母转录因子 GCN4 特异性识别其 DNA 结合位点的前提。以天然 GCN4 的碱性区（226~252）作为单体肽 GCN4-M，以二硫键 S-S 连接的肽作为二聚体肽 GCN4-D，研究它们与天然蛋白 GCN4 的结合位点 AP-1 和 CRE 的相互识别作用。发现单体肽 GCN4-M 与 DNA 的结合力较弱，但是能够特异性识别 DNA 结合位点 AP-1 和 CRE。

- CCN4-bZIP：天然肽 226~281 的一段序列；

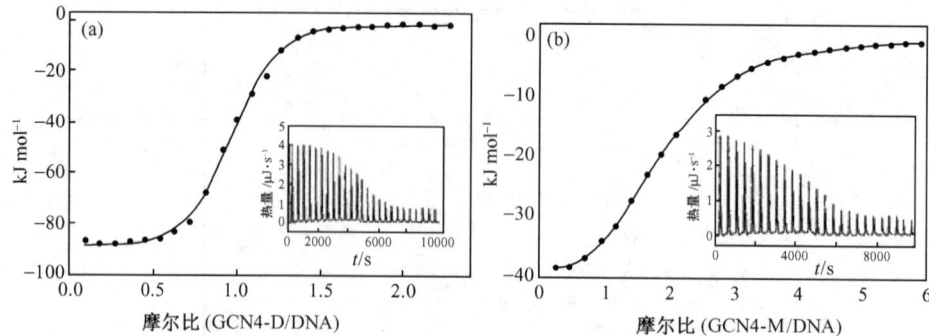

图 19-5　实验结果：20℃时 GCN4-D 和 GCN4-M 与 AP-1 的滴定反应和拟合曲线
（a）GCN4-D 滴定 AP-1；（b）GCN4-M 滴定 AP-1。
（曹炜等，2000）

- CCN4-M：合成的从 226～252 的一段序列，单体肽；
- CCN4-D：合成的从 226～252 的一段序列，二聚体肽；
- AP-1 与 CRE：GCN4 的 2 个主要识别位点；
- CONT：非特异性识别，作为参照的寡聚核苷酸序列。

这里是以独立结合位点模型进行最小二乘法拟合计算出了结合常数 K_b、结合焓变 ΔH_0 和结合计量数 N 等值（表 19-1 和表 19-2）。

表 19-1　GCN4-D 与 AP-1 和 CRE 结合的热力学参数

	$T/℃$	N	$K_b \times 10^6/\text{mol} \cdot \text{L}^{-1}$	$\Delta H^0/\text{kJ} \cdot \text{mol}^{-1}$	$\Delta G^0/\text{kJ} \cdot \text{mol}^{-1}$	$T\Delta S^0/\text{kJ} \cdot \text{mol}^{-1}$
AP-1	18	1.04±0.05	2.25±0.25	−84.2±0.7	−35.4±0.3	−48.8±1.0
	20	0.98±0.03	3.26±0.12	−87.0±0.8	−36.5±0.1	−50.5±0.9
	22	0.98±0.03	3.61±0.28	−89.6±1.2	−37.0±0.2	−52.6±1.4
	25	1.09±0.07	0.73±0.10	−94.2±3.9	−33.6±0.4	−60.7±4.3
CRE	18	1.03±0.04	2.64±0.40	−74.5±1.4	−35.8±0.3	−38.7±1.7
	20	1.05±0.05	7.10±0.61	−77.6±0.9	−38.4±0.2	−39.2±1.1
	22	0.99±0.02	6.45±0.80	−80.3±0.8	−38.4±0.3	−41.9±1.1
	25	1.08±0.03	6.99±0.25	−84.6±2.5	−39.0±0.1	−45.6±2.6

表 19-2　GCN4-M 与 AP-1 和 CRE 结合的热力学参数

	$T/℃$	N	$K_b \times 10^6/\text{mol} \cdot \text{L}^{-1}$	$\Delta H^0/\text{kJ} \cdot \text{mol}^{-1}$	$\Delta G^0/\text{kJ} \cdot \text{mol}^{-1}$	$T\Delta S^0/\text{kJ} \cdot \text{mol}^{-1}$
AP-1	15	1.94±0.05	3.36±0.15	−34.8±0.7	−30.5±0.1	−4.3±0.8
	18	1.98±0.03	2.20±0.09	−36.8±0.3	−29.8±0.1	−7.0±0.4
	20	2.01±0.05	1.50±0.30	−39.2±0.4	−29.5±0.5	−9.7±0.9
	22	1.96±0.03	2.08±0.18	−40.5±0.6	−30.0±0.2	−10.5±0.8
	25	1.99±0.05	1.28±0.31	−43.8±1.4	−29.0±0.6	−14.8±2.0
CRE	15	2.02±0.04	2.64±0.18	−33.4±1.4	−29.9±0.2	−3.5±1.6
	18	2.04±0.03	3.75±0.23	−35.9±0.4	−31.0±0.1	−4.9±0.5
	20	2.05±0.04	3.21±0.40	−38.2±0.8	−30.9±0.3	−7.3±1.1
	22	1.99±0.02	3.09±0.31	−40.1±0.8	−31.0±0.2	−10.1±1.0
	25	2.04±0.04	2.14±0.22	−44.6±1.8	−30.4±0.3	−14.2±2.1

ITC 测定的反应热力学参数既包含结合反应又包含折叠反应。肽与 DNA 结合过程伴随着肽的构象折叠和疏水表面包埋。肽的构象中熵的损失对熵变的不利贡献大于溶剂效应产生的有利贡献，即由于包埋疏水表面时所引起的结合水的损失对熵变产生有利贡献，因此肽与 DNA 结合过程中总的熵变对结合是不利的。

产生熵变的因素有：

（1）疏水作用产生的有利贡献；

（2）肽与 DNA 形成复合物由于转动和平移自由度的减小引起的熵损失；

（3）结合过程中肽与 DNA 的折叠或其他构象变化产生的不利贡献。

GCN4-D 和 GCN4-M 与 AP-1 和 CRE 反应是焓驱动的。熵变对反应不利，而负的焓变补偿了不利的熵变。与熵的变化类似，反应自由能也包含肽链折叠所引起的总的自由能的变化和结合反应自由能的变化。结合作用对自由能变化的贡献主要来自于肽与 DNA 间形成的氢键作用、van der waals 作用以及静电作用等。

19.2.3 其他应用

美国的 Todd 小组提出了用功率补偿型 ITC 测定酶动力学参数的两种新技术：①将底物溶液不断滴入酶溶液中，以维持准一级反应的条件；②将底物溶液一次滴入酶溶液中，连续监测底物被消耗时的热功率变化。这两种技术均基于反应速率和反应热功率成正比的原理，而且只需一次实验即可获得高度精确的动力学参数（如米氏常数、酶转换数和抑制常数）。这些技术被成功应用于测定二氢叶酸还原酶的氧化还原活力、己糖激酶的转换酶活力、幽门螺杆菌脲酶、胰蛋白酶和 HIV-1 蛋白酶的水解活力、肝素酶的裂解酶活力、丙酮酸羧化酶的连接酶活力。

19.3 差示扫描量热法

差示扫描量热法是 20 世纪 60 年代以后研制出来的一种热分析方法。所谓差示扫描量热技术，是指在样品和参比物同时程序升温或降温且保持两者温度相等的条件下，测量流入或流出样品和参比物的热量差与温度关系的一种技术。这种热量差与生物大分子如蛋白质、核酸等的构象能量的不同有关。通过测量不同温度下构象转变的发生及伴随的热变化，可以获得生物大分子结构方面的信息（图 19-6）。通过程序降温可以获得有关变性过程可逆性的相关信息。

根据测量方法的不同，可分为两种类型：

热流型 DSC 和功率补偿型 DSC。

19.3.1 功率补偿型 DSC

其主要特点是分别用独立的加热器和传感器来测量和控制样品和参比物的温度并使之相等，或者说，根据样品和参比物的温度差对流入或流出样品和参比物的热量进行功率补偿使之相等（图 19-7）。

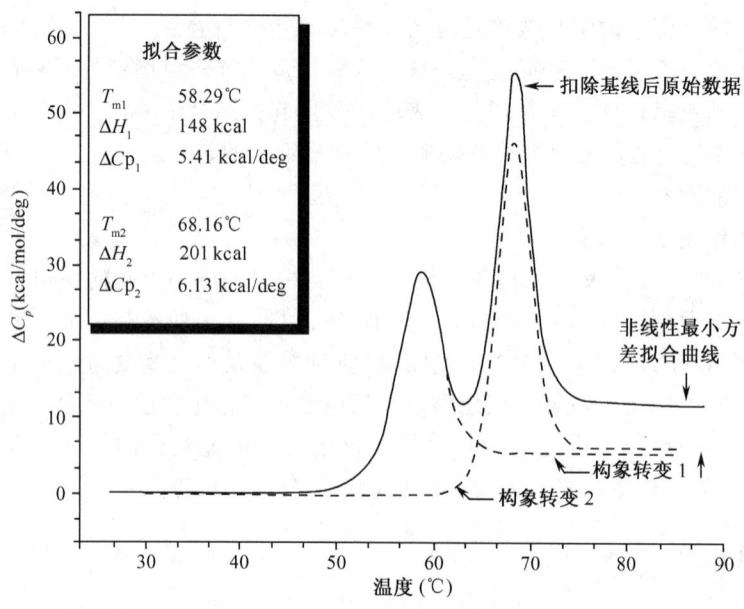

图 19-6 DSC 实验结果示意图

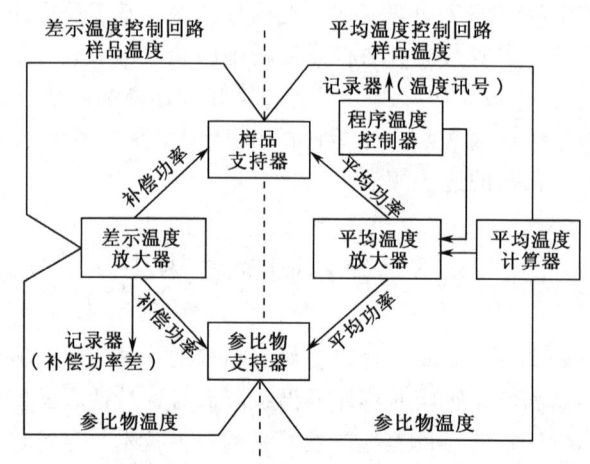

图 19-7 功率补偿型 DSC 原理图

整个仪器由两个控制系统进行监控。其中一个控制温度,使样品和参比物在预定的速率下升温或降温。另一个用于补偿样品和参比物之间所产生的温差,这个温差是由样品的放热或吸热效应产生的。通过功率补偿使样品和参比物的温度保持相同,这样就可从补偿的功率直接求算热流率。

19.3.2 DSC 的应用

(1) 蛋白质折叠和稳定性研究:DSC 目前已被广泛应用于研究蛋白质热变性,Robertson 和 Murphy 认为该法是提供关于蛋白质热去折叠过程中稳定中间态存在及其特征信息的最佳方法,在一篇重要的综述中,他们列出了用 DSC 获得的近 40 种已知结构的蛋白质的本征去折叠热力学参数。该法也被用来研究 α-血影蛋白的热去折叠，实验结果表明，将该蛋白 SH3 域 48 位的天冬氨酸突变为甘氨酸，在结构上使 β-转角的二面角变化，从而产生了熵稳定效应，使该蛋白质折叠速率增大 20 倍而去折叠速度几乎不变。另外美国的 Freire 小组建立了蛋白质胍变性的热力学模型，应用高灵敏度 DSC 研究了不同浓度盐酸胍存在时脱辅基-α-乳清白蛋白的热变性，并依据上述模型获得了该蛋白质熔球态和去折叠态的各种本征热力学数据，实验结果表明，该蛋白质在从天然态部分去折叠到熔球态的过程中只断裂了约 19% 的氢键，而且大部分疏水相互作用依然保留，他们还应用 DSC 结合圆二色谱（CD）研究了分子伴侣 GroES 的热变性，发现该去折叠过程为可逆过程。

（2）酶结构—功能分析；
（3）蛋白质—脂质作用研究；
（4）脂质研究；
（5）药物—脂质作用研究；
（6）DNA—脂质作用研究；
（7）药物—DNA 作用研究；
（8）DNA—蛋白质作用研究；
（9）核酸研究；
（10）药物稳定性研究；
（11）环糊精研究；
（12）糖类研究；
（13）胶原质研究；
（14）聚合体研究。

19.3.3 DSC 应用示例

IgG 分子是一种具有抗体活性的多功能糖蛋白，由 3 个独立的球蛋白（2Fab+Fc）通过柔性铰链区连接组成。其中两个 IgG-Fabs 为抗原特异性结合位点，结合抗原；而 IgG-Fc 则为配体作用位点，通过与特异配体（如细胞受体 FcγR 等）相互作用触发清除效应。IgG-Fc 是一个同源二聚体，由链间二硫键结合两个铰链区组成，分别是糖基化的 CH2 结构域和非共价键配对的 CH3 结构域（图 19-8）。

糖形（glycoform）用来区分肽链结构相同而糖链结构不同的糖蛋白，不同的糖形对抗体的功能有一定的调节作用。该实验应用 DSC 检测不同糖形 IgG-Fc 的 CH2 结构域和 CH3 结构域热变性温度（thermal unfolding temperatures，T_m）的

图 19-8 IgG-Fc 的结构示意图

差异。

DSC 实验：

实验是由 Mimura 等用 VP-DSC 微量热仪完成，IgG-Fc 样品浓度约 4 μmol/L，扫描速度为 60℃/h。仪器记录实验数据并用 orgin 4.1 软件分析。每种 IgG-Fc 糖形的差示扫描量热曲线均显示出两次热量变化过程（图 19-9）。较低的热量变化是由 CH2 结构域的热变性过程产生，而另一次热量变化则是由 CH3 结构域热变性过程产生，这些热力学数据显示于表 19-3 中。由此数据可知 CH2 结构域的热变性温度（T_m1）随着糖形的不同有很大差别，而 CH3 结构域的热变性温度（T_m2）则相对没有变化。

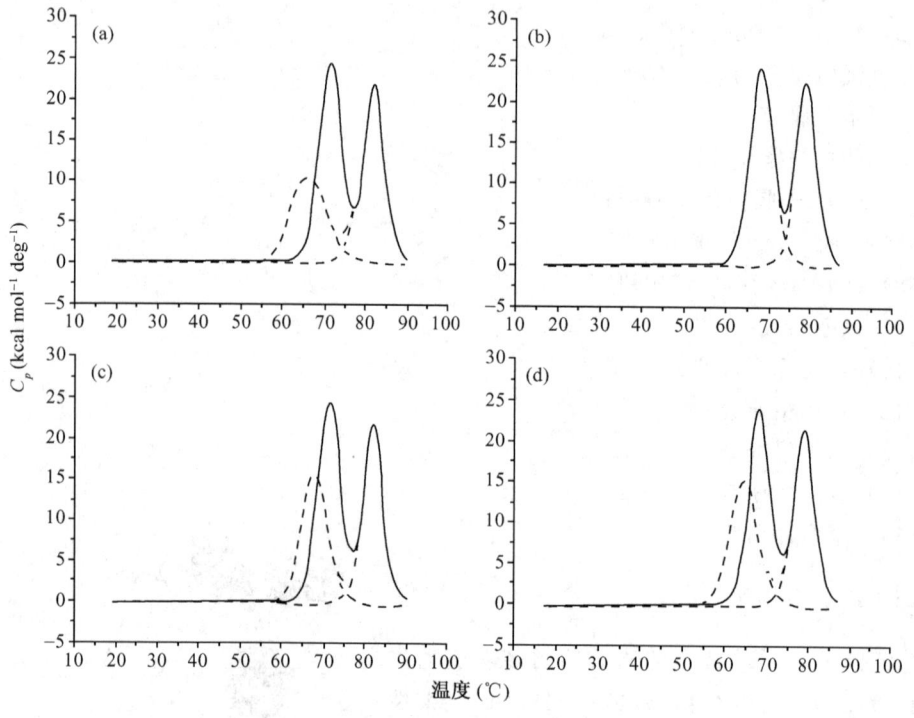

图 19-9 IgG-Fc 糖形的差示扫描量热曲线

IgG-Fc 的 (a) 为去糖基化；(b) 为 $(NGA2)_2$；(c) 为 $(M3N2)_2$；(d) 为 $(MN2)_2$，实心线代表天然 IgG-Fc。
(Mimara Y. et al. 2000)

表 19-3 热力学数据（DSC 法）

糖形	第一次变化				第二次变化			
	T_m1 (℃)	$\Delta H1$ (kcal/mol)	$\Delta Hv1$ (kcal/mol)	Ratio 1	T_m2 (℃)	$\Delta H2$ (kcal/mol)	$\Delta Hv2$ (kcal/mol)	Ratio 2
天然态	71.4±0.06	158±6	146±4	1.1±0.07	82.2±0.03	126±6	172±4	0.7±0.05
$(NGA2)_2$	71.5±0.04	155±8	141±3	1.1±0.05	82.3±0.05	125±3	171±4	0.7±0.05
$(M3N2)_2$	67.7±0.06	113±16	124±7	0.9±0.2	82.2±0.04	117±9	166±6	0.7±0.08
$(MN2)_2$	67.3±0.08	105±3	124±4	0.8±0.05	82.1±0.06	108±2	168±5	0.6±0.03
去糖基化	65.9±0.15	113±7	83±4	1.4±0.15	81.5±0.07	140±9	140±4	1.0±0.09

小　　结

微量热法是近年来发展起来的一种研究生物热力学与生物动力学的重要结构生物学方法，它通过高灵敏度、高自动化的微量量热仪连续和准确地监测和记录一个变化过程的量热曲线，原位、在线和无损伤地同时提供热力学和动力学信息。

微量热法包括等温滴定量热和差示扫描量热。等温滴定量热法直接检测反应的热量变化，获得生物分子相互作用完整的热力学数据包括结合常数（K_b）、结合位点数（n）、结合焓（ΔH）、恒压热容（ΔC_p）和动力学数据（如酶促反应的 K_m 和 k_{cat}），故应用十分广泛。差示扫描量热是测量流入或流出样品和参比物的热量差与温度关系的一种技术，通过程序降温还可以获得有关变性过程可逆性的相关信息，故已被广泛应用于研究蛋白质热变性。

思　考　题

1. 简述微量热法的特点和应用范围。
2. 简述等温滴定量热法的特点和应用范围。
3. 试列举等温滴定量热法在生物大分子研究中的应用（举本书以外的应用例子）。
4. 比较等温滴定量热法和差示扫描量热法的特点和应用范围。

第 20 章 荧光光谱技术
(fluorescence spectrometry)

处于电子激发态的分子回到基态时发射的光称为荧光。荧光是由于物质吸收了光能而重新发出的波长不同的光,并由一种能发荧光的矿物萤石定名为荧光。我们这里所介绍的荧光,主要是指物质在吸收紫外光后发出的波长较长的紫外荧光或可见荧光,以及吸收波长较短的可见光后发出的波长较长的可见荧光。

荧光光谱包括激发谱和发射谱两种谱。激发谱是荧光物质在不同波长的激发光作用下测得的某一波长处的荧光强度的变化情况,也就是不同波长的激发光的相对效率;发射谱则是某一固定波长的激发光作用下荧光强度在不同波长处的分布情况,也就是荧光中不同波长的光成分的相对强度。

20.1 荧光的产生

吸收外来光子后被激发到激发态的分子,可以通过多种途径丢失能量,回到基态。在很多情况下,分子回到基态时,能量通过热量等形式散失到周围。但是在某些情况下,能量以光子发射的形式释放出来。

由电子态基态被激发到第一电子激发态中各振动能级上的分子,一般会以某种形式(统称为内转换)丢失它们的部分能量,从第一电子激发态的不同振动能级甚至从第二电子激发态等更高的电子激发态返回第一电子激发态的最低振动能级。这个过程大约为 10^{-12} s。从第一电子激发态的最低振动能级返回基态的不同振动能级,如果能量以光子形式释放,则放出的光称为荧光(图 20-1)。这个过程通常发生在 $10^{-6} \sim 10^{-9}$ s 内。

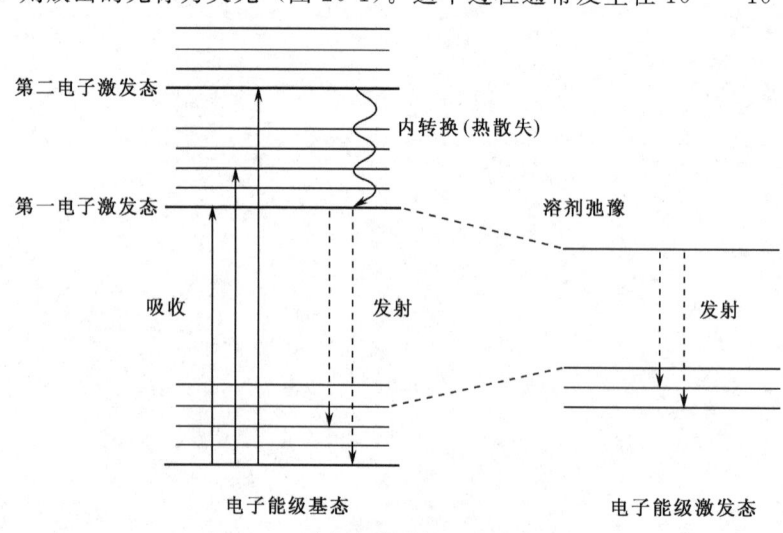

图 20-1 激发态分子的几种弛豫过程

20.2 从荧光光谱获得的主要谱参量

20.2.1 激发谱和发射谱

激发谱既然是表示某种荧光物质在不同波长的激发光作用下所测得的同一波长下荧光强度的变化，而荧光的产生又与吸收有关，因此激发谱和吸收谱极为相似，呈正相关。

由于激发态和基态有相似的振动能级分布，而且从基态的最低振动能级跃迁到第一电子激发态各振动能级的几率与由第一电子激发态的最低振动能级跃迁到基态各振动能级的几率也相近，因此吸收谱与发射谱呈镜像对称关系。

在发射谱中最大荧光强度的位置称为 $\lambda_{\max}$，它是荧光光谱的一个重要参数，对环境的极性和荧光团的运动很敏感。

20.2.2 荧光寿命 (fluorescence lifetime)

去掉激发光后，分子的荧光强度降到去掉激发光时刻荧光强度 I_0 的 $1/e$ 所需要的时间，称为荧光寿命，常用 τ 表示。如荧光强度的衰减符合指数衰减的规律：

$$I_t = I_0 e^{-kt} \tag{20-1}$$

其中 I_0 是激发时最大荧光强度，I_t 是时间 t 时的荧光强度，k 是衰减常数。假定在时间 τ 时测得的 I_t 为 I_0 的 $1/e$，则 τ 是我们定义的荧光寿命。

$$I_t = \frac{1}{e} I_0 \tag{20-2}$$

$$\frac{1}{e} I_0 = I_0 e^{-k\tau} \tag{20-3}$$

$$\frac{1}{e} = e^{-1} = e^{-k\tau} \tag{20-4}$$

$$k\tau = 1 \tag{20-5}$$

$$\tau = 1/k \tag{20-6}$$

即寿命 τ 是衰减常数 k 的倒数。事实上，在瞬间激发后的某个时间，荧光强度达到最大值，然后荧光强度将按指数规律下降。从最大荧光强度值后任一强度值下降到其 $1/e$ 所需的时间都应等于 τ。

如果激发态分子只以发射荧光的方式丢失能量，则荧光寿命与荧光发射速率的衰减常数成反比，荧光发射速率即为单位时间中发射的光子数，因此有 $\tau_F = 1/k_F$。k_F 是发射速率衰减常数。

τ_F 表示荧光分子的固有荧光寿命，k_F 表示荧光发射速率的衰减常数。如果除荧光发射外还有其他释放能量的过程（如衰灭和能量转移），则寿命 τ 还和这些过程的速率常数有关，结果是荧光寿命降低。

由于吸收概率与发射概率有关，τ_F 与摩尔消光系数 $\varepsilon_{\max}$（单位为 L/(mol·cm 或

cm^2/mol) 也就密切相关。

从下式可以得到 τ_F 的粗略估计值（单位为 s）。

$$1/\tau_F \approx 10^4 \varepsilon_{max} \tag{20-7}$$

在讨论寿命时，必须注意不要把寿命与跃迁时间混淆起来。跃迁时间是跃迁频率的倒数，而寿命是指分子在某种特定状态下存在的时间。

通过测量寿命，可以得到有关分子结构和动力学方面的信息。

20.2.3 量子产率 (quantum yield)

荧光量子产率是物质荧光特性中最基本的参数之一，它表示物质发射荧光的效率。荧光量子产率通常用 ϕ 来表示，定义为发射量子数和吸收量子数之比，即由荧光发射造成的退激分子在全部退激分子中所占的比例，又称为荧光效率。量子产率与荧光发射速率衰减常数的关系如下：

$$\phi = \frac{发射量子数}{吸收量子数} = \frac{荧光发射速率衰减常数}{退激过程的总速率常数} \tag{20-8}$$

处于激发态的分子，除了通过发射荧光回到基态以外，还会通过一些其他过程回到基态。其结果是加快了激发态分子回到基态的过程（或称退激过程）。

总的退激过程的速率常数 k 可以用各种退激过程的速率常数之和来表示：

$$k = k_F + \sum_i k_i \tag{20-9}$$

k_i 表示各种非辐射过程的衰减速率常数。

则总的寿命 τ 为：

$$\tau = \frac{1}{k} = \frac{1}{k_F + \sum_i k_i} \tag{20-10}$$

因此，量子产率又可以表示为：

$$\phi_F = \frac{k_F}{k_F + \sum_i k_i} \tag{20-11}$$

因为 $\frac{1}{k_F} = \tau_F$，$\tau = \frac{1}{k_F + \sum_i k_i}$ 所以可以得到量子产率与寿命的关系

$$\phi_F = \frac{\tau}{\tau_F} \tag{20-12}$$

ϕ_F 的绝对值是较难用实验的方法测量的，因为必须事先知道仪器的修正因子。实际测量中大多采用相对法，即用已知量子产率的标准样品与待测样品进行比较。

后面将要证明：对稀溶液来说，荧光强度 F 与吸收度 A 成正比：

$$F = kI_0 A \phi_F \tag{20-13}$$

这里 k 是比例常数，I_0 是吸收前的光强度，ϕ_F 是荧光量子产率。

若两种溶液测量条件完全相同，则它们的 k 和 I_0 相同：

$$F_1/F_2 = A_1\phi_{F1}/(A_2\phi_{F2}) \tag{20-14}$$

$$\phi_{F1}/\phi_{F2} = F_1A_2/(F_2A_1) \tag{20-15}$$

已知 φ_{F2} 就可求出 φ_{F1}。

由于各种竞争性过程而使荧光量子产率减小的现象称为淬灭（quenching），如温度淬灭、杂质淬灭等。量子产率对于生色团周围的环境以及各种猝灭过程很敏感。量子产率的改变必然会引起荧光强度的改变。因此，如果只要研究量子产率的相对值，只要测量荧光强度也就足够了。

20.2.4 荧光强度

荧光强度 F 取决于激发态的初始分布 I_A 与量子产率的乘积。

这里的 F 指的是向各个方向上发射的荧光强度的总和，实际上，谱仪收集的只是其中的一小部分。因此仪器测到的荧光强度，这里 Z 是仪器因子。

根据 Beer-Lambert 定律：

$$I_A = I_0 - I_t = I_0\{1 - \exp[-2.3\varepsilon(\lambda_A)Cl]\} \tag{20-16}$$

式中 $\varepsilon(\lambda_A)$ 为激发波长 λ_A 处的消光系数，C 为样品分子的浓度，I_0 为入射光强度，I_t 为透过样品后的光强度，l 为光程（样品池光径）。

对于稀溶液，吸收很小，

$$2.3\varepsilon(\lambda_A)Cl < 1 \tag{20-17}$$

x 很小时，

$$e^x \approx 1 - x \tag{20-18}$$

因此，

$$\exp(-2.3\varepsilon(\lambda_A)Cl) \approx 1 - 2.3(\lambda_A)Cl \tag{20-19}$$

$$I_A = I_0[1 - (1 - 2.3\varepsilon(\lambda_A)Cl)] = 2.3I_0\varepsilon(\lambda_A)Cl \tag{20-20}$$

$$F_\lambda = I_A\phi_F Z = 2.3I_0\varepsilon(\lambda_A)Cl\phi_F Z \tag{20-21}$$

如果激发光强保持不变，且 ϕ_F 和 Z 与激发波长无关，则 $F \propto \varepsilon(\lambda_A)$。

很显然，荧光强度与样品在波长 λ_A 处的消光系数有关，而消光系数与激发波长是密切相关的，消光系数随波长的变化即吸收谱，因此荧光强度也随激发波长的变化而变化。激发谱与吸收谱的正相关关系在此一目了然。

实际上仪器因子 Z 与波长是有关的，这就使得激发谱与吸收谱并不完全相似。

20.2.5 极化率（偏振度）

用平面偏振光去激发一个荧光系统，可以产生偏振荧光。可以通过对偏振荧光的分析确定分子的大小、形状和流动性等性质。因此偏振荧光分析在生物研究中是一种有力的手段。

如图 20-2 所示，假设沿 z 轴振动的平面偏振光由 x 轴入射原点，在原点有荧光分子，受其激发后此分子发射偏振荧光，在 y 轴收集偏振荧光，令 $I_\parallel$ 为沿 z 轴振动的偏振荧光，令 $I_\perp$ 为沿 x 轴振动的偏振荧光。

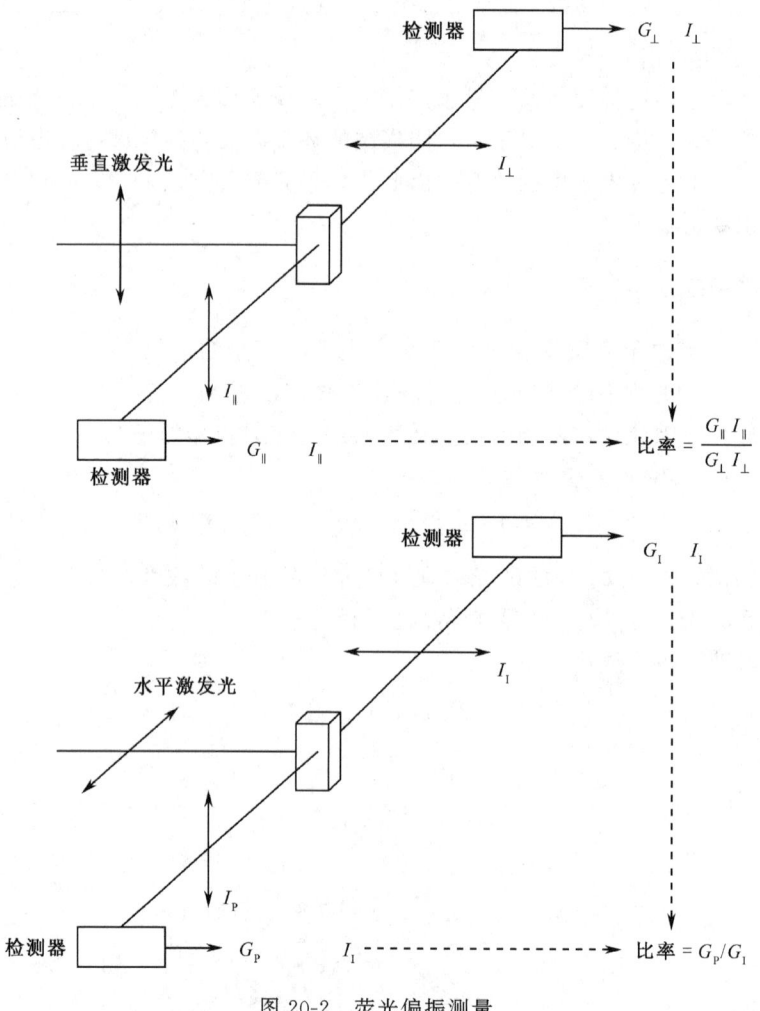

图 20-2 荧光偏振测量

定义极化率：

$$P = (I_\parallel - I_\perp)/(I_\parallel + I_\perp) = (I_{VV} - I_{VH})/(I_{VV} + I_{VH}) \tag{20-22}$$

式中 $I_\parallel$ 和 $I_\perp$ 分别为沿平行和垂直于激发光矢量方向振动的偏振荧光强度，下标中的前后两个字母分别表示入射光和发射光的偏振方向，V（vertical）表示垂直，H（horizontal）表示水平，如其中 I_{VH} 是指入射光偏振方向为垂直而发射光为水平时测得的荧光强度，其他如 I_{VH} 也依此类推。

荧光偏振是指物质在受激发时发射的荧光常为偏振光这样一种性质。溶液中分子偶极矩方向的分布是随机的，为什么用偏振光激发时产生的荧光是偏振光呢？从经典物理学的观点来看，电子的跃迁相应于一个电偶极子的振动，其振动方向和电场变化方向一致时被激发的概率最大，并随两者间夹角余弦的平方（$\cos^2\theta$）而变化。电偶极子发射的荧光在与电偶极子方向垂直的方向上最强（即荧光传播方向与电偶极子方向垂直的荧光最强），在与电偶极子平行的方向上最弱。

溶液中的分子，其分布是随机的，而且从吸收到发射的时间之内，分子本身已经产生了转动，因此荧光偏振的程度将减小，所以荧光偏振又常称为荧光消偏振或荧光去偏振。

在分子取向无规律但分子不能自由运动的溶液中，P 值称为本征极化率 P_0。如果分子在激发态的寿命期间有一定的运动，则 P 值可能与 P_0 不等。

定义不对称度（或荧光各向异性）：

$$A = (I_\parallel - I_\perp)/(I_\parallel + 2I_\perp) \tag{20-23}$$

$(I_\parallel + 2I_\perp)$ 表示发射光的全部，包括平行于入射光方向上的以及与入射光轴垂直的两个方向上的分量。

由于单色器和光电倍增管等对垂直和水平两个偏振成分的敏感度可能不同，因而严格的测定需要引入校正因子 G。定义 G 为水平偏振光激发样品时，仪器对垂直偏振光的透射效率与对水平偏振光透射效率之比，为：

$$G = I_{HV}/I_{HH} \tag{20-24}$$

I_{HV} 为起偏器水平取向而检偏器垂直取向时测得的荧光强度，I_{HH} 为起偏器和检偏器均为水平取向时测得的荧光强度。仪器不同，波长不同，G 值都可能不同，应分别测定。

经校正后的荧光偏振度：

$$P = (I_{VV} - GI_{VH})/(I_{VV} - GI_{VH}) \tag{20-25}$$

经校正后的不对称度：

$$A = (I_{VV} - GI_{VH})/(I_{VV} + 2GI_{VH}) \tag{20-26}$$

P 和 A 的量测有时在稳态条件下进行，即采用恒定的光照。但有时也用纳秒量级的偏振光脉冲来测量 $I_\parallel$ 和 $I_\perp$ 的时间函数。这种技术常能测到一些其他的运动，是一种时间分辨的技术。

20.2.6 天然荧光生色团和荧光探针

判断物质能否产生荧光，可以从以下几个方面来分析：

(1) 碳原子骨架：具有共轭双键体系的分子容易产生荧光。绝大多数荧光物质含有芳香环或杂环。任何有利于 π 电子共轭度的结构变化都将提高荧光效率，或使荧光波长转移。

(2) 分子的几何排布：具有刚性平面结构的有机分子容易发荧光。平面构型或分子刚性增加，荧光增强。

(3) 取代基的类型和位置。

(4) 环境、溶剂、温度、pH 等均会影响分子结构，从而影响荧光。

生物化学中主要的荧光生色团可分为天然荧光生色团（表 20-1）和荧光指示剂

（荧光探针）两类。天然的荧光生物分子只有芳香族氨基酸、核黄素、维生素 A、叶绿素和 NADH 等少数分子，核酸中的碱基没有显著的荧光，只有 tRNA 中的 Y 碱基（二氢尿嘧啶）是个例外。在蛋白质的荧光谱中，由色氨酸残基发出的荧光占统治地位。这一方面是由于色氨酸的吸收度和量子产率较高，另一方面是由于在色氨酸存在的条件下，酪氨酸吸收的能量常常不是自己通过荧光发射释放出来，而是传递给色氨酸，由色氨酸发出荧光。

表 20-1　蛋白质和核酸中的荧光生色团

荧光生色团	条件	吸收		荧光			荧光敏感度
		λ_{max}/nm	$\varepsilon_{max}(\times 10^{-3})$	λ_{max}/nm	ϕ_F	τ_F/ns	$\varepsilon_{max}\phi_F(\times 10^{-2})$
Trp	H_2O, pH7	280	5.6	348	0.20	2.6	11
Tyr	H_2O, pH7	274	1.4	303	0.1	3.6	1.4
Phe	H_2O, pH7	257	303	282	0.4	6.4	0.08
Y-base	Yeast t-RNAPhe	320	1.3	460	0.07	6.3	0.91

总的来说，天然的荧光生物分子种类很有限，而且荧光强度较弱。为了研究多数的不发光的生物分子，人们广泛利用一类能产生稳定荧光的分子，把这些小分子和大分子结合起来，或者插入大分子中。根据这些较小的荧光分子性质的改变，分析大分子的结构，这类小分子称为荧光探针。对于作为荧光探针的分子有以下几个基本要求：

(1) 能产生稳定的、较强的荧光；
(2) 探针与被研究分子的某一微区必须有特异性的结合，而且结合得比较牢固；
(3) 探针的荧光必须对环境条件较敏感；
(4) 结合的探针不应影响被研究的大分子的结构和特性。

荧光探针种类很多，而且不断有人根据需要合成出新的探针。

利用生物分子本身的荧光生色团发出的荧光进行荧光研究的技术称为内源荧光技术，利用荧光探针标记生物分子来进行荧光研究的技术称为外源荧光技术。

20.3　荧光方法的应用

20.3.1　荧光共振能量转移

如果两种不同的荧光生色基团离得较近，且其中一种生色团的荧光发射谱与另一种生色团的激发谱有相当程度的重叠，则当第一种荧光团被激发时，另一种荧光团会因第一种生色团激发能的转移而被激发，这种现象称之为荧光共振能量转移（图 20-3）。

能量转移的效率 T 与两生色团间距离 R 的关系：

$$T = \frac{R_0^6}{R^6 + R_0^6} \tag{20-27}$$

$$T = 1 - \phi_T/\phi_D \tag{20-28}$$

ϕ_T 和 ϕ_D 分别表示存在和不存在共振能量转移时供体的量子产率。

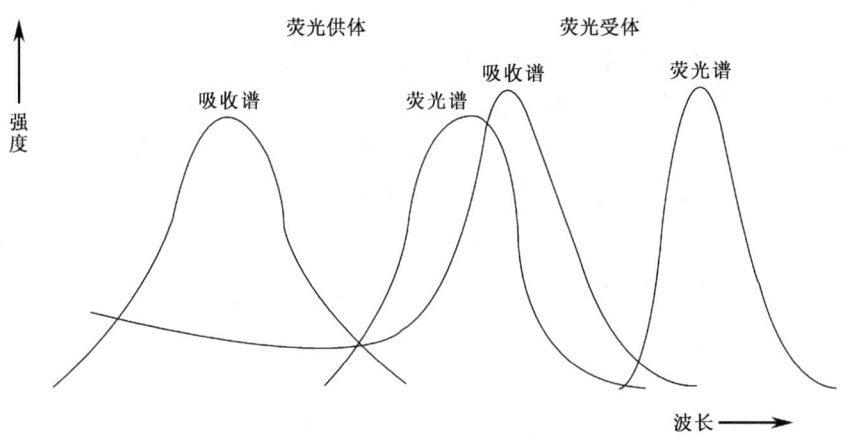

图 20-3 荧光共振能量转移的微观解释

R_0 称为临界距离，定义为能量转移效率为 50% 时 2 个生色团之间的距离，对于每个供体-受体时，R_0 是常数。R_0 可根据受体的吸收谱和供体的发射谱、介质的折射系数、供体和受体跃迁电偶极距的朝向因子、供体在没有受体存在时的量子产率等参数估算出来。根据 T 和 R_0，可求出 2 个生色团之间的距离。这种测定生色团距离的方法，常被人称为光谱尺，是用荧光光谱得到生物大分子较高分辨率结构信息的重要途径。

例如用 FRET 研究溶液中的 DNA 和蛋白质 IHF（integration factor）。这种蛋白质和有损伤的 35 bp DNA 片段所组成的复合物的晶体结构显示，IHF 可诱导生成一种 U 形 DNA。为了确定"生理"复合物（含完整 DNA）中 DNA 构象是否与用 X 射线方法观察的结构一致，可以用 FRET 测量在 IHF 存在条件下有损伤的和完整的 55 bp DNA 低聚物末端的距离（书后彩页图 20-4）。FRET 还可用于研究蛋白质去折叠机制（图 20-5）。

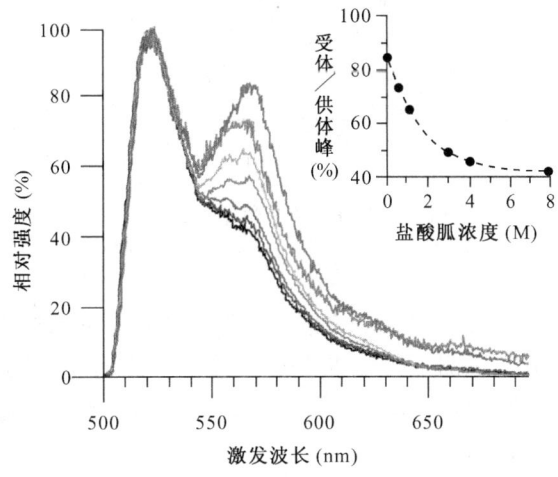

图 20-5 变性溶液中 Fn-D/A 去折叠对能量转移的灵敏度

20.3.2 荧光相图法和荧光偏振法

荧光相图法是一种根据蛋白质内源荧光发射光谱特定部位的荧光强度作出荧光相图，进而直观地获得蛋白质去折叠过程结构变化信息的方法。俄罗斯的 Turoverov 小组应用该法研究了碳酸酐酶、肌酸激酶和肌动蛋白的去折叠，并检测出了这些蛋白质变性过程中的几种新中间态。我们应用该法研究了溶菌酶、肌酸激酶和过氧化氢酶等的去折叠机制（图 20-6 至图 20-8）。

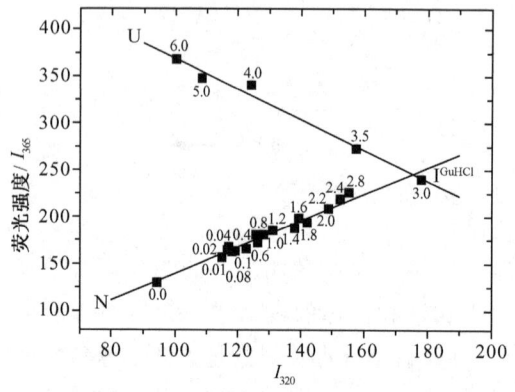

图 20-6 无 2-巯基乙醇时盐酸胍诱导溶菌酶
去折叠的荧光相图
N—天然态；U—去折叠态；I^{GuHCl}—中间态。

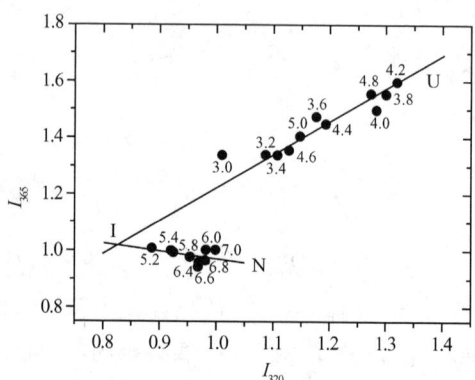

图 20-7 酸诱导肌酸激酶去折叠的荧光相图
I—酸诱导形成的中间态。

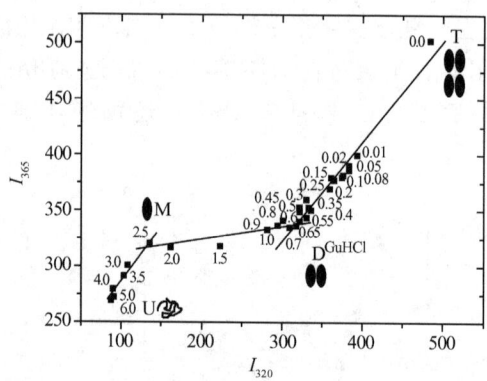

图 20-8 盐酸胍诱导过氧化氢酶去折叠的荧光相图
T-天然四聚体；D-变性二聚体中间态；M-变性单体中间态；U-去折叠态。

荧光相图法的原理是将发射波长分别为 λ_1 和 λ_2 时，不同实验条件下蛋白质结构发生变化（去折叠/折叠）时所测得的相应荧光强度 $I(\lambda_1)$ 对 $I(\lambda_2)$ 作图（称为荧光相图），由于荧光强度是一种与蛋白质的量成正比且具有加和性的广度性质，因此这两个变量间存在下列 3 个关系式：

$$I(\lambda_1) = a + bI(\lambda_2) \tag{20-29}$$

$$a = I_1(\lambda_1) - \frac{I_2(\lambda_1) - I_1(\lambda_1)}{I_2(\lambda_2) - I_1(\lambda_2)} I_1(\lambda_2) \tag{20-30}$$

$$b = \frac{I_2(\lambda_1) - I_1(\lambda_1)}{I_2(\lambda_2) - I_1(\lambda_2)} \tag{20-31}$$

式中 a 和 b 分别为 $I(\lambda_1)$ 对 $I(\lambda_2)$ 作图所得直线的纵截距和斜率，$I_1(\lambda_1)$ 和 $I_2(\lambda_1)$ 分别是发射波长为 λ_1 条件下蛋白质结构发生变化时始态和终态的荧光强度，$I_1(\lambda_2)$ 和 $I_2(\lambda_2)$ 则分别是发射波长为 λ_2 条件下蛋白质结构发生变化时始态和终态的荧光强度，本文中 λ_1 和 λ_2 分别取 320 nm 和 365 nm。

式 (20-29) 可应用于检测蛋白质去折叠过程中有无部分去折叠中间态存在：若蛋白质去折叠过程符合"全或无模型"或"二态模型"，则荧光相图表现为一条直线；若蛋白质去折叠是一个序变过程，即符合"三态模型"或"多态模型"，则荧光相图分别表现为2条直线或多条直线。

荧光各向异性（简称各向异性），是荧光偏振法中经常被采用的物理量，可以直接用来反映蛋白质去折叠/折叠过程结构变化对于内源荧光偏振实验，各向异性值的改变反映了去折叠/折叠过程中蛋白质分子中引起内源荧光发射的氨基酸残基（色氨酸、酪氨酸和苯丙氨酸）柔性的变化：A 值越小，反映这些残基的柔性越大，反之亦然。图 20-9 显示了溶菌酶去折叠过程中内源荧光各向异性值随胍浓度的变化与该酶残余活力变化的比较。

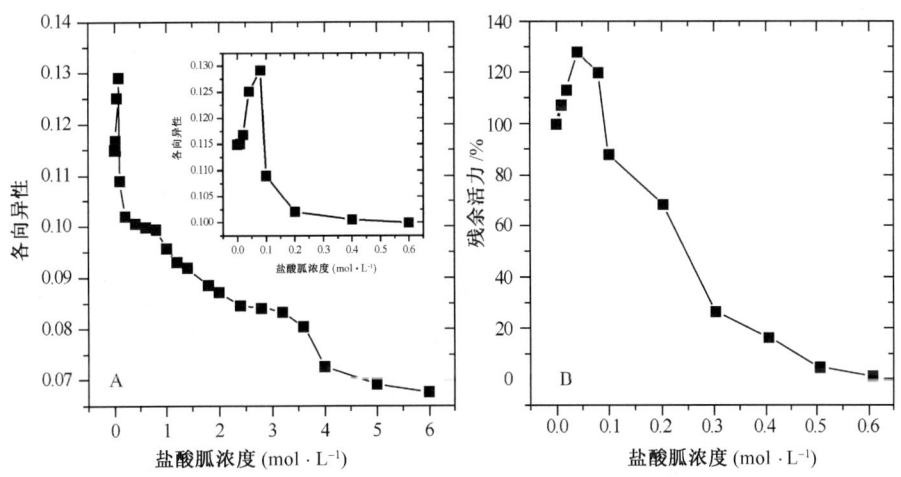

图 20-9　无 2-巯基乙醇存在时盐酸胍诱导溶菌酶去折叠的内源荧光各向异性值随胍浓度的变化与该酶残余活力变化的比较

小　结

分子从第一电子激发态的最低振动能级返回基态的不同振动能级时，能量以光子形式释放，则放出的光称为荧光。从荧光光谱可以获得很多信息，其中主要谱的参量：激发谱和发射谱、荧光寿命、量子产率、荧光强度、极化率（偏振度）、天然荧光生色团和荧光探针。荧光光谱技术具有灵敏度高、选择性强、用样量少和方法简便等优点,广泛应用于生物大分子构象的研究。

荧光共振能量转移可求出2个生色团之间的距离,从而得到生物大分子较高分辨率结构信息。荧光相图法是一种根据蛋白质内源荧光发射光谱特定部位的荧光强度作出荧光相图,进而直观地获得蛋白质去折叠过程结构变化信息的方法。荧光各向异性是荧光偏振法中经常被采用的物理量,可直接用来反映蛋白质去折叠/折叠过程结构变化。

思 考 题

1. 试述荧光光谱技术原理。
2. 简述从荧光光谱获得的主要谱参量并说明其意义。
3. 试述天然荧光生色团的判断标准以及荧光探针的选择依据。
4. 举例说明荧光光谱法的应用。(本书以外的应用举例)
5. 英译汉

The interaction of DNA with the protein IHF (Integration host factor) was studied in solution using FRET. The crystal structure of this protein complexed with a 35 bp DNA fragment containing a nick shows that IHF induces a U-shaped DNA conformation. In order to check whether the DNA in the 'physiological' complex (with intact DNA) adopts a similar conformation to that observed with the X-ray structure, the end-to-end distances of nicked and intact 55 bp DNA oligomers in the presence of IHF were measured using FRET.

第 21 章　圆二色技术
(circular dichroism)

许多生物大分子，如蛋白质、核酸、多糖等都是手性分子。所谓手性（chirality）就是具有不能重叠的三维镜像对应异构体。一般说来，凡具有手性的分子就具有旋光活性，这一点很早就为人们所认识并广泛应用于研究分子的非对称性结构。1896 年科顿效应（Cotton effect）的发现为旋光色散（optical rotatory dispersion，ORD）和圆二色（circular dichroism，CD）的出现奠定了理论基础。这些灵敏方法的出现，使得人们有可能从这些实验技术中得到一些新的结构信息，为更深入的研究立体化学和电子结构提供了条件。因此，在 20 世纪 60~70 年代，旋光色散和圆二色技术一度成为研究分子结构的主要手段。目前由于圆二色谱具有包含信息量大、不易受背景干扰及结果更直接等优点，它已逐渐取代了旋光色散，成为测定生物大分子结构，特别是测定蛋白质二级结构的有力手段。

21.1　基 本 原 理

21.1.1　平面偏振光、圆偏振光和椭圆偏振光

振动方向在同一平面内的电磁波为平面偏振光。两束相互垂直，振幅相等的平面偏振光，其位相相差 1/4 波长时，其合成矢量 E 的末端轨迹沿着螺旋形旋转，如果对着光的传播方向观察，电矢量 E 的末端轨迹为一圆，这就是圆偏振光。电矢量顺时针方向旋转时，称为右圆偏振光（dextoratary，用符号 d 表示），逆时针方向旋转时为左圆偏振光（levoratary，用符号 l 表示）。振幅相等的左、右圆偏振光合成平面偏振光。其振动方向由左、右圆偏振光的位相决定［图 21-1（a），（b）］。振幅不等的左、右圆偏振光合成椭圆偏振光［图 21-1（c），（d）］，椭圆偏振光常用主轴方向和椭圆度来表征它的特性。主轴方向即椭圆长轴的方向，是由左、右圆偏振光的位相决定的。椭圆度是一个角度（图中的 θ），这个角度的正切是椭圆的短轴与长轴之比。

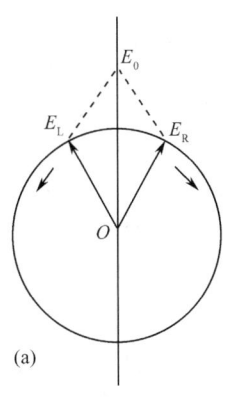

(a)

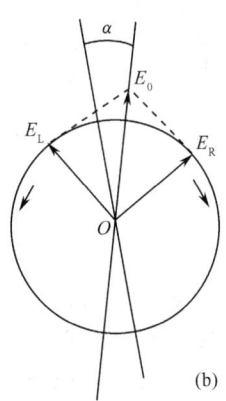

(b)

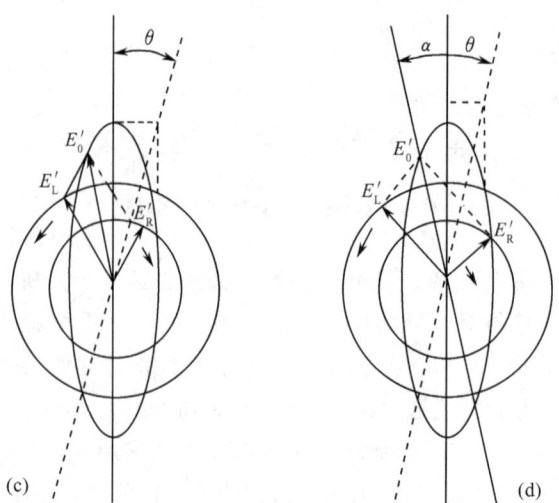

图 21-1 圆偏振光的合成
(a)、(b)，振幅相等时的合成；(c)、(d)，振幅不等时的合成。
(赵南明，周海梦 2000)

21.1.2 圆二色性吸收与椭圆率

当一束平面偏振光通过介质时，光学活性物质分子对左、右圆偏振光的吸收 ε_l 和 ε_r 不同，其差值 $\Delta\varepsilon = \varepsilon_l - \varepsilon_r$ 就是圆二色性（图 21-2）。如果 $\varepsilon_l - \varepsilon_r > 0$，则 CD 为 "+"，相应于正 Cotton 效应；如果 $\varepsilon_l - \varepsilon_r < 0$，则 CD 为 "−"，相应于负 Cotton 效应。文献上也常用摩尔消光系数表示圆二色性：

$$\Delta\varepsilon = \varepsilon_l - \varepsilon_r = (A_l - A_r)/(C \cdot l)(\text{mol}^{-1} \cdot \text{cm}^{-1}) \tag{21-1}$$

上两式中的 A_l，A_r，ε_l，ε_r 依次为介质对左、右旋圆偏振光的吸收率和摩尔消光系数。

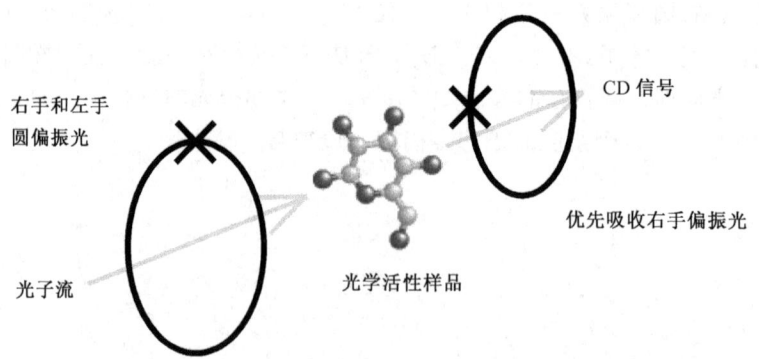

图 21-2 圆二色性吸收样品示意图

ΔA 及 $\Delta\varepsilon$ 均是波长的函数，因此常以 ΔA_λ 及 $\Delta\varepsilon_\lambda$ 来表示波长为 λ 处的圆二色性吸收。$\Delta\varepsilon_\lambda$（或 ΔA_λ）随波长的变化就是圆二色谱。

由于存在圆二色性吸收，平面偏振光通过光学活性物质后，其两圆偏振光分量的强

度将不同，它们合成的不再是平面偏振光，而是椭圆偏振光。其电场矢量 E 的端点在空间的轨迹投影到垂直于光传播方向的平面上为一椭圆。若两圆偏振光的电场矢量的大小分别为 E_l 和 E_r，则此椭圆的长轴为 E_l+E_r，其短轴为 $|E_l-E_r|$。短轴和长轴之比的反正切称为该椭圆的椭圆率：

$$\theta = \text{tg}^{-1}\frac{|E_l-E_r|}{E_l-E_r} \tag{21-2}$$

由理论分析可得，对于波长为 λ 的平面偏振光，穿过光学活性物质后，观察到的椭圆偏振光的椭圆率 θ_λ 与圆二色吸收的关系为：

$$\theta_\lambda = \frac{2.303\times180}{4\pi}(A_l-A_r)=\frac{2.303\times180}{4\pi}\Delta A_\lambda$$

$$= \frac{2.303\times180}{4\pi}Cl(\varepsilon_l-\varepsilon_r)=\frac{2.303\times180}{4\pi}Cl\Delta\varepsilon_\lambda \tag{21-3}$$

实际工作中还常用比椭圆率 $[\Psi]_\lambda$ (the specific ellipticity)、摩尔椭圆率 $[\theta]_\lambda$ (the molar ellipticity) 及平均残基椭圆率 $[\theta]_{MRw}$ (the mean residue ellipticity)，它们分别定义为：

$$[\Psi]_\lambda = \frac{\theta_\lambda}{C_w l} \tag{21-4}$$

$$[\theta]_\lambda = [\Psi]_\lambda \frac{M_w}{100} \tag{21-5}$$

$$[\theta]_{\lambda MRw} = [\Psi]_\lambda \frac{M_{Rw}}{100} \tag{21-6}$$

摩尔椭圆度 $[\theta]_\lambda$ 与圆二色 $\Delta\varepsilon$ 之间的关系为：

$$[\theta]_\lambda = \frac{100\theta_\lambda}{Cl} = 3300(\varepsilon_l-\varepsilon_r) = 3300\Delta\varepsilon_\lambda \tag{21-7}$$

21.1.3 圆二色谱与旋光色散间的关系及科顿效应

旋光性和圆二色性均是由光学活性物质分子中的结构不对称生色团与左、右旋圆偏振光发生不同的作用所引起的，二者由 Kronig-Kramers 变换而相互联系起来，只要测得两者中的任何一个，就可以根据 Kronig-Kramers 变换式得到另外一个。

从光学活性物质的吸收光谱、圆二色谱和旋光色散谱可以看到它们的相互关系，如图 21-3 所示，A 代表吸收谱线，θ 表示 CD 谱线，α 则代表 ORD 曲线。同一个光学活性物质的吸收峰和 CD 峰的峰位相同，而在此波长的 α 却等于 0。

图 21-4 中 ORD 曲线在 $\lambda<\lambda_0$ 区域，$[\varphi]_\lambda<0$，在 $\lambda>\lambda_0$ 区域，$[\varphi]_\lambda>0$。相应的

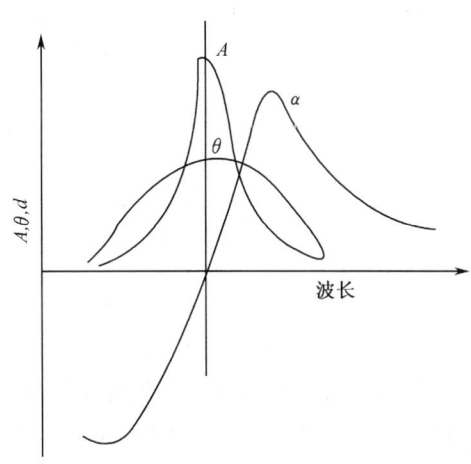

图 21-3 同一光学活性物质的吸收谱、旋光色谱及圆二色谱的比较

(阎隆飞，孙之荣 1999)

CD 谱线，在整个吸收带内 $[\theta]_\lambda > 0$，这种情况就叫做正的科顿效应；ORD 曲线在 $\lambda < \lambda_0$ 区域，$[\varphi]_\lambda > 0$，在 $\lambda > \lambda_0$ 区域，$[\varphi]_\lambda < 0$。相应的 CD 谱线，在整个吸收带内 $[\theta]_\lambda < 0$，这种情况就叫做负的科顿效应（图 21-4）。

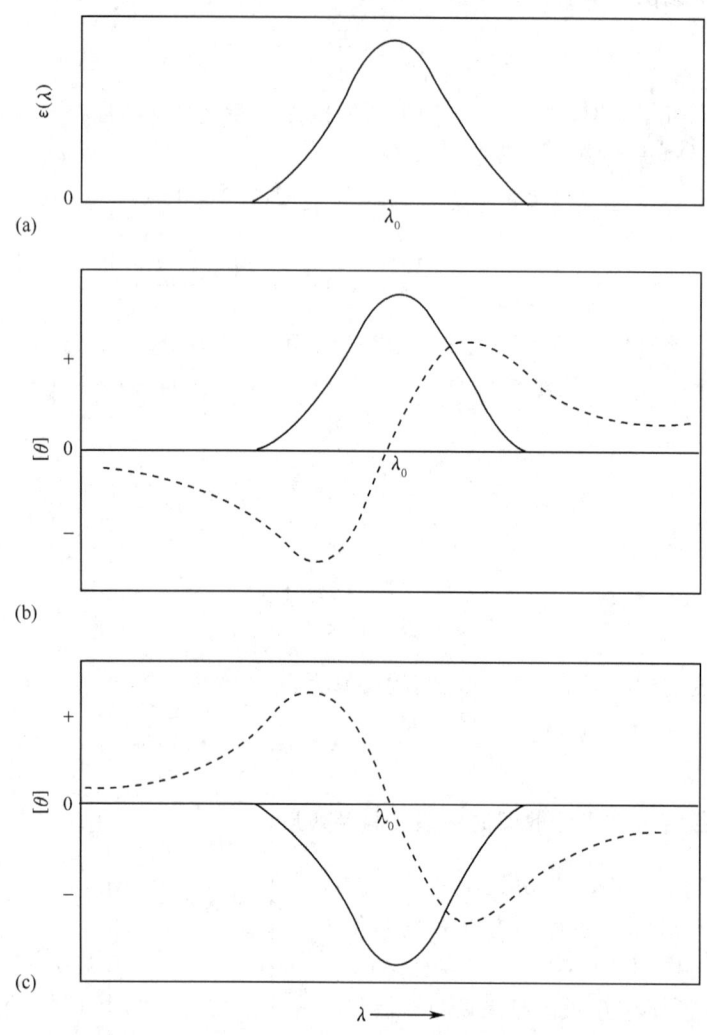

图 21-4 吸收谱、ORD 谱、CD 谱及科顿效应
(a) $\varepsilon(\lambda)$ 为吸收谱，θ 为 CD 谱（实线），虚线为 ORD 谱（φ）；(b) 为正的科顿效应；(c) 为负的科顿效应。
(赵南明，周海梦 2000)

在应用光谱技术分析光学活性生色团的结构时，相比吸收谱及旋光色散谱 ORD，CD 谱具有明显的优势：由于吸收谱均是正值，若同时存在几个吸收峰，且这些吸收峰相互交叠，分析起来就比较困难。对于 ORD 谱，一个孤立的生色基团并不限于在吸收带区域，而是在所有波长处都能引起旋光性，任意波长处的旋光性是分子中所有生色团贡献之和，且其极值处的波长与吸收谱不一致。如果同时存在几个旋光带，分析起来就相当困难。CD 谱则不同，它可正可负，且其极值处的波长与吸收谱极值处的波长是一致的。这就使得确定某个生色团在 CD 谱中的贡献比在吸收谱及 ORD 谱中容易得多，因此现在多数情况下都是测量 CD 谱，结合吸收谱进行结构分析。

21.2 圆二色仪

圆二色仪需要将平面偏振光调制成左圆偏振光、右圆偏振光，并以很高的频率交替通过样品，因而设备复杂，完成这种调制的是 CD 调制器。圆二色仪一般采用氙灯作光源，其辐射通过由两个棱镜组成的双单色器后，就成为两束振动方向相互垂直的面偏振光，由单色器的出射狭缝排除一束非寻常光后，寻常光由 CD 调制器调制成突变的左、右圆偏振光。这两束圆偏振光通过样品产生的吸收差由光电倍增管接收检测（图 21-5）。

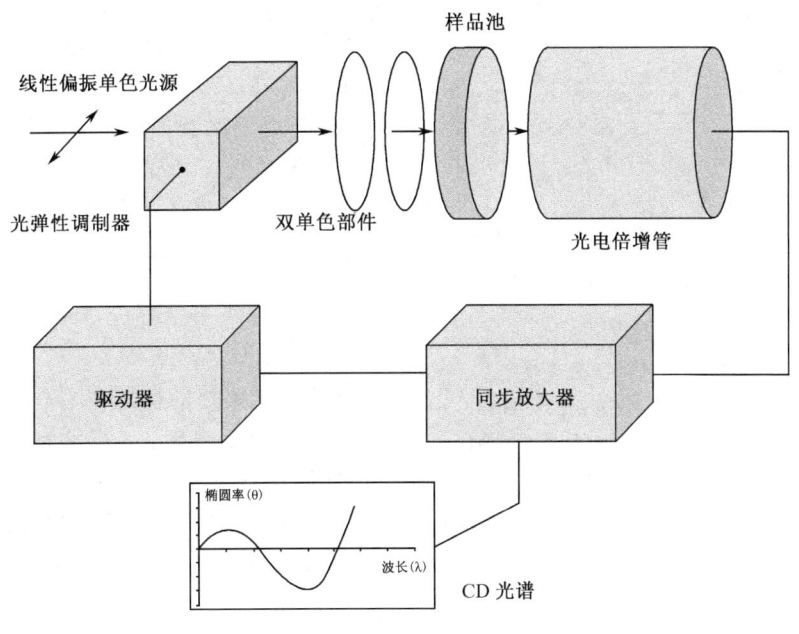

图 21-5　CD 仪原理示意图

CD 谱测量中的多数生物样品为溶液状态。样品的浓度根据样品的性质、测量的波长范围等因素决定，一般在若干 $\mu g/ml$～几十 mg/ml。样品杯由高度均匀的熔融石英制作的，它不会带来附加的圆二色性，也不会对光产生散射。杯的光径（它决定测量中样品的厚度）在 0.1～$50\ nm$。一般情况下，样品的浓度与样品杯光径配合，使被测样品的 O.D. 值不大于 2。为了尽量减小溶剂的影响，在可能的条件下应提高样品浓度而缩短光径。

21.3 圆二色谱在结构生物学研究中的应用

由于 CD 分析对检测重叠的多带、弱带和具有正、负 Cotton 效应的样品简单可靠，而且提供的信息多且明确，所以虽然圆二色仪比旋光色散仪复杂和昂贵，但在 20 世纪

60年代CD仪器制成后，已逐渐代替了ORD的分析。

圆二色仪在分子生物学领域中的最大应用是测定生物大分子的三维结构。生物大分子的光学活性来源于其特有的三维结构。在紫外区段（190～240 nm），主要的生色团是肽链，这一范围的CD谱包含着生物大分子主链构象的信息。图21-6是多聚L-赖氨酸的典型CD谱，α螺旋构象的CD谱在222 nm处和208 nm处呈负峰，在190 nm附近有一正峰。β-折叠构象的CD谱在216nm处呈负峰。无规则卷曲构象的CD谱在198 nm附近有个负峰，在220 nm附近有一个小而宽的正峰。β-折叠的椭圆值不像α-螺旋那样恒定。

在一般情况下，试验中得到的CD谱线可以看作一定百分比的α-螺旋、β-折叠和无规则卷曲构象的CD谱的线性迭加：

$$[\theta]_\lambda = f_\alpha [\theta]_{\lambda,\alpha} + f_\beta [\theta]_{\lambda,\beta} + f_\gamma [\theta]_{\lambda,\gamma} \tag{21-8}$$

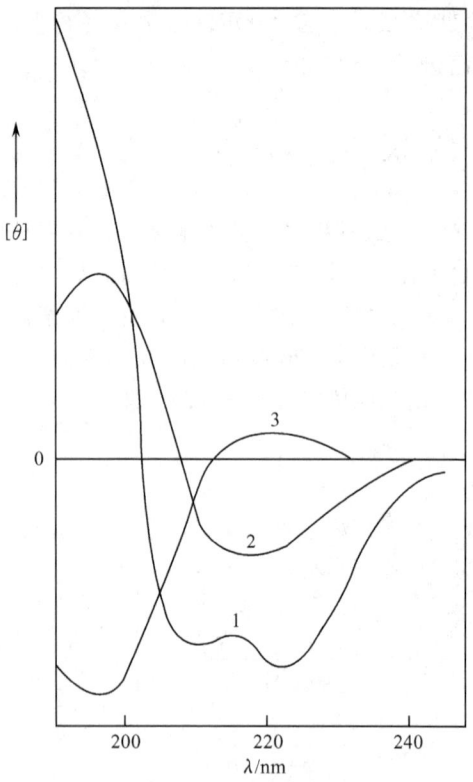

图 21-6　聚-L-赖氨酸的圆二色谱
1：α-螺旋，pH11.5，聚-L-赖氨酸；2：β-折叠，pH11.5加热至50℃后或加1％十二烷基硫酸钠；3：无规则卷曲，pH4～5的聚-L-赖氨酸。
（阎隆飞，孙之荣 1999）

即每一波长处的椭圆率看作在相应波长处一定比例的α-螺旋、β-折叠和无规则卷曲椭圆率值的线性叠加，$[\theta]_{\lambda,\alpha}$、$[\theta]_{\lambda,\beta}$、$[\theta]_{\lambda,\gamma}$分别为α-螺旋、β-折叠和无规则卷曲在波长λ处的椭圆率值。根据上式由计算机拟合可以得到α-螺旋、β-折叠和无规则卷曲构象所占的百分数 f_α、f_β 和 f_γ。

在近紫外区（240～300 nm），占支配地位的生色基团是芳香氨基酸侧链，这一区域的CD谱能给出"局域"侧链间相互作用的信息。

在波长大于300 nm的区域，包括可见区域，对CD谱的贡献主要来自像血红素一类含有金属离子的生色团，这一波段的CD谱对金属离子的氧化态、配位体以及链—链相互作用均是敏感的。

通常由样品的CD谱形状、谱峰位置、强度以及它们随实验条件的变化本身就可以得到很重要的结构信息，最主要的CD谱参量是谱峰（谷）位置及该处摩尔椭圆率。

目前，由圆二色谱推测蛋白质二级结构的方法有很多，比如SVD（SINGULAR VALUE）DECOMPOSITION, CINVEX CONSTRAINT ANALYSIS, VARIABLE SELECTION METHOD等，其中SVD应用较为广泛，其基本方法是：做出N个已知二级结构的蛋白质的圆二色谱（这N个蛋白质叫做参考蛋白质），选取光谱上一段有代表性的区域进行离散化（比如每1nm取一次值）形成一个列向量，则N个参考蛋白质可以写出 N 个列向量，这 N 个列向量就构成了 $\vec{M}\times\vec{N}$ 的矩阵（设为 R）。对于每个参考蛋白质而言都包含 5 种二级结构——H、A、P、T、O，与组成 $\vec{R}$ 矩阵的方法相似，可以形成 5×N 的矩阵（设为 $\vec{F}$）。设 $\vec{F}=\vec{X}\vec{R}$，其中 $\vec{X}$ 是连接 $\vec{F}$ 与 $\vec{R}$ 的系数矩阵，接下来的工作就是接触系数矩阵 $\vec{X}$。根据 SVD 的原理 $\vec{R}=\vec{U}\vec{S}\vec{V}^T$，其中 $\vec{U}_{M\times N}$ 是正交方阵，与 $\vec{R}^T\vec{R}$ 有相同的特征向量；$\vec{S}$ 是对角阵，其主对角线上的元素非零，是 $\vec{R}\vec{R}^T$ 和 $\vec{R}^T\vec{R}$ 公共特征值的正平方根，则 $\vec{X}=\vec{F}\vec{V}\vec{S}^{-1}\vec{U}^T$。解出矩阵 $\vec{X}$，当已知圆二色值时，就可以求出所对应的蛋白质的二级结构了。

虽然 CD 分析不像 X 衍射分析那样能给出比较全面的绝对的信息，并且它总是必须与标准相比较和利用 X 衍射的结果。但是它对构象变化灵敏，因此通过 CD 光谱的观察和分析可以灵敏地检测一些反应引起的构象变化，并进一步进行半定量测定。迄今为止，CD 谱在研究蛋白质、核酸等生物大分子在溶液中的构象方面取得了许多重要成果。

小 结

振动方向在同一平面内的电磁波为平面偏振光。当一束平面偏振光通过介质时，光学活性物质分子对左、右圆偏振光的吸收不同，其差值就是圆二色性。圆二色性吸收随波长的变化就是圆二色谱。旋光性和圆二色性均是由光学活性物质分子中的结构不对称生色团与左、右旋圆偏振光发生不同的作用所引起的，二者相互联系，只要测得两者中的任何一个，就可以得到另外一个。

圆二色仪在分子生物学领域中的最大应用是测定生物大分子的三维结构。在一般情况下，试验中得到的圆二色谱线可以看作一定百分比的 α-螺旋、β-折叠和无规则卷曲构象的圆二色谱的线性迭加。

思 考 题

1. 简述圆二色技术基本原理。
2. 举例说明圆二色谱在结构生物学研究中的应用。

第 22 章 扫描隧道显微技术
(scanning tunneling microscopy)

1982 年，国际商业机器公司苏黎世实验室 Gerd Binnig 博士、Heinrich Rohrer 博士及其同事们共同研制成功了世界第一台新型的表面分析仪器——扫描隧道显微镜 (scanning tunneling microscope，STM)。

STM 的出现，使人类第一次能够实时地观察单个原子在物质表面的排列状态，以及与表面电子行为有关的物理化学性质，在表面科学、材料科学、生命科学等领域的研究中有着重大的意义和广阔的应用前景，被国际科学界公认为 20 世纪 80 年代世界十大科技成就之一。为表彰 STM 的发明者们对科学研究的杰出贡献，1986 年 Gerd Binnig 博士和 Heinrich Rohrer 博士被授予 Nobel 物理学奖。

22.1 扫描隧道显微镜

扫描隧道显微镜的基本原理是利用量子理论中的隧道效应。将原子线度的极细探针和被研究物质的表面作为 2 个电极，当样品与针尖的距离非常接近时（通常小于 1 nm），在外加电场的作用下，电子会穿过 2 个电极之间的势垒流向另一电极，这种现象即是隧道效应。隧道电流 I 是电子波函数重叠的量度，与针尖和样品之间距离 S 和平均功函数 ϕ 有关：

$$I \propto V_b \exp(-A\phi^{\frac{1}{2}}S)$$

凡是加在针尖和样品之间的偏置电压，平均功函数 $\phi \approx \frac{1}{2}(\phi_1 + \phi_2)$，$\phi_1$ 和 ϕ_2 分别为针尖和样品的功函数，A 为常数，在真空条件下约等于 1。扫描探针一般采用尖端曲率半径小于 1 nm 的细金属丝，如钨丝、铂丝等；被观测样品应具有一定导电性才可以产生隧道电流。

由上式可知，隧道电流强度对针尖与样品表面之间距非常敏感，如果距离 S 减小 0.1 nm，隧道电流 I 将增加一个数量级。因此，利用电子反馈线路控制隧道电流的恒定，并用压电陶瓷材料控制针尖在样品表面的扫描，则探针在垂直于样品方向上高低的变化就反映出了样品表面的起伏，将针尖在样品表面扫描时运动的轨迹直接在荧光屏或记录纸上显示出来，就得到了样品表面态密度的分布或原子排列的图像（图 22-1）。这种扫描方式可用于观察表面形貌起伏较大的样品，且可通过加在 z 向驱动器上的电压值推算表面起伏高度的数值，这是一种常用的扫描模式。对于起伏不大的样品表面，可以控制针尖离度守恒扫描，通过记录隧道电流的变化亦可得到表面态密度的分布。这种扫描方式的特点是扫描速度快，能够减少噪音和热漂移对信号的影响，但一般不能用于观察表面起伏大于 1 nm 的样品。

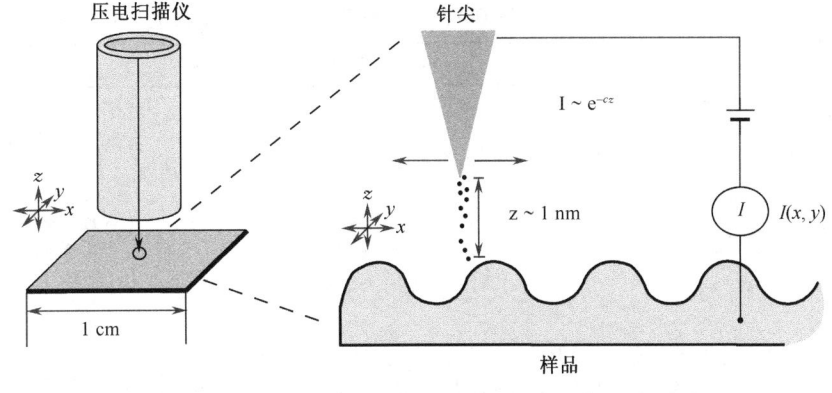

图 22-1　扫描隧道显微镜的原理示意图
1 nm×1 nm 扫描范围。

从式（22-1）可知，在 V_b 和 I 保持不变的扫描过程中，如果功函数随样品表面的位置而异，也同样会引起探针与样品表面间距 S 的变化，因而也引起控制针尖高度的电压 V_z 的变化。如样品表面原子种类不同，或样品表面吸附有原子、分子时，由于不同种类的原子或分子团等具有不同的电子态密度和功函数，此时 STM 给出的等电子态密度轮廓不再对应于样品表面原子的起伏，而是表面原子起伏与不同原子和各自态密度组合后的综合效果。

如前所述，STM 仪器本身具有的诸多优点，使它在研究物质表面结构、生物样品及微电子技术等领域中成为很有效的实验工具（表 22-1）。例如，生物学家们研究单个的蛋白质分子或 DNA 分子；材料学家们考察晶体中原子尺度上的缺陷；微电子器件工程师们设计厚度仅为几十个原子的电路图等，都可利用 STM 仪器。在 STM 问世之前，这些微观世界还只能用一些繁琐的、往往是破坏性的方法来进行观测。而 STM 则是对样品表面进行无损探测，避免了使样品发生变化，也无需使样品受破坏性的高能辐射作用。

从 STM 的工作原理可知，在 STM 观测样品表面的过程中，扫描探针的结构所起的作用是很重要的。如针尖的曲率半径是影响横向分辨率的关键因素；针尖的尺寸、形状及化学同一性不仅影响到 STM 图像的分辨率，而且还关系到电子结构的测量。因此，精确地观测和描述针尖的几何形状与电子特性对于实验质量的评估有重要的参考价

表 22-1　STM 与 EM、FIM 的各项性能指标比较

	分辨率	工作环境	样品环境温度	对样品破坏程度	探测深度
STM	原子级 （垂直 0.01 nm） （横向 0.1 nm）	实环境、大气、溶液、真空	室温或低温	无	1～2 原子
TEM	点分辨 （0.3 nm～0.5 nm） 晶格分辨 （0.1 nm～0.2 nm）	高真空	室温	小	接近扫描电镜，但实际上为样品厚度所限，一般小于 100 nm
SEM	6 nm～10 nm	高真高	室温	小	10 nm（10 倍时） 1 μm
FIM	原子级	超高真空	30 K～80 K	有	原子厚度

值。STM 的研究者们曾采用了一些其他技术手段来观察 STB4 针尖的微观形貌，如 SEM、TEM、FIM 等。SEM 一般只能提供微米或亚微米级的形貌信息，显然对于原子级的微观结构观察是远远不够的。虽然用高分辨 TEM 可以得到原子级的样品图像，但用于观察 STM 针尖则较为困难，而且它的原子级分辨率也只是勉强可以达到。只有 FIM 能在原子级分辨率下观察 STM 金属针尖的顶端形貌，因而成为 STM 针尖的有效观测工具。日本 Tohoku 大学樱井利夫等人利用了 FIM 的这一优势，制成了 FIM-STM 联用装置（研究者称之为 FI-STM），可以通过 FIM 在原子级水平上观测 STM 扫描针尖的几何形状，这使得人们能够在确知 STM 针尖状态的情况下进行实验，从而提高了使用 STM 仪器的有效率。

在有机分子结构的研究中，高分辨率的 STM 三维直观图像是一种极为有用的工具。此法已成功地观察到苯在 Rh（Ⅲ）表面的单层吸附，并显示清晰的 Kelude 环状结构。在生物学领域，STM 已用来直接观察 DNA、重组 DNA 及 HPL 蛋白质抗原、抗体及其复合物等在载体表面吸附后的外形结构。

继 STM 之后，各国科技工作者在 STM 原理基础上又发明了一系列新型显微镜。它们包括：原子力显微镜（AFM）、摩擦力显微镜（LFM）、静电力显微镜、扫描热显微镜、弹道电子发射显微镜（BEEM）、扫描隧道电位仪（SFW）、扫描离子电导显微镜（SICM）、扫描近场光学显微镜（SNOM）和光子扫描隧道显微镜（PSTM）等。这些新型显微镜的发明为探索物质表面或界面的特性，如表面不同部位的磁场、静电场、热量散失、离子流量、表面摩擦力以及在扩大可测样品范围方面提供了有力的工具。近几年来，在把 STM 与 EM、RM 以及 AFM、LEED 等其他表面分析手段联用方面，也取得了很大进展。目前最小的 STM 尺寸仅为 125 μm，而最大的扫描范围可达 150 μm。

22.2　STM 应用于研究结构生物学的优点

（1）STM 能在较高的分辨水平上观察样品的实三维表面结构。虽然，利用 X 射线衍射亦能获得原子级分辨率的结构信息，但所有衍射手段都要求样品是晶体，而且都不是对样品的实空间进行直接观察，只能从得到的间接信息中来反推样品的结构。STM

能够直接获得样品表面的结构信息（图 22-2），是这些手段所无法比拟的。

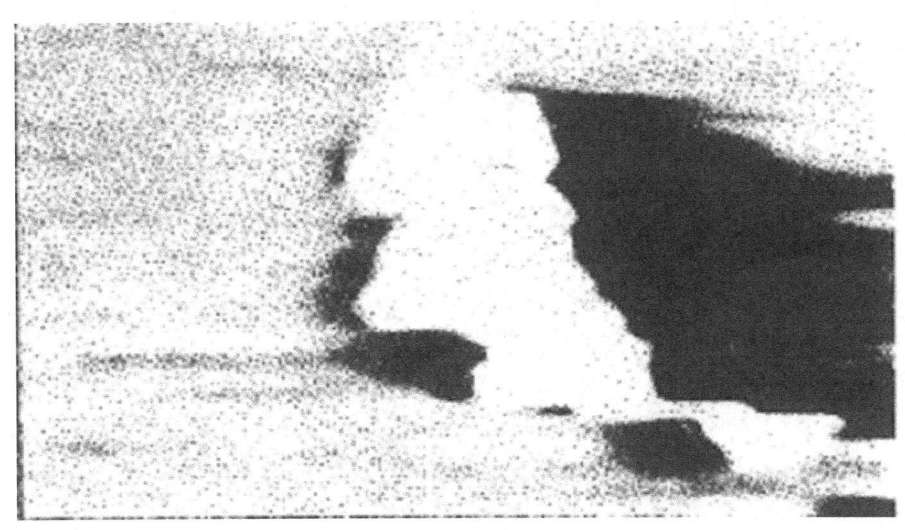

图 22-2 纤维素外切酶 CBH 全酶分子的 STM 图像（扫描范围 22 nm×22 nm）

（2）STM 可适用于不同的探测环境。不像通常的电子显微镜那样，必须局限在高真空中才能工作，也不像 X 射线衍射技术那样，样品必须是晶体。它不仅能在高真空下工作，而且能在低温下，常温常压下，甚至在溶液条件下都能获得分辨率很高的图像；它不仅能观察晶体的表面结构，而且能观察非晶体表面的结构。

（3）STM 可改变观测范围，为研究各种不同层次的生命结构提供了可能。目前 STM 的扫描范围（或称视野）可从数纳米到 150 μm。这种不同的视野，使得 STM 能分别在接近原子水平、分子水平、超分子水平、亚细胞水平乃至细胞水平的不同层次上全面地研究生物样品的结构。

（4）STM 相对于电镜和 X 射线衍射的样品制作来说操作简便，所需样品量极少，而且成本低廉。

22.3 STM 在结构生物学研究中的应用

在 Binnig 等人发明第一台 STM 后不久，这项新的显微技术就在生命科学领域初露端倪。此后，STM 应用于生命科学的研究工作迅速发展，在近 20 年间，已在蛋白质结构、核酸结构、生物膜结构以及超分子水平的生命结构的研究中取得了一系列成果，显示出 STM 技术在生命科学领域中应用的生命力。

22.3.1 核酸的 STM 研究

核酸包括 DNA 和 RNA 两大类。其中 DNA 是生命活动的主要遗传物质（只有少数低级生物如一些病毒，以 RNA 为遗传物质），是生命活动的蓝本。在整个生命科学领域里，对 DNA 的结构与功能的研究处于核心位置。目前，人们对核酸结构的研究，已经积累了大量有意义的结果。但这些成果主要来源于 X 射线衍射、核磁共振、旋光色散、圆二色性分析以及对核酸的一级结构即其顺序的分析。至于核酸在天然活性状态下的三维结构，及其执行生命功能时所发生的结构变化，是目前人们最感兴趣的问题，也是解释许多生命现象本质的关键所在。STM 的出现，为人们在天然或准天然条件下直接观察 DNA 及 RNA 提供了可能。因而用 STM 研究核酸，尤其是 DNA 的结构，成为一个活跃的研究领域。

22.3.1.1 水溶液中的 DNA

STM 的出现，提供了在水溶液中直接观察 DNA 结构及其电化学行为的可能。利用 STM 技术，已经获得了一系列有意义的结果。

早期，以超声波处理的小牛胸腺 DNA 作为研究对象，分别获得了聚集态和单个的 DNA 分子的 STM 图像。在聚集态的 DNA 图像中，可以看到纤维状的 DNA 分子呈现某种类似液晶态的规律性排列，相邻分子之间相距约 2 nm。在单个 DNA 分子图像中，可以看到 DNA 链呈约 2 nm 宽的下凹图像。

近来，在原有工作的基础上，通过改变参比电极（氯化银电极）与基底工作电极（在新鲜裂解的云母表面外延生长以金膜）之间的电势差，又观察到 DNA 分子在基底表面呈现不同的吸附行为，反映出 DNA 的电化学方面的性质。在电势差为 -2.3 V 时，DNA 成像随着针尖扫描方向的不同，呈现有规律的可重复变化，这一结果与碱基在负电极上的反应行为相一致。在 -1.3 V 时，所有 DNA 都呈现平躺并排聚集吸附状态。在 -1.0 V，可以观察到 DNA 分子是单个分散吸附在基底表面的。在 -0.5 V 时，DNA 呈现出稳定的高度聚集状态，而这些聚集物由"空白"基底分隔开。

22.3.1.2 大气中的 DNA 和 RNA

Beebe 等人首先在大气中观察到 DNA 双链，这一成果立即引起了科学界的广泛注意。他们所得到的单个 DNA 分子链图像，显示出 DNA 分子的右手螺旋性，并可分辨出大沟和小沟。尽管在他们的图像中，DNA 分子结构有比较大的畸变（螺距 2.7～5 nm），无法对 DNA 的结构做更细致的研究。但这一成果，显示 STM 能够对导电性很差的生物样品进行直接观察。

目前，在大气中用 STM 观察 DNA 所获得的最高分辨率图像，已经可以分辨出磷酸及较浅碱基对的一些结构信息。使用 TAPO 把 DNA 固定到金表面上，然后进行观察，在较大视野情况下，可以看到具有右手螺旋性的 DNA 链。更进一步，研究者获得了一个螺旋周期的高分辨率的 DNA 图像。图像所显示的 2 个大约呈长方形与分子轴呈 40°夹角的区域（2.0 nm×1.5 nm），代表着 DNA 分子的小沟；中间由一成像不清晰的部分分隔开。这一不清晰的分隔区可能是由于大沟太深，针尖试图探进其内部时由两旁产生隧道电流所造成。在小沟部分，可以分辨出更精细结构。观测到的螺距约 3.5 nm，而小沟宽为 1.2～15 nm。

以 poly（rU）·poly（rA）为研究对象，获得了双链 A 型 RNA 的 STM 图。在他们所获得的呈聚集分布的 poly（rU）·poly（rA）的图像中，可以测知两相邻分子之间的间距为 2.48±0.08 nm，螺距为 2.87±0.11 nm，大小沟间距为 1.43±0.04 nm。这些数据表明，他们所获得的 A-RNA 图像比 X 射线衍射结果短而粗。研究人员把这个现象归结为干燥过程中盐离子浓度上升而导致的 RNA 分子压缩的原因。

22.3.1.3 DNA 与蛋白质复合物

recA-DNA 复合物的结构用 STM 对 recA-DNA 复合物进行研究，人们在大气下先后获得了铂-碳被膜的 recA-DNA 复合物的聚集、金属被膜的单个 recA-DNA 片段以及裸露的单个 recA-DNA 片段的 STM 图像。

在铂-碳被膜的 recA-DNA 复合物聚集体的 STM 图中，能够分辨出大约 10 nm 的周期结构，显示出 recA-DNA 链并列排在一起，另外，还发现更精细的结构，这些结构被认为是 recA 单体。

在金属被膜的和裸露的 recA-DNA 复合体的单链图像中，recA-DNA 链呈典型的右手螺旋结构，在每个螺圈的可见区域，能够分辨出 3~4 个部分，每一部分便是 recA 原体，每周螺旋应包含大约 6 个 recA 原体，在螺旋的局部位置，发现有 2 个相继的螺旋周期紧密地融合在一起，而在另一些位置上，发现单一螺旋分裂为 2 个区域，这些特征无论在裸露的还是被膜的图像中都能分辨出，说明这些特征是由 recA-DNA 固有性质决定的，裸露的 recA-DNA 图像要比被膜的具有更好的分辨率。

22.3.2 蛋白质的 STM 研究

蛋白质可划分为结构蛋白和功能蛋白两大类。目前 STM 研究已涉及氨基酸、人工合成多肽、结构蛋白和功能蛋白等主要领域。

22.3.2.1 氨基酸和多肽

对吸附在高定向裂解石墨表面的氨基酸进行 STM 研究，分别获得色氨酸、甘氨酸、亮氨酸及蛋氨酸等氨基酸的 STM 图像。这些氨基酸分子的图像都表现为大小符合分子尺度的亮点。

对人工合成的多聚 γ-苯基-L-谷氨酸［PBLG］的 STM 研究表明，PBLG 在各种不同的溶液条件下，可以呈现不同的构象。

二甲基甲酰胺（DMF）、氯仿、苯可使 PBLG 呈现 α-螺旋结构；二氯乙酸（DCA）能使 PBLG 形成无规线团结构。McMaster 等人分别获得了 PBLG 在 DCA、氯仿及 DMF 条件下的 STM 图像。PBLG 溶于 DCA 后，呈现无规律的团状结构，这与 DCA 的作用效果相符合，而氯仿则使 PBLG 表现出聚集在一起的周期性结构，DMF 则更进一步使 PBLG 形成一种高度有序的、具有强烈螺旋结构的液晶态结构。这一成果，显示 STM 能够真实地反映出多肽乃至蛋白质的三维结构。

22.3.2.2 结构蛋白

迄今为止，在结构蛋白的 STM 研究方面，主要是对胶原蛋白、细胞骨架蛋白以及 HPI 蛋白等的研究有了一些成果。

在对胶原蛋白的研究中,先是获得了金属被膜的 IV 型胶原蛋白的网状结构以及单个纤维的 STM 图像,图中能够看到高约 4~5 nm 的末端球状区域。

在对裸露的 I 型胶原蛋白进行的 STM 研究中,获得了高分辨的图像,能够看到单个胶原蛋白链上约 9 nm 的周期性峰。研究者认为这一周期反映了胶原蛋白单体链的周期性。而图中显示的 3 nm 周期性,则反映了胶原蛋白的三体螺旋状态;图像中纤维宽度约为 1.5 nm,与已知的宽度相符合。

22.3.2.3 功能蛋白

对蛋白质聚集体的研究把溶菌酶及膜凝乳蛋白酶原 A 吸附在石墨基底上,用 STM 研究发现在这 2 个系统中蛋白质在石墨上都呈现某种规律性排列。在溶菌酶体系中,随着初始溶液浓度的不同,滴在石墨上后溶菌酶体系能够呈现周期从约 4 nm(溶菌酶分子的大小)到 15 nm 的不同二维排列形式。在膜凝乳蛋白酶原 A 体系中,研究者同样发现了小范围的二维有序排列。他们认为,这种二维晶体的形式,除了与蛋白质之间的相互作用有关外,还可能与扫描过程及基底与样品的相互作用有关。这一结果显示可能把 STM 用于研究蛋白质的外延晶体生长,也有可能用作蛋白质的结构测定(图 22-3)。

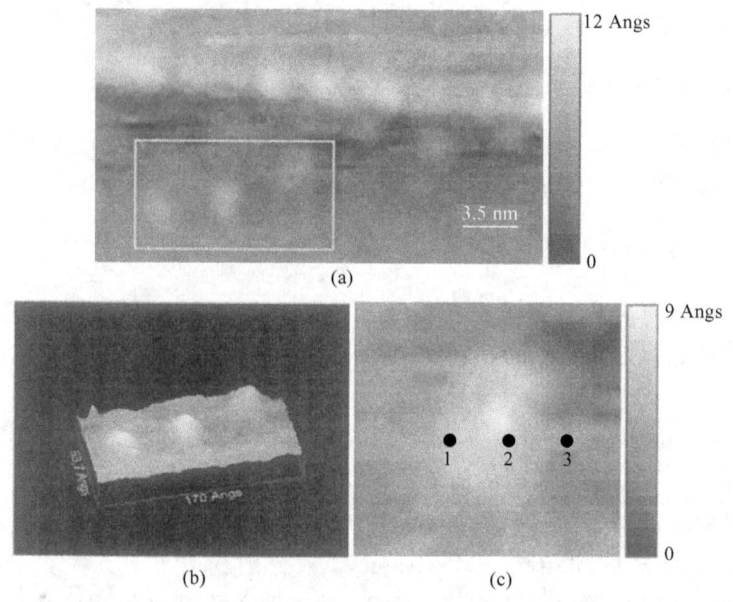

图 22-3 使用 shaefer 方法沉积到石墨表面的细胞色素 c/AOT 单层的 STM 拓扑图
(a) 中被选区域的一系列蛋白的 170×83.7 nm 三维图像(由黑至白竖直着色大小为 0~1.5 nm);(b) 整体图(由黑至白竖直着色大小为 0~2 nm);(c) 单独的细胞色素 c 分子的 7.2×7.2 nm 视图(由黑至白竖直着色大小为 0~1.5 nm)图中 1、2、3 各点标明了当测量 I-V 曲线时探针尖端在蛋白质分子表面的位置。
(Khomutov G. B. et al. 2002)

红素氧还蛋白分子(rubredoxin)是一个低分子质量、含金属离子的细菌蛋白,其主要生物学功能是传递电子,有时代替铁氧还蛋白作为一个电子载体。一些红素氧还蛋白分子的三维结构已经被解析出来，图 22-5 为梭状芽孢杆菌红素氧还蛋白 X 射线晶体结构。其折叠类型主要为 α+β，一般 1 个分子包含 2 个 α-螺旋和 2～3 个 β-折叠片。其活性部位包含 1 个金属离子，并与 4 个保守的半胱氨酸以 Fe-S 键连接起来，形成一个正四面体结构的铁硫簇（图 22-4）。

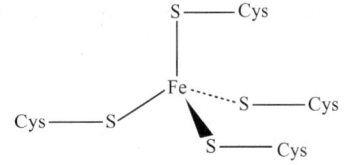

图 22-4 红素氧还蛋白分子中的铁硫簇

图 22-5 至图 22-7 为用 STM 研究红素氧还蛋白分子获取的图谱。

图 22-5 红素氧还蛋白分子在金箔表面的稳定电流 STM 图
在这种放大水平下，可以观察到标出分子的亚分子结构。
（Mukhopadhyay R. 2000）

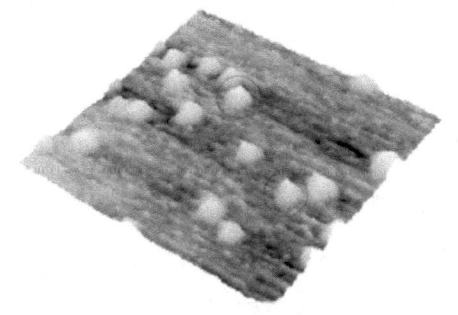

图 22-6 红素氧还蛋白分子在金箔表面的三维图
在高光标明的分子中可见明显增强的分子。
（Mukhopadhyay R. 2000）

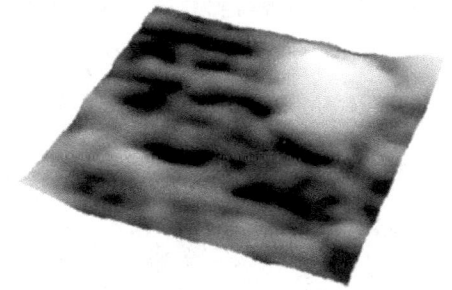

图 22-7 单个红素氧还蛋白分子的
高放大倍数 STM 图
（Mukhopadhyay R. 2000）

22.4 原子力显微技术

原子力显微镜（atomic force microscope，AFM）是在 STM 基础上发展起来的一种新型显微镜。从 STM 的工作原理可知，STM 工作时要监测针尖和样品之间隧道电流的变化,因此它只能直接观察导体和半导体的表面结构。

许多研究对象是不导电的,对于非导电材料,必须在其表面覆盖一层导电膜。导电膜的存在往往掩盖了表面的结构细节。即使对于导电样品,STM 观察到是对应于表面费米能级处的态密度,当表面存在非单一电子态时,STM 得到的并不是真实的表面形貌,而是表面形貌和表面电子性质的综合结果。

为了弥补 STM 的这一不足,1986 年 Binnig、Quate 和 Gerber 发明了第一台 AFM。AFM 得到的是对应于表面总电子密度的形貌,因而对于导电样品,AFM 结果也是对 STM 数据所提供信息的一种补充。

22.4.1 AFM 的工作原理

将一个对微弱力极敏感的微悬臂一端固定,另一端有一微小的针尖,针尖与样品表面轻轻接触。由于针尖尖端原子与样品表面原子间存在极微弱的排斥力(10^{-8} N~10^{-6} N),通过在扫描时控制这种力的恒定,带有针尖的微悬臂将对应于针尖与样品表面原子间作用力的等位面而在垂直于样品的表面方向起伏运动。利用光学检测法或隧道电流检测法,可测得微悬臂对应于扫描各点的位置变化,从而可以获得样品表面形貌的信息。

22.4.2 AFM 在结构生物学研究中的应用

与 STM 相比,AFM 技术原则上可测定那些导电性能不理想的核酸和蛋白质样品的结构。正是由于这一差别,使得人们越来越倾向于用原子力显微镜来研究生物大分子的结构。这并不意味着 AFM 将代替 STM 技术在结构生物学研究中的应用,而是要进一步改进和发展各种扫描探针显微技术。借助原子力显微镜和光镊产生的外力进行蛋白质去折叠实验是利用化学变性剂或温度这些较经典实验的有益补充。

最近,原子力显微技术被应用于研究外力诱导的单个蛋白质分子去折叠,这种方法提供了以前不曾得到的单一分子的信息(图 22-8)。

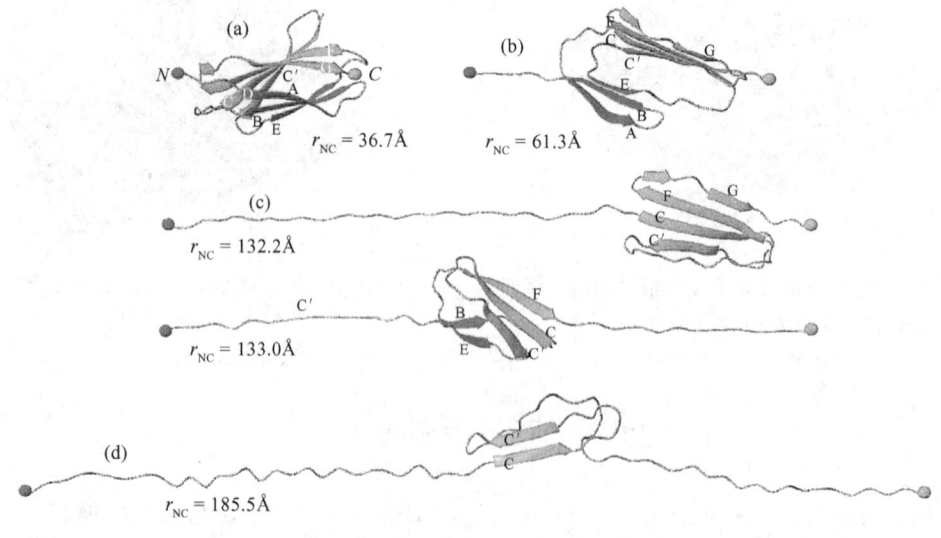

图 22-8 单个蛋白质分子在外力作用下的去折叠过程

图 22-9 和图 22-10 则显示了用 AFM 观测到的纤维素外切酶的结构。

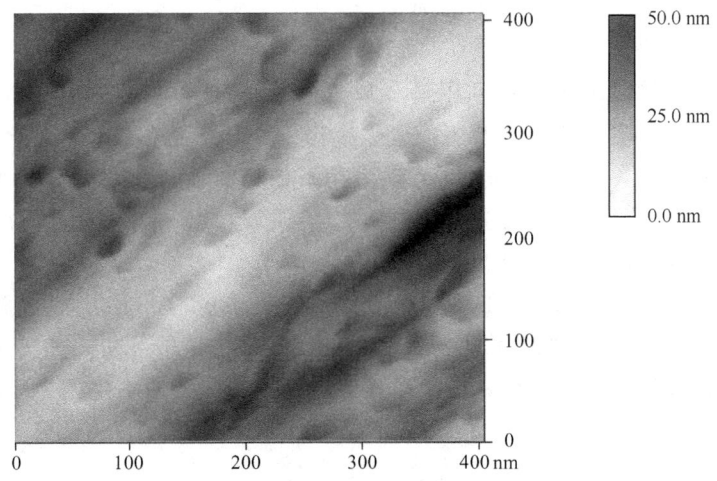

图 22-9 纤维上的孔状结构是由 CBH I 的结合部位穿透造成的
这说明,用六氯钯失活处理后的 CBH I 分子的结合部位仍有活性。

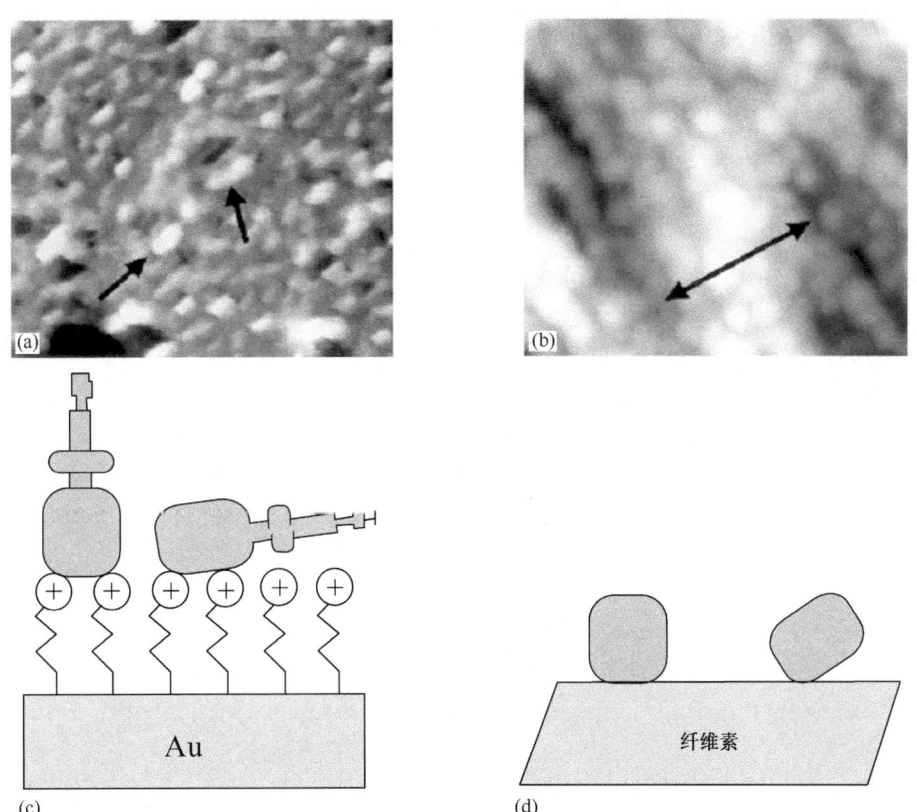

图 22-10 用 AFM 研究纤维素外切酶 I（CBH I）

(a) 将纤维素外切酶 I（CBH I）固定于 2-二甲胺乙醇乙硫磷处理过的 Au 表面;(b) 六氯钯去活的 CBH I 酶粒结合在纤维素上;(c) CBH I 结合于化学方法修饰过的 Au 表面时的方向;(d) CBH I 通过可以穿透到纤维中的结合部位,结合于纤维素表面。

小 结

扫描隧道显微镜（STM）是利用量子理论中的隧道效应而开发出来的表面分析仪器。由于它具有在较高的分辨水平上观察样品的实三维表面结构，适用于不同的探测环境，可改变观测范围，相对于电镜和X射线衍射的样品制作来说操作简便、样品量极少、成本低廉等优点，所以广泛应用蛋白质结构、核酸结构、生物膜结构以及超分子水平生命结构的研究中。

原子力显微镜（AFM）是在STM基础上发展起来的一种新型显微镜，弥补了STM在研究非导电材料方面的不足，使得它更适合研究核酸和蛋白质等生物大分子的结构。同时它还被应用于外力诱导的单个蛋白质分子去折叠的研究。

思 考 题

1. 简述扫描隧道显微技术的原理及应用于研究结构生物学的优点。
2. 试述扫描隧道显微技术在结构生物学研究中的应用。
3. 试述原子力显微技术的原理及在结构生物学研究中的应用。

第 23 章　表面等离子体共振技术
(surface plasmon resonance)

Liedberg 等于 1983 年首次将表面等离子体共振（surface plasmon resonance，SPR）技术用于化学传感器研究领域，由此产生了世界上第一台 SPR 生物传感器（SPR biosensor）进入 20 世纪 90 年代，有关 SPR 传感器的研究逐渐成为国际传感器领域的研究热点。SPR 技术最重要的特点是可实时监测传感器表面生物分子之间结合或离解反应进行的情况，进而获得有关分子结构变化和化学键合的信息，计算反应的动力学，确定反应物的种类、浓度和质量。由于无需对反应物进行标记和纯化，SPR 技术特别适用于生物分子之间相互作用的研究。

23.1　SPR 原理

当光线通过两种不同折射率（n_1、n_2）的透明递质时，入射角 α 与折射角 β 存在以下关系：$\sin\alpha/\sin\beta = n_2/n_1$。若 $n_1 > n_2$，存在临界角 $\alpha_c = \sin^{-1}(n_2/n_1)$，当 $\alpha > \alpha_c$ 时，折射光消失，反射光能量等于入射光，称为全内反射。此时，入射光的电磁场仍能渗入光疏递质中，其强度随渗入深度呈指数衰减，一般约 100~300 nm，这一衰减的电磁波称为消失波（evanescent wave）。如果光疏递质中界面处有一金属薄层，消失波将引起金属中自由电子振荡，产生一沿表面运动的等离子体矢量。若入射光是单色且 p-偏振的（即与界面平行），那么在某一入射角会与该矢量发生共振。能量将从入射光光子传递到等离子体，反射光消失。这种现象就称为表面等离子体共振，该反射光消失的角度称为 SPR 角（图 23-1）。

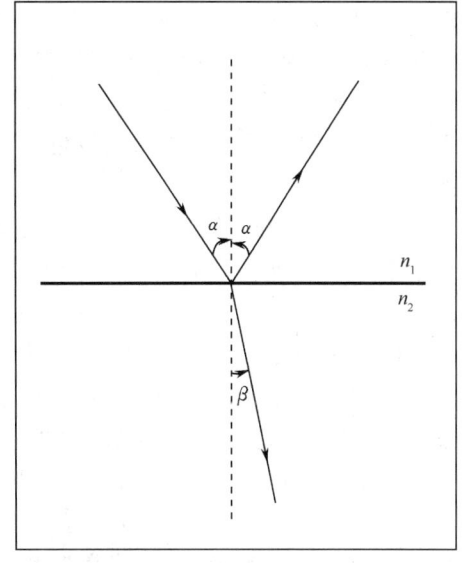

图 23-1　SPR 原理

消失波电磁场受其渗入递质折射率的影响，因此金属薄层及其另一表面液体折射率的变化将导致等离子体矢量的改变，从而改变 SPR 角的大小。这就是 BIAcore 技术的理论基础。

23.2　基于 SPR 的 BIAcore 技术

基于 SPR 的 BIAcore 技术是由瑞典 Pharmacia Biotech 公司在 20 世纪 90 年代开发

的检测生物分子相互作用的分析技术（biomolecular interaction analysis），属于生物传感器技术的一种。一个 BIAcore 分析系统包括的核心组成部分见图 23-2。

图 23-2　BIAcore 原理示意图

（1）传感芯片（sensor chip）：在一个玻璃载片上镀了一层很薄的金膜（约 50 nm），金膜上布满共价固定的嗜水性基质，适用于不同目的的芯片的基质不同，最常用的 CM5 型号芯片的基质是羧甲基葡聚糖。在实验中，利用合适的化学方法使生物分子偶联其上，提供专一性很高的结合表面。

（2）光学系统（optical system）：以高效近红外发射二极管为光源，发射一楔形光束至芯片以提供一个范围的入射角。以一系列固定的光敏二极管为探测器探测 SPR 角的改变。

（3）液体传送系统（liquid handling system）：利用一个复杂的微型集成微射流卡盘精确输送液体，可以将极少量的样品和试剂送至传感芯片上的流通池（flow cell）中。

（4）计算机控制分析系统：记录整个生物分子相互作用过程中 SPR 信号的变化，即时获得对时间函数的传感图（sensorgram）（图 23-3）。另外还提供了控制实验条件和过程、分析结果甚至模拟实验的软件。

BIAcore 的工作原理（书后彩页图 23-4）：相互作用的生物分子中的一种先固定在传感芯片的基质上，消失波可以透过金膜到达基质表面。表面液体折射率的变化会影响 SPR 角的大小，而液体折射率是与溶于其中的物质的浓度直接相关的。这样，当样品被送至流通池而与固定的探针 ligand（配体）发生结合、配位等反应时，就会改变芯片表面层的折射率，进而通过 SPR 信号的变化被定量检测。在传感图中，共振信号以共振单位（resonance unit，RU）表示，即 RU-t 曲线。1 000RU 表示 0.1°SPR 角的变化，相当于约 1 ng/mm^2 的蛋白质表面浓度变化。

23.2 基于 SPR 的 BIAcore 技术

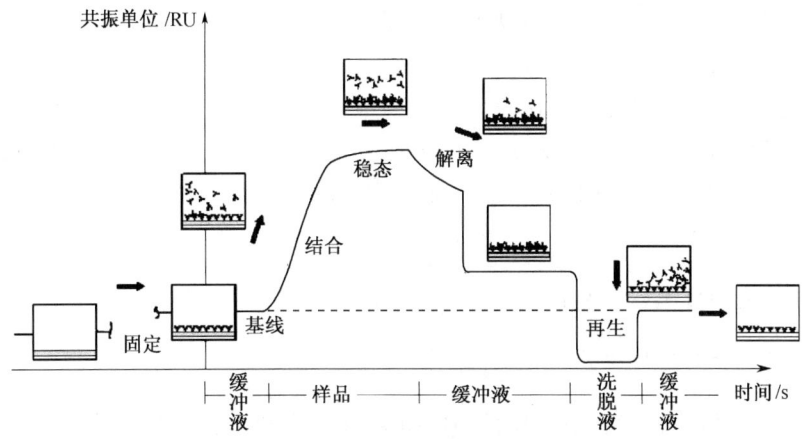

图 23-3 BIAcore 典型传感图

23.2.1 SPR 生物传感器实验数据的处理

对于 1∶1 结合的双分子反应：

$$A + B \rightleftharpoons AB \tag{23-1}$$

在 BIAcore 中，用 A 代表流过的样品液中的被分析物，B 代表固定在芯片上尚未与 A 结合的配体，AB 代表已结合的复合物。

在结合（进样）过程中，因为 analyte 是流动且不断得到补充的，[A] 可视为不变，设为 C，则假一级反应

$$d[AB]/dt = k_a \cdot C \cdot [B] - k_d \cdot [AB] \tag{23-2}$$

其中 k_a 为结合速率常数（association rate constant），k_d 为解离速率常数（dissociation rate constant）

$$\because [B] = [AB]_{max} - [AB] \tag{23-3}$$

$$\therefore d[AB]/dt = k_a \cdot C \cdot R_{max} - (k_a \cdot C + k_d) \cdot [AB] \tag{23-4}$$

实验中 [AB] 对应着传感图中相对的 RU 值，所以有

$$dR/dt = k_a \cdot C \cdot R_{max} - (k_a \cdot C + k_d) \cdot [AB] \tag{23-5}$$

因此，从不同浓度 analyte 的实验传感图中可求出一系列对应的 $(k_a \cdot C + k_d)$，再由 $(k_a \cdot C + k_d)$ 对 C 的关系即可求出 k_a 和 k_d。

在解离（进样完毕后）过程中，有

$$d[AB]/dt = -k_d \cdot [AB] \tag{23-6}$$

积分得

$$\ln(R_0/R_t) = k_d \cdot (t - t_0) \tag{23-7}$$

依据该式从传感图也可求出 k_d。

从 k_a 和 k_d 求出结合平衡常数（association equilibrium constant，K_A） （$K_A =$

$[AB]/([A][B]) = k_a/k_d$），其值的大小反映了 A 与 B 作用的亲和性。逆反应的解离平衡常数（dissociation equilibrium constant，K_D）$K_D = 1/K_A$。

由上述推导可见，在 BIAcore 动力学实验中，需要在其他条件相同情况下设计一系列 analyte 浓度进行结合反应，在得到传感曲线后，在 BIAcore 评估软件中选用 1∶1 Langmuir 结合模型，设置加样起始点、终点和结合拟合区、解离拟合区，软件会据此计算出各种动力学参数。

23.2.2 SPR 生物传感器的特点

23.2.2.1 检测过程方便快捷

由于 SPR 生物传感器利用生物样品的折射率的不同检测生物大分子的反应，因此无需任何物质标记被测样品，极大地简化了操作过程。若只进行定性检测，在方法学上与分析物的浓度无关，因此在检测之前，免去了对分析物进行复杂的处理过程，并避免了对分析物的损害。因此，相比传统的方法，它极大地节省了人力、物力和财力，并且能以最快速度得到检测结果。

23.2.2.2 始终保持生物分子的活性

由于生物分子未被标记，始终保持着结构的完整以及天然活性，因此克服了许多传统方法如 ELISA，放射免疫荧光技术等不能解决的问题。在 Marie-Christine Dubs 等人进行的病毒粒子与单克隆抗体相互作用的实验中，病毒粒子与抗体结合之后，将抗体与病毒粒子分开，检测抗体活性，他们发现抗体的结合活性只有微量的减少（大约 0.5%～3%），这种减少大概是病毒粒子的破坏而造成的，而不是实验本身的问题。众所周知，在 ELISA 实验中，抗原抗体结合之后，抗体的结合活性几乎完全被破坏。另外，实验中不需要标记物如荧光染色剂以及放射性同位素，因此能避免环境污染。

23.2.2.3 实时检测

实时检测是 SPR 生物传感器独有的特点。监测生物分子的相互作用是通过计算机转换它从光电池上得到的电信号来实现的。因此，它能动态地监测生物分子相互作用的全过程，作用过程中的每一时间点的变化，它都能记录下来，这是传统的检测方法所办不到的。对于比较复杂的作用过程，如有第二抗体参加的过程或有多种单克隆抗体参加，在这种情况下，传统的实验方法不能胜任，即使能勉强进行，但实验过程复杂，而且效果不佳。如果利用 SPR 生物传感器，就能与"流程线"一样，按照原先所设计好的实验过程来执行，实时监测每一过程的进行情况，省去了许多中间复杂的处理过程。Berit Johne 在检测人心肌红蛋白的抗原决定簇时，由于抗原决定簇较多，利用 ELISA 十分复杂，而利用 SPR Biosensor 就可以轻松地解决这个问题。只需要在样品池中依次加入和洗脱特异性单克隆抗体，每一时间点的折射率的变化就会直接反映在计算机中。实时监测不仅能十分快速地得到实验结果，而且能得到反应过程中的相关数据，如相互作用的生物分子之间的亲和常数，解离常数以及反应开始时的结合速率等等。这些数据有助于深入探讨生物分子特异性相互作用的细节问题。

23.2.2.4 应用范围广泛

SPR生物传感器不仅实用于抗原抗体之间的相互特异性反应检测,各种脂类、蛋白质、多糖、生物膜上的信号分子以及许多生物大分子之间的相互作用都能用此方法进行检测(图23-5)。它还可以直接检测半抗原,而利用ELISA是不能直接检测半抗原的。

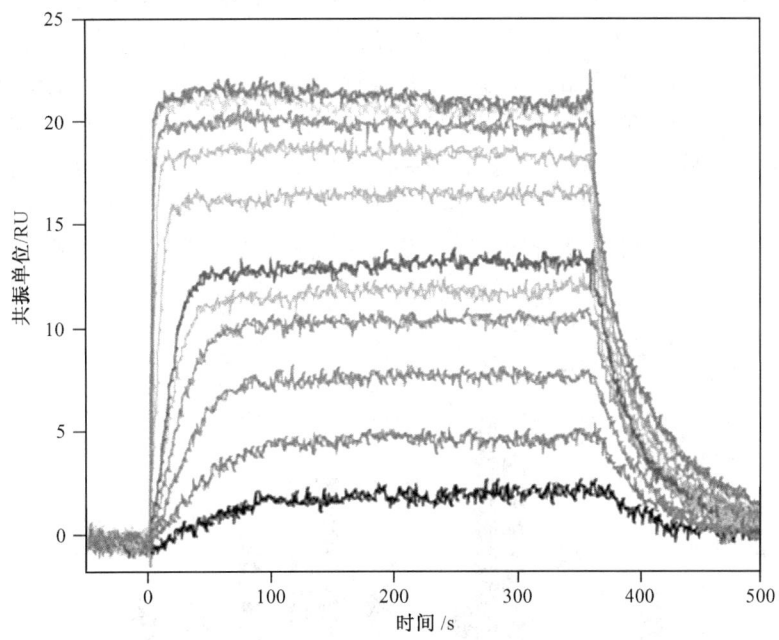

图23-5 小分子和DNA结合的SPR实验结果

随着分子浓度的增加(由底至顶)DNA结合位点达到饱和(在22 RU处)

(Wilson W. D. 2002)

23.2.3.5 检测灵敏度高

SPR生物传感器的检测灵敏度可以与放射性元素标记技术媲美。Haimovich等人在鉴定抗独特型(anti-idiotype)抗体实验中发现,血清不用稀释处理就可用于分析,即便抗体的浓度仅为 $0.3\ \mu g/ml$,IgG抗体分子与IgG独特型分子的结合过程仍可被检测出。因此,SPR生物传感器的检测灵敏度十分高,生物样品被检测到的最小浓度可低于 $10^{-2}\ ng/ml$。如果将这种仪器用于临床医疗检测,那么如艾滋病、乙型肝炎之类的常规化验只需要抽取病人少量的血,就立即可以得到化验结果。

23.3 SPR生物传感器技术的应用

生物传感器技术已经成为实时监测生物分子相互作用的标准方法,每年都有大量利用生物传感器技术所做的工作发表。

23.3.1 快速筛选和鉴定未知受体或配体

1998年Markgren指出生物传感器技术可在无标记和不进行预纯化的情况下测定生物分子之间的相互作用,因此这是筛选和确定特定受体的未知配体的一种非常理想的方法。利用生物传感器技术可以简便快速地从细胞粗提液或细胞培养液中发现和确定特定受体的配体。

Bartley博士带领的研究组利用BIAcore具有免标记及快速测定结合力的特点,发现并确定了一种新的细胞配体。首先将纯化的受体ECK偶联在BIAcore的传感片上,然后用不同细胞株的上清液注射通过传感片表面(图23-6)。这些细胞上清液除经过浓缩和过滤外未经过任何纯化步骤。一旦得到阳性的结合结果,与此相应的细胞上清液将用来作为ECK亲和层析的材料。通过这一步纯化Bartley研究组得到足够纯的ECK配体用于进行N端蛋白质序列分析,从而确定此配体为B61。以前的研究表明B61蛋白可被肿瘤坏死因子(NTF)诱导产生,但从未发现它能和ECK类型的酪氨酸激酶受体结合。

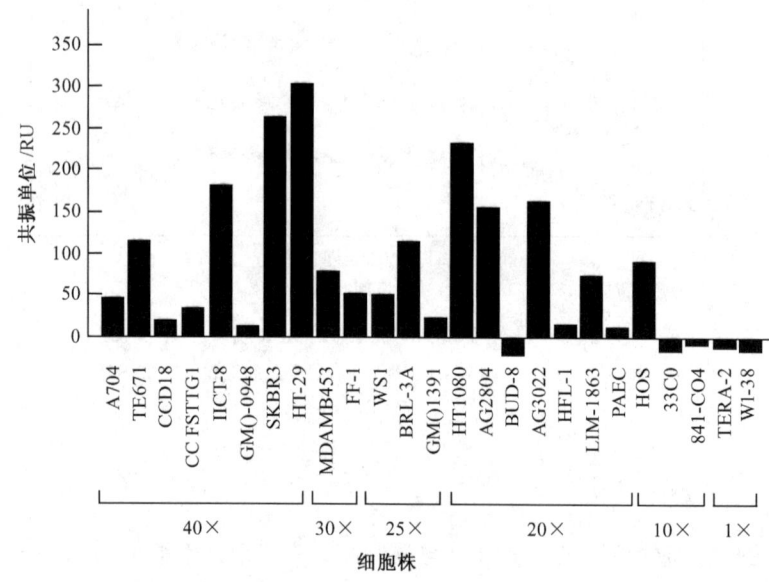

图23-6 筛选细胞培养上清液中能与ECK受体结合的活性蛋白

不同细胞株培养上清液经浓缩10~40倍后上样,流经含ECK受体的传感器芯片。受体结合活性以共振单位RU表示。HCT-8和SKBR-3细胞株的培养上清液用来进一步纯化配体。

23.3.2 加快和优化免疫测定方法的开发

免疫测定方法的开发需要经过4个阶段:抗体的产生、抗体的筛选、反应条件的优化和测定结果的评估。利用传统方法制备抗体需要经过纯化和标记后才能进行鉴定,这样筛选一个最合适的抗体至少需要 4 个月的时间。而利用生物传感器技术，抗体特性的研究可直接利用细胞培养液来完成，从而大为缩短筛选时间。1993 年 Johne 等人利用生物传感器技术将免疫测定方法的研究开发从 17 周缩减为 7 周。而且，生物传感器还能提供抗原、抗体反应的动力学参数从而提高筛选质量。目前，生物传感器技术已广泛应用于这一领域。

图 23-7 显示了结合在传感器芯片表面的 4 种单克隆抗体与 HIV 表面抗原 P24 的结合和解离情况，箭头所指为加样开始及结束。从图可知 MAb18 和 MAb28 与抗原的结合快于其他的单抗；MAb28 的解离相当快，而 MAb25 的结合非常稳定，解离过程很慢。从实用情况来说，MAb18 有高亲和力用于治疗或诊断试剂盒的制备。MAb25 与抗原结合稳定可用于需要反复冲洗过程的免疫测定或亲和层析。

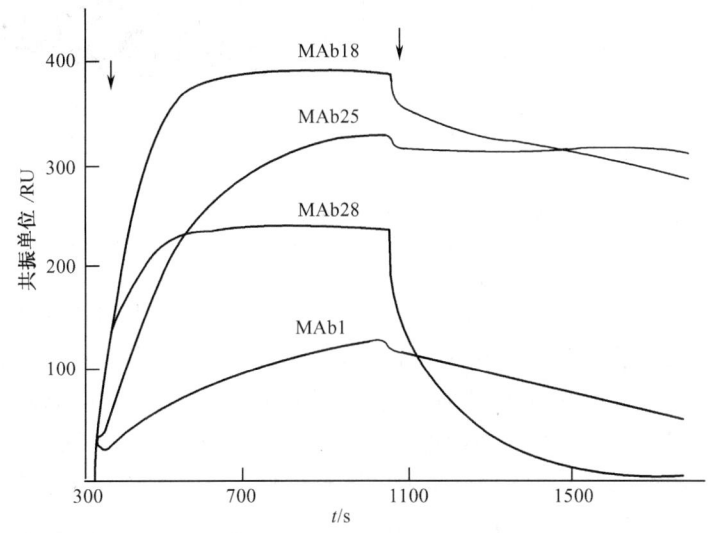

图 23-7　HIV 抗原与 4 种不同单抗的结合

23.3.3　生物分子的快速检测或定量

近年来，生物传感器技术在生物分子的定性或定量检测中得到了广泛的应用。通常的做法是，把已知相互作用的配体和受体中的一方或待测分子的抗体固定在传感芯片表面上，将待测样品流经传感器芯片表面从而测定样品中是否存在待测分子。利用标准物还可以对待测分子进行定量。Medina 指出与传统的免疫化学方法相比，生物传感器具有更快速和更精确的优点，而且不需要任何标记。因此，在临床、食品检测及环境监测等领域都有广泛的应用。

23.3.4　生物大分子相互作用的研究

生物传感器技术由于不需要任何标记，并且实时监测生物大分子的相互作用过程，因而除平衡常数外还能得到相关的动力学数据。因此成为研究生物大分子相互作用的强有力的工具（表 23-1，图 23-8）。

表 23-1　37℃时用表面等离子共振得到的动力学和热力学参数

	$k_a(M^{-1} \cdot s^{-1})$	$k_d(s^{-1})$	$K_D(nM)$
BH10 全长 gp120	$6.72 \times 10^4 \pm 1 \times 10^2$	$1.5 \times 10^{-3} \pm 4 \times 10^{-4}$	22 ± 6
核 gp120	$6.27 \times 10^4 \pm 9 \times 10^2$	$1.4 \times 10^{-2} \pm 2 \times 10^{-3}$	220 ± 40

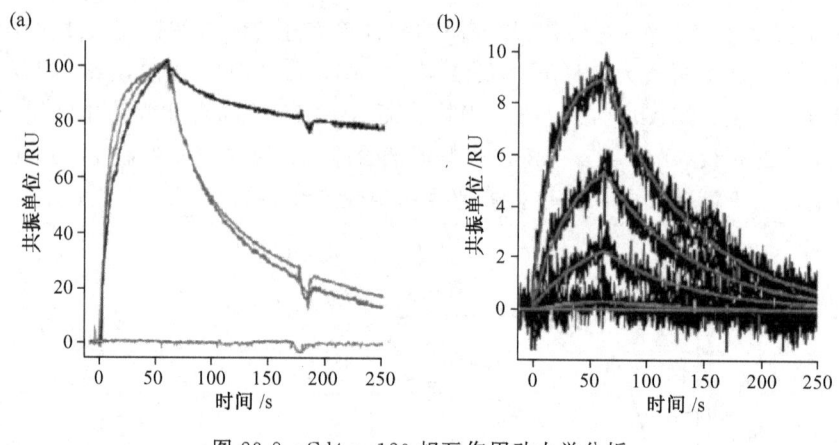

图 23-8　Cd4-gp120 相互作用动力学分析
(Myszka D. G. et al. 2000)

T 细胞对抗原的识别机制是目前免疫学研究的热点。T 细胞抗原受体（TCR）只能识别结合于抗原呈递细胞表面的由组织相容性分子（MHC）结合的抗原片段，1994 年 Corr 等人利用生物传感器研究了 T 细胞受体与组织相容性分子和抗原片段复合物之间相互识别的特异性及热力学和动力学特性。他将 2C T 细胞受体偶联于传感器芯片上，然后将不同组合的组织相容性 I 类分子和抗原肽段的复合物流经传感器芯片表面。结果发现 2C T 细胞受体只识别由 MHC I 型分子 L^d 和多肽分子 p2CL 形成的复合物，而不识别其他任何组合，例如其他 MHC 分子与其他多肽（pMCMV）形成的复合物。

生物传感器技术也被用于蛋白折叠机制的研究。细胞中新合成的蛋白质往往需要分子伴侣（chaperone）的帮助才能正确折叠形成有功能的蛋白。在细菌中已知有 2 种蛋白 GroEL 和 GroES 作为分子伴侣参与蛋白折叠。Hayer-Hartl 等根据以往的研究结果提出其帮助折叠的机制模型：新生肽链结合于双环形的 GroEL 的空腔中，GroES 结合在双环形的 GroEL 的一端，当 ATP 与 GroEL 结合并被水解时，GroES 也被解离下来。如此结合、解离循环达到帮助新生肽链正确折叠的目的。Hayer-Hartl 的研究组利用生物传感器证实了他们的模型。他们将 GroEL 偶联于芯片上，然后将 GroES 和 ATP 或 ATP 的类似物 AMP-PNP（它不能被水解）一起注入并流经传感器芯片表面。结果显示 GroES 能与 GroEL 结合，ATP 的存在能使 GroES 迅速从 GroEL 上解离下来，而 AMP-PNP 却不能。利用传感曲线计算所得的 ATP 存在时的 GroES 解离的速度常数值与 ATP 被 GroEL 水解时的水解速度常数十分接近，这更进一步证实了该反应模型。

在蛋白质与 DNA 的相互作用以及 DNA 与 DNA 的相互作用研究领域，生物传感器技术也得到了广泛的应用。过去，DNA 和蛋白质以及 DNA 和 DNA 之间的相互作用特别是其反应动力学的测定一直缺乏简便快捷的测定方法。传统的方法需要进行放射性同位素标记而且无法测定动力学过程。生物传感器技术的出现为 DNA 和蛋白质以及 DNA 和 DNA 之间相互作用的研究带来突破性的进展。现在，生物传感器不仅用于转录因子与 DNA 操纵子相互作用的研究，还被广泛用于 PCR 产品的筛选和点突变的测定。

    Krone 认为生物传感器技术中最有希望的发展方向是与质谱的联用（BIA-MS）。采用这种技术，配体可以被固定在传感芯片表面，用来寻找细胞抽提液中可能存在的微量的配基。然后，运用质谱直接分析被芯片表面捕获的分子的分子质量。这种技术的进展在于不需要对结合在芯片表面的样品进行任何处理而直接进行质谱测定。基质将被直接加到芯片表面，然后芯片被直接放入基质辅助的飞行时间质谱（MALDI-TOF）进行测定。由于样品池中结合的分析物的浓度非常高，蛋白质总量却很低。Krone（1997）证实毫微微摩尔量级的分析物就能很容易地被分析。但是，对于这么少的蛋白质，看来任何再生方法都难以回收。

23.4　SPR 生物传感器技术中存在的一些问题

    即使分析物与固定配体的确是以 1∶1 的化学计量比发生结合，然而生物传感器得到的传感曲线却也经常不符合假一级动力学。造成这种复杂动力学的原因是多种多样的。下面我们就针对可能的原因一一讨论。

23.4.1　多价结合

    如果分析物或者固定配体是多价的，这都有可能导致不符合假一级反应的动力学行为。对于分析物是多价的情况，对于分析物是多价的情况，Karlsson、Altschuh 及 Zeder-Lutz 这 3 个研究组先后提出当分析物是二价的抗体时，它与固定配体的相互作用就不满足分析物与固定配体的反应比为 1∶1 的条件。而且，多价的分析物有可能同时与芯片表面的多个配体结合形成多价复合物，这时由于各种价态的复合物同时存在，就会显示出明显的多相动力学。对于固定配体是多价的情况，如果配体分子与几个分析物分子的结合是相互独立的，那么有可能仍然符合假一级动力学；但是，假若配体分子与几个分析物分子的结合不是相互独立的，例如与同一个配体分子结合的几个分析物分子之间存在空间位阻，这时就可能表现出多相动力学。

23.4.2　多步结合反应

    Edwards 等人假设如果在分析物分子和配体分子的初始结合之前或之后存在一个时间依赖的步骤，例如存在一个构象转化过程，那么观察到的动力学行为就可能偏离假一级反应模式。假若在初始结合之后，配体、分析物或者表面糖苷链发生了一个构象变化，那么反应可以描述为

$$A + B \underset{k_{-1}}{\overset{k_1}{\rightleftharpoons}} AB \underset{k_{-2}}{\overset{k_2}{\rightleftharpoons}} (AB)' \qquad (23-8)$$

假若在结合之前，配体或者表面糖苷链需要经历一个慢的构象转变过程，例如结合位点的暴露过程，则反应可表述为

$$B \xrightleftharpoons[k_{-1}]{k_1} B' + A \xrightleftharpoons[k_{-2}]{k_2} AB' \tag{23-9}$$

Morton 等认为构象转化的影响不是直接的。由于生物传感器反映的是传感表面上的质量变化，而构象改变不会引起质量的变化，因此构象变化并不会立即引起信号的改变。但是异构体的形成会改变结合态和游离态之间的平衡，从而间接引起传感芯片表面的质量变化。

Fersht 认为上述两种情况可以通过结合相的浓度依赖性来加以区分。对于前一种情况，表观结合速率常数随着分析物浓度的增加而增大；对于后一种情况则是减小。

23.4.3 空间位阻效应

O'shannessy 和 Winzor 报道过在共价偶联过程中，配体分子的随机附着造成了不同分子的配基结合位点与其共价偶联位点的相对距离的不同，而且，羧甲基糖苷链基质一般有 200 nm~500 nm 的厚度，固定配体分子沿多糖链的随机分布也可能导致不同分子的可接近性的不同，因而造成那些位于凝胶层表面的配体表现出比位于凝胶层深处的分子更大的亲和力。Edwards 等人观察到对于这种原因造成的不均一性，通常偏离假一级动力学的程度会随着分析物浓度或固定配体表面密度的增加而更加明显。这是由于随着配体表面密度的增加，更多的配体分子可能附着到凝胶层的深处，从而低亲和力组分的比例会上升。而且，随着分析物浓度的增加，更多的低亲和力位点将被占据从而观察到更多的动力学相。Edwards（1995）发现共价固定到一个没有羧甲基糖苷链的芯片表面上的配体比固定到有羧甲基糖苷链的芯片表面上的配体的动力学行为更符合假一级反应模式。这证实了空间位阻导致的固定配体的不均一性确实存在。

另一种可能的空间位阻效应是已经结合的分析物分子遮蔽了一些结合位点。这种情况是容易理解的。如果在较高的表面密度下，每个固定在表面上的配体分子所占据的表面积小于分析物分子的截面积，那么每个结合在固定配体上的分析物分子就可能遮蔽了不止一个结合位点。而且，羧甲基化糖苷链的柔韧性也使它可能临时遮蔽一定范围内的结合位点，从而影响了分析物的结合反应。尤其对于分子质量较大的分析物以及在表面密度较大的情况下，这种干扰就会更为显著。因此，在运用生物传感器进行的动力学实验中，建议使用尽可能低的配体固定密度。

23.4.4 配体或者分析物的不均一

Khilko（1995）、O'shannessy 和 Winzor（1996）都认为在某些情况下，固定配体或者分析物的不均一也可能造成动力学行为偏离假一级模式。这种不均一性可能是内源性的，也可能是外源性的。内源的不均一性可能是由于配体或分析物的纯度不够造成的。对于这种情况，最好办法就是进一步纯化配体或是分析物。内源的不均一性也可能是由于配体或分析物本身具有构象多型性或是形成多聚体的倾向。这种不均一性无法通过进一步纯化来消除，只能采用更复杂的反应模式来加以分析。外源性的不均一通常

是化学固定过程造成的。一种情况就是空间位阻效应，这在上面已经讨论过了。另一种情况是化学固定导致了蛋白质配体分子的构象发生了变化。在生物传感器的芯片表面，配体是共价偶联在一层约 100 nm 厚的羧甲基化的右旋糖苷链上。Morton 指出，这样做的目的一方面是为了通过增加固定配体的可接近性从而增加仪器的灵敏度，另一方面是为了避免表面吸附造成的蛋白质变性。

23.4.5 扩散速度限制

Glaser 和 Karlsson 等人认为，对于一些快速反应，动力学行为可能反映的是扩散动力学而不是配体和分析物的结合动力学。而 Riggs 的工作组、Foote 和 Milstein 以及 Felder 等人都曾观察到许多结合反应的速度常数是非常高的，有的甚至超过 10^8 $M^{-1}s^{-1}$。另外，分析生物传感器数据得到的许多表观速度常数也落在扩散速度常数的范围内。一般而言，对于结合速度常数大于 10^6 $M^{-1}s^{-1}$ 的反应，基于假一级动力学所做的分析很可能是错误的。因此，扩散速度限制是普遍存在的造成偏离理想结合曲线的原因之一，也得到了较详细的研究。

23.4.6 重结合现象

Nieba（1996）曾报道对于固定化的小分子半抗原与抗体的相互作用，存在显著的重结合（reassociate）现象。在运用生物传感器观察蛋白相互作用时，配体随机固定在芯片表面上约 100 nm 长的羧甲基糖苷链上。当结合于固定配体上的分析物分子从芯片表面上解离下来时，如果它不能及时从凝胶层内部或表面扩散到流动相中并被流动相带出样品池，它就可能重新与固定的配体结合。这样就会导致表观解离速度下降，并造成对解离速率常数估计过低。而且，重结合的存在还会造成动力学行为的改变，从而影响数据分析。

重结合对于解离相的影响更为显著。针对这点，为了精确测定解离速度常数，Glaser（1993）提出了另外两种实验方法。一种方法是在解离过程中，在流动相中加入第二种分析物来封闭自由结合位点，从而降低解离的第一种分析物的重结合。第二种分析物的结合引起的信号必须明显小于所观察的分析物引起的信号。如果第一种分析物是蛋白抗原，第二种分析物就可以选择半抗原或者包含抗原决定簇的短肽；如果第一种分析物是抗体，则第二种分析物可以选择抗体的 Fv 片断或者单链抗体。第二种分析物的浓度要高于其解离常数几个数量级以保证在非常短的时间内快速封闭所有的自由结合位点。在分析中，必须考虑两种分析物引起的信号的差别。另一种方法是在流动相中加入游离配体，从而与固定配体竞争结合从表面上解离下来的分析物分子。所用的游离配体的量与表面上未结合的配体的量在同一个数量级时，重结合明显减弱。

23.5 SPR 生物传感器的改进

随着对 SPR 生物传感器研究的不断深入，人们对检测的灵敏度以及多样性提出了更高的要求，迫使研究者不断对其进行完善。如果要增加生物分子与金属薄膜结合的稳定性，可在两者之间增加一层自组装单分子层（self-assembles monolayer，SAM），形成3层结构。另外，如果在金属膜上覆盖羧甲基葡聚糖凝胶，或在两者之间结合一层由烷基—硫醇形成的保护层，这样不仅拓宽了检测范围，而且提高了仪器的灵敏度。由于最初推出的商用SPR生物传感器十分庞大，价格昂贵，而且在研究应用方面有一定的限制。1997年，Woodbury等人研制出了一种小型的易携带而且价格便宜的SPR生物传感器。目前瑞典的BioCore公司、德国的BioTul公司、美国的Texas仪器公司和Quantum公司已经研制出了样品仪器。

当SPR技术与其他相关技术结合时，研究者就会获得更多的数据和信息。如SPR技术与MALDI-TOF质谱法结合起来用于生物分子相互作用分析时，可对分子进行"二维"检测，即SPR技术可对相互作用进行定量分析，而MALDI-TOF则可为研究者提供定性分析的详细结果。另外，据Blondelle等人报道，他们将反相高效液相层析技术（RP-HPLC）用于SPR技术中研究溶细胞肽与抗微生物肽和细胞膜磷脂的相互作用情况，以了解肽的构象及溶解活性。

近年来，SPR生物传感器的发展十分迅猛。随着生物传感芯片技术、实验方法学以及数据分析技术的不断发展，SPR生物传感器的应用领域将不断扩大，技术水平以及实用程度也将不断提高。SPR生物传感器必然会对基础研究领域、医学诊断以及药学领域带来巨大的冲击。

小 结

表面等离子体共振（SPR）技术是由瑞典Pharmacia公司在20世纪90年代开发的生物传感器技术。由传感芯片、光学系统、液体传送系统和计算机控制分析系统几个部分组成。典型的传感图包括基线、结合、解离和再生4个阶段。

SPR具有检测过程方便快捷、始终保持生物分子的活性、实时检测、应用范围广泛、检测灵敏度高等很多优点，故广泛应用于生物分子相互作用的研究。虽然生物传感器技术也存在一些问题使其得到的传感曲线经常不符合准一级动力学，但是随着生物传感芯片技术、实验方法学以及数据分析技术的不断发展，SPR生物传感器的应用领域将不断扩大，技术水平以及实用程度也将不断提高。

思 考 题

1. 简述表面等离子体共振技术原理。
2. 试述表面等离子体共振技术中存在的问题及其改进。
3. 举例说明表面等离子体共振技术在结构生物学研究中的应用（举本书以外的应用例子）。

主要参考文献

曹炜,来鲁华等. 2000. DNA结合蛋白的分子识别研究. 中国科学(B辑), 30(3): 202~209

陈惠黎. 1999. 生物大分子的结构和功能. 上海: 上海医科大学出版社

贺林. 2000. 解码生命. 北京: 科学出版社

刘次全,白春礼,张静. 1997. 结构分子生物学. 北京: 高等教育出版社

王志珍,邹承鲁. 1998. 后基因组——蛋白质组研究. 生物化学与生物物理学报, 30(6): 533~539

阎隆飞,孙之荣. 1999. 蛋白质分子结构. 北京: 清华大学出版社

杨铭. 2002. 结构生物学概论. 北京: 北京大学医学出版社

张志英,盛毅,徐少毅. 2000. 圆二色技术及应用 现代物理知识, 12(5): 23~24

赵南明,周海梦. 2000. 生物物理学. 北京: 高等教育出版社

周筠梅. 1998. ATP合成酶的结合变化机制和旋转催化. 生物化学与生物物理进展, 25(1): 9~17

周筠梅. 2000. 蛋白质的错误折叠与疾病. 生物化学与生物物理进展, 27(6): 579~584

周筠梅. 2004. prion疾病和"protein only"假说. 生物化学与生物物理进展, 31(2): 95~105

邹承鲁. 1995. 结构生物学的时代已经开始. 科技导报, 04(7): 7~11

邹承鲁. 1997. 第二遗传密码?——新生肽链及蛋白质折叠的研究. 长沙: 湖南科学技术出版社

邹承鲁. 2000. 第二遗传密码. 科学通报, 45(16): 1681~1687

邹承鲁. 2001. 生物学走向二十一世纪. 中国科学院院刊, (1): 1~5

Pennington S. R., Dunn M. J. 蛋白质组学: 从序列到功能. 钱小红等译. 2002. 北京: 科学出版社

Abrescia N. G. A., et al. 2002. Crystal structure of an antiparallel DNA fragment with Hoogsteen base pairing. Proc. Natl. Acad. Sci. 99: 2806~2811

Akey C. W. and Luger K. 2003. Histone chaperones and nucleosome assembly. Curr. Opin. Struc. Biol. 13: 6~14

Alam M. T., et al. 2002. The importance of being knotted: effects of the C-terminal knot structure on enzymatic and mechanical properties of bovine carbonic anhydrase II. FEBS Lett. 519: 35~40

Alonso D. O. V. and Daggett V. 2000. Staphylococcal protein A: unfolding pathways, unfolded states, and differences between the B and E domains. Proc. Natl. Acad. Sci. 97: 133~138

Alonso D. O. V., et al. 2001. Mapping the early steps in the pH-induced conformational conversion of the prion protein. Proc. Natl. Acad. Sci. 98: 2985~2989

Arthanari H. and Bolton P. H. 2001. Functional and dysfunctional roles of quadruplex DNA in cells. Chem. Biol. 8: 221~230

Atkinson R. A., and Saudek V. 2002. The direct determination of protein structure by NMR without assignment. FEBS Lett. 510: 1~4

Bachmann A., et al. 2002. Test for cooperativity in the early kinetic intermediate in lysozyme folding. Biophys. Chem. 96: 141~151

Baker T. A. 1999. Trapped in the act. Nature. 401: 29~30

Ban N., et al. 2000. The complete atomic structure of the large ribosomal subunit at 2.4 Å resolution. Science. 289: 905~920

Banci L., et al. 1999. Mitochondrial cytochromes c: a comparative analysis. J. Biol. Inorg. Chem. 4: 824~837

Barrientos L. G., et al. 2002. The domain-swapped dimer of cyanovirin-N is in a metastable folded state: reconciliation of X-ray and NMR structures. Structure. 10: 673~686

Bayat A. 2002. Science, medicine, and the future: Bioinformatics. Gen. Med. J. 324: 1018~1022

Belmont P., et al. 2001. Nucleic acid conformation diversity: from structure to function and regulation. Chem. Soc. Rev. 30: 70~81

Berg H. 1998. Molecular motors: keeping up with the F_1-ATPase. Nature. 394: 324~325

Berkowitz B., et al. 2002. The X-ray crystal structure of the NF-κB p50-p65 Heterodimer bound to the interfe-ron β-κB site. J. Biol. Chem. 277: 24694~24700

Bramham J., et al. 2002. Solution structure of the calponin CH domain and fitting to the 3D-helical reconstruction of F-Actin: calponin. Structure. 10: 249~258

Bukau B. and Horwich A. L. 1998. The Hsp70 and Hsp60 chaperone machines. Cell. 92: 351~366

Capaldi R. A. and Aggeler R. 2002. Mechanism of the F_1F_0-type ATP synthase, a biological rotary motor. Trends Biochem. Sci. 27: 154~160

Cheng G., et al. 2002. Crystal structure of 4-amino-5-hydroxymethyl-2-methylpyrimidine phosphate kinase from Salmonella typhimurium at 2.3 Åresolution. Structure. 10: 225~235

Dahiyat B. I. and Mayo S. L. 1997. De novo protein design: Fully automated sequence selection. Science. 278: 82~87

Dalal S., et al. 1997. Protein alchemy: Changing β-sheet into α-helix. Nat. Struct. Biol. 4: 548~552

Demarest S. J., et al. 2002. Mutual synergistic folding in recruitment of CBP/p300 by p160 nuclear receptor coactivators. Nature. 415: 549~553

Derose V. J. 2002. Two decades of RNA catalysis. Chem. Biol. 9: 961~969

Doyle D. A., et al. 1998. The structure of the sotassium channel: molecular basis of K^+ conduction and selectivity. Science. 280: 69~77

Ellenberger T. and Silvian L. F. 2001. The anatomy of infidelity. Nat. Struct. Biol. 8: 827~828

Ellis R. J. 2001. Macromolecular crowding: an important but neglected aspect of the intracellur environment. Curr. Opin. Struc. Biol. 11: 114~119

Ellis R. J. and Pinheiro T. J. T. 2002. Danger-misfolding proteins. Nature. 416: 483~484

Ferré-D'Amaré A. R., et al. 1998. Crystal structure of a hepatitis delta virus ribozyme. Nature. 395: 567~574

Fraser H. B., et al. 2002. Evolutionary rate in the protein interaction network. Science. 296: 750~752

Frickel E. M., et al. 2002. TROSY-NMR reveals interaction between ERp57 and the tip of the calreticulin P-domain. Proc. Natl. Acad. Sci. 99: 1954~1959

Godovac-Zimmermann J. and Brown L. R. 2001. Perspectives for mass spectrometry and functional proteomics. Mass Spectrom. Rev. 20: 1~57

Golden B. L., et al. 1998. A preorganized active site in the crystal structure of the Tetrahymena ribozyme. Scienc. 282: 259~264

Goodman M. F. 2000. Coping with replication "train wrecks" in Escherichia coli using Pol V, Pol II and RecA proteins. Trends Biochem. Sci. 25: 189~195

Grant R. P., et al. 2003. Structural basis for the interaction between the Tap/NXF1 UBA domain and FG nucleoporins at 1 Åresolution. J. Mol. Biol. 326: 849~858

Griffiths W. J., et al. 2001. Electrospray and tandem mass spectrometry in biochemistry. Biochem. J. 355: 545~561

Hammann C., et al. 2001. Thermodynamics of ion-induced rna folding in the hammerhead ribozyme: an isothermal titration calorimetric study. Biochemistry. 40: 1423~1429

Hartl F. U. and Hayer-Hartl M. 2002. Molecular chaperones in the cytosol: from nascent chain to folded protein. Science. 295: 1852~1858

Hearn A. S., et al. 2001. Kinetic analysis of product inhibition in human manganese superoxide dismutase. Biochemistry. 40: 12051~12058

Herrmann C. 2001. Thermodynamics of Ras/effector and Cdc42/effector interactions probed by isothermal titration calorimetry. J. Biol. Chem. 276: 23914~23921

Hillisch A., et al. 2001. Recent advances in FRET: distance determination in protein-DNA complexes. Curr. Opin. Struct. Biol. 11: 201~207

Ibba M. and Söll D. 1999. Quality control mechanisms during translation. Science. 286: 1893~1897

International Human Genome Sequencing Consortium. 2001. Initial sequencing and analysis of the human genome. Nature. 409: 860~921

Jacobson, R. H., et al. 2000. Structure and function of a human TAF II 250 double bromodomain module. Science. 288: 1422~1425

Jones J. M., et al. 2001. A Ku bridge over broken DNA. Structure. 9: 881~884

Kaim G., et al. 2002. Coupled rotation within single F_0F_1 enzyme complexes during ATP synthesis or hydrolysis. FEBS Lett. 525: 156~163

Kemmink J., et al. 1999. The structure in solution of the b domain of protein disulfide isomerase. J. Biomol. NMR. 13: 357~368

Khomutov G. B., et al. 2002. STM investigation of elctron transport features in cytochrome c Langmuir-Blodgett films. Colloid and Surfaces A: Physicochem. Eng. Aspects. 198~200: 745~752

Khomutov G. B., et al. 2002. STM study of morphology and electron transport features in cytochrome c and nanocluster molecule monolayers. Bioelectrochemistry. 55: 177~181

Kihara D., et al. 2002. Ab initio protein structure prediction on a genomic scale: Application to the Mycoplasma genitalium genome. Proc. Nat. Acad. Sci. U. S. A. 99: 5993~5998

Korke R., et al. 2004. Large scale gene expression profiling of metabolic shift of mammalian cells in culture. J. Biotechnol. 107: 1~17

Kwong P. D., et al. 1998. Structure of an HIV gp120 envelope glycoprotein in complex with the CD4 receptor and a neutralizing human antibody. Nature. 393: 648~659

Leuther K. K., et al. 1999. Structure of DNA-dependent protein kinase: implications for its regulation by DNA. EMBO J. 18: 1114~1123

Lévêque V. J.-P., et al. 2000. Multiple replacements of glutamine 143 in human manganese superoxide dismutase: effects on structure, stability, and catalysis. Biochemistry. 39: 7131~7137

Liang Y., et al. 2002. Thermodynamics and kinetics of the cleavage of DNA catalyzed by bleomycin A_5: a microcalorimetric study. Eur. J. Biochem., 269: 2851~2859

Liang Y., et al. 2003. Unfolding of rabbit muscle creatine kinase induced by acid. J. Biol. Chem.

278: 30098~30105

Lin D., et al. 2003. Large-scale protein identification using mass spectrometry. Biochim. Biophys. Acta. 1646: 1~10

Lindahl T. and Wood R. D. 1999. Quality control by DNA repair. Science. 286: 1897~1905

Mao Y., et al. 1999. Molecular dynamics simulations of the charge-induced unfolding and refolding of unsolvated cytochrome c. J. Phys. Chem. B. 103: 10017~10021

Martinez, J. C., et al. 1998. Obligatory steps in protein folding and the conformational diversity of the transition state. Nat. Struct. Biol. 5: 721~729

Matouschek A. 2003. Protein unfolding-an important process in vivo? Curr. Opin. Struc. Biol. 13: 98~109

Mimura Y. et al. 2000. The influence of glycosylation on the thermal stability and effector function expression of human IgG1-Fc: properties of a series of truncated glycoforms. Mol. Immunol. 37: 697~706

Minton, A. P. 2000. Implications of macromolecular crowding for protein assembly. Curr. Opin. Struct. Biol. 10, 34~39

Mukhopadhyay R., et al. 2000. A scanning tunnelling microscopy study of Clostridium pasteurianum rubredoxin. J. Inorg. Biochem. 78: 251~254

Murakami K. S., et al. 2002. Structural basis of transcription initiation: an RNA polymerase holoenzyme-DNA complex. Science. 296, 1285~1290

Myszka D. G., et al. 2000. Energetics of the HIV gp120-CD4 binding reaction. Proc. Natl. Acad. Sci. 97: 9026~9031

Nielsen K. J., et al. 2002. Solution structure of mu-conotoxin PIIIA, a preferential inhibitor of persistent tetrodotoxin-sensitive sodium channels. J. Biol. Chem. 277: 27247~27255

Noji H., et al. 1997. Direct observation of the rotation of F_1-ATPase. Nature, 386: 299~302

Paci E. and Karplus M. 2000. Unfolding proteins by external forces and temperature: The importance of topology and energetics. Proc. Natl. Acad. Sci. 97: 6521~6526

Ramström H., et al. 2003. Properties and regulation of the bifunctional enzyme HPr kinase/phosphatase in bacillus subtilis. J. Biol. Chem. 278: 1174~1185

Rao J. K. M., et al. 1998. Crystal structure of rabbit muscle creatine kinase. FEBS Lett. 439: 133~137

Rappsilber J. and Mann M. 2002. What does it mean to identify a protein in proteomics? Trends. Biochem. Sci. 27 (2): 74~78

Robertson A. D. and Murphy K P. 1997. Protein structure and the energetics of protein stability. Chem. Rev. 97: 1251~1267

Saibil H. R. and Ranson N. A. 2002. Trends Biochem. Sci. 27: 627~632

Seow T. K. 2001. Hepatocellular carcinoma: from bedside to proteomics. Proteomics. 1: 1249~1263

Sondermann H., et al. 2001. Structure of a Bag/Hsc70 Complex: Convergent Functional Evolution of Hsp70 Nucleotide Exchange Factors. Science. 291: 1553~1557

Su L., et al. 1999. Minor groove RNA triplex in the crystal structure of a ribosomal frameshifting rival pseudoknot. Nat. Struct. Biol. 6: 285~292

Tahirov, et al. 2001. Structural analyses of DNA recognition by the AML/Runx-1 Runt domain and its allosteric control by CBFβ. Cell. 104: 755~767

Tajkhorshid E., et al. 2002. Control of the selectivity of the aquaporin water channel family by global orientational tuning. Science. 296: 525~530

Thornton J. M., et al. 2000. From structure to function: Approches and limitations. Nat. Struct. Biol. 991~994

Thorpe J. H., et al. 2003. Conformational and hydration effects of site-selective Sodium, Calcium and Strontium ion binding to the DNA holiday junction structure d (TCGGTACCGA)$_4$. J. Mol. Biol. 327: 97~109

Tochtrop G. P., et al. 2002. Energetics by NMR: site-specific binding in a positively cooperative system. Proc. Natl. Acad. Sci. 99: 1847~1852

Todd, M. J. and Gomez, J. 2001. Enzyme kinetics determined using calorimetry: a general assay for enzyme activity? Anal. Biochem. 296: 179~187

Venter J. C., et al. 2001. The sequence of human genome. Science. 291: 1304~1351

Wang F., et al. 2010. Generating a prion with bacterially expressed recombinant prion protein. Science. 327: 1132~1135

Webb T. I. and Morris G. E. 2001. Structure of an intermediate in the unfolding of creatine kinase. Proteins Struct. Funct. Genet. 42: 269~278

Wickner R. B., et al. 2001. Prions beget prions: the [PIN+] mystery! Trends. Biochem. Sci. 26 (12): 697~699

Wickner S., et al. 1999. Posttranslational quality control: Folding, refolding, and degrading proteins. Science. 286: 1888~1893

Wille H., et al. 2002. Structural studies of the scrapie prion protein by electron crystallography. Proc. Natl. Acad. Sci. 99: 3563~3568

Wilson W. D. 2002. Analyzing biomolecular interactions. Science. 295: 2103~2105

Winn P. J., et al. 2002. Comparison of the dynamics of substrate access channels in three cytochrome P450s reveals different opening mechanisms and a novel functional role for a buried arginine. Proc. Natl. Acad. Sci. 99: 5361~5366

Yang W. 2003. Damage repair DNA polymerases Y. Curr. Opin. Struct. Biol. 13: 23~30

Yang X.-L., et al. 2003. Crystal structures that suggest late development of genetic code components for diffe-rentiating aromatic side chains. Proc. Natl. Acad. Sci. 100: 15376~15380

Yasuda R., et al. 2001. Resolution of distinct rotational substeps by submillisecond kinetic analysis of F_1-ATPase. Nature. 410: 898~904

Yates J. R. III. 1998. Mass spectrometry and the age of the proteome. J. Mass Spetrom. 33: 1~19

Yu L. R., et al. 2001. Proteome alterations in human hepatoma cells transfected with antisense epidermal growth factor receptor sequence. Electrophoresis. 22: 3001~3008

Zahn R., et al. 2000. NMR solution structure of the human prion protein. Proc. Natl. Acad. Sci. 97: 145~150

Zhao Z., et al. 2003. Dimerization by domain hybridization bestows chaperone and isomerase activities. J. Biol. Chem. 278: 43292~43298

Zhou Z., et al. 2009. Crowded cell-like environment accelerates the nucleation step of amyloidogenic protein misfolding. J. Biol. Chem. 284: 30148~30158

结构生物学相关领域 Nobel 奖历年获奖情况统计

序号	年份	获奖人	国籍	奖项	主要贡献
1	1914	Max von Laue	德国	物理	发现晶体中的 X 射线衍射现象
2	1915	William Bragg Lawrence Bragg	英国	物理	借助 X 射线衍射，对晶体结构进行分析
3	1936	Peter Debye	美国	化学	提出分子磁耦极矩概念并且应用 X 射线衍射测定分子结构
4	1946	James B. Sumner John H. Northrop Wendell M. Stanley	美国	化学	Sumner 发现酶结晶；Northrop 和 Stanley 制出酶和病毒蛋白质纯晶体
5	1948	Arne Tiselius	瑞典	化学	发现电泳技术和吸附色谱法
6	1952	Archer J. P. Martin Richard L. M. Synge	英国	化学	开发并应用了分配色谱法
7	1952	Felix Bloch E. M. Purcell	美国	物理	从事物质核磁共振现象的研究并创立原子核磁力测量法
8	1957	Lord Todd	英国	化学	从事核酸酶以及核酸辅酶的研究
9	1958	Frederick Sanger	英国	化学	测定了胰岛素的晶体结构
10	1962	Max F. Perutz John C. Kendrew	英国	化学	测定了蛋白质的精细结构
11	1962	James Watson Francis Crick Maurice Wilkins	美国 英国	医学或生理学	发现 DNA 分子的双螺旋结构
12	1964	Dorothy C. Hodgkin	英国	化学	使用 X 射线衍射技术测定复杂晶体和大分子的空间结构
13	1968	Robert W. Holley H. Gobind Khorana Marshall W. Nirenberg	美国	医学或生理学	研究遗传信息的破译及其在蛋白质合成中的作用
14	1972	Christian Anfinsen	美国	化学	确定了核糖核苷酸酶的活性部位，提出蛋白质的一级结构决定其高级结构的学说
15	1980	Paul Berg Walter Gilbert Frederick Sanger	美国 美国 英国	化学	Berg 从事核酸的生物化学研究，特别是关于重组 DNA 研究；Gilbert 和 Sanger 确定了核酸的碱基排列顺序的测定方法
16	1982	Aaron Klug	英国	化学	开发了结晶学的电子衍射法，并从事核酸蛋白质复合体的立体结构的研究
17	1985	Jerome Karle Herbert A. Hauptman	美国	化学	开发了应用 X 射线衍射确定物质晶体结构的直接计算法
18	1986	Ernst Ruska Gerd Binnig Heinrich Rohrer	德国 瑞士	物理	Ruska 设计出世界上第 1 架电子显微镜；Binnig 和 Rohrer 设计出扫描式隧道效应显微镜

结构生物学相关领域 Nobel 奖历年获奖情况统计

续表

序号	年份	获奖人	国籍	奖项	主要贡献
19	1988	Johann Deisenhofer Robert Huber Hartmut Michel	德国	化学	首次得到了可供 X 射线衍射结构分析用的细菌光合反应中心的膜蛋白结晶,并测定了这一膜蛋白-色素复合体的三维结构,为阐明光合作用的光化学反应本质做出重要贡献
20	1989	Sidney Altman Thomas R. Cech	美国	化学	发现 RNA 自身具有酶的催化功能
21	1991	Richard R. Ernst	瑞士	化学	发明了傅里叶变换磁共振分光法和二维磁共振技术
22	1991	Erwin Neher Bert Sakmann	德国	医学或生理学	发明了膜片钳技术
23	1992	Edmond H. Fischer Edwin G. Krebs	美国	医学或生理学	发现蛋白质可逆磷酸化作用
24	2002	John B. Fenn Koichi Tanaka Kurt Wüthrich	美国 日本 瑞士	化学	Fenn 发明了对生物大分子进行确认和结构分析的方法;Tanaka 发明了对生物大分子的质谱分析法;Wüthrich 发明了利用磁共振技术测定溶液中生物大分子三维结构的方法
25	2003	Peter Agre Roderick MacKinnon	美国	化学	Agre 发现了细胞膜水通道蛋白,而 MacKinnon 的贡献主要是在细胞膜离子通道蛋白的结构和机理研究方面。他们的发现阐明了盐分和水如何进出组成活体的细胞
26	2004	Aaron Ciechanover Avram Hershko Irwin Rose	以色列 美国	化学	发现了泛素调节的蛋白质降解机制
27	2009	Venkatraman Ramakrishnan Thomas A. Steitz Ada E. Yonath	英国 美国 以色列	化学	测定了核糖体三维结构并研究其功能
28	2009	Elizabeth H. Blackburn Carol W. Greider Jack W. Szostak	美国	医学或生理学	发现了端粒和端粒酶保护染色体机制

名 词 索 引

白光可见染色（white light visible stains） 164
包装（packaging） 28
背景大分子（background macromolecules） 88
比椭圆率（the specific ellipticity） 263
变位酶（mutase） 121
表达蛋白质组学（Expression Proteomics） 150
表面等离子体共振（Surface Plasmon Resonance, SPR） 279
不均一核 RNA（heteronuclear RNA, hnRNA） 19
操纵子（operon） 22
差示扫描量热法（differential scanning calorimetry, DSC） 241
长程相互作用（long-range interaction） 27
超螺旋结构（supercoil） 43
超氧化物歧化酶（superoxide dismutase, SOD） 139
弛豫（relaxation） 208
触发因子（trigger factor） 96
传感图（sensorgram） 280
传感芯片（sensor chip） 280
串联质谱（tandem MS） 159
锤头状核酶（hammerhead ribozyme） 12
磁各向异性效应（effect of magnetic anisotropy） 210
磁矩（magnetic moment） 208
淬灭（quenching） 253
错配（mismatch） 26
错配区（mispairing regions） 29
错误折叠陷阱（misfolded trap） 30
大分子拥挤（macromolecular crowding） 88
大分子组装体（macromolecular assembly） 79, 184
单顺反子（monocistron） 22
蛋白质二硫键异构酶（protein disulfide isomerase, PDI） 89, 103
蛋白质芯片（protein chip） 160
蛋白质折叠（protein folding） 82
蛋白质组（proteome） 152
蛋白质组学（proteomics） 150
等高线图（contour plot） 213
等温滴定量热法（isothermal titration calorimetry, ITC） 239
第二遗传密码（the second genetic code） 112
点矩阵作图法（dot matrix construction） 25
电荷残余模型（charge residue model, CRM） 227
电荷诱导（charge-induced） 131
电喷雾离子化（electrospray ionization, ESI） 157
电子捕获解离（electron capture dissociation, ECD） 237
淀粉样蛋白质（systemic amyloidoses） 128
端粒酶（telomerase） 52
断裂基因（interrupted gene） 58
堆积图（stacked plot） 213
多分支环（multibranch loop） 24
多聚脱氧核苷酸（polynucleotides） 35
多顺反子（polycistron） 22
二级结构（secondary structure） 72
二维 NOE 谱（2D-nuclear overhauser enhancement spectroscopy, NOESY） 213
二维分解谱（2D-resolved spectroscopy） 213
二维相关谱（2D-correlated spectroscopy, COSY） 213
二维自旋回波相关谱（2D-spinecho correlated spectroscopy, SECSY） 213
发夹环（hairpin loop） 24
发夹式结构（hairpin structure） 10
发射谱（emission spectra） 250
反密码子（anti code） 22
泛素（ubiquitin） 99
泛肽尾（ubiquitin tails） 101
飞行时间（time-of-flight, TOF） 157
非编码序列（non-coded sequence） 57
非线性问题（nonlinear problems） 23
分析型超速离心法（AUC） 239
分子伴侣（molecular chaperone） 82, 89, 90
分子进化（molecular evolution） 23
分子模建（molecular modelling） 160
分子内分子伴侣（intramolecular chaperone） 101
疯牛病（bovine spongiform encephalopathy, BSE） 125
负超螺旋（negative supercoil） 44
傅里叶变换离子回旋加速共振（Fourier transform ion

cyclotron resonance, FTICR)	237	解离速率常数（dissociation rate constant, k_d）	282
高度重复序列（high repetitive sequences）	57	茎环结构（stem-loop structure）	24
工作草图（working draft）	55, 150	茎区（stem）	24
功能基因组学（functional genomics）	150, 151	晶体结构（crystal structure）	184
共振单位（resonance unit, RU）	280	静电力显微镜（electrostatic Force Microscope, EFM）	270
光子扫描隧道显微镜（photon scanning tunneling microscope, PSTM）	270	静电相互作用（electrostatic interactions）	27
焓驱动（enthalpy driven）		考马斯亮蓝染色（Coomassie blue stain）	
核磁共振（nuclear magnetic resonance, NMR）	207	科顿效应（Cotton effect）	261
核蛋白壳（nucleocapsid）	30	库仑力（Coulomb force）	26
核酶（ribozyme）	31	快原子轰击（fast atom bombardment, FAB）	227
核Overhauser效应（nuclear overhauser enhancement, NOE）	212	老年痴呆症（Alzheimer disease）	99, 125, 128
核仁小分子RNA（small nucleolus RNA snRNA）	19	连环体（conctemer）	43
核质素（nucleoplasmin）	90	量子产率（quantum yield）	252
亨廷顿舞蹈病（Huntington disease）	125	量子数（quantum number）	208
后基因组时代（post-genome Era）	150	磷酸二酯键（phosphodiester bond）	18
后熔球态（post-molten globule state）	86	磷脂酰乙醇胺（phosphatidyl ethanolamine）	100
化学降解法（Maxam-Gilbert method）	36	硫氧还蛋白（thioredoxin）	104
化学位移（chemical shift）	208	螺旋刚性（helix rigidity）	27
环区（loop）	24	模板（template）	22
回折（reverse turn）	74	模序（motif）	160
肌酸激酶（creatine kinase, CK）	233	摩尔椭圆率（the molar ellipticity）	263
基态（ground state）	18	摩尔消光系数（molar extinction coefficient）	251
基因图谱（genetic map）	55	内含子（intron）	58
基因治疗（gene therapy）	129	内环（internal loop）	24
基因组学（genomics）	54, 152	内源荧光技术（intrinsic fluorescence technology）	256
基质辅助的激光解吸/离子化（matrix assisted laser desorption/ionization, MALDI）	157, 227	能垒（barriror energy）	
激发谱（excitation spectra）	250	凝固作用（coagulation）	131
激发态（excited state）	250	帕金森病（Parkinson disease）	125, 128
加工强化蛋白（processing enhancing protein）	98	排斥容积效应（excluded volume effect）	88
加工肽酶（processing peptidase）	98	膨胀环（bulge loop）	24
假结（pseudoknots）	29	碰撞诱导解离（collision-induced dissociation, CID）	236
结的结构（knot structure）	19	片段重叠法（overlapping）	20
结构基因组学（structural genomics）	64, 166	平均残基椭圆率（the mean residue ellipticity）	263
结构预测（structure prediction）	168	启动子（promoter）	59
结构域（domain）	76	前导肽（propeptide）	101
结合常数（binding constant, K_b）	178	前熔球态（pre-molten globule state）	85
结合平衡常数（association equilibrium constant, K_A）	281	亲和扫描（affinity panning）	93
结合速率常数（association rate constant, k_a）	281	氢键力（hydrogen-bond force）	26
结合焓（binding enthalpy, ΔH）	239	去折叠态（unfolding）	131
结合位点数（binding stoichiometry, n）	239	人的纹状体脊髓变性病（Creutzfeldt-Jakob disease, CJD）	125
解离平衡常数（dissociation equilibrium constant, K_D）	282	人工酵母染色体（YAC）	55
		人工细菌染色体（BAC）	55

人类基因组计划（human genome project） 54
溶液结构（solution structure） 184
熔球态（molten globule） 85
乳糖透性酶（lactose permease） 100
三级结构（tertiary structure） 75
三联体遗传密码（triplet genetic code） 71
三向接合（three-way junction） 12
扫描近场光学显微镜（scanning near-field optical microscope, SNOM） 270
扫描离子电导显微镜（scanning ion-conductance microscope, SICM） 270
扫描热显微镜（scanning thermal microscope, STM） 270
扫描隧道电位仪（scanning tunneling microscope, SFW） 270
扫描隧道显微技术（scanning tunneling microscopy） 268
扫描隧道显微镜（scanning tunneling microscope, STM） 268
升降螺旋捆（up-and-down helix bundle） 78
生成次优化（suboptimal）
生物分子相互作用分析技术（biomolecular interaction analysis, BIA） 237
生物信息学（bioinformatics） 59, 152, 160
视网膜母细胞瘤（retinoblastoma, Rb） 102
手性（chirality） 261
衰减常数（attenuation constant, k）
双链断裂（double-stranded breaks, DSBs） 148
双向凝胶电泳（two-dimensional gel electrophoresis） 154
顺磁效应（paramagnetic effect） 210
丝氨酸蛋白酶抑制物（serpins） 99
四级结构（quaternary structure） 79
四体（quadruplexes） 29
四向接合（four-way junction） 45
酸性磷酸酯酶 A_2（APLA$_2$） 108
随机漂变（random genetics drift） 23
隧道电流（tunnel current） 268
隧道效应（tunnel effect） 268
缩合（polycondensation） 28
肽基脯氨酰顺反异构酶（peptidyl-prolyl-cis-trans-isomerase, PPI） 89, 103
肽质量指纹谱（peptide mass fingerprint） 158, 227
糖基化位点结合蛋白（glycosylation site binding protein） 104

糖形（glycoform） 247
同步辐射技术（EXAFS） 68
同源蛋白质（homologous protein） 117
脱氧寡核苷酸（deoxyoligonucdeotide） 35
椭圆率（ellipticity）
瓦解（疏水坍塌，collapse） 86
外力诱导（force-induced） 131
外显子（exon） 58
外源荧光技术（extrinsic fluorescence technology） 256
微管系统（microtubules） 7, 79, 184
卫星 DNA（satellite DNA） 57
位点特异性重组（site-specific recombination） 101
无规卷曲（random coil） 74
物理图谱（physical map） 55
希腊花边 β 筒（Greek key β-barrel） 78
希腊花边螺旋捆（Greek key helix bundle） 78
系统发生树（phylogenetic tree） 23
细胞渗透物（cellular osmolytes） 100
细胞图谱蛋白质组学（cell-map Proteomics） 151
细菌鞭毛（flagella） 7, 79, 184
消失波（evanescent wave） 279
新生肽链结合复合体（nascent chain-associated complex） 96
旋光色散（optical rotatory dispersion, ORD） 261
压缩（condensation） 28
亚基（subunit） 79
亚稳态（metastable） 30
一级结构（primary structure） 70
银染（silver stain）
应激蛋白（stress proteins） 97
荧光（fluorescence）
荧光各向异性（fluorescence anisotropy）
荧光共振能量转移（fluorescence resonance energy transfer, FRET）
荧光光谱（fluorescence spectrometry）
荧光强度（fluorescence intensity）
荧光生色团（fluorescence chromophore）
荧光寿命（fluorescence lifetime）
荧光相图（fluorescence phase diagram）
拥挤试剂（crowding agent） 88
右圆偏振光（dextoratary, d） 261
原位（in situ） 239
原子力显微镜（atomic force microscope, AFM） 275
圆二色（circular dichroism, CD） 261
增强子（enhancer） 59

折叠 (folding)	28
折叠酶 (foldase)	103
整体细胞生物学 (holistic cellular biology)	167
正超螺旋 (positive supercoil)	44
脂分子伴侣 (lipochaperone)	100
质量控制 (quality control)	120
质谱 (mass spectrometry)	157, 227
中心法则 (central dogma)	18
中子衍射 (neutron scattering)	68
终止子 (terminator)	59
肿瘤抑制物 (tumour suppressor)	102
重复序列 (repetitive sequences)	56
转运孔 (translocation pores)	98
自旋 (spin)	
自旋晶格弛豫 (spin-lattice relaxation)	
自旋耦合 spin-spin coupling	210
自旋—自旋弛豫 (spin-spin relaxation)	
足迹法 (genetic footprinting)	59
左圆偏振光 (levoratary, l)	261

其 他

Anfinsen 笼状结构模型 (Anfinsen cage model)	95
BP 网络 (back-propagation net-work)	170
DNA 依赖的蛋白激酶 (DNA-PK)	121, 145
G4 结构 (G4 structure)	44
GroES	
Hsp60 家族 (Hsp 60 family, GroEL)	
Hsp70 家族 (Hsp 70 family, DnaK)	
Overhauser 效应 (Overhauser effect)	212
RNA 剪接 (RNA splicing)	58
SPR 生物传感器 (SPR biosensor)	279
U 转折 (U-turns)	29
X 射线晶体衍射分析 (X-ray crystallography)	183
X 射线衍射 (X-ray diffraction)	183
α-螺旋 (α-helix)	72
β-折叠股 (β-strand)	74
β-折叠片 (β-sheet)	74
3-磷酸甘油醛脱氢酶 (GAPDH)	105

彩 图

本书彩图可以扫描以下二维码浏览。